W0254792

# HANDBUCH DER ANALYTISCHEN CHEMIE

HERAUSGEGEBEN
VON
W. FRESENIUS UND G. JANDER †
WIESBADEN BERLIN

## DRITTER TEIL
## QUANTITATIVE BESTIMMUNGS- UND TRENNUNGSMETHODEN

BAND III a α 1

ELEMENTE DER DRITTEN HAUPTGRUPPE

BOR

SPRINGER-VERLAG
BERLIN · HEIDELBERG · NEW YORK
1971

# ELEMENTE DER DRITTEN HAUPTGRUPPE

## BOR

ZWEITE AUFLAGE

BEARBEITET VON

G. WÜNSCH · F. UMLAND

MIT 45 ABBILDUNGEN

SPRINGER-VERLAG
BERLIN · HEIDELBERG · NEW YORK
1971

Dr. Gerold Wünsch

Prof. Dr. rer. nat. Fritz Umland

Westfälische Wilhelms-Universität Münster/Westf.
Anorganisch-chemisches Institut

ISBN-13: 978-3-642-65047-5 e-ISBN-13: 978-3-642-65046-8
DOI: 10.1007/978-3-642-65046-8



Softcover reprint of the hardcover 1st edition 1971

# Inhaltsverzeichnis

# Bor

(B). Atomgewicht: 10,811. Ordnungszahl: 5.

## 1 Die analytischen Eigenschaften des Bors

### 1.1 Analytisch genutzte Reaktionen

Die analytische Chemie des Bors wird entscheidend dadurch geprägt, daß in wäßrigem (wasserhaltigem) Medium — abgesehen von einigen Organoborverbindungen (vgl. Kapitel 6) — im wesentlichen nur zwei Typen von Borverbindungen stabil sind. Es sind dies $H_3BO_3$ bzw. die Borationen sowie $HBF_4$ und ihre Salze. Alle naßchemischen Trenn- und Bestimmungsverfahren gehen von diesen beiden Verbindungen aus, wobei die auf der Borsäure aufbauenden die praktisch weit größere Rolle spielen.

Redoxreaktionen am Boratom treten bei analytischen Verfahren nicht auf.

$HBF_4$ bildet mit großen, organischen Kationen salzartige Verbindungen, die zum Teil für Fällungsverfahren genügend schwer löslich sind und sich mit organischen Lösungsmitteln extrahieren lassen. In dieser Form dient Tetrafluoroborat vornehmlich zur extraktionsphotometrischen Borbestimmung, seltener auch zur extraktiven Trennung oder zur gravimetrischen Bestimmung.

Die Borsäure selbst kann mit starken Basen titriert oder durch kontinuierliche Extraktion mit Äther isoliert werden; diese Verfahren spielen analytisch aber nur eine untergeordnete Rolle. Von ganz überragender Bedeutung ist dagegen ihre Fähigkeit zur Bildung tetraedrisch koordinierter Esterchelate. Hierauf beruhen — vom Tetrafluoroborat abgesehen — fast alle naßchemischen Bestimmungsverfahren sowie einige Trennverfahren. In den Esterchelaten liegen 5- oder 6gliedrige Ringe vor, welche 1 Boratom und in der Regel 2 O-Atome, seltener an Bor gebunden 1 O- und 1 N-Atom enthalten. Sie entstehen aus Borsäure und mehrwertigen Alkoholen bzw. Chelatbildnern, die zwei benachbarte Sauerstoffunktionen bzw. eine Sauerstoff- und eine Stickstoffunktion enthalten. Die praktisch wichtigsten Reagentien dieser Art sind aliphatische Diole (z.B. Mannit) sowie Derivate des 1-Hydroxyanthrachinons:

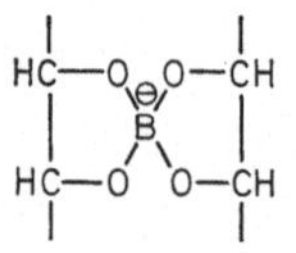

HC—O ⊖ O—CH / B / HC—O O—CH

Chelat vom Typ der Mannitoborsäure

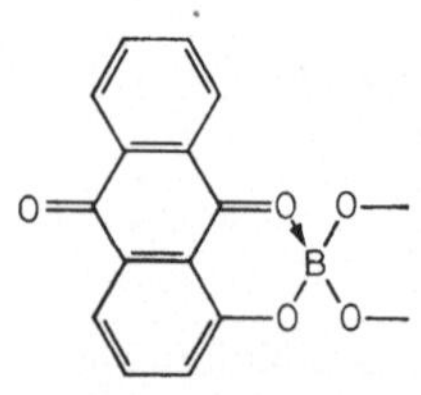

O= ... =O / B / O— O—

Chelat mit Hydroxyanthrachinon

$HO_3S$ ... O ⊖ B OH OH ... $SO_3H$

Chelat mit Brenzkatechindisulfonsäure (bei pH = 7,5)

Von geringerer analytischer Bedeutung sind Chelate mit Azomethinen (vgl. Kapitel 4.3.4.1, S. 117) sowie o-Diphenolen.

Die Chelatbildung mit zwei Sauerstoffunktionen ist gegenüber derjenigen mit einer Stickstoff- und einer Sauerstoffunktion bevorzugt, wofür das Chelat mit Diaminoanthrarufin ein Beispiel ist.

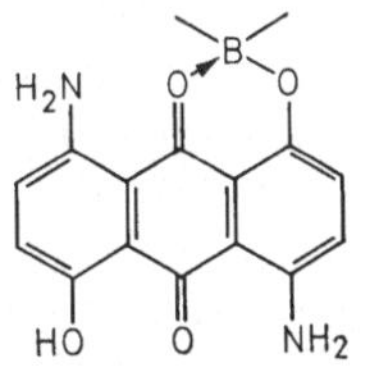

Chelat mit Diaminoanthrarufin

Die Fünfringchelate mit aliphatischen Diolen bzw. mit Diphenolen oder Phenolcarbonsäuren bilden sich in rein wäßriger Lösung. Ihre Stabilitätskonstanten sind jedoch gering: für Mannitoborsäure ist $p\overline{K}_2 \approx 5$ (vgl. Kapitel 4.2.2.1, S. 63). Zu ihrer annähernd quantitativen Bildung sind daher ein großer Reagensüberschuß und eine nicht zu hohe Acidität ($pH \geqq 7$) erforderlich. Chelate dieses Typs sind mittelstarke Säuren, was im Falle der Mannitoborsäure für die Verstärkungstitration der Borsäure genutzt wird.

Die Sechsringchelate mit Doppelbindungen im Ring entstehen im Gegensatz dazu in der Regel in wasserarmem Medium in Gegenwart starker Säuren. Hier erfolgt zunächst eine Protonisierung des Reagenses:

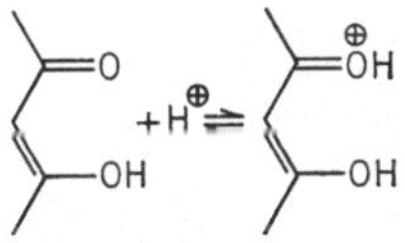

und das Chelat entsteht dann aus der protonisierten Form. Wichtigstes Beispiel hierfür sind die Chelate mit Curcumin (vgl. Kapitel 4.3.2) und mit Hydroxyanthrachinonen (vgl. Kapitel 4.3.1). Als Reaktionsmedium dienen konz. $H_2SO_4$ oder Eisessig-Schwefelsäure-Gemisch.

## 1.2 Trennverfahren

Das bekannteste Trennverfahren für Bor beruht auf der leicht verlaufenden Veresterung von Borsäure mit Methanol zum Borsäuretrimethylester, $B(OCH_3)_3$. Dieser wird abdestilliert und dann alkalisch verseift. Ionenaustauschverfahren erlauben nicht nur die Entfernung störender Kationen, sondern unter Ausnutzung der schwach sauren Natur der $H_3BO_3$ auch die Abtrennung starker Säuren. Hochselektiv ist die Isolierung von Borat durch Chelataustausch. Die Umwandlung von Borat in Tetrafluoroborat und dessen Extraktion als Ionenassoziat ermöglicht nicht nur eine Trennung, sondern auch unmittelbar eine Bestimmung des $BF_4$-Anions. Alle diese Trennverfahren zeichnen sich durch sehr gute Selektivität aus: Esterdestillation, Ionenaustausch und Extraktion ergeben borhaltige Lösungen, welche im allgemeinen keinerlei störende Substanzen mehr enthalten. Der Zeit- und Arbeitsaufwand dieser drei Methoden ist dabei etwa gleich groß.

Allgemein kann gesagt werden, daß Bor sich in sehr einfacher Weise hochselektiv abtrennen läßt. Selbst die Abtrennung der im Periodischen System dem Bor benachbarten Elemente bereitet nur geringe Schwierigkeiten. (Beispielsweise besteht bei der Isolierung von Borspuren aus hochreinem Silicium das Problem weniger in der Trennung selbst als darin, die Einschleppung von Bor aus Geräten und Reagentien zu vermeiden).

## 1.3 Bestimmungsverfahren

Die Borbestimmung erfolgte bis vor wenigen Jahrzehnten fast ausschließlich titrimetrisch, da keine brauchbaren gravimetrischen Verfahren vorhanden waren. Dementsprechend ist die nach Zusatz von Polyolen durchgeführte Verstärkungstitration der Borsäure gründlich bearbeitet, als Makro-, Mikro- und Spurenmethode entwickelt worden.

Obwohl sie angesichts dieses Entwicklungsstandes auf die meisten Proben anwendbar ist, wurde sie in neuerer Zeit doch von anderen Verfahren zurückgedrängt.

Tabelle 1 gibt einen Überblick über die Leistungsfähigkeit moderner Bestimmungsverfahren.

Tabelle 1

| Methode | Reagens; techn. Daten | Arbeitsbereich; Nachweisgrenze | Reproduzierbarkeit | Bemerkungen | Kapitel |
|---|---|---|---|---|---|
| Titration | Mannit; NaOH | 0,5 bis 10 mg $H_3BO_3$ | ±1% | Phenolrot; pH = 7,6 | 4.2.3.2.1 |
| Titration | Mannit; NaOH | 100 mg $H_3BO_3$ | ±0,01% | potent. Präzisionsmeth. | 4.2.2.4.3 |
| Potentiometrie | $BF_4^-$ | 2 bis 500 μg B; $10^{-5}$ bis $5 \cdot 10^{-2}$ m $BF_4^-$ | | ionenspezifische Membranelektrode | 4.10.2 |
| Photometrie | Curcumin | 0,8 bis 100 ng B/ml | | Makrometh. | 4.3.2.3 |
| Photometrie | Curcumin | 0,3 bis 4 ng B/ 1 Tropfen | ±19,5% bei 0,3 ng | Mikrometh. | 4.3.2.4 |
| Photometrie | Kristallviolett | 8 bis 38 ng B/ml | | Ionenassoziat | 4.3.3.1 |
| Photometrie | Diaminochrysazin | 36 ng bis 3,6 μg B/ml | | konz. $H_2SO_4$-Medium | 4.3.1.2 |
| Fluorimetrie | „HMCB“ | 0,12 bis 12 ng B/ml | ±2 bis 1,5% | sehr selektiv; konz. $H_2SO_4$-Medium | 4.4.2 |
| Flammenphotometrie | Acetylen/$O_2$ | 50 bis 200 μg B/ml | ±2% | $H_2O$/Methanol (1:1) | 4.5.2 |
| Atomabsorption | Acetylen/$N_2O$ | 10 μg B/ml bei 1% Absorption | | hoher Acetylendruck | 4.12 |
| Spektralanalyse | Ar-Atmosphäre $\lambda = 1826$ Å | $>2 \cdot 10^{-4}$% im Stahl | ±3% | Störg.: Cu | 4.6.1.2 |
| Radiochemie | Neutronenabsorption | 0,1 bis 6% $B_2O_3$ in 25 bis 50 g Probe | ±3 bis 10% | Po/Be-Quelle; Feldmethode | 4.7.1 |
| Radiochemie | Protonenaktivierung | $1,2 \cdot 10^{-7}$% B im Silicium | | 6,3 MeV | 4.7.2.2 |
| Massenspektrometrie | $^{11}B^+$; $3 \cdot 10^{-9}$ Coulomb | $10^{-4}$ bis $10^{-2}$% B im Stahl | ±34% | | 4.13 |

Mit der zunehmenden Bedeutung der Borbestimmung in der Stahlindustrie, Reaktortechnik und Halbleiterfabrikation sind photometrische Spurenreagentien und spektralanalytische Schnellmethoden stark in den Vordergrund getreten. Die photometrische Borbestimmung mit Curcumin ist eine der empfindlichsten photometrischen Methoden überhaupt, und die fluorimetrische Bestimmung mit „HMCB“ steht ihr nicht nach. Spektralanalytisch ist Bor mit hoher Empfindlichkeit erfaßbar; spektrometrische Analysen legierter Stähle im Vakuum-UV stören nur Mo oder Cu.

Vom analytischen Standpunkt bemerkenswert ist ferner der hohe Einfangquerschnitt des Borisotops $^{10}B$ für thermische Neutronen, der eine auch als Feldmethode geeignete Bestimmung durch Neutronenabsorption ermöglicht.

# 2 Probenvorbereitung

## 2.1 Gefäßmaterialien bei Borbestimmungen

Die gewöhnlichen Gerätegläser des Laboratoriums (z.B. Jenaer Geräteglas 20, Fiolax, Duranglas 50) sind Borosilicatgläser mit etwa 7 bis 12% $B_2O_3$. Bei Verwendung solcher Gefäße ist stets mit einem Angriff des Reaktionsmediums auf das Glas und demzufolge der Einschleppung von u.U. erheblichen Bormengen zu rechnen. Die Größe der entstehenden Fehler hängt dabei naturgemäß auch von der Menge bzw. Konzentration des vorliegenden Borats ab. So sind z.B. zur Titration von Milligramm-Mengen geringere Vorsichtsmaßnahmen erforderlich als bei Spurenanalysen im Mikrogrammbereich. — Genauere Angaben finden sich gegebenenfalls bei den betreffenden Arbeitsvorschriften.

*Saure Lösungen*, auch konzentriert saure, lösen nach *Capelle* [1] in der Kälte kein Bor aus Borosilicatglas. Bereits beim Erwärmen auf 40 bis 45 °C werden jedoch Mikrogramm-Mengen Bor an die Lösung abgegeben, so daß Gefäße aus Quarz erforderlich sind. Erhitzt man unter Rückfluß, soll auch das Kühlrohr aus Quarz bestehen; dabei wird oft ein überziehbarer Kühlermantel aus Borosilicatglas benutzt.

*Alkalische Lösungen* greifen Borosilicatgläser auch in der Kälte rasch an. Die Titration der Borsäure mit Alkalilauge kann jedoch in Glasgefäßen ausgeführt werden.

Beim Einengen von 200 ml 0,05 n NaOH auf etwa 40 ml in einem Erlenmeyerkolben aus Jenaer Glas gehen nach *Schäfer* [2] 2,5 mg $B_2O_3$ in Lösung. Der Glasangriff wird jedoch stark verringert ($<$0,1 mg $B_2O_3$), wenn die Lauge mit $MgCl_2$ zu $Mg(OH)_2$ umgesetzt wird. Man gibt vor dem Kochen der alkalischen Lösung einen Überschuß von 1 m-$MgCl_2$-Lösung zu. Ging die Abtrennung störender Metalle als Oxinate nach dem $MgCl_2$-Verfahren (vgl. Kapitel 3.7.2, S. 53) voraus, enthält die Lösung bereits $Mg^{2+}$ in ausreichender Menge.

Bei Spurenanalysen dürfen alkalische Lösungen nur in Gefäßen aus Quarz oder Platin, gegebenenfalls aus Kunststoffen aufbewahrt werden. Beim Eindampfen alkalischer Lösungen zu Spurenbestimmungen im Nanogrammbereich wurde auch die Abgabe geringer Mengen Bor aus Platingefäßen beobachtet [4].

*Schmelzaufschlüsse* müssen je nach Aufschlußmittel in Quarz- oder Metall(Pt)-Tiegeln erfolgen.

*Destillationen* des Borsäuremethylesters müssen bei empfindlichen Spurenanalysen in Quarzapparaturen ausgeführt werden [3]; vgl. Kapitel 3.1.4.

### *Literatur*


1. *Capelle, R.*: Anal. chim. Acta **25**, 59 (1961).
2. *Schäfer, H., Sieverts, A.*: Fr. **121**, 170 (1941).
3. *Spicer, G. S., Strickland, J. D. H.*: Anal. chim. Acta **18**, 523 (1958).
4. *Thierig, D., Umland, F.*: Fr. **211**, 161 (1965).

## 2.2 Verflüchtigung von Borsäure beim Kochen, Eindampfen und Veraschen

Borsäure kann beim Erhitzen oder Einengen ihrer Lösungen sowie auch beim trockenen Erhitzen und Veraschen teilweise verflüchtigt werden. Die Größe der zu erwartenden Fehler hängt stark von den jeweiligen Bedingungen ab. Durch Anwendung eines Rückflußkühlers, Zusatz von Mannit oder Alkali können Verluste auf ein vernachlässigbar kleines Ausmaß beschränkt oder ganz vermieden werden.

### 2.2.1 Reine wäßrige Lösungen

$H_3BO_3$ ist mit Wasserdampf flüchtig, wobei für die Konzentration in wäßriger und dampfförmiger Phase nach *Kostrikin* und *Korovin* [10] das Verteilungsgesetz

$$\frac{c_D}{c_w} = K$$

gilt. Unter Atmosphärendruck ist $K \approx 0{,}005$. Werden $V$ kg Lösung gekocht unter Bildung von $D$ kg Dampf je Std., entstehen $D \cdot t$ kg Dampf in $t$ Std. Unter der Voraussetzung, daß insgesamt nur ein kleiner Teil der Lösung verdampft wird (d.h. $V \gg D \cdot t$), ist $c_w \approx$ const. Die verflüchtigte Gesamtmenge (mg) Borsäure ist dann $D \cdot t \cdot K \cdot c_w$. Für den relativen Verlust ergibt sich $L = \frac{D \cdot t \cdot K}{V}$. Unter analytischen Bedingungen werden vielfach 0,2 bis 0,3 kg Lösung 0,15 bis 0,2 Std. gekocht, wobei nicht mehr als 0,05 kg Lösung verdampfen. Dann ist maximal etwa $D = 0{,}33$ kg/Std., $t = 0{,}2$ Std. und $V = 0{,}2$ kg, so daß der Verlust an Borsäure nur 0,16 bis 0,2% beträgt [10]. Beim starken Einengen der Lösung, d.h. für $D \cdot t \approx V$, gilt dagegen genauer:

$$L = 1 - \left(\frac{V}{V - D \cdot t}\right)^{-K}.$$

Übereinstimmend damit finden *Korenman* und *Sidorenko* [9], daß beim Abdampfen zur Trockene um so höhere Verluste entstehen, je höher bei gleicher Bormenge von 0,5 µg das Anfangsvolumen ist, also je mehr Wasser verdampft. Ferner sind die Verluste um so höher, je höher die Temperatur der Heizquelle ist. — Beim Kochen relativ konzentrierter Borsäurelösungen (6 bis 52 g $H_3BO_3$/l) treten nach *Ašratova* [1] innerhalb 10 bis 40 min keine Verluste auf. Dampft man 20 ml Wasser mit 100 µg B bei 130 °C zur Trockene, werden nach *Baron* [2] nur 4 bis 8 µg B wiedergefunden. Im Widerspruch dazu hat *Ašratova* auch beim Eindampfen zur Trockene auf dem Wasserbad von 0,487 g $H_3BO_3$ in 200 ml Wasser keine Verluste beobachtet [1].

Die Verflüchtigung von 0,5 µg B in 25 ml Lösung beim Eindampfen zur Trockene am siedenden Wasserbad wird vollständig verhindert, wenn man der Lösung 1 mg Mannit oder Glucose zusetzt. Bei Zusatz von 1 mg NaOH oder $Na_2CO_3$ treten dagegen Minderbefunde auf [9].

### 2.2.2 Saure wäßrige Lösungen

*Einengen.* Kocht man saure wäßrige Lösungen von Borsäure, so sind die B-Verluste anfangs vernachlässigbar klein. Nach *Ašratova* [1] treten keine Verluste auf, wenn man 200 ml Lösung (5 bis 10 mg $B_2O_3$-Gehalt), die 0,1 bis 2 n an HCl oder $HNO_3$ sind, 40 min kocht. Engt man die Lösung stärker ein, so entstehen in Anwesenheit von verd. $H_2SO_4$, $H_3PO_4$, $HClO_4$ oder konz. $HNO_3$ zunächst keine

Verluste [2, 4]. Sind bereits 90 bis 95% Wasser verdampft, beträgt der Borverlust weniger als 3% (Abb. 1). Erst beim Abdampfen der letzten 2 bis 3 ml Lösung treten hohe Verluste auf [13], und zwar nach *Short* auch in alkalischem Medium [12] (vgl. Abb. 1). Höhere Verluste entstehen dagegen beim Einengen stark *salzsaurer* Lösungen (vgl. Kapitel 2.2.4, S. 9).

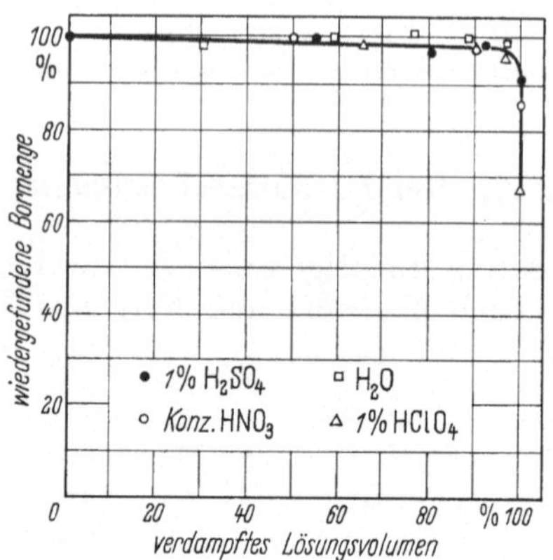


Abb. 1. Borverluste beim Einengen saurer Lösungen

*Eindampfen zur Trockene.* Dampft man saure Lösungen zur Trockene ein, entstehen stets sehr hohe Borverluste [2, 4, 9] außer in Anwesenheit von Phosphorsäure [2]. Besonders stark wird Borsäure beim Eindampfen salzsaurer Lösungen verflüchtigt. Dampft man 15 ml Lösung mit 0,5 μg B am Wasserbad zur Trockene, wird das Bor bei Gehalten von $\geqq$ 0,03 n HCl bzw. $\geqq$ 0,06 n $H_2SO_4$ quantitativ verflüchtigt; auch bei noch geringeren Säuregehalten entstehen hohe Verluste. In essigsauren Lösungen sind die Verluste etwas geringer [9]. Die Borverluste steigen mit der Temperatur beim Abdampfen [2, 9]. Arbeitet man bei 130 °C im Thermostaten, sind sie geringer als wenn am Sandbad bei 160 °C eingedampft und dann noch auf 240 °C erhitzt wird. Tabelle 2 zeigt die von *Baron* [2] erhaltenen Ergebnisse.

Tabelle 2. *Flüchtigkeit der Borsäure mit verschiedenen Säuren*
*a) beim Abdampfen im Thermostaten bei 130 °C, b) beim Abdampfen auf dem Sandbad bei 160 °C und anschließendem Erhitzen auf 240 °C*

| Behandlung | Vorgegebene Bormenge μg | Lösungsmittel | Wiedergefundene Bormenge μg |
|---|---|---|---|
| a) | 100 | 20 ml bidest. Wasser | 8; 4 |
| a) | 100 | 20 ml 5 n Schwefelsäure | 101; 102 |
| a) | 100 | 20 ml 5 n Phosphorsäure | 101; 104 |
| b) | 100 | 20 ml 5 n Essigsäure | 20; 16 |
| b) | 100 | 20 ml 5 n Salpetersäure | 32; 20 |
| b) | 100 | 20 ml 5 n Salzsäure | 4; 4 |
| b) | 100 | 20 ml 5 n Schwefelsäure | 80; 76 |
| b) | 100 | 20 ml 5 n Schwefelsäure + 10 ml 25%ige Salzsäure | 85; 82 |
| b) | 100 | 20 ml 5 n Schwefelsäure + 20 ml 25%ige Salzsäure | 77; 77 |
| b) | 100 | 20 ml 5 n Phosphorsäure | 98; 100 |
| b) | 100 | 20 ml 5 n Phosphorsäure + 10 ml 25%ige Salzsäure | 100; 98 |
| b) | 100 | 20 ml 5 n Phosphorsäure + 20 ml 25%ige Salzsäure | 98; 99 |

Bemerkenswert ist, daß nach *Baron* bei schonender Arbeitsweise größere Bormengen auch in schwefelsaurem Medium keine merklichen Verluste erleiden, während 0,5 µg B nach *Korenman* und *Sidorenko* völlig verflüchtigt werden (siehe oben).

### 2.2.3 Verhinderung von Verlusten

Verlustloses Eindampfen selbst salzsaurer Lösungen ist in Gegenwart von $H_3PO_4$ möglich [2]; vgl. Tabelle 2. Die Verflüchtigung von Borsäure wird nach *Feldman* [4] vollständig verhindert in Gegenwart von Mannit. Dampft man eine Lösung von 200 µg B in 150 ml 33%iger Salzsäure oder von 100 bis 500 µg B in 100 ml 10%iger $HNO_3$ über Nacht am Wasserbad zur Trockene, wird das Bor quantitativ wiedergefunden, wenn die Lösung einen mindestens 10- bis 15fachen molaren Überschuß an Mannit enthält (50 bis 80 mg Mannit). Größere Mengen $HNO_3$ oxydieren Mannit; $H_2SO_4$ wirkt verkohlend; mit $HClO_4$ besteht Explosionsgefahr [4].

Alkalien sind zur Verhinderung von Borverlusten weniger wirksam als Mannit (vgl. S. 9).

### 2.2.4 Konzentrierte Säuren

Erhitzt man in konz. Mineralsäuren gelöste $H_3BO_3$, so ist stets mit Verlusten zu rechnen, deren Ausmaß jedoch stark von den experimentellen Bedingungen abhängt. Durch Erhitzen unter Rückfluß sind sie vermeidbar.

*Schwefelsäure.* Beim Erhitzen in konz. $H_2SO_4$ auf 228 °C ist Borsäure nach *Feldman* [4] etwas flüchtig. Die an den kälteren Teilen des Gefäßes (langhalsiger Erlenmeyerkolben) sich sammelnden Tropfen sind stark an Bor angereichert. Unter gleichzeitigem Einblasen eines schwachen Luftstromes (150 ml/min) werden nach 17,5 Std. noch 98,5% des Bors wiedergefunden, bei einem Strom von 450 ml/min nach 16 Std. jedoch nur 79,5%. Die Höhe des Verlustes hängt hiernach von der Rückflußwirkung des Gefäßes ab. Nach *Gräbner* [7] treten bereits Borverluste auf, wenn man in $H_2SO_4$ gelösten Stahl 1 min auf mehr als 150 °C erhitzt; vgl. Abb. 2.

Die Wiederfindungsrate sinkt dabei mit steigender Borkonzentration [7]. Beim Erhitzen auf 95 °C treten in geschlossenen Gefäßen keine Verluste, in offenen Gefäßen dagegen Minderbefunde an Bor auf [3]. Nach *Golubcova* [6] sollen keine Borverluste entstehen, wenn man schwefelsaure Lösungen bis zum beginnenden Rauchen einengt.

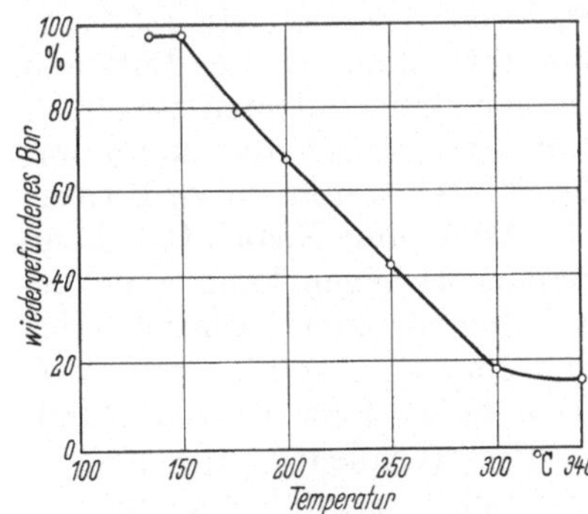


Abb. 2. Borverluste beim Erhitzen von 5 g gelöstem Armco-Eisen mit 0,035% Borzusatz (als $H_3BO_3$) in 20 ml konz. Schwefelsäure für 1 min auf verschiedene Temperaturen

*Perchlorsäure.* Erhitzt man perchlorsaure Lösungen 5 min zum Rauchen, werden etwa 98% des Bors verflüchtigt [4].

*Salpetersäure.* Beim Einengen konzentriert salpetersaurer Lösungen treten erst beim Verdampfen der letzten Milliliter merkliche Borverluste auf; vgl. Abb. 1 [4].

*Salzsäure.* Beim Eindampfen 33%ig salzsaurer Lösungen treten schon zu Beginn des Eindampfens merkliche Borverluste auf, die gegen Ende sehr stark werden. Die Höhe der Verluste beim Eindampfen zur Trockene steigt dabei mit dem Anfangsvolumen (vgl. S. 6). Nach *Feldman* [4] werden von 500 μg B in 11 ml 33%iger HCl 44%, von 500 μg in 150 ml nur noch 1,2% des Bors wiedergefunden. Die Verluste werden durch Zugabe eines gegenüber Bor mindestens 12fachen molaren Überschusses an Mannit verhindert. Beim Abdampfen einer Lösung von 200 μg B und 50 mg Mannit in 150 ml 33%iger HCl werden 198 μg B wiedergefunden [4].

### 2.2.5 Alkalische Lösungen

Alkalische Lösungen erleiden beim Einengen auf dem Wasserbad keine Verluste an Bor, lassen sich aber nicht verlustlos zur Trockene eindampfen. Dampft man 0,5 μg B in 100 ml Lösung unter Zusatz von 15 mg NaOH oder $Na_2CO_3$ zur Trockene, werden nach *Korenman* und *Sidorenko* [9] nur etwa 0,4 μg B wiedergefunden. Macht man eine Lösung von etwa 20 μg B in 100 ml Wasser mit $Na_2CO_3$ eben alkalisch und engt am Wasserbad auf 5 ml ein, entstehen nach *Short* [12] keine Verluste. Dampft man dagegen 10 ml alkalische Lösung mit 3 bis 14 μg B zur Trokkene, treten Minderbefunde von 7 bis 23% auf [12].

Bezüglich des Eindampfens methanolischer Destillate von Borsäuremethylester nach Zusatz von Alkali vgl. Kapitel 3.1, S. 20.

### 2.2.6 Fluoridhaltige Lösungen

Abdampfen fluoridhaltiger Lösungen auf dem Wasserbad zur Trockene führt zu hohen Borverlusten. 0,5 μg in etwa 20 bis 25 ml Lösung werden nach *Korenman* und *Sidorenko* [9] in Gegenwart von 5 mg NaF vollständig verflüchtigt. Kein Verlust tritt dagegen auf, wenn man der Lösung 3 mg Mannit oder Glucose zusetzt. Bei Zusatz von 2 mg NaOH werden 0,46 $\pm$0,03 μg B wiedergefunden [9]. 10 bis 100 ml Flußsäure mit 0,03 bis 0,2 μg B können nach Zusatz von 0,5 ml 5%iger Mannitlösung bei $<$80 °C verlustlos eingedampft werden [5].

### 2.2.7 Verluste durch trockene oder nasse Veraschung

Tränkt man nach *Korenman* und *Sidorenko* [9] Papierfilter mit einer Lösung von 0,5 μg B als $H_3BO_3$, $Na_2B_4O_7$ oder Natriumperborat, trocknet an der Luft und verascht dann im offenen Porzellantiegel im elektrischen Ofen, so treten bei 500 °C innerhalb 2 Std. keine Borverluste auf. Bei Natriumtetraphenylborat kann nur 0,5 Std. verlustlos erhitzt werden. Verascht man bei 800 °C, treten starke Borverluste bei $H_3BO_3$ schon innerhalb 0,5 Std. auf; bei $NaBO_3$ und $NaB(C_6H_5)_4$ kann 0,5 Std., bei $Na_2B_4O_7$ 2 Std. verlustlos erhitzt werden. Dagegen kann auch bei $H_3BO_3$ 1 Std. auf 800 °C erhitzt werden, wenn das Filter vor dem Aufbringen der Probelösung mit einer Lösung von 2 mg NaOH oder $Na_2CO_3$ getränkt wird. Veraschung bei 500 °C in Gegenwart von 5 mg NaF führt zu hohen Borverlusten. Durch Zusatz von 8 bis 10 mg NaOH oder $Na_2CO_3$ werden diese vermieden [9].

Auch nach *Gräbner* [7] wird Borsäure quantitativ wiedergefunden, wenn man das Filter vor dem Trocknen und Veraschen mit $Na_2CO_3$ bestreut.

Beim trockenen Veraschen von *Pflanzenmaterial* bei 600 °C ist nach *Baron* [2] ein Zusatz von Alkali überflüssig. Untersucht wurden Kräuter, Gräser, Luzernemehl, Raps, Lein und Zuckerrüben, also auch kalkarme (Gräser) sowie öl- und zuckerhaltige Proben.

Die nasse Veraschung von *Pflanzenmaterial* kann nach *Baron* [2] leicht zu Borverlusten führen, wenn mit niedrig siedenden Säuren erhitzt oder mit $H_2SO_4$ abgeraucht wird; vgl. Tabelle 2, S. 7.

Nach *Gupta* [8] erhöht ein Zusatz von CaO beim mehrstündigen trockenen Veraschen (550 °C) von Pflanzen nicht die Borwiederfindungsrate gegenüber einer Veraschung ohne CaO.

Nach *Otting* [11] soll das Alkali gegebenenfalls schon zur frischen und nicht erst zur getrockneten Substanz gegeben und diese dann bei möglichst niedriger Temperatur verascht werden.

*Literatur*


1. *Ašratova, Š. K.*: Betriebslab. (russ.) **26**, 59 (1960).
2. *Baron, H.*: Fr. **143**, 339 (1954).
3. B. I. S. R. A.: J. Iron Steel Inst. **1958**, 227; durch *C. Feldman.*
4. *Feldman, C.*: Anal. Chem. **33**, 1916 (1961).
5. *Gallus-Olender, J.*: Chem. Anal. (Warsaw) **10**, 1039 (1965); durch Chem. Abstr. **64**, 14945f.
6. *Golubcova, R. B.*: Ž. Anal. Chim. (russ.) **15**, 481 (1960).
7. *Gräbner, H. J.*: Fr. **184**, 327 (1961).
8. *Gupta, U. C.*: Plant Soil **26**, 202 (1967); durch Chem. Abstr. **67**, 82944k.
9. *Korenman, I. M., Sidorenko, L. V.*: Ž. Anal. Chim., (russ.) **22** 388 (1967).
10. *Kostrikin, J. M., Korovin, V. A.*: Betriebslab. (russ.) **26**, 60 (1960)
11. *Otting, W.*: Angew. Ch. **64**, 670 (1952).
12. *Short, H. G.*: Arch. Eisenhüttenw. **26**, 209 (1955).
13. *Spicer, G. S., Strickland, J. D. H.*: Anal. chim. Acta **18**, 523 (1958).
14. *Wakamatsu, S.*: Japan Analyst **7**, 309 (1958); durch Fr. **167**, 52 (1959).


## 2.3 Veraschung (Mineralisierung) von biologischem Material

Biologische Proben sind nur ausnahmsweise ohne Zerstörung der organischen Substanz analysierbar. So können Serum und Urin bei der Bestimmung mittels Atomabsorptionsphotometrie (vgl. Kapitel 4.12) unmittelbar in die Flamme gesprüht werden [1]. In der Regel muß jedoch eine Veraschung vorhergehen, welche auf trockenem oder nassem Wege erfolgen kann. Zur trockenen Veraschung erhitzt man im Muffelofen auf etwa 600 °C. Zur nassen Veraschung verkohlt man meistens die Probe mit konz. $H_2SO_4$ und vervollständigt die Oxydation mit $H_2O_2$.

Der Veraschungsrückstand kann einem Trennverfahren (z. B. der Esterdestillation; vgl. Kapitel 3.1) unterworfen oder auch unmittelbar zur Borbestimmung verwendet werden.

Die Gefahr von Borverlusten besteht sowohl bei trockener als auch nasser Veraschung. Die Angaben über ihre sichere Vermeidung sind nicht immer einheitlich; vgl. hierzu besonders auch Kapitel 2.2.7, S. 9.

Die trockene Veraschung hat den Vorteil, daß große Probemengen (50 g) verarbeitet werden können, was besonders bei meistens borarmem, tierischem Gewebe erforderlich ist. Die nasse Veraschung erfordert relativ große Mengen konz. Mineralsäure und $H_2O_2$, welche die anschließende Borbestimmung erschweren. Sie ist deshalb auf Probemengen von höchstens einigen hundert Milligrammen beschränkt.

### 2.3.1 Nasse Veraschung

#### 2.3.1.1 Veraschung mit $HNO_3$ (+ $H_2O_2$)

Zur Veraschung von *Blut, Gehirn* und *Organproben* erhitzt man nach *Bader* und *Brandenberger* [1] 10 g Probe (mit etwa 20 bis 40 mg-% B) in einem 100-ml-Rundkolben aus Glas unter Rückfluß 6 Std. mit 5 ml rauchender Salpetersäure. Zur Verbesserung der Oxydation kann man nach dreistündigem Erhitzen noch 5 ml konz. $H_2O_2$ zugeben. Nach vollständiger Veraschung spült man Kolben und Kühler mit Wasser, neutralisiert mit konz. $NH_3$ und füllt auf 50 ml auf. Diese Lösung enthält etwa 40 bis 80 µg B/ml.

*Bader* und *Brandenberger* bestimmten das Bor durch Atomabsorptionsphotometrie (vgl. Kapitel 4.12, S. 157). Photometrische Bestimmungen mit Anthrachinonderivaten (vgl. Kapitel 4.3.1) oder Curcumin (vgl. Kapitel 4.3.2) werden durch Nitrate und $H_2O_2$ stark gestört.

### 2.3.1.2 Veraschung mit $H_2SO_4$ und Peroxiden

Die Probe (*Pflanzenmaterial*) wird im offenen Gefäß mit konz. $H_2SO_4$ bis zur Verkohlung erhitzt und dann anteilsweise mit einem Peroxid versetzt und weiter erhitzt [3, 5, 7, 8]. Nach anderen Untersuchungen treten beim Erhitzen mit konz. $H_2SO_4$ unter diesen Bedingungen aber u. U. erhebliche Borverluste auf [2]; vgl. insbesondere auch Kapitel 2.2.4, S. 8.

Gemäß der **Arbeitsvorschrift** nach *Cogbill* und *Yoe* [3] versetzt man 150 bis 250 mg Blätter und Gräser (Vortrocknung nicht nötig; etwa 6 bis 12 µg B) in einem 200-ml-Kolben aus borfreiem Glas mit 2 ml konz. Schwefelsäure. Man erhitzt auf dem Dampfbad, bis alles vollständig verkohlt ist, kühlt ab und gibt unter Umschütteln langsam und tropfenweise 0,5 ml 30%iges $H_2O_2$ hinzu. Die Reaktion ist anfangs heftig. Man erwärmt einige Minuten am Dampfbad, kühlt ab, gibt nochmals 0,5 ml 30%iges $H_2O_2$ zu und erhitzt noch etwa 10 min am Dampfbad. Sind keine unzersetzten, schwarzen Teilchen mehr vorhanden, erhitzt man den Kolben auf ganz kleiner Flamme bis zum Ende der starken Gasentwicklung. Man kühlt ab, gibt 2 Tropfen 90%iges $H_2O_2$ zu, bedeckt den Kolben mit einem Uhrglas und erwärmt 1 bis 2 min leicht über der Flamme. Danach erwärmt man stärker, bis die Gasentwicklung aufhört und die Flüssigkeit zu sieden beginnt. Diese Behandlung mit 90%igem $H_2O_2$ wird wiederholt, bis sich die Flüssigkeit beim Erhitzen zum Sieden nicht mehr dunkelbraun verfärbt. (Meistens genügt dreimalige Behandlung mit je 2 Tropfen 90%igem $H_2O_2$.) — Zur Zersetzung des Peroxids gibt man ein Stückchen Platinnetz (etwa $2 \times 2$ cm) in die Flüssigkeit und erhitzt bei aufgelegtem Uhrglas 2 bis 3 min zum leichten Sieden. Dabei soll möglichst kein Dampf entweichen. Letzte Reste $H_2O_2$ zerstört man mit 2 Tropfen gesättigter $FeSO_4$-Lösung.

*Bemerkung*. Zu dieser Lösung geben *Cogbill* und *Yoe* 40 ml Methanol und isolieren das Bor als Methylester (vgl. Kapitel 3.1).

**Arbeitsvorschrift** nach *Ellis*, *Zook* und *Baudisch*. *Ellis* und Mitarbeiter [5] verkohlen 25 bis 50 mg Probe durch Erhitzen mit 2 ml konz. $H_2SO_4$ und etwa 10 mg festem $Ca(OH)_2$. Sie verwenden nur 90%iges $H_2O_2$, um möglichst wenig Wasser in das Reaktionsgemisch zu bringen und zerstören den Überschuß des Oxydationsmittels durch Erhitzen bis zum Rauchen der Schwefelsäure.

Die zurückbleibende Lösung kann unmittelbar zur photometrischen Bestimmung mit Dianthrimid [5] oder einem anderen Anthrachinonderivat benutzt werden (vgl. Kapitel 4.3.1, S. 90).

Gemäß der **Arbeitsvorschrift** nach *Otting* [8] mit Peroxodisulfat erhitzt man 20 bis 50 mg Pflanzenteile im Quarzreagensglas mit 5 ml konz. $H_2SO_4$ auf freier Flamme, wobei auch Holzteile und Fette bei stärkerem Erhitzen verkohlen. $H_2SO_4$-Dämpfe dürfen jedoch nicht entweichen. Die Oxydation vervollständigt man durch zweimalige Zugabe von je 1 Spatelspitze (100 bis 200 mg) festem $(NH_4)_2S_2O_8$ und durch Erhitzen bis zum Ende der Gasentwicklung. Die Hauptmenge des überschüssigen Peroxids wird durch Erhitzen, die letzten Spuren durch Erhitzen mit 2 Tropfen konz. Ameisensäure zerstört. Auch die an den oberen Gefäßwänden haftenden Peroxide müssen restlos zersetzt werden! Die erhaltene Lösung kann unmittelbar zur photometrischen Bestimmung mit Dianthrimid benutzt werden (vgl. Kapitel 4.3.1.3, S. 100).

**Arbeitsvorschrift** nach *Monnier*, *Liebich* und *Marcantonatos* für Nanogramm-Mengen Bor. Vor der fluorimetrischen Bestimmung von Nanogramm-Mengen Bor verascht man nach *Monnier* und Mitarbeitern [7] Pflanzenmaterial ohne Borverluste wie folgt: In einem Reagensglas aus Quarz erhitzt man 0,2 bis 1 mg Probe mit 3,5 ml konz. $H_2SO_4$ im Ofen 1 Std. auf 100 °C. Man läßt erkalten, gibt 0,1 ml 30%iges $H_2O_2$ zu und erhitzt 30 min auf 200 °C. Nach dem Erkalten gibt man erneut 0,1 ml $H_2O_2$ zu und verfährt wie oben. Die Behandlung mit $H_2O_2$ wird insgesamt dreimal durchgeführt.

Die erhaltene Lösung kann unmittelbar zur fluorimetrischen Bestimmung mit HMCB benutzt werden [7]. Hierzu gibt man 0,2 ml 0,0105%ige HMCB-Lösung in konz. $H_2SO_4$ zu, erhitzt 35 min auf 70 °C und mißt nach dem Erkalten; vgl. Kapitel 4.4.2, S. 123.

### 2.3.2 Trockene Veraschung

Das frische *Pflanzenmaterial* kann ohne besondere Vorsichtsmaßnahmen bei etwa 80 bis 110 °C getrocknet werden. Borverluste treten dabei nicht auf. Ein Zusatz von Alkali bereits beim Trocknen ist überflüssig [2, 4].

Die Veraschung der Proben wird stets im elektrischen Ofen bei 600 °C vorgenommen. Manche Autoren schreiben vor, die Probe vor der Veraschung zur Vermeidung von Borverlusten mit $Ca(OH)_2$ alkalisch zu machen [6, 9], jedoch ist dies nicht erforderlich [2, 4] und beeinträchtigt u. U. den Veraschungsprozeß [2, 8].

Gemäß der **Arbeitsvorschrift** nach *Baron* [2] für Pflanzenmaterial wird das frische Material (Kräuter, Gräser, Luzerne, Raps, Lein, Zuckerrüben) mit dest. Wasser gewaschen, bei 110 °C getrocknet und anschließend pulverisiert. Davon werden 2 g in eine Quarzschale (50 ml) eingewogen und ohne Zusatz von Alkalien bei 600 °C langsam verascht. Es ist zweckmäßig, das zu veraschende Material in den kalten Ofen zu stellen und erst dann anzuheizen. Zur Asche, die frei von Kohleteilchen sein soll, gibt man eine Messerspitze Hydraziniumsulfat und spült mit 1 n $H_2SO_4$ in einen 50-ml-Meßkolben über. Zur Reduktion oxydierender Verbindungen und zur Lösung der Metalloxide erhitzt man den Meßkolben kurze Zeit auf dem Wasserbad. Die heiße Lösung wird dabei öfters umgeschwenkt. Nach dem Erkalten füllt man mit 1 n $H_2SO_4$ zur Marke auf. Falls nötig, filtriert man durch ein borfreies Filter, wobei man die ersten Anteile des Filtrats verwirft. Von der klaren Lösung entnimmt man 2,5 ml zur photometrischen Bestimmung mit Dianthrimid (vgl. Kapitel 4.3.1.3, S. 100).

*Bemerkung. Andere Arbeitsweisen.* Nach *Roth* und *Beck* [9] läßt man 1 bis 2 g trockene oder die entsprechende Menge frischer zerkleinerter *Pflanzenprobe* in einer Platinschale mit 10 bis 20 ml 0,1 n wäßriger $Ca(OH)_2$-Suspension über Nacht stehen. Dann dunstet man das Wasser auf einem Wasserbad ab, verascht vorsichtig auf freier Flamme und glüht noch 10 min im Muffelofen bei 600 °C. Aus dem Rückstand wird das Bor als Methylester abdestilliert (vgl. Kapitel 3.1.1, S. 20).

Nach *Gagliardi* und *Wolf* [6] verascht man unter Zugabe von 5 ml Kalkwasser, löst die Asche in 10 ml verd. $H_2SO_4$ und filtriert. Diese Lösung benutzt man zur photometrischen Bestimmung als Ionenassoziat des Tetrafluoroborats (vgl. Kapitel 4.3.3).

Nach *Wilson* [11] versetzt man 5 g Holz im Quarz- oder Nickeltiegel mit 10 ml einer Lösung, die 7,5%ig an $[Ba(OH)_2 \cdot 8\,H_2O]$ und 1%ig an konz. $HNO_3$ angesetzt worden ist, trocknet bei 105 °C und verascht bei 600 °C. Man löst die Asche in HCl, filtriert und bestimmt das Bor titrimetrisch. Die photometrische Bestimmung mit Anthrachinonderivaten ist wegen des Nitratgehaltes der Asche nicht möglich.

**Arbeitsvorschrift** nach *Otting* für tierisches Material. Letzteres erfordert wegen seines geringen Borgehaltes höhere Einwaagen. Nach *Otting* [8] versetzt man 5 bis

50 g zerkleinerte Probe in einer Silberschale mit 0,5 bis 5 ml 20%iger Kalilauge und mischt gut. Hat die Lauge die ganze Fleischmasse durchzogen, trocknet man bei etwa 100 °C. Danach verascht man vorsichtig unter einem Oberflächenstrahler, bis die Rauchentwicklung aufhört. Die Masse neigt zu starkem Schäumen. Man vollendet dann die Veraschung im elektrischen Ofen, wobei man die Temperatur nur langsam bis auf 600 °C steigert. Manchmal, besonders wenn zu viel KOH zugesetzt wurde, bildet sich ein schwer veraschbarer Koks. Dessen Verbrennung kann man durch vorsichtiges Überleiten von Sauerstoff (Quarzrohr) verbessern, wobei die Kohle jedoch nicht hell aufglühen, sondern bei möglichst tiefer Temperatur verbrennen soll.

*Literatur*

1. *Bader, H., Brandenberger, H.*: Atomic Absorption Newsletter **7**, 1 (1968).
2. *Baron, H.*: Fr. **143**, 339 (1954).
3. *Cogbill, E. C., Yoe, J. H.*: Anal. Chem. **29**, 1251 (1957).
4. *Dible, W. T., Truog, E., Berger, K. C.*: Anal. Chem. **26**, 418 (1954).
5. *Ellis, G. H., Zook, E. G., Baudisch, O.*: Anal. Chem. **21**, 1345 (1949).
6. *Gagliardi, E., Wolf, E.*: Mikrochim. A. **1968**, 140.
7. *Monnier, D., Liebich, B., Marcantonatos, M.*: Fr. **247**, 188 (1969).
8. *Otting, W.*: Angew. Ch. **64**, 670 (1952).
9. *Roth, H., Beck, W.*: Fr. **141**, 414 (1954).
10. *Thierig, D., Umland, F.*: Fr. **211**, 161 (1965).
11. *Wilson, W. J.*: Anal. chim. Acta **19**, 516 (1958).

## 2.4 Aufschlußverfahren

*Vorbemerkung.* An dieser Stelle sind vornehmlich solche Aufschlußverfahren besprochen, welche allgemeiner anwendbar sind. Auf Spezialfälle beschränkte Methoden sind im Kapitel 5 beschrieben.

Weitere Arbeitsvorschriften zur Probenvorbereitung sind in den Kapiteln 3 und 4 im Zusammenhang mit Trenn- bzw. Bestimmungsverfahren angegeben.

### 2.4.1 Verbrennung in Sauerstoff

Die Verbrennung in Sauerstoff wird zur Mikroanalyse hauptsächlich organischer Substanzen sowie u.a. von Boranen benutzt. Sie führt zu $B_2O_3$, das in Wasser oder Lauge aufgefangen und nach einem der üblichen Verfahren, meistens titrimetrisch, bestimmt wird.

Die Verbrennung kann in einem Rohr im $O_2$-Strom oder in geschlossenen Gefäßen drucklos nach *Schöniger* [19] oder unter Druck in der Parr-Bombe durchgeführt werden. Nach vergleichenden Versuchen geben *Debal* und *Levy* [7] dem Schöniger-Verfahren den Vorzug vor der Verbrennung im leeren Rohr, da ersteres schneller und einfacher ist.

#### 2.4.1.1 Verbrennung im Schöniger-Kolben

Das Verfahren hat den Vorteil minimalen technischen Aufwandes und wird vor allem auch zur Halogenbestimmung benutzt. Geeignete Verbrennungsgefäße wurden von *Schöniger* [19] sowie von *Debal* und *Levy* [6] beschrieben. Sie bestehen im wesentlichen aus einem Erlenmeyerkolben mit Schliffstopfen; der Stopfen trägt an einem Pt-Draht einen Käfig aus Pt-Draht. Die Substanz wird in den Käfig gebracht, der Kolben mit einer Absorptionslösung beschickt, mit Sauerstoff gefüllt und die Substanz bei aufgesetztem Stopfen entzündet. Die Verbrennungsprodukte werden absorbiert und die Lösung analysiert.

**Arbeitsvorschrift** [19, 26]. Eine genau gewogene Substanzmenge mit 0,5 bis 1 mg B bringt man auf ein Stückchen Filterpapier, welches nach *Schöniger* [19] derart geschnitten ist, daß nach dem Zusammenfalten eine kleine Papierlunte absteht. Als Verbrennungshilfe gibt man 10 mg Rohrzucker zu, wickelt das Substanzgemisch in das Papier ein und befestigt das Päckchen im Pt-Käfig des Gerätes. Man gibt etwa 10 ml Wasser in den Kolben und füllt diesen aus einer Stahlflasche mit Sauerstoff. Man entzündet die Papierlunte und setzt den Stopfen mit dem Drahtkäfig sofort auf den Kolben auf; während der Verbrennung hält man den Stopfen fest. Der Kolben soll schräg gehalten werden, damit herabfallendes Papier auf die trockene Kolbenwand fällt, wo es völlig verglimmt. Danach schüttelt man und kühlt zur Beschleunigung der Absorption im Eisbad. Auf den auskragenden Rand des Kolbens gibt man etwas Wasser und lüftet vorsichtig den Stopfen. — Geringe Mengen verkohlter Papierflocken stören die titrimetrische Borbestimmung nicht.

*Bemerkungen.* I. In *Anwesenheit von Chlorid* in der Analysensubstanz setzt man der Absorptionsflüssigkeit vor der Verbrennung einige Tropfen 30%iges $H_2O_2$ zu. Dieses wird vor der Borbestimmung verkocht.

II. *Flüssige, hygroskopische oder an der Luft unbeständige Proben* wägt man in Gelatinekapseln Nr. 5 (Fa. Parke, Davis u. Co., Detroit) ein und setzt gleichfalls etwas Zucker zu.

III. *Debal* und *Levy* [7] benutzen als *Verbrennungshilfe* 2,8 bis 4,5 mg $KNO_3$ für 0,5 bis 1,5 mg Probe und wägen alle Arten von Substanzen in Gelatinekapseln ein.

IV. Leichter verbrennbare Substanzen (Kaliumtetraphenylborat) mit geringem Borgehalt (3%) können nach *Belcher, McDonald* und *West* [3] auch *ohne* Zusatz eines Verbrennungshilfsmittels verbrannt werden.

V. *Anwendungen.* Das Verfahren wurde u.a. erfolgreich angewandt auf Substanzen wie Trimethylborazol, n-Amylborat, Phenylboronsäure, p-Triphenylsilylphenylboronsäure [26], Trimethylaminoboran, Dekaboran, p-Tolylboronsäureanhydrid [7].

Verbindungen wie Borcarbid, Bornitrid, Zirkonborid werden dagegen nicht vollständig aufgeschlossen [26].

#### 2.4.1.2 Verbrennung in der Parr-Bombe

Die Parr-Bombe ist ein Autoklavenrohr mit Platinauskleidung (hergestellt von Fa. Parr, USA). Zeichnungen der Bombe und der Versuchsanordnung vgl. [1]; Einzelheiten ihrer Handhabung vgl. [1, 2].

Das Verfahren hat den Vorteil, daß aus einer Substanzprobe außer Bor auch C, H und gegebenenfalls weitere Elemente bestimmt werden können [1, 2]. Ferner können für Spurenanalysen bis zu 1 g Substanz verbrannt werden [2].

Die Substanz wird als Preßling, in einer Gelatinekapsel oder in einer Glasampulle in die Bombe gebracht. Man füllt die Bombe mit Sauerstoff bis zu etwa 25 at Druck und zündet die Verbrennung hinter einer Schutzwand elektrisch oder mittels Brennerheizung. Man löst das in der Bombe zurückbleibende $B_2O_3$ in Wasser oder Alkali und bestimmt es wie üblich. Die Bombe kann auch von vornherein mit einer Absorptionsflüssigkeit beschickt werden. — Nach *Conrad* und *Vigler* [5] wird die Oxydation durch Erhitzen des gelösten Bombeninhaltes mit $KMnO_4$ vervollständigt.

Eine Substanzprobe von 1 g kann innerhalb von 10 bis 15 min verbrannt und zur Borbestimmung vorbereitet werden.

Das Verfahren wurde angewandt auf Alkylborane [1, 5], Borsäureester [1] sowie auf Mischungen von Essigsäure und Bor(III)-triacetat mit 0,5 bis 2 ppm B [2].

#### 2.4.1.3 Verbrennung in strömendem Sauerstoff

Nach *Debal* und *Levy* [7] erhitzt man die Substanz in einem leeren Verbrennungsrohr in einem mit Wasserdampf beladenen $O_2$-Strom zunächst 2 bis 3 min auf 600 °C, dann 22 bis 23 min auf 1000 °C. Im hinteren, stets auf 1000 °C erhitzten Teil des Rohres wird die Verbrennung vervollständigt. Der Wasserdampf wandelt $B_2O_3$ in Borsäure um, welche in Wasser aufgefangen wird. Bei Borgehalten über 15% dürfen höchstens 1,5 mg Substanz, für Dekaboran (88,45% B) nur 0,8 mg Probe verbrannt werden.

Nach *Rittner* und *Culmo* [17] verbrennt man die Substanz unter Zusatz von $V_2O_5$ und $K_2Cr_2O_7$ im trockenen $O_2$-Strom in der Mikroverbrennungsapparatur nach *Pregl* (Typ Brinkman-Heraeus). Eine Probemenge mit 1 bis 4 mg B wird mit etwa 40 mg eines (1:1)-Gemisches aus $V_2O_5$ und $K_2Cr_2O_7$ vermischt und in einem Pt-Schiffchen innerhalb 12 min bei 850 bis 950 °C verbrannt. Das im Schiffchen zurückbleibende $B_2O_3$ wird durch Kochen mit Wasser herausgelöst und titrimetrisch bestimmt.

## 2.4.2 Alkalisch-oxydierende Schmelzaufschlüsse

### 2.4.2.1 Aufschlüsse mit Natriumperoxid

Aufschlüsse mit festem $Na_2O_2$ werden besonders bei organischen Borverbindungen angewandt [12, 25]. Auch sehr beständige Borchelate können mit $Na_2O_2$ zerstört werden. Organische Verbindungen zünden mit $Na_2O_2$ beim Erhitzen unter heftiger Reaktion; die Aufschlüsse erfolgen daher in einer Bombe. Eine ausführliche Darstellung dieser Arbeitsweise gaben *Wurzschmitt* und *Zimmermann* [25].

Anorganische Verbindungen wie $AsB_6$ [16] oder Borsilicide [11] reagieren weniger heftig mit $Na_2O_2$; ihr Aufschluß erfolgt daher im offenen Tiegel.

**Arbeitsvorschrift** [23]. *Gerät*: IKA-Universalbombe nach *Wurzschmitt* mit Schutzofen (Fa. Janke u. Kunkel) (vgl. Kapitel 3.4, S. 46).

*Aufschluß*. In den Bombentiegel wägt man etwa 60 mg organische Probesubstanz mit 3 bis 5% B genau ein. Man gibt als Verbrennungshilfe etwa 160 bis 170 mg Äthylenglykol sowie 3,5 g $Na_2O_2$ p.a. hinzu. Der Deckel mit Gummidichtung wird aufgesetzt, die Bombe verschraubt und in den Schutzofen gestellt. Man erhitzt derart, daß die Flamme des Mikrobrenners den Bombenboden nur eben berührt. Die Durchzündung der Aufschlußmasse erfolgt dabei etwa 10 bis 20 sec nach Beginn des Erhitzens. Nach weiteren 40 bis 50 sec nimmt man die Bombe aus dem Ofen, kühlt mit dest. Wasser und öffnet sie. Ist der Aufschluß richtig erfolgt, muß der Bombeninhalt mehr oder weniger eine Schmelze darstellen.

*Weiterverarbeitung*. In einem 250 ml-Teflonbecher erhitzt man die Bombe etwa 30 min mit 50 ml Wasser. Hat sich alles gelöst, wird der Tiegel entfernt und mit Wasser abgespült. Man neutralisiert mit verd. $H_2SO_4$ gegen Phenolphthalein und gibt dann noch 10 ml 2 n $H_2SO_4$ im Überschuß zu. Für die meisten Borbestimmungen, besonders photometrische, muß das Peroxid zerstört werden. Hierzu gibt man tropfenweise so viel wäßrige $SO_2$-Lösung zu (etwa 1 ml), bis eine Tüpfelprobe mit Titansulfatlösung (etwa 2 n in halbkonz. $H_2SO_4$) eben keine Gelbfärbung mehr ergibt. Den geringen $SO_2$-Überschuß entfernt man durch tropfenweise Zugabe von 0,1 n $KMnO_4$-Lösung bis zur schwachen Rosafärbung der Probe. Die erhaltene Lösung füllt man im Meßkolben mit Wasser zu 500 ml auf.

Von dieser Probelösung verwendet man 2,5 ml zur photometrischen Bestimmung mit Dianthrimid (vgl. Kapitel 4.3, S. 100) oder 2,0 ml zur photometrischen Bestimmung mit Carminsäure (vgl. Kapitel 4. 3, S. 91).

*Weitere Anwendungen*. Zur Analyse von *Borsäureestern* schließen *Hunter* und Mitarbeiter [12] 0,5 g Probe mit 1 g $KClO_4$ und 15 g $Na_2O_2$ unter elektrischer Zündung in der Parr-Bombe auf. Man löst in Wasser, neutralisiert mit HCl, fällt Hydroxide mit NaOH und titriert das Filtrat nach Mannitzusatz (vgl. Kapitel 4.2.3).

Nach *Reščikova* [16] schmilzt man 0,1 g *Arsenhexaborid* im Nickeltiegel auf kleiner Flamme mit 1 g NaOH und 0,5 bis 0,6 g $Na_2O_2$, löst die Schmelze in Wasser, filtriert und säuert an. Man zerstört $Na_2O_2$ mit $KMnO_4$, macht wieder alkalisch und zersetzt das $MnO_4^-$ durch Kochen. Anschließend kann man nach Mannitzusatz titrieren.

*Frank* [11] schließt *Borsilicide* im Zr-Tiegel mit $Na_2CO_3$ und $Na_2O_2$ auf.

#### 2.4.2.2 Aufschlüsse mit Nitraten

A. *Borphosphid.* Nach *Ljutina* und *Bartnickaja* [14] werden 0,1 g bis 0,15 g pulverisiertes BP mit 2,5 g $BaCO_3$ sowie 0,1 g $KNO_3$ gemischt und im Ni- oder Pt-Tiegel, dessen Boden mit $BaCO_3$ bedeckt ist, langsam auf 950 bis 1000 °C erhitzt. Man hält 1 Std. auf dieser Temperatur und löst dann in halbkonz. HCl.

B. *Lanthanhexaborid* schmilzt man nach *Förster* und *Zieger* [10] mit $Na_2CO_3$ und $KNO_3$.

C. *Metallboride* und *elementares Bor* schmilzt man nach *Blumenthal* [4] zunächst mit $Na_2CO_3$, setzt dann $NaNO_3$ zu und schmilzt erneut. — Für Ta- und Nb-Boride sind Kaliumsalze zu verwenden. — Die Schmelze löst man in HCl.

D. *Borsilicide* schmilzt man nach *Frank* [11] mit $Na_2CO_3$ und $NaNO_3$.

### 2.4.3 Alkalische Schmelzaufschlüsse

Alkalische Aufschlüsse ohne besonderes Oxydationsmittel werden relativ selten angewandt. Die Oxydation erfolgt dann durch den Luftsauerstoff. Die Borbestimmung wird in der Regel durch Titration nach der Mannitmethode (vgl. Kapitel 4.2.3, S. 79) durchgeführt.

*Borsalicylsäurechelate* und *$BF_3$-Additionsprodukte* schmilzt man nach *Roth* [18] im unbedeckten Platintiegel mit der etwa 20fachen Menge $Na_2CO_3$ bis zur hellen Rotglut. Die Schmelze, welche rein weiß sein muß, wird in Wasser und HCl gelöst.

Zum Aufschluß von *Zirkoniumdiborid* erhitzt *Takahashi* [22] 0,2 g Probe mit 3 g $Na_2CO_3$ 50 min auf 1000 °C, löst in 50 ml Wasser, filtriert unter Zusatz von Filterbrei und wäscht mit 100 ml 0,5%iger Sodalösung.

Der Schmelzaufschluß mit KOH in einer Nickelbombe eignet sich nach *Klimova* und *Vitalina* [13] für verschiedenartige *Organoborverbindungen.* Enthalten diese noch Schwefel, muß die wäßrige Lösung der Schmelze durch Kochen mit $H_2O_2$ nachoxydiert werden. In einer verschraubten Nickelbombe erhitzt man 10 bis 30 mg Probe 40 bis 50 min zwischen zwei Schichten von etwa 0,5 g KOH, wobei man die Temperatur allmählich auf 750 bis 800 °C steigert. Zur besseren Durchmischung der Schmelze wird die Bombe von Zeit zu Zeit vorsichtig umgeschwenkt. Nach dem Erkalten löst man die Schmelze in Wasser, wobei keine Gefäße aus borhaltigem Glas benutzt werden dürfen.

### 2.4.4 Saure Aufschlüsse

Saure Aufschlüsse erfolgen unter oxydierenden Bedingungen. Sie werden vornehmlich auf Organoborverbindungen sowie auf elementares Bor, $B_4C$, BN u. ä. angewandt. Die wichtigsten, sauren Aufschlußmittel sind $HNO_3$ und $K_2S_2O_8$. Saure Aufschlüsse in wäßrigem Medium erfolgen wegen der Flüchtigkeit der Borsäure (vgl. Kapitel 2.2) in einer Bombe oder unter Rückfluß, Schmelzaufschlüsse dagegen im Tiegel.

*Borane* und *Organoborverbindungen* werden je nach ihrer Natur verschieden leicht zersetzt. Zur Vermeidung von Explosionen empfiehlt *Pierson* [15], ein möglichst mildes Aufschlußmittel zu benutzen. Von steigender Wirkung sind verdünnte Natronlauge, verdünnte Trifluoressigsäure sowie Mischungen aus Trifluoressigsäure und 98%igem $H_2O_2$; sehr schwer zersetzliche Substanzen sind im Bombenrohr nach *Carius* mit 85 bis 87%iger $H_2SO_4$ innerhalb 16 bis 48 Std. bei

340 °C aufschließbar [15]. *Strahm* und *Hawthorne* [21] verdünnen die Probe mit 1 ml Acetonitril und schließen mit Trifluorperoxoessigsäure auf. – Hinter einem Schutzschild bringt man Milligramm-Mengen der Substanz in ein Kölbchen mit Rückflußkühler und tropft in der Kälte vorsichtig das Oxydationsmittel zu. Danach erhitzt man einige Zeit im Wasserbad zur Vervollständigung des Aufschlusses und titriert dann die Borsäure nach der Mannitmethode.

*Shaheen* und *Braman* [20] schließen Borane, Aminoborane sowie P und F enthaltende Borverbindungen durch Erhitzen über Nacht mit rauchender $HNO_3$ bei 440 °C im Bombenrohr nach *Carius* auf.

Der Aufschluß von *elementarem Bor* kann durch Schmelzen der feingepulverten Probe mit $K_2S_2O_8$ unter Rückfluß im Quarzkolben erfolgen [9]. Nachteilig ist die große erforderliche Menge des Aufschlußmittels. Für 300 mg Probe sind 50 g $K_2S_2O_8$ erforderlich, welche mit 0,25 ml Wasser angefeuchtet werden. Während des etwa 10 bis 15 min dauernden Aufschlusses muß der Kolben gut umgeschwenkt werden. Die Schmelze wird in Wasser gelöst, gegen Phenolphthalein neutralisiert und filtriert. Lagen Nitride vor, muß das Filter mit 3 g $Na_2CO_3$ aufgeschlossen werden. Die vereinigten Lösungen werden mit Wasser auf etwa 500 ml gebracht und mit 0,6 n NaOH nach der Mannitmethode titriert. Der Blindwert des benutzten $K_2S_2O_8$ muß bestimmt und die Natronlauge mit einer bekannten Menge $H_3BO_3$ unter Ausführung des gesamten Schmelzprozesses eingestellt werden.

Den Nachteil großer Salzmengen vermeidet der Aufschluß mit $HNO_3$ nach *Carius*. Er ist auf *elementares Bor*, *Borcarbid* und *Bornitrid* anwendbar. Nach *Donaldson* und *Trowell* [8] wägt man 0,1 bis 0,15 g Probe in ein kleines Glasgefäß ein. Dieses gibt man in ein großes Bombenrohr nach *Carius*, welches 4 ml konz. $HNO_3$ und 0,1 g KBr enthält. (Der Zusatz von KBr beschleunigt den Aufschluß, ist aber entbehrlich.) Man läßt die anfängliche Reaktion abklingen, wobei man erforderlichenfalls kühlt. Dann schmilzt man das Rohr zu und erhitzt 2 bis 3 Std. auf 250 °C. Das Rohr wird danach unter den üblichen Vorsichtsmaßregeln geöffnet und mit Wasser ausgespült. Die Lösung wird filtriert und auf 250 ml aufgefüllt. Ein aliquoter Teil von 50 ml wird mit 0,5 g Harnstoff 5 min am Wasserbad gekocht, dann mit NaOH neutralisiert und nach der Mannitmethode titriert.

*Amorphes Bor* löst man nach *Vasileva* und *Sokolova* [24], indem man eine 20 mg-Probe im Quarzkolben mit 10 ml 3%igem $H_2O_2$ und 20 ml 1,3%iger $K_2S_2O_8$-Lösung 30 min unter Rückfluß kocht. Man spült das Kühlrohr mit Wasser und titriert nach der Mannitmethode.

*Kristallines Bor* löst sich schwieriger. Man versetzt 20 mg Probe mit 1,5 bis 2 ml konz. $H_2O_2$ und 0,2 g $K_2S_2O_8$, gibt dann 10 bis 15 ml Wasser zu und kocht 1 Std. unter Rückfluß. Ein verbleibender Rückstand ist mit $Na_2CO_3$ und $K_2CO_3$ aufzuschließen [24].

## *Literatur*


1. *Allen, H., Tannenbaum, S.*: Anal. Chem. **31**, 265 (1959).
2. *Bailey, J. J., Gehring, D. G.*: Anal. Chem. **33**, 1760 (1961).
3. *Belcher, R., Macdonald, A. M. G., West, T. S.*: Talanta **1**, 408 (1958).
4. *Blumenthal, H.*: Anal. Chem. **23**, 992 (1951).
5. *Conrad, A. L., Vigler, M. S.*: Anal. Chem. **21**, 585 (1949).
6. *Debal, E., Levy, R.*: Mikrochim. A. **1964**, 272.
7. *Debal, E., Levy, R.*: Bull. Soc. chim. France **1969**, 1779.
8. *Donaldson, J. M., Trowell, F.*: Anal. Chem. **36**, 2202 (1964).
9. *Eberle, A. R., Pinto, L. J., Lerner, M. W.*: Anal. Chem. **36**, 1282 (1964).
10. *Förster, W., Zieger, M.*: Neue Hütte **10**, 492 (1965); durch Chem. Abstr. **64**, 1343a.
11. *Frank, A. J.*: Anal. Chem. **35**, 830 (1963).
12. *Hunter, D. L., Petterson, L. L., Steinberg, H.*: Anal. chim. Acta **21**, 523 (1959).
13. *Klimova, V. A., Vitalina, M. D.*: Ž. Anal. Chim. (russ.) **22**, 406 (1967).

14. *Ljutina, M. D., Bartnickaja, T. S.*: Betriebslab. (russ.) **34**, 939 (1968); durch Chem. Abstr. **69**, 92712j.
15. *Pierson, R. H.*: Anal. Chem. **34**, 1642 (1962).
16. *Reščicova, A. A.*: Betriebslab. (russ.) **31**, 164 (1965); durch Chem. Abstr. **62**, 15426e.
17. *Rittner, R. C., Culmo, R.*: Anal. Chem. **34**, 673 (1962).
18. *Roth, H.*: Angew. Ch. **50**, 593 (1937).
19. *Schöniger, W.*: Mikrochim. A. **1955**, 123.
20. *Shaheen, D. G., Braman, R. S.*: Anal. Chem. **33**, 893 (1961).
21. *Strahm, R. D., Hawthorne, M. F.*: Anal. Chem. **32**, 530 (1960).
22. *Takahashi, Y.*: Japan Analyst **13**, 193 (1964); durch Chem. Abstr. **60**, 15139g.
23. *Umland, F., und Mitarbeiter*: unveröffentlicht.
24. *Vasileva, M. G., Sokolova, A. L.*: Ž. Anal. Chim. (russ.) **17**, 530 (1962).
25. *Wurzschmitt, B., Zimmermann, W.*: Fortschr. chem. Forsch. **1**, 485 (1950).
26. *Yasuda, S. K., Rogers, R. N.*: Microchem. J. **4**, 155 (1960).

# 3 Trennverfahren

*Vorbemerkung.* Insbesonders die naßchemischen Verfahren zur Borbestimmung werden häufig durch andere Probenbestandteile gestört und erfordern daher eine Vortrennung. Diese kann durch selektive Isolierung des Bors aus der Probesubstanz oder auch durch Entfernung der Störionen erfolgen. Beide Prinzipien sind sowohl für Proben mit hohem Borgehalt als auch zur Spurenanalyse geeignet.

Die Isolierung des Bors erlauben die Destillation oder Mikrodiffusion von Borsäuretrimethylester, die Extraktionsverfahren, Pyrohydrolyse sowie ein Teil der Ionenaustauschmethoden. Andere Ionenaustauschverfahren sowie Fällung und Elektrolyse dienen dagegen zur Entfernung bestimmter Störionen.

## 3.1 Trennung durch Destillation von Borsäuremethylester

Das wohl bekannteste und meist benutzte Verfahren zur Isolierung von Bor ist die Destillation von Borsäuremethylester. Borsäure wird beim Erhitzen mit Methanol in $B(OCH_3)_3$ überführt und dieser zusammen mit einem Teil des überschüssigen Methanols aus dem Reaktionsgemisch abdestilliert. Nach alkalischer Verseifung des Esters kann das Methanol verkocht und das Borat mit einem der üblichen Verfahren bestimmt werden. Der Methylester ist wegen seines niedrigen Siedepunktes (Kp. 68,7 °C) besser geeignet als der Äthylester (Kp. 117,4 °C) [19].

Die Hauptvorteile dieser Trennmethode sind ihre fast universelle Anwendbarkeit und ihre hohe Selektivität. Nachdem die Analysensubstanz aufgeschlossen und das Bor in lösliches Borat überführt wurde, kann dieses durch Esterdestillation von den meisten Begleitstoffen abgetrennt werden. Das Verfahren ist für Mengen von etwa 20 mg bis unter 0,2 µg Bor verwendbar. Insbesondere alle Metalle sowie Silicat- und Phosphationen bleiben bei der niedrigen Destillationstemperatur ($<$100 °C) im Kolben zurück. Mit überdestillieren können vor allem $CO_2$, $SO_2$, HCl, HF, Stickoxide, $HBF_4$. Ihr störender Einfluß läßt sich meistens durch geeignete Wahl des Bestimmungsverfahrens oder ihre nachträgliche Entfernung aus dem Destillat ausschalten. Als ernste Störung verbleibt Fluoridion, das jedoch durch Zusatz großer Mengen Al-Salzes zum Destillationsgemisch gebunden werden kann [6, 22].

Die quantitative Veresterung von Milligramm-Mengen Borat gelingt nur in Abwesenheit größerer Wassermengen und Anwendung eines Kondensationsmittels. Als solches dient meistens konz. Schwefelsäure [19, 20]; jedoch wurden auch $ZnCl_2$ [22] oder $H_3PO_4$ und $P_2O_5$ [14] vorgeschlagen. Lediglich Spurenmengen Borat ($<$20 µg) lassen sich nach möglichster Entfernung von Wasser auch ohne Kondensationsmittel annähernd vollständig verestern und überdestillieren [24].

Mischt man Probelösung, Methanol sowie konz. Schwefelsäure und destilliert ab, so genügt einmalige Destillation vielfach nicht zur vollständigen Abtrennung des Bors [17]. Man muß u. U. mehrmals erneut Methanol zusetzen und die Destillation wiederholen; meistens wird zweimalige Destillation vorgeschrieben [3, 12, 19, 22,

27]. Dies macht das Verfahren schwerfällig und langwierig. Wesentlich günstiger ist die Destillation im Methanoldampfstrom [5, 7, 12, 15], bei welcher im Reaktionsgemisch das Mengenverhältnis von Wasser, Methanol und Schwefelsäure konstant bleibt und optimal gehalten werden kann [15]. Hiermit lassen sich auch größere Mengen Bor mit 50 ml Methanol in etwa 15 min quantitativ isolieren (siehe unten).

Als Destillationsapparat kann eine einfache Anordnung aus Rundkolben, gegebenenfalls Spritzenfänger, Tropftrichter, Brücke und Kühler ausreichen [9, 19], wird aber meistens nur noch in Sonderfällen benutzt [10, 24]; vgl. S. 26. Geeigneter sind die im folgenden beschriebenen Geräte zur Methanoldampf- und Kreislaufdestillation, insbesonders für Serienbestimmungen auch größerer Bormengen; vgl. S. 22. Bei der Destillation von Milligramm-Mengen Bor kann die Apparatur aus borhaltigem Hartglas (Duran) bestehen [5]. Für Spurenbestimmungen sind dagegen Quarzgeräte unerläßlich, auch borfreies Glas reicht nicht aus [24].

Das aus Methanol und Borsäureester bestehende Destillat wird in verdünntem, wäßrigem Alkali aufgefangen. Vielfach werden etwa 10 ml 0,1 n NaOH benutzt; für viele photometrische Bestimmungen ist 0,1 n $Ca(OH)_2$ günstiger. Das Alkali verseift nicht nur den Ester, sondern verhindert beim Abdampfen des Methanols auch die Verflüchtigung von Borsäure. Besonders bei Spurenanalysen ist verlustfreies Eindampfen nur in Anwesenheit eines Komplexbildners (Glycerin) und genügend Wasser möglich [21, 24]; vgl. auch Kapitel 2.2, S. 8. Nach *Lüdemann* und *Zimmermann* [9] sollen auch beim Eindampfen genügend stark alkalischer Lösungen auf dem Wasserbad hohe Borverluste auftreten. Verlustfreies Eindampfen eines $Ca(OH)_2$ enthaltenden Destillates gelingt dagegen bei 40 bis 50 °C unter geringem Vakuum.

### 3.1.1 Arbeitsweise nach Roth und Beck

*Roth* und *Beck* [15] entwickelten eine *Apparatur* zur Destillation des Borsäuremethylesters im Methanoldampfstrom (Abb. 3). Hierdurch wird eine mehrfache Destillation mit wiederholter Methanolzugabe vermieden und die Destillationszeit auf etwa 10 min herabgesetzt. Für die Anwendung des Verfahrens auf die Analyse von Mineraldüngern wurde der Einfluß des zur Lösung der Salze nötigen Wassers auf die Bildung des Borsäureesters untersucht. Es hat sich gezeigt, daß Borsäuremengen bis hinauf zu einigen Milligrammen aus einem Gemisch von 45 ml Methanol, 4 ml konz. Schwefelsäure und bis zu 4 ml Wasser bereits mit 50 ml Destillat quantitativ übergehen [15]. Unter Anwendung von 20 ml konz. Schwefelsäure sind noch 10 ml Wasser zulässig, wenn man etwa 100 ml Destillat auffängt [16]. Dies ist für die Verarbeitung von Sodaschmelzen bedeutsam.

Zur Düngeranalyse ist die Esterdestillation der Störionenabtrennung durch Fällungsverfahren besonders bei kleinen Borgehalten überlegen. Sie wird auch durch größere Mengen Al-, Cr- und Fe-Salze nicht gestört. Beim Lösen von Sodaaufschlüssen freiwerdendes $CO_2$ muß vor der Destillation entfernt werden. Erfolgt die Borbestimmung im Destillat photometrisch mit Dianthrimid (vgl. Kapitel 4.3.1.3, S. 103), so stört ein gleichzeitiger Gehalt des Düngers an Chlorid und Nitrat; das mitentstehende Chlor bildet in der alkalischen Vorlage Hypochlorition, welches mit Dianthrimid eine Rotfärbung ergibt. Diese Störung läßt sich durch vorheriges Glühen der nitrathaltigen Proben unter Zusatz von $Ca(OH)_2$ bei 580 bis 600 °C vollständig ausschalten. Die Zugabe von $Ca(OH)_2$ ist bei allen Düngersalzen erforderlich, die vor oder nach dem Glühen saure Reaktion zeigen, da sonst Borverluste eintreten. Nach *Lang* [8] ergibt das von *Roth* und *Beck* empfohlene Erhitzen auf

600 °C, abgesehen von dem Glühphosphat Borrhekaphos, zu niedrige Werte; erhitzt man nicht, so fallen die Ergebnisse höher aus.

Chlor- und Fluorwasserstoff (bzw. $H_2SiF_6$), deren Siedepunkte über demjenigen des Methanols und des Borsäuremethylesters (Kp. 69 °C) liegen, kann man mit der Apparatur nach *Roth* und *Beck* am Überdestillieren hindern.

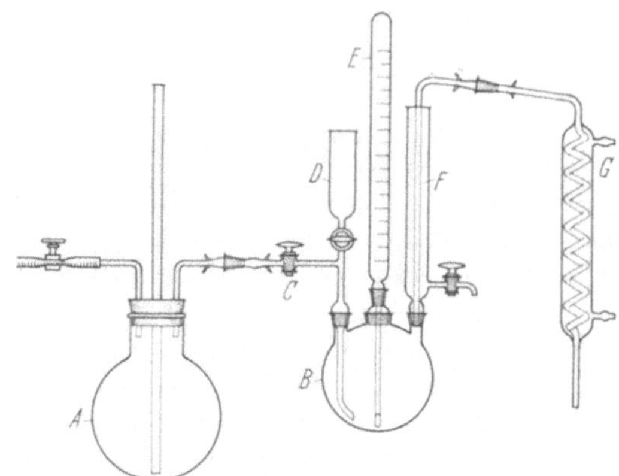


Abb. 3. Destillierapparat nach *Roth* und *Beck*

Der Reaktionskolben *B* besteht aus Quarz, die übrigen Teile der Apparatur aus Glas (Hersteller Fa. Hormuth, Heidelberg).

*Probenvorbereitung* [15, 16]. I. Von *Borphosphatdüngern* werden 1 bis 2 g der in einer Achatreibschale gut pulverisierten Probe in den Reaktionskolben *B* eingewogen, mit 4 ml Wasser und 45 ml Methanol versetzt [15].

II. Von *nitrathaltigen Volldüngern* werden 1 bis 2 g in einer Platinschale mit der gleichen Menge $Ca(OH)_2$ vermischt und im Muffelofen 30 min auf 600 °C erhitzt. (Zwecks gleichmäßiger Alkalisierung der Probe kann man das Gemisch mit etwas Wasser befeuchten, dieses bei 105 °C abdunsten und die Probe anschließend glühen.) Den Glührückstand spült man nach dem Erkalten mit 4 ml Wasser und 45 ml Methanol in den Reaktionskolben [15].

III. Von trockenem *Pflanzenmaterial* läßt man 1 bis 2 g in einer Platinschale mit 10 bis 20 ml 0,1 n $Ca(OH)_2$-Suspension zwecks Alkalisierung der Probe über Nacht stehen. Nach Abdunsten des Wassers auf einem Wasserbad wird die Probe über einem Brenner vorsichtig vorverascht und anschließend in einem Muffelofen 10 min bei 600 °C geglüht. Mit dem Glührückstand verfährt man wie unter II). (Frisches Pflanzenmaterial kann nach *Roth* und *Beck* [16] ohne Borverluste bei 80 °C getrocknet werden.)

IV. Von trockenen, fein zerriebenen *Bodenproben* mit etwa 20 bis 60 ppm Bor [16] werden 0,5 g in einen Platintiegel eingewogen, mit 1 g Soda gemischt und mit weiteren 0,5 g Soda überschichtet. Der in den kalten Muffelofen eingebrachte Tiegel wird allmählich auf 875 °C erhitzt und 30 min bei dieser Temperatur belassen. Nach dem Erkalten gibt man 3 ml Wasser in den Tiegel und erhitzt vorsichtig auf der Sparflamme, wodurch sich der Schmelzkuchen meistens vom Tiegelboden abhebt. Man überführt die Schmelze in den Reaktionskolben und spült den Tiegel mit 7 ml Wasser nach. (Es dürfen insgesamt nicht mehr als 10 ml Wasser angewandt werden!) Sodann wird der Reaktionskolben über einer kleinen Flamme erwärmt, um die Bruchstücke der Schmelze so weit wie möglich zu lösen. Das im folgenden beschriebene Destillationsverfahren [15] muß dei der Verarbeitung von Sodaaufschlüssen modifiziert werden [16]. Man verfährt wie unter „*Destillation nach Sodaaufschluß*", S. 22, beschrieben.

**Arbeitsvorschrift** [15]. Bei geschlossenem Hahn $C$, mit Wasser gefülltem Kühler $F$ und eingesetztem Thermometer $E$ läßt man durch den Einfülltrichter $D$ 4 ml konz. Schwefelsäure (D = 1,84) vorsichtig zutropfen. Um Überhitzung an der Eintropfstelle zu vermeiden, wird der Kolben gleichzeitig schwach geschüttelt. Die Temperatur darf dabei nicht über 50 °C ansteigen. Nun bringt man einen 50-ml-Meßkolben, in dem sich 10 ml 0,5 n Natronlauge und 1 bis 2 Tropfen Phenolphthalein befinden, unter den Kühler $G$. Sodann beginnt man mit dem Einleiten des in $A$ entwickelten Methanoldampfes und läßt das Kühlwasser aus $F$ ab. Die Methanoldampfentwicklung wird derart reguliert, daß das Ester-Methanol-Gemisch aus $G$ in rascher Tropfenfolge austritt. Dabei darf die Temperatur in $B$ nicht über 75 °C ansteigen. Das Kühlerende in die Vorlage einzutauchen, ist nicht nötig. Während des Destillierens schwenkt man den Vorlagekolben gelegentlich um. Wenn der Meßkolben nach etwa 10 min bis nahe an die Marke gefüllt ist, entfernt man ihn und füllt nach Erreichung der Eichtemperatur mit Methanol auf.

*Bemerkungen.* I. Zur Analyse *borreicher* Proben legt man 1 n NaOH vor, fängt 100 ml Destillat auf und entnimmt aliquote Teile zur Bestimmung.

Will man die Borbestimmung photometrisch z. B. mit Dianthrimid ausführen, so legt man nicht Natronlauge, sondern 10 ml 0,1 n $Ca(OH)_2$-Suspension im Meßkolben vor, wobei kein Indikator zugesetzt wird. Man prüft zur Sicherheit am Schluß der Destillation mit Indikatorpapier, ob die Vorlage noch alkalisch ist; sonst wird noch etwas festes $Ca(OH)_2$ zugegeben.

Borat wird dabei vom überschüssigen $Ca(OH)_2$ nicht adsorbiert. Für die Probeentnahme ist es daher belanglos, ob die Vorlagelösung trübe oder nach Abscheidung des $Ca(OH)_2$ klar geworden ist.

II. *Destillation nach Sodaaufschluß* [16]. Den Reaktionskolben, in welchem man die Sodaschmelze (vgl. S. 21) in 10 ml Wasser soweit wie möglich gelöst hat, schließt man an die Apparatur an, jedoch ohne zunächst die Verbindung mit dem Methanoldampfentwickler herzustellen. Man kühlt den Kolben mit Wasser, füllt den Kühler $F$ und tropft bei geschlossenem Hahn $C$ vorsichtig 20 ml konz. $H_2SO_4$ zu. Dabei sollen 40 °C nicht überschritten werden. Anschließend gibt man 45 ml Methanol zu. Zur Entfernung des restlichen $CO_2$ leitet man über Hahn $C$ 3 min einen schwachen Luftstrom (5 Blasen/sec) durch die Apparatur. Nun wird $A$ angeschlossen und $F$ entleert; $B$ erhitzt man mit einer Sparflamme, um ein Festbacken evtl. ausgeschiedener Kieselsäure zu vermeiden. Als Vorlage verwendet man einen 100-ml-Meßkolben mit 10 ml 0,1 n $Ca(OH)_2$-Suspension. Sobald er fast gefüllt ist, entfernt man ihn, füllt mit Methanol zur Marke auf und entnimmt 10 ml zur photometrischen Bestimmung.

III. *Bestimmung.* Zur *Titration* bringt man das ganze Destillat oder einen aliquoten Teil davon in einen 100-ml-Erlenmeyerkolben aus Quarz und dampft das Methanol am siedenden Wasserbad unter Aufblasen von gereinigter Luft vollständig ab. Nach Zugabe von 5 bis 10 ml Wasser titriert man wie üblich nach dem Mannitverfahren (vgl. Kapitel 4.2.3, S. 79).

Zur *photometrischen Bestimmung* dampft man einen geeigneten Anteil des Destillates in einem Quarzgefäß zur Trockene. Im Rückstand bestimmt man das Bor z. B. mit Dianthrimid nach Kapitel 4.3.1.3, S. 103.

### 3.1.2 Arbeitsweise nach Werner

*Prinzip und Apparatur.* Arbeitsweise und Apparatur nach *Roth* und *Beck* [15] (vgl. S. 20) wurden von *Werner* [26] vereinfacht und zur Serienbestimmung des Bors in Sedimentgesteinen benutzt.

Dabei wird der Schmelzkuchen vom Sodaaufschluß nicht im Destillationskolben, sondern in einem Quarzbecherglas gelöst, wodurch man das Absaugen des $CO_2$

aus der Apparatur vermeidet. Borverluste entstehen dadurch nicht [2, 26]. Ferner werden Methanol und Schwefelsäure bereits vor Gebrauch gemischt. Da beim Zugeben dieses Gemisches zum gelösten Aufschluß im Kolben keine Erwärmung auftritt, kann man hierbei schnell verfahren und auch auf den bei *Roth* und *Beck* angegebenen Zwischenkühler verzichten. Abb. 4 zeigt die Apparatur nach *Werner* [26].

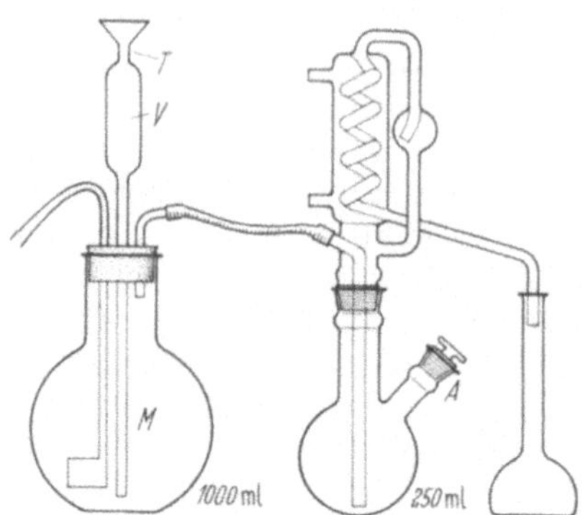


Abb. 4. Destillierapparat nach *Werner*

*Aufschluß von Gesteinen* [26]. 350 mg gepulverten Gesteins (bei 0,01 bis 0,05% $B_2O_3$ entspricht diese Einwaage einer zur Anfärbung gelangenden Bormenge von etwa 1 bis 5 μg B) werden im Platintiegel mit 1 g Natriumcarbonat gemischt und mit 0,5 g davon bedeckt. Der Tiegel wird in den kalten Ofen eingesetzt und nach Erreichen einer Temperatur von etwa 875 °C hierbei 1 Std. belassen. Nach dem Erkalten wird der Schmelzkuchen durch gelindes Aufklopfen aus dem Tiegel entfernt, in einen Quarzbecher überführt und mit 10 ml Schwefelsäure (1:1) (etwa 48 %ig) gelöst. Der Tiegel wird mit 5 ml Wasser ausgespült. Die Auflösung kann durch Rühren mit einem Quarzstäbchen wesentlich beschleunigt werden.

**Arbeitsvorschrift** [26]. Der gelöste Aufschluß wird durch den Schliff *A* (Abb. 4) in den Destillierkolben gebracht, der Quarzbecher mit etwas Methanol-Schwefelsäuregemisch (3:1) ausgespült. Insgesamt werden 60 ml Gemisch eingefüllt. Im Dampfentwickler *M* wird Methanol, das durch das Trichterrohr *T* eingefüllt werden kann, mittels Tauchsieder (mit Widerstand) zum Sieden erhitzt (das Rohr *T* dient auch als Steigrohr mit einem Sicherheitsvolumen *V*). Durch Einleiten des Methanoldampfes erhitzt sich der Inhalt des Destillierkolbens auf etwa 80 °C. Der Dampfstrom wird derart reguliert, daß der vorgelegte, mit 10 ml 0,1 n $Ca(OH)_2$-Lösung beschickte 100-ml-Meßkolben in etwa 15 min gefüllt ist. Nach Abkühlen des Destillates wird mit Methanol zur Marke aufgefüllt und gemischt. Zur *Reinigung* des Destillierkolbens wird dieser mit Hilfe einer Wasserstrahlpumpe entleert, mit Methanol aus einer Spritzflasche mit aufgebogener Spitze gründlich ausgespült und abermals leergesaugt. Hierauf kann sofort mit der nächsten Destillation begonnen werden.

*Bestimmung.* Die Borbestimmung im Destillat erfolgt nach *Werner* photometrisch mit Dianthrimid; Vorschrift vgl. Kapitel 4.3.1.3.4, S. 103). Bei gleichzeitigem Betrieb von 6 Destillierapparaten können von einer Hilfskraft einschließlich aller Vorbereitungsarbeiten 12 Analysen je Tag ausgeführt werden.

### 3.1.3 Kreislaufdestillation nach Ehrlich und Keil

*Prinzip und Apparatur.* Das Prinzip der Kreislaufdestillation, welches von *Pietzka* und *Ehrlich* zur Fluorbestimmung eingeführt worden ist [13], wurde von

*Ehrlich* und *Keil* auf die Destillation des Borsäureesters übertragen [5]. Der Ester wird dabei in der Vorlage durch Natriummethylat verseift und das Bor dadurch aus dem Kreislauf entfernt. Die Apparatur macht einen besonderen Methanoldampfentwickler überflüssig und kann weitgehend unbeaufsichtigt laufen. Da das Methanol im Kreis geführt wird, ist eine mehrmalige Destillation mit wiederholter Methanolzugabe überflüssig. Abb. 5 zeigt die aus Duranglas hergestellte Apparatur. Bezüglich eines anderen Gerätes zur Kreislaufdestillation nach ASTM vgl. [1].

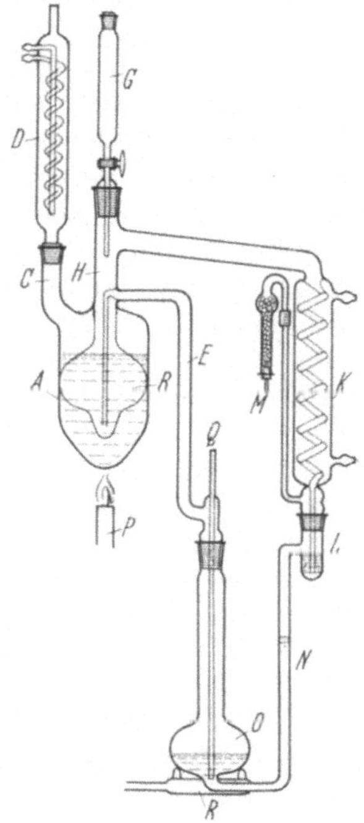


Abb. 5. Apparat nach *Ehrlich* und *Keil* zur Kreislaufdestillation

Der birnenförmige Destillationskolben *B* ist von einem Mantelgefäß *A* umgeben, das bis zu Zweidrittel mit Propanol als Heizbadflüssigkeit gefüllt ist. Sie kann jederzeit durch den seitlichen Ansatz *C* ausgewechselt werden. Zur Kühlung des verdampfenden Propanols dient ein kleiner, aufgesetzter Dimrothkühler *D*. Kurz oberhalb des Heizmantelgefäßes führt das Methanoldampfeinleitungsrohr *E* bis 2 mm über den Boden des Destillationskolbens. Um irgendwelche Spannungen zu vermeiden, wird die ganze Apparatur nur an dem Einfüllrohr bei *H* mit einer Klammer gehalten. Dort befindet sich eine 3 cm lange, leicht herausnehmbare Silberdrahtspirale als Spritzenfänger, der mitgerissene Säuretropfen zurückhalten soll. Auf das Einfüllrohr ist ein Schlifftrichter *G* aufgesetzt.

Eine vollständige Kondensation des Ester-Methanoldampfgemisches wird in dem angeschlossenen Schlangenkühler *K* erreicht. Der Ablauf des Kühlers ragt bis 2 mm über den Boden des Überlaufbechers *L*. Kühlerende wie auch Überlaufbecher sind durch Schliffe miteinander verbunden und vollkommen abgeschlossen. Ein seitlich aufsteigendes Rohr *M* dient zum Entweichen des $N_2$-Stromes, welcher bei *Q* zugeführt wird. Es kann mit einem kleinen $CaCl_2$-Röhrchen abgeschlossen werden; dies verhindert bei längeren Destillationszeiten Eindringen von Feuchtigkeit in die Apparatur. Das Kondensat fließt von dem Überlaufbecher *L* durch Verbindungsrohr *N* hindurch in das Vorlagegefäß *O*. Das Rohr muß eine Mindestlänge von

16 cm haben, damit keinerlei Stauungen der Flüssigkeitssäule eintreten. Die kugelförmige Erweiterung des Vorlagegefäßes gewährleistet ein rasches Verdampfen des Methanols und gleichmäßiges Sieden. Das Dampfeinleitungsrohr $E$ muß waagerecht in das Einfüllrohr eingefügt sein. Bei einer kleinen Neigung besteht die Gefahr, daß sich Alkohol kondensiert, in die Vorlage zurückläuft und dabei den Verlauf der Destillation stört.

Zur Beheizung dienen ein Gasbrenner $P$ für das Heizmantelgefäß und ein geschlitzter Ringbrenner $R$ für die Vorlage.

**Arbeitsvorschrift** [5]. *Beschickung der Vorlage.* In die Vorlage gibt man 1 ml $CH_3ONa$-Lösung (hergestellt durch Lösen von 2,3 g Na in 53 ml $CH_3OH$). Von 10 ml Methanol gibt man einen kleinen Anteil in den Überlaufbecher, den Rest zur Methylatlösung in die Vorlage. Die $CH_3ONa$-Lösung sollte etwa das 2- bis 3fache der zu erwartenden Bormenge betragen. (Es ist darauf zu achten, daß die beiden Schliffe stets gut mit Silikonfett bestrichen sind. Sie könnten sich sonst leicht bei der Destillation festsetzen und beim Abnehmen der Vorlage abbrechen).

*Beschickung des Destillationskolbens.* Mittels eines trockenen Trichters gibt man die abgewogene Substanz durch das Einfüllrohr in den Destillationskolben. Man setzt dann den Tropftrichter auf und läßt (bei der Analyse von reinem Borax) 15 ml Methanol und 1 bis 2 ml konz. $H_2SO_4$ zutropfen. Der bereits hindurchperlende $N_2$-Strom verhindert dabei eine zu starke, örtliche Erhitzung. Das Kühlwasser soll bereits laufen.

Man erhitzt das Heizbad und hält es mit genau eingestellter Flammenhöhe am Sieden. Mit dem gleichzeitig entzündeten Ringbrenner stellt man eine Umlaufgeschwindigkeit des Methanols von 3 ml/min ein. (Die nötige Einstellung wird bei Probeläufen ermittelt.) Die Destillation kann nun unbeaufsichtigt weiterlaufen. Bei Boraxlösungen ist sie nach 10 min beendet. Danach wird das Destillat in einen Quarzkolben übergeführt und der Alkohol verkocht. Im Rückstand wird das Boration bestimmt.

*Bemerkungen.* I. *Reinigung des Gerätes.* In den Destillationskolben wird bis kurz unterhalb der Brücke Wasser gegeben. Durch die Heberwirkung fließt der Inhalt durch das Methanoldampfeinleitungsrohr in ein untergestelltes Gefäß vollständig ab. Man spült noch 1- bis 2mal mit Wasser und zuletzt mit Methanol. Der Vorlagekolben wird mit Wasser, dann mit Methanol gespült und getrocknet.

II. *Bestimmung in Gläsern.* Zur Glasanalyse (vgl. auch Kapitel 5.3, S. 163) wird die Probe mit der dreifachen Menge $Na_2CO_3$ plus $K_2CO_3$ im Platintiegel aufgeschlossen. Dabei können bis zu 2 mg Bor neben 100 bis 150 mg $SiO_2$ mit 30 bis 40 ml Methanol im Destillationskolben und 10 ml Methanol in der Vorlage abgetrennt werden. Die Destillation ist dabei nach 40 min beendet. Größere Bormengen lassen sich nicht quantitativ erfassen.

Zur *maßanalytischen* Bestimmung neutralisiert man den alkalischen Eindampfrückstand des Destillates und titriert wie üblich nach Mannitzusatz (vgl. Kapitel 4.2.3, S. 79f.). Zur *photometrischen* Bestimmung füllt man den Eindampfrückstand mit Wasser auf ein bekanntes Volumen auf und entnimmt einen geeigneten Anteil zur Analyse. *Ehrlich* und *Keil* benutzten die Carminsäuremethode nach *Hatcher* und *Wilcox*; Vorschrift vgl. Kapitel 4.3.1.1.1, S. 92.

### 3.1.4 Destillation von Borspuren nach Spicer und Strickland

Die Isolierung von wenigen Mikrogrammen Bor durch Esterdestillation erfordert besondere Vorsichtsmaßregeln. Nach *Spicer* und *Strickland* [24] destilliert man die weitgehend wasserfreie, schwach saure Probe zweimal mit Methanol. — Bei der Destillation von Makromengen Bor wird ein Kondensationsmittel, meistens konz. $H_2SO_4$, verwendet, wobei bis zu 10 bis 15 ml Wasser anwesend sein dürfen (vgl. S. 20). — Nach *Spicer* und *Strickland* ist es bei der Bestimmung von Borspuren (<20 μg) möglich, wäßrige Lösungen von pH = 1,5 bis 5 ohne Borverluste bis auf 2 bis 3 ml einzudampfen [24]. Dabei sammelt man die zuletzt übergehenden Anteile des abdestillierenden Wassers in der gleichen Vorlage wie anschließend den Borsäuremethylester. Die Destillation des sauren Eindampfrückstandes mit Methanol genügt dann zur Veresterung des Bors; ein Kondensationsmittel ist nicht erforderlich. Die Destillationsausbeute beträgt je nach Art der Probe etwa 85 bis 98% des vorhandenen Bors. Den Ester fängt man in einem Gemisch aus Wasser, Glycerin und NaOH auf. Verlustfreies Eindampfen des Destillates ist nur in Gegenwart von Glycerin möglich, welches vor der photometrischen Bestimmung entfernt werden muß. Die Borbestimmung kann z. B. als Rubrocurcumin oder Rosocyanin erfolgen [23]; vgl. Kapitel 4.3.2, S. 104. Bei Spurenbestimmungen ist außer der Gefahr von Borverlusten durch Verflüchtigung bei der Probenvorbereitung oder durch unvollständige Destillation auch die Möglichkeit der Einschleppung von Bor durch Reagenzien, Staub und Gefäßmaterialien besonders zu beachten.

*Apparaturen.* Die Destillierapparatur muß völlig aus Quarz oder Platin gefertigt sein; Geräte aus borfreiem Glas sind ungeeignet. Abb. 6 zeigt das von *Spicer* und *Strickland* [24] empfohlene Gerät. Eine noch einfachere Anordnung wurde von *Luke* [10, 11] zur Bestimmung von Borspuren im Silicium benutzt (Abb. 7). Dabei kann die Destillation durch einen $N_2$-Strom unterstützt werden [11].

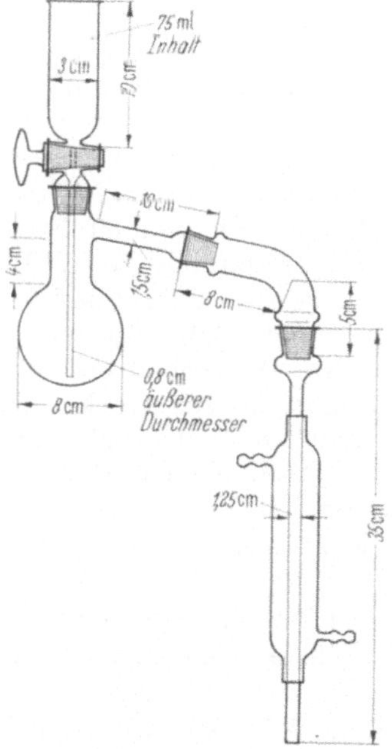

Abb. 6. Quarzapparat zur Destillation von Borspuren (Kühlermantel aus Geräteglas) nach *Spicer* und *Strickland*

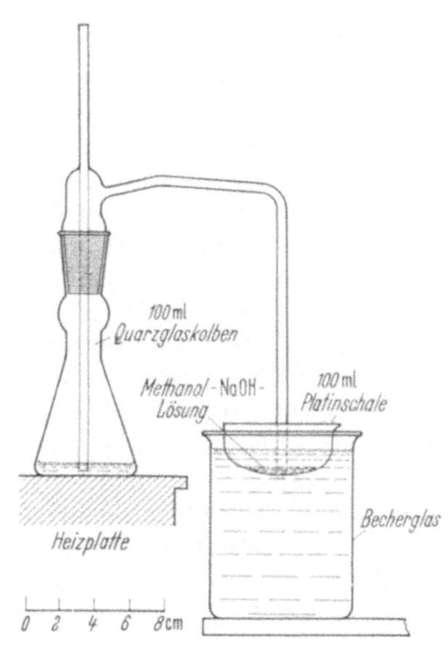


Abb. 7. Quarzapparat zur Destillation von Borspuren nach *Luke*

Vor dem erstmaligen Gebrauch muß die Apparatur so lange mit angesäuertem Methanol ausgekocht werden, bis der Blindwert des Destillates genügend niedrig geworden ist. Im Betrieb werden etwa 0,5 bis 1% des in der Probe enthaltenen Bors an der Quarzwand adsorbiert und lassen sich weder mit Wasser noch mit Alkohol entfernen. Für verschiedene Mengenbereiche des zu bestimmenden Bors sollten daher jeweils gesonderte Geräte benutzt werden; insbesonders soll man vermeiden, nacheinander in der gleichen Apparatur eine Probe mit hohem und dann mit geringem Borgehalt zu destillieren. Erforderlichenfalls ist das Gerät wie oben auszukochen.

Die *Probenvorbereitung* kann meistens nach den üblichen Methoden erfolgen. Die Destillationsbedingungen müssen der Art des vorbereiteten Produkts angepaßt werden, je nachdem, ob dieses in Methanol löslich ist bzw. ob es große Mengen Neutralsalze enthält (s.u.).

*Organisches Material* (vgl. Kapitel 2.3 bis 2.4, S. 10, 13) kann in der $O_2$-Bombe aufgeschlossen werden. Zur trockenen Veraschung befeuchtet man es mit einer Aufschlämmung von 0,1 bis 0,2 g $Ca(OH)_2$, trocknet und verglüht bei $<600\,°C$ im Platintiegel. Die Asche wird mit 1 bis 2 g NaOH geschmolzen und mit 10 bis 15 ml Wasser in die Apparatur übergeführt. (Es ist zu beachten, daß manche Muffelöfen Bor an alkalische Proben abgeben.) In Methanol oder Wasser *lösliche Salze* (z.B. $BaCl_2 + 2\,H_2O$) können unmittelbar in den Destillationskolben eingesetzt werden. *Metalle* (z.B. Calcium) werden in möglichst wenig 8 n HCl gelöst und die überschüssige Säure mit $Ca(OH)_2$ neutralisiert.

**Arbeitsvorschrift** *für Proben, deren Eindampfrückstand in Methanol löslich ist* (z.B. Perchlorate und viele Nitrate). Die Destillationsausbeute beträgt bei 5 bis 15 μg B etwa 97% des vorhandenen Bors.

Maximal 5 bis 10 g Probe (z.B. die NaOH-Schmelze einer Asche) werden mit 10 bis 15 ml Wasser in den Destillationskolben gebracht. Man setzt einige Tropfen 0,05%ige Thymolblaulösung zu, neutralisiert mit 2,5 n Perchlorsäure bis zur bleibenden Gelbfärbung und setzt noch weitere Säure bis zur eben bleibenden Rotfärbung zu. Der Säureüberschuß darf nicht mehr als 2 bis 3 Tropfen betragen, da sonst $HClO_4$ mit überdestillieren und die photometrische Bestimmung stören kann. Man ergänzt mit Wasser auf 25 ml und destilliert das Wasser langsam in eine Platinschale (7,5 bis 9 cm ⌀) ab, in welcher sich 2 bis 3 ml Glycerin-NaOH-Lösung (mit 1% NaOH, 0,1% NaCl und 3% Glycerin) und ein Tropfen Thymolblaulösung befinden. Beim späteren Eindampfen muß die Vorlage mindestens halb so viel Wasser wie Methanol enthalten. — Man destilliert, bis nur noch etwa 2 ml Flüssigkeit im Kolben sind oder bis Perchlorate zu kristallisieren beginnen. Dann gibt man durch den Tropftrichter 35 ml Methanol zu und destilliert am Wasserbad bei 85 °C ab. Zum Rückstand gibt man 15 ml Methanol und destilliert bis zur Trockne ab, zuletzt bei 95 °C. Beide Destillate sammelt man in der gleichen Platinschale wie oben. Das Ende des Kühlers muß während der Destillation stets eben in die Vorlageflüssigkeit eintauchen. Der Indikator muß blau bleiben.

**Arbeitsvorschrift** *für Proben, die in Methanol nicht oder schlecht löslich sind* (z.B. $BaCl_2 \cdot 2\,H_2O$).

5 bis 15 μg B werden mit einer Ausbeute von 85 bis 90% wiedergefunden. — Nach der ersten Methanoldestillation muß der Salzrückstand nochmals in Wasser gelöst werden, um eingeschlossenes Borat freizusetzen.

10 g Probe werden im Destillationskolben in 35 ml Wasser gelöst. Man setzt etwas Methylrot zu und säuert mit n Salzsäure eben bis zur deutlichen Rotfärbung an. Man destilliert vom Glycerinbad bei 125 °C bis zur Trockene ab. Das Wasser wird wie nach obiger Arbeitsweise in einer Platinschale aufgefangen. Nach dem Abkühlen des Kolbens gibt man 35 ml Methanol zu und destilliert ab wie oben beschrieben. Man löst den Rückstand in 15 ml Wasser, destilliert ab, gibt 15 ml Methanol zu und destilliert erneut ab. Alle wäßrigen und alkoholischen Destillate werden vereinigt.

**Arbeitsvorschrift** *für Proben, aus denen das Wasser nicht vollständig abgedampft werden kann* (z.B. große Salzmengen, $CaCl_2$, NaCl).

1 bis 10 μg B werden zu 94 bis 98% wiedergefunden. Das Verfahren ist auch für <0,2 μg B geeignet.

Die Probelösung, deren Volumen über 50 ml betragen kann, wird mit verd. Salzsäure gegen Methylrot schwach angesäuert. Man destilliert langsam etwa die Hälfte des Wassers ab und erhitzt weiter im Ölbad auf 220 °C, bis kein Wasser mehr übergeht. Das Destillat wird verworfen. — In den Destillierkolben gibt man 50 ml Methanol und markiert außen den Flüssigkeitsstand. Man destilliert am Wasserbad bei 85 °C und gibt durch den Tropftrichter allmählich insgesamt 50 ml Methanol zu, so daß der Flüssigkeitsspiegel stets auf gleicher Höhe bleibt. Nach jeder Methanolzugabe wird der Kolbeninhalt durch leichtes Schwenken durchmischt. Das Kühlerende taucht während der Destillation in die Vorlageflüssigkeit ein. Für größere B-Mengen verwendet man als Vorlage eine Platinschale (9 cm ⌀), welche 25 ml Wasser, 2 ml Glycerin-NaOH-Lösung und Thymolblau-Indikator enthält (vgl. erste Arbeitsweise). Bei geringen B-Mengen (<0,2 μg) fängt man das Destillat in einer Pt-Schale (5 cm ⌀) auf, welche 12 ml Wasser und 1 ml Glycerin-NaOH-Lösung mit 0,4% NaOH und 1% Glycerin enthält.

*Bemerkungen.* I. *Eindampfen des Destillates.* Sind nur Spuren Bor anwesend, muß zur Einschränkung von Verlusten beim Eindampfen des Destillates außer Alkali auch Glycerin anwesend sein. Ferner muß das Destillat ein Verhältnis: Wasser zu Methanol von mindestens 0,5 aufweisen. Die Borverluste betragen dann noch etwa 4%. Das nach obigen Destillationsverfahren erhaltene Destillat wird auf dem Wasserbad eingedampft. Danach vertreibt man das Glycerin durch Erhitzen auf 150 bis 250 °C. Im Rückstand kann Bor mit Curcumin photometrisch bestimmt werden.

II. Muß das Destillat einige Zeit *aufbewahrt* werden, ist die Schale mit einem Glasgefäß oder besser Quarzuhrglas abzudecken. Verwendet man Glas, darf die Luft keine HF-Dämpfe enthalten, da sonst $BF_3$ in die Probe gelangen kann.

### 3.1.5 Weitere Anwendungen der Esterdestillation

Die Verarbeitung des Destillates kann nach *Wickbold* und *Nagel* [29] auch durch *kontinuierliche Verbrennung* des abdestillierenden Ester/Methanol-Gemisches in der Apparatur nach *Wickbold* [28] erfolgen. Das entstehende $B_2O_3$ wird in NaOH aufgefangen und titriert.

*Beryllium, Thorium, Zirkonium, Uran und andere Metalle* löst man nach *Eberle* und *Lerner* [4] in Brom und Methanol, bindet überschüssiges Brom mit borfreiem Be-Metall und destilliert den Borsäuremethylester ab. Unter ähnlichen Bedingungen in Brom-Methanol genügend gut löslich sind auch Cu, Cd, Zn, Sn, Mg, Ca, Ti, Al, Bi, Fe, In, Tl, Sb, Co, [4]. Die Borbestimmung im Destillat kann photometrisch mit Diaminochrysazin erfolgen [4]; vgl. Kapitel 4.3.1.2.2, S. 97, 98.

**Arbeitsvorschrift.** Im Destillierapparat versetzt man 1 g Zr mit 15 ml gekühltem Methanol, gibt schnell 2 ml Brom zu und löst das Metall vorsichtig unter Eiskühlung des Kolbens. Bei heftig reagierenden Proben kann das Lösen unter Rückfluß erfolgen. Der Vorstoß des Kühlers taucht in 100 ml eisgekühltes Wasser als Vorlage ein. Nach vollständiger Auflösung gibt man 85 ml Methanol und 1 g borfreies Beryllium (<0,2 ppm B) zu und löst vorsichtig unter Kühlung. Dann destilliert man bei 85 bis 95 °C, bis 55 ml Destillat übergegangen sind. Nach Zusatz von genügend $Ca(OH)_2$ kann das Destillat eingedampft werden.

*Bemerkungen.* I. *Thorium* wird mit konz. $HNO_3$ und einer Spur Fluorid angeätzt, gewaschen und getrocknet. 5 g Th löst man in 25 ml Methanol und 2 ml $Br_2$ und setzt danach 75 ml Methanol sowie 0,5 g Be zu.

II. 1 g *Beryllium* löst man in 100 ml eiskaltem Methanol + 2 ml $Br_2$. Danach setzt man kein weiteres Methanol oder Be mehr zu.

Zur Bestimmung im *Titan* löst man nach *Codell* und *Norwitz* [3] 0,5 g Metall mit <0,1% B unter Rückfluß in 30 ml Wasser und 5 ml konz. $H_2SO_4$. Man spült das Kühlrohr mit Wasser, gibt (nicht durch den Kühler!) 2 ml 30%iges $H_2O_2$ und 5 ml 3,3%ige $FeSO_4$-Lösung zu. Man kocht unter Rückfluß, bis die Gelbfärbung verschwunden ist und Ti zu hydrolysieren beginnt; man kocht noch weitere 10 min, so daß alles $H_2O_2$ sicher zerstört ist. Nach Zusatz von 20 ml Methanol destilliert man den Ester von einem hochsiedenden Heizbad, bis kein Destillat mehr übergeht, aber noch keine $SO_3$-Nebel auftreten. Man läßt erkalten und wiederholt die Destillation noch zweimal mit je 50 ml Methanol. Die Borbestimmung kann photometrisch mit Dianthrimid erfolgen [3]; vgl. Kapitel 4.3.1.3.4, S. 100.

Schwer aufschließbare Silicate wie *Turmalin, Glas, Porzellan* schließt man nach *Stefl* [25] mit Al/NaOH auf. In einem Röhrchen aus borfreiem Glas mischt man 0,2 bis 0,3 g Probe mit 1/4 bis 1/3 dieser Menge an Al-Pulver und so viel gepulvertem, trockenem NaOH, daß das (Al:NaOH)-Verhältnis 1:8 bis 1:10 beträgt. Man erhitzt vorsichtig, bis zum Ende der Reaktion, die binnen weniger Sekunden unter $H_2$-Entwicklung verläuft. Man erhitzt noch 2 bis 3 min über der leuchtenden Gasflamme, schreckt das Röhrchen mit etwas Methanol ab und überführt den gesprungenen Teil des Röhrchens mit der Schmelze unter Nachspülen mit Methanol in den Destillationskolben. Nach Ansäuern mit $H_2SO_4$ destilliert man wie üblich.

*Große Mengen Silicate,* wie sie bei der Bestimmung von Borspuren im Silicium [10] oder $Si_2Cl_6$ [18] anfallen, müssen vor der Destillation *abgetrennt* werden. Dies gelingt nach *Luke* [10] durch mehrmaliges Umfällen der in NaOH gelösten Probe mit Methanol (vgl. Kapitel 5.4.2, S. 166).

Zur Bestimmung in *Fluoriden* nach *Gaestel* und *Huré* [6] gibt man in den Destillationskolben die feste Probensubstanz mit >1 µg B und bis 1,6 g Fluorid. Man fügt 75 ml einer Lösung von 120 g wasserfreiem $AlCl_3$ in 1 Liter abs. Methanol zu und macht mit einer 6 n Lösung von Chlorwasserstoff in Methanol schwach sauer. Dann destilliert man im Methanoldampfstrom in eine Vorlage mit 10 ml 0,1 n NaOH. Das Destillat enthält dann noch 100 bis 150 µg F. Der Fluoridgehalt des Destillates läßt sich unter 1 µg F senken, wenn man den aus dem Destillierkolben entweichenden Dampf zunächst in einen weiteren Destillierkolben leitet. Dieser enthält 50 ml der methanolischen $AlCl_3$-Lösung, welche mit 2 n NaOH-Lösung in Methanol bis zur eben beginnenden Al-Fällung versetzt wurde. Beide Destillierkolben werden erhitzt, so daß die Flüssigkeitsvolumina in ihnen unverändert bleiben.

## *Literatur*

1. Am. Soc. Testing Materials; methods for chem. analysis of metals: ASTM, Philadelphia 1956; durch *Koch, D. G. Koch-Dedic, G. A.*; Handbuch der Spurenanalyse Berlin-Göttingen-Heidelberg-New York 1964.
2. *Baron, H.*: Fr. **143**, 339 (1954).
3. *Codell, M., Norwitz, G.*: Anal. Chem. **25**, 1446 (1953).
4. *Eberle, A. R., Lerner, M. W.*: Anal. Chem. **32**, 146 (1960).
5. *Ehrlich, P., Keil, T.*: Fr. **165**, 188 (1959).
6. *Gaestel, M.M., Huré, J.*: Bull. Soc. chim. France **16**, 830 (1949).
7. *Kelly, M.*: Anal. Chem. **23**, 1335 (1951).
8. *Lang, K.*: Fr. **163**, 241 (1958).
9. *Lüdemann, K. F., Zimmermann, R.*: Neue Hütte 8, 21 (1963).
10. *Luke, C. L.*: Anal. Chem. **27**, 1150 (1955).
11. *Luke, C. L., Flaschen, S. S.*: Anal. Chem. **30**, 1406 (1958).
12. *Otting, W.*: Angew. Ch. **64**, 670 (1952).
13. *Pietzka, G., Ehrlich, P.*: Angew. Ch. **65**, 131 (1953).
14. *Rader, L. F., Hill, W. L.*: J. agric. Res. **57**, 901 (1938).
15. *Roth, H., Beck, W.*: Fr. **141**, 404 (1954).
16. *Roth, H., Beck, W.*: Fr. **141**, 414 (1954).
17. *Scharrer, K., Gottschall, G.*: Bodenkunde Pflanzenernähr. **39**, 178 (1935).
18. *Schneer, A., Halmos, T., Szekely, T.*: Fr. **182**, 178 (1961).

19. *Schulek, E., Vastagh, G.*: Fr. **84**, 167 (1931).
20. *Schulek, E., Vastagh, G.*: Fr. **87**, 165 (1932).
21. *Schulek, E., Szakacs, O.*: Fr. **137**, 5 (1952).
22. *Schulek, E., Szakacs, O., Szakacs, M.*: Fr. **151**, 1 (1956).
23. *Spicer, G. S., Strickland, J. D. H.*: Anal. chim. Acta **18**, 231 (1958).
24. *Spicer, G. S., Strickland, J. D. H.*: Anal. chim. Acta **18**, 523 (1958).
25. *Stefl, M.*: Coll. Czechoslov. Chem. Commun. **24**, 1726 (1959).
26. *Werner, H.*: Fr. **168**, 266 (1959).
27. *White, C. E., Weissler, A., Busker, D.*: Anal. Chem. **19**, 802 (1947).
28. *Wickbold, R.*: Angew. Ch. **69**, 530 (1957).
29. *Wickbold, R., Nagel, F.*: Angew. Ch. **71**, 405 (1959).

## 3.2 Trennung durch Ionenaustausch

Die meisten Borbestimmungen werden gestört durch leicht hydrolysierbare Kationen, größere Mengen Neutralsalze sowie manche Anionen, insbesondere Phosphat-, Nitrat- und Fluoridionen. Zu ihrer Abtrennung können mit Vorteil Ionenaustauschharze eingesetzt werden. Gegenüber der Esterdestillation (vgl. Kapitel 3.1) haben sie vor allem den Vorzug geringeren apparativen und arbeitsmäßigen Aufwandes, oft auch des geringeren Zeitbedarfs. Ein Nachteil liegt darin, daß die Probelösung bei der Trennung auf meistens etwa 250 ml verdünnt wird. Die Ionenaustauschtrennung ist sowohl für Milligramm- wie Mikrogramm-Mengen Bor geeignet. Gelegentlich wird berichtet, daß manche Harze merkliche Mengen (μg) Bor abgeben können [6, 31]; die meisten Arbeiten erwähnen nichts davon.

*Kationenaustausch.* Je nach Aufgabenstellung können Ionenaustauscher in vielfältiger Weise zur Isolierung von Bor bzw. zur Beseitigung von Störionen eingesetzt werden. Bei der Analyse von Metallen sind meistens nur Kationen abzutrennen, wofür man die saure Probelösung durch einen Kationenaustauscher gibt. Verwendet werden ausschließlich stark saure Harze, wie Dowex 50, Amberlite IR-120, Merck I, Wofatit KPS, damit möglichst alle Kationen in der Säule zurückgehalten werden. Die Harze werden in der $H^+$ Form eingesetzt; das Eluat enthält $H_3BO_3$ in stark saurer Lösung.

*Anionenaustausch.* $H_3BO_3$ ist eine schwache Säure ($K_{S_1} \approx 7{,}3 \cdot 10^{-10}$). Von schwach basischen Anionenaustauschern wie Amberlite IR-45 wird sie daher im Gegensatz zu starken Säuren nicht zurückgehalten [6, 31]. Stark basische Anionenaustauscher wie Amberlite IRA-400, Merck III, Dowex 1, AV-17 adsorbieren auch Borationen, wenn das Harz mit $OH^-$ oder $Cl^-$ beladen ist [26, 28, 31]. Beim Waschen mit Wasser wird Boration schneller eluiert als die Anionen starker Säuren und auf diese Weise isoliert [31]. Auch Anionen schwacher Säuren wie Borat- und Germanationen sind durch Ionenaustauschchromatographie derart trennbar [10]. Das Verfahren hat den Nachteil, daß die Harzsäule nach jeder Trennung regeneriert werden muß [27]. Für Serienanalysen bequemer ist es, wenn die Borsäure die Säule ungehindert passiert. Dies läßt sich erreichen, wenn man den Austauscher mit einem Anion belädt, das in seiner Affinität zum Harz zwischen der Borsäure und den zu entfernenden starken Säuren liegt. Bewährt hat sich hierfür Formiation, das dann im Eluat neben der Borsäure auftritt [2, 16, 27].

*Kationen- und Anionenaustausch.* Sowohl Kationen wie Anionen werden entfernt, wenn man die Probelösung nacheinander einen Kationen- und einen Anionenaustauscher passieren läßt [16, 21, 27]. Statt zweier getrennter Harze ist auch ein Mischbettaustauscher brauchbar, wurde jedoch bisher nur selten benutzt [6, 31].

Das Verhalten russischer Kationen- und Anionenaustauscher gegen Borsäure und ihre Eignung für die Wasseranalyse wurde von *Brouchek* und Mitarbeitern ausführlich untersucht [3, 11, 12].

*Borspezifischer Chelataustausch.* Eine Sonderstellung nimmt das borspezifische Austauscherharz Amberlite XE-243 ein [9, 15, 25]. Seine Polyhydroxygruppen bilden mit Borsäure Esterchelate nach Art der Mannitoborsäure. Das Harz hält daher Borsäure fest und läßt die meisten Ionen durchtreten. Das Bor ist mit $H_2SO_4$ als $H_3BO_3$ quantitativ eluierbar, ferner auch mit $H_2F_2$, da die entstehende $HBF_4$ nicht komplex gebunden wird [8] (näheres vgl. S. 37).

### 3.2.1 Trennung durch Kationenaustausch

Die Entfernung von Kationen mit Hilfe eines Kationenaustauschers ist ein besonders bequemes Trennverfahren. Es wird vorwiegend zur Analyse von Metallen benutzt, da die Probelösung außer dem Anion der Lösesäure meistens nur Kationen enthält. Diese können die meisten Borbestimmungsmethoden stören, z.B. die Mannittitration (vgl. Kapitel 4.2.3, S. 81f.) durch Bildung von Hydroxidniederschlägen [4], photometrische Borbestimmungen durch Bildung farbiger Verbindungen, in konz. $H_2SO_4$ auszuführende Bestimmungen (vgl. Kapitel 4.3.1) durch Bildung von Sulfatniederschlägen.

Nach der Abtrennung über Kationenaustauscher enthält das Eluat eine der Kationenmenge äquivalente Menge freier Säure, die bei seiner Weiterverarbeitung oft neutralisiert werden muß. Falls die anzuschließende Borbestimmung auch durch die dabei entstehenden Salze gestört wird, genügt ein Kationenaustausch allein nicht. Man schließt zweckmäßig einen Anionenaustausch an (vgl. Kapitel 3.2.3, S. 35).

Die bei der Kationenaustauschtrennung einzuhaltenden Bedingungen sind im allgemeinen nicht kritisch. Man gibt die schwach saure Probelösung mit einer Geschwindigkeit von 1 bis 3 ml/min durch einen stark sauren Kationenaustauscher in der $H^+$-Form und wäscht mit Wasser nach. Das Gesamtvolumen des Eluats beträgt meistens etwa 200 ml; erforderlichenfalls macht man dieses alkalisch und engt ein oder dampft zur Trockne.

*Störungen* des Trennverfahrens können auftreten, wenn ein Metall nur schwierig quantitativ als Kation in Lösung zu halten ist; dies gilt für Ti, das leicht hydrolysiert und z.T. kolloidal in Lösung bleibt [23]. — Zu berücksichtigen ist, daß der Kationenaustausch in stark saurer Lösung beeinträchtigt wird, da die Adsorption auf einem Austauschgleichgewicht zwischen den $H^+$-Ionen des Harzes und den Metallionen der Lösung beruht. — Durch einen Kationenaustauscher nicht entfernt werden Metalle wie Mo und W, die auch in saurer Lösung als Anionen vorliegen.

#### 3.2.1.1 Arbeitsweise nach Martin und Hayes zur Abtrennung von Schwermetallen

*Austauschersäule* [14, 18]. Ein geeignetes Glasrohr (vgl. auch Abb. 8, S. 33) wird mit Wasser gefüllt und mit einer wäßrigen Aufschlämmung des Harzes beschickt. Es ist darauf zu achten, daß die Harzsäule keine Einschlüsse von Luftblasen enthält, da diese ihre Wirksamkeit verschlechtern. Auch im Betrieb darf die Säule niemals trocken laufen. Es ist stets derart zu arbeiten, daß das Harz etwa 1 cm hoch mit Flüssigkeit bedeckt bleibt.

Man stellt eine Harzsäule von $20 \times 300$ mm aus den stark sauren Kationenaustauschern Dowex 50 oder Amberlite IR-120 her und wäscht mit 10%iger Salzsäure, bis im Eluat keine Metallionen mehr nachweisbar sind; dann spült man die Säule mit Wasser säurefrei. Nach *Martin* und *Hayes* verwendet man für jede Analyse stets eine frische Harzschicht und regeneriert mehrere verbrauchte Füllungen gemeinsam in einem größeren Rohr.

**Arbeitsvorschrift** [18]. Die Probe mit 0,03 bis 20% Bor wird in Wasser oder wenig Salzsäure gelöst und auf 50 ml verdünnt. Falls erhitzt werden muß, ist ein Rückflußkühler aufzusetzen. Man läßt die Probelösung durch die Säule laufen und wäscht mit insgesamt 200 ml Wasser in Anteilen von je etwa 25 ml nach. Die Durchflußgeschwindigkeit wird derart eingestellt, daß Probe und Waschwasser nach insgesamt etwa 15 min durchgelaufen sind. Die letzten Anteile des Eluats dürfen gegen Indikatorpapier nur noch schwach sauer reagieren.

*Bemerkungen.* I. *Borbestimmung im Eluat. a) Titrimetrische Bestimmung.* Vor der Titration nach der Mannit- oder Invertzuckermethode neutralisiert man das Eluat gegen Methylorange und verkocht unter Rückfluß das $CO_2$. Zur Bestimmung vgl. Kapitel 4.2.3., S. 79f..

*b) Photometrische Bestimmung.* Zur Bestimmung von $5 \cdot 10^{-4}$ bis $2 \cdot 10^{-2}\%$ B in 0,5 g Stahl neutralisiert man das Eluat mit Soda gegen Lackmus, engt stark ein und füllt auf 5 ml auf. Das Bor wird in dieser Lösung nach B. I. S. R. A. [1] photometrisch mit Dianthrimid bestimmt (vgl. Kapitel 4.3.1.3, S. 100).

II. *Trennleistung und Störungen.* Das Verfahren trennt Borsäure von der mindestens 60fachen Gewichtsmenge $Fe^{3+}$ sowie der mindestens 10fachen Gewichtsmenge Al, Be, Mg, Zn, Cd, Co, Cu, Hg, Ni, Th, $Sn^{4+}$, Ti, U, Zr. Von der Borsäure nicht getrennt werden Arsenat-, Molybdat- und Silicationen. Bei titrimetrischer Bestimmung von 3 mg Bor nach der Invertzuckermethode treten Fehler von etwa 1% in Anwesenheit von 0,9 mg P, 0,3 mg As, 0,3 mg Mo und etwa 200 mg Si auf. — Zur Zerstörung von Chromat-, Vanadat- und Permanganationen gibt man zur heißen, 0,7 n salzsauren Probelösung 3%iges $H_2O_2$ bis zur Gelbfärbung. Man kocht 5 min unter Rückfluß, tropft dann $SnCl_2$-Lösung zu, bis keine weitere Farbänderung mehr erfolgt, und gibt noch einige Tropfen im Überschuß zu. Nach dem Erkalten gibt man die Lösung auf den Austauscher.

III. *Anwendungen auf Stähle und Nickellegierungen.* Das Verfahren wurde von *Martin* und *Hayes* mit rel. Fehlern von $<0,7\%$ angewandt auf synthetische Mischungen, entsprechend Stahl (0,41% B), Ferrobor (5 bis 20% B), Cr/Co/Ni-Legierungen (1 bis 8% B) und Vernickelungsbädern.

IV. Die vorgeschriebene *Durchflußgeschwindigkeit* von etwa 17 ml/min [14, 18] ist ungewöhnlich hoch. Zur Stahlanalyse nach B. I. S. R. A. [1] laßt man 20 ml Probelösung durch eine Harzsäule von $1,5 \times 15$ cm mit 1 bis 2 ml/min laufen und wäscht mit 10 ml Wasser bei der gleichen Durchflußgeschwindigkeit. Dann spült man die Säule mit weiteren 140 ml Wasser bei einer Geschwindigkeit von 2 bis 3 ml/min nach (vgl. auch das Verfahren nach *Capelle*, S. 33).

Allgemein erfordert die Isolierung von Spuren Bor aus größeren Mengen Störionen gesteigerte Sorgfalt in der Handhabung des Trennverfahrens. Inwieweit den Austauscher durchbrechende Metallspuren störend wirken, hängt auch vom angewandten Bestimmungsverfahren ab.

V. *Anwendung auf Al/Si-Mineralien* [14]. Von *Kramer* [14] wurde das Verfahren nach *Martin* und *Hayes* auf Al enthaltende Silicate (Turmalin, Bentonit, Colemanit, Axinit, Glas) angewandt. In künstlichen Mischungen wurden 5 bis 40 mg Bor quantitativ wiedergefunden in Anwesenheit von (mg): NaCl (250), KCl (38), $CaCl_2$ (280), $MgCl_2$ (420), $BaCl_2$ (16), $FeCl_3$ (480), $AlCl_3$ (470), $ZnCl_2$ (10).

a) *Säurelösliche Borate.* Eine Probe mit 10 bis 20 mg $B_2O_3$ wird mit 30 ml verd. HCl (etwa 2 m) unter Rückfluß etwa 25 min schwach gekocht. Man wäscht den Kühler mit 5 ml Wasser, entfernt ihn vom Kolben und spült sein unteres Rohrende ebenfalls sorgfältig ab. Man filtriert die noch heiße Lösung (durch Whatman 41 H), wäscht mit heißem Wasser aus und verdünnt auf etwa 50 ml.

Die Lösung neutralisiert man mit 20%iger NaOH, bis sich ein erster Niederschlag bildet. Dieser wird durch tropfenweise Zugabe von konz. HCl eben wieder gelöst. Diese Lösung gibt man auf den Austauscher.

b) *Säureunlösliche Borate.* Nicht mehr als 1 g Probe mit 10 bis 20 mg $B_2O_3$ wird im Platintiegel mit der sechsfachen Gewichtsmenge $Na_2CO_3$ innig gemischt. Man erwärmt zum Vertreiben der Feuchtigkeit und schmilzt dann 5 bis 10 min. Die

Schmelze wird mit 20 ml Wasser und so viel konz. Salzsäure zersetzt, daß 1 ml Säure im Überschuß über die angewandte $Na_2CO_3$-Menge vorliegt. Man filtriert, wäscht mit heißem Wasser, verdünnt auf 50 ml und neutralisiert, wie im vorigen Abschnitt beschrieben.

### 3.2.1.2 Arbeitsweise nach Capelle zur Bestimmung im Stahl

*Austauschersäule.* Nach *Capelle* [7] verwendet man ein Austauscherrohr der in Abb. 8 wiedergegebenen Form. Es besteht aus Plexiglas und endet in einem Plastikschlauch mit Quetschhahn nach *Mohr*. Die Harzschicht ruht auf einer perforierten Plexiglasplatte und einem Baumwollpfropf.

*Behandlung des Harzes vor seinem erstmaligen Gebrauch.* 500 g feuchtes Austauscherharz Dowex 50 X 4, 100 bis 200 mesh, werden mit 700 ml konz. Salzsäure 1 Std. gerührt, dekantiert und mit Wasser gewaschen. Diese Behandlung wiederholt man so lange, bis die Säure fast farblos bleibt. Anschließend rührt man 1 Std. mit 1 l 3%iger NaCl-Lösung, dekantiert, wäscht mit Wasser, rührt erneut mit konz. HCl und wäscht mit Wasser. Man behandelt noch zweimal mit NaCl und HCl, wäscht zuletzt gründlich mit Wasser und saugt dann auf einer Nutsche ab.

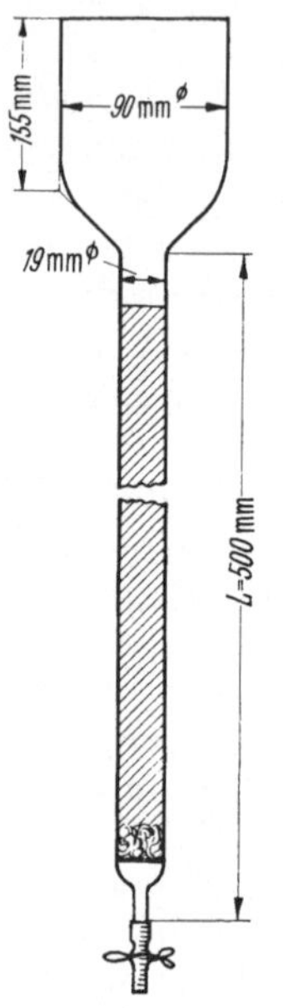


Abb. 8. Austauschersäule nach *Capelle*

In einem 250-ml-Meßzylinder schlämmt man in 100 ml Wasser so viel Harz auf, daß das Volumen der Harzschicht 150 ml beträgt. Dies erfordert etwa 110 g feuchtes Harz. Mit einem Wasserstrahl spült man das Harz in die Austauschersäule, wobei streng darauf zu achten ist, daß keine Luftblasen eingeschlossen werden. Die Harzschicht in der Säule muß stets mit mindestens 5 mm Flüssigkeit bedeckt sein.

Nicht benutztes Harz wird unter angesäuertem Wasser aufbewahrt. Ist dieses nach einiger Zeit braun verfärbt, muß das Harz erneut mit konz. HCl behandelt werden.

Die *Regenerierung* kann unmittelbar in der Säule erfolgen; besser jedoch spült man das Harz mit Wasser heraus und arbeitet im Becherglas. Man rührt das Harz 30 min mit 500 ml konz. Salzsäure und dekantiert dann die Säure ab. Die Behandlung wird noch siebenmal jeweils mit frischer Säure wiederholt. Anschließend wäscht man in gleicher Weise sechsmal mit je 500 ml Wasser. Das Harz ist jetzt zu neuem Gebrauch bereit.

*Lösegefäß.* Zum Lösen des Stahls dient nach *Capelle* ein 70-ml-Schliffkölbchen aus Quarz, das an der Seite einen angeschmolzenen 10-ml-Tropftrichter mit Hahn trägt. Als Rückflußkühler dient ein Quarzrohr (5 × 500 mm) mit Schliff, das von einem Kühlmantel aus Glas umgeben ist.

**Arbeitsvorschrift.** Etwa 1 g Stahl mit $<0{,}05\%$ B bringt man in das Lösegefäß, setzt den Kühler auf und gibt durch den Tropftrichter 5 ml Schwefelsäure ($H_2SO_4$, D = 1,83, mit Wasser 1:3 verdünnt). Man erhitzt bei 80 °C auf dem Wasserbad, bis alles gelöst ist. Nach dem Erkalten spült man das Kühlrohr mit einigen Millilitern Wasser und filtriert dann durch ein Blaubandfilter. Man wäscht Kolben und Filter mit 150 ml Wasser und füllt das Filtrat auf 250 ml auf. Diese Lösung enthält das „lösliche Bor"; vgl. Kapitel 5.5.3. — Zur Erfassung des „unlöslichen Bors" wird das Filter unter Zusatz von 0,5 g $Na_2CO_3$ im Pt-Tiegel verascht und 15 bis 20 min auf 800 bis 1000 °C erhitzt. Man behandelt die Schmelze mehrere Stunden (wenn möglich über Nacht) mit 10 bis 15 ml Wasser sowie 5 ml Schwefelsäure (1:3) (etwa 25%ig) und füllt die Lösung mit Wasser auf 250 ml auf.

Auf die Austauschersäule mit 150 ml Harz gibt man anteilsweise 250 ml Probelösung und läßt sie mit einer Geschwindigkeit von 2 bis 3 ml/min hindurchfließen. Dabei muß das Harz stets von Flüssigkeit bedeckt bleiben. Dann wäscht man sorgfältig mit insgesamt 250 ml Wasser, wobei das Harz ebenfalls stets mit Wasser bedeckt bleiben muß. Das Eluat wird in einem Quarzbecher mit verd. Natronlauge gegen Indikatorpapier neutralisiert und vorsichtig (ohne Sieden) auf etwa 50 ml eingeengt. In dieser Lösung bestimmt man nach *Capelle* das Bor photometrisch mit Azomethin H (vgl. Kapitel 4.3.4.1, S. 117).

*Bemerkungen.* I. Es ist vorteilhaft, nur Gefäße aus Quarz oder *völlig borfreiem* Glas zu verwenden. Borosilicatglas ist nur für saure Lösungen und nur in der Kälte brauchbar. Ab 40 bis 45 °C gibt es Mikrogramm-Mengen Bor ab.

II. Keine Verflüchtigung von Borsäure beim Kochen wäßriger Lösungen erfolgt nur *oberhalb pH = 4,9*; stärker saure Lösungen müssen unter Rückfluß erhitzt werden [7]. — Vgl. auch Kapitel 2.1—2.2.

#### 3.2.1.3 Weitere Anwendungen von Kationenaustauschern

Zur Bestimmung des Bors in *Stählen* mit $<2\%$ Cr und $<5\%$ V löst man diese in $H_2SO_4$ oder HCl und gibt die Lösung mit 1 bis 2 ml/min durch eine Säule (1,5 × 15 cm) von Amberlite IR 120 ($H^+$ Form) [1]. Das Verfahren wurde auch auf *Al und Al—Si-Legierungen* nach Aufschluß mit $Na_2O_2$ angewandt [29]. Zur Isolierung von 0,1 µg B aus 2 g *Uran* wurde die salpetersaure Probelösung durch eine Säule von Dowex 50 X 10, 200 bis 400 mesh, $H^+$-Form, gegeben und die Säule mit $HNO_3$ nachgewaschen. Die Borbestimmung im Eluat erfolgte spektrographisch [30]. Bei der Borbestimmung im *Titan* entsteht leicht kolloides oder suspendiertes $TiO_2$, das nicht adsorbiert wird. Die Herstellung der Probelösung erfordert deshalb besondere Sorgfalt. Titan kann als kationischer Peroxokomplex [5] oder als Ti(IV)-Kation [23] an Dowex 50 quantitativ adsorbiert werden (vgl. Kapitel 5.6, S. 170).

### 3.2.2 Trennung durch Anionenaustausch

Die schwache Säure $H_3BO_3$ wird durch einen schwach basischen Anionenaustauscher (Amberlite IR 45) nicht adsorbiert [31], desgleichen nicht von einem stark basischen Harz, das mit einer mäßig starken Säure (Ameisensäure) beladen wurde [27]. Von stark basischen Harzen in der $OH^-$- oder $Cl^-$-Form wird $H_3BO_3$ zugleich mit den meisten anderen Säuren adsorbiert. Sie wird jedoch relativ schwach gebunden und leichter als diese ausgewaschen, worauf die Trennwirkung beruht [31].

Die adsorbierte Art des Borates (an Amberlite IRA-400, $Cl^-$-Form) hängt von der B-Konzentration und dem pH-Wert der Lösung ab. Im Bereich 0,02 bis 0,06 m B und pH = 5,6 bis 11,5 werden je nach Konzentration und pH Gemische von Monoboration, $B_5O_8^-$ und $B_4O_7^{2-}$ (oder $HB_5O_9^{2-}$) adsorbiert [13]. $HBF_4$ wird von verschiedenen Anionenaustauschern etwa 5mal stärker adsorbiert als $H_3BO_3$ [19]. Die Adsorption von Glyceroborat ist wegen der Größe dieses Ions jedoch geringer als diejenige des Borations [20].

Anionenaustauscher werden bei Borbestimmungen in der Regel zusammen mit Kationenaustauschern benutzt, sei es in getrennten Säulen, sei es als Mischbett (vgl. Kapitel 3.2.3). Anionenaustauscher allein wurden bisher nur in einigen Spezialfällen verwendet. *Silverman* und *Bradshaw* [28] isolierten *deuterierte Borsäure* aus großen Mengen $D_2O$ durch Adsorption an einer Mischung der stark basischen Harze Amberlite IRA-400 und IRA-410.

*Trennung vom Germanium.* Nach *Dranickaja* und Mitarbeitern [10] sind bis 5 mg Germanium und bis 1 mg Bor durch Anionenaustauschchromatographie trennbar. Aus einer wäßrigen Lösung von pH = 5,3 bis 6 werden Ge und B von 5 g des stark basischen Anionenaustauschers AV-17 ($OH^-$-Form) adsorbiert. Ge wird mit 50 ml 0,2 m Essigsäure eluiert. Danach wäscht man die Säule mit Wasser und eluiert B mit 45 ml 5%iger Natronlauge.

*Trennung vom Uran* (aus ätherischer Lösung). Nach *Muzzarelli* [22] sind einige Milligramm Bor von einigen Gramm Uran durch Austauschchromatographie trennbar. Das Verfahren erlaubt die Verarbeitung relativ großer Probemengen. Man verwendet eine Harzsäule von 1 × 10 cm aus Dowex-1 X 8, 100 bis 200 mesh ($Cl^-$-Form), die mit Wasser, Methanol und Äther gespült wurde.

Man löst Uranmetall in konz. $HNO_3$, läßt Uranylnitrat auskristallisieren und nimmt mit so viel Äther auf, daß eine Konzentration von etwa 10 g Uranylnitrat in 100 ml Äther erreicht wird. Die sofort zu verarbeitende, ätherische Lösung läßt man mit einer Geschwindigkeit von 5 ml/min durch die Säule laufen und wäscht mit 100 ml Äther nach. Anschließend eluiert man $H_3BO_3$ mit 24 ml 5 n Salzsäure.

### 3.2.3 Trennung durch Kationen- und Anionenaustausch

#### 3.2.3.1 Arbeitsweise nach Schütz und Lang zur Bestimmung in Düngern

*Austauschersäule.* Abb. 9 gibt die von *Lang* [16] vereinfachte Austauscherapparatur nach *Schütz* [27] wieder. Jedes der beiden Rohre ist unten durch eine Glassinterplatte abgeschlossen. Darüber befinden sich einige Glaskugeln, um ein Zusetzen der Sinterplatte zu verhindern. Rohr *A* wird mit dem stark sauren Kationenaustauscher Dowex 50 und das darunter befindliche Rohr *B* mit dem stark basischen Anionenaustauscher Merck III gefüllt.

Vor der erstmaligen Benutzung und nach etwa jeder fünften Bestimmung sind die Austauscher zu regenerieren. Hierzu wird die Apparatur auseinandergenommen und der Kationenaustauscher mit etwa 50 ml 2 n Salzsäure gewaschen. Dann spült man mit Wasser, bis das ablaufende Wasser chloridfrei ist. Durch den Anionenaustauscher gibt man zunächst 50 ml 2 n Natronlauge, wäscht ihn mit Wasser laugenfrei und lädt mit 50 ml 5%iger Ameisensäure wieder auf. Mit Wasser wird danach bis zur nur noch schwach sauren Reaktion nachgewaschen.

**Arbeitsvorschrift.** [16, 27]. 10 g Düngemittel werden mit etwa 500 ml Wasser 1 Std. im Meßkolben (Stohmann-Kolben) geschüttelt. Dabei wird nach 30 minütigem Schütteln der pH-Wert geprüft. Ist er größer als 4, tropft man konz. Salzsäure zu, bis pH $\leqq$ 4 erreicht ist. Am Schluß prüft man erneut den pH-Wert, füllt dann auf und filtriert. Vom Filtrat werden 100 ml pipettiert und in die Kugel des Kationenaustauschers gegeben. Dann öffnet man die Hähne und reguliert die Tropfgeschwindigkeit derart, daß oben und unten die gleichen Flüssigkeitsmengen abfließen. Die Durchflußgeschwindigkeit darf nicht zu hoch sein und soll etwa 3 bis 4 ml/min betragen. Man fängt das Eluat in einem 500-ml-Meßkolben auf, wäscht die Säule 3- bis 4mal mit je 50 ml Wasser und füllt schließlich zur Marke auf.

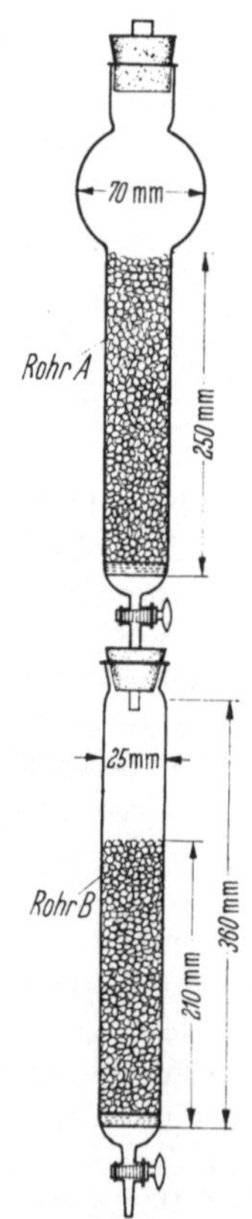

Abb. 9. Austauschersäule nach *Lang*

*Bemerkungen.* I. Nach *Schütz* enthalten die ersten 80 ml des Eluats noch kein Bor und können *verworfen* werden.

II. Die Harze müssen während des *Durchflusses* der Lösung und auch nachher *dauernd* 0,5 bis 1 cm hoch mit Flüssigkeit bedeckt sein.

*Borbestimmung im Eluat.* a) Zur *photometrischen Bestimmung* mit Carminsäure verfährt man wie in Kap. 4.3.1.1.3, S. 93, beschrieben [16].

b) *Titrimetrische Bestimmung.* Vor der Titration nach der Mannitmethode ist nach *Schütz* [27] zunächst das im Eluat enthaltene Formiation in Gegenwart von Pt-Schwamm mit $H_2O_2$ unter Rückfluß zu zerstören und anschließend auch alles $CO_2$ zu verkochen. Nach *Lang* [16] ist beides entbehrlich. Nach *Lang* titriert man 100 ml Eluat gegen Methylrot oder Tashiro-Indikator mit Natronlauge. Dann fügt man 10 ml 40%ige Natriumcitratlösung zu und neutralisiert mit verd. Natronlauge gegen Phenolphthalein, bis die rote Farbe eben auftritt. Nach Zugabe von 1 g Mannit titriert man mit 0,1 n NaOH bis zur Rotfärbung, die auch nach 3 min und nochmaligem Mannitzusatz bestehen bleiben muß (vgl. auch Kapitel 4.2.2, S. 73).

c) *Flammenphotometrische Bestimmung.* Nach *Bovay* und *Cossy* [2] versprüht man das wäßrige Eluat mit etwa 5 bis 25 μg B/ml in eine Knallgasflamme und mißt bei $\lambda = 548$ nm. Da die Lösung frei von Störionen ist, kann eine große Spaltbreite am Photometer (0,17 mm) benutzt und damit eine hohe Empfindlichkeit erzielt werden. Vgl. auch das Verfahren nach *Dean* und *Thompson*, Kapitel 4.5.2, S. 129.

Das Verfahren wurde zur *Analyse von Düngern* eingesetzt, wobei die gegenüber *Schütz* vereinfachte Arbeitsweise nach *Lang* übereinstimmende Werte mit anderen Bestimmungsverfahren ergab. Dabei werden gegebenenfalls auch Farbstoffe aus der Probe entfernt, was die Endbestimmung durch Photometrie oder Titration gegen Indikator erleichtert.

Beim Lösen der Düngerprobe ist ein pH-Wert $\leqq 4$ einzuhalten, damit alle Borate gelöst werden. Ein Fluoridgehalt des Düngers könnte stören, da entstehendes Tetrafluoroborat von einem Anionenaustauscher viel fester gebunden wird als Boration [19]. Fluoridion wird jedoch durch den in der Regel vorhandenen Calciumgehalt des Düngers unschädlich gemacht, indem es als $CaF_2$ unlöslich verbleibt. Ein $Ca^{2+}$-Zusatz zur Probelösung ist im allgemeinen nicht nötig.

### 3.2.3.2 Weitere Anwendungen

*Mineralien* (Kotoit, Paigeit, Turmalin) löst man in HCl bzw. schließt mit Soda auf und löst die Schmelze in HCl. Die salzsaure Probelösung gibt man durch einen stark sauren Kationenaustauscher (Amberlite IR-120) in der $H^+$-Form und einen stark basischen Anionenaustauscher (Amberlite IRA-400) in der $Cl^-$-Form. Die Borbestimmung im Eluat erfolgt durch Mannittitration (vgl. Kapitel 4.2.3, S. 79f.) oder nach Eindampfen eines aliquoten Teils unter Zusatz von 200 mg Soda als Rubrocurcumin (vgl. Kapitel 4.3.2.1, S. 106) [21].

### Bestimmung in Fluoriden

*Prinzip.* Fluoride überführt man nach *Rjabčikov* und *Kuril'čikova* [26] bei pH = 3 mit überschüssigem $Al^{3+}$ in $AlF_6^{3-}$, das mit einem starken Anionenaustauscher leicht entfernbar ist. Kationen ($Al^{3+}$) werden anschließend mit einem Kationenaustauscher entfernt. 2,5 mg $B_2O_3$ sind störungsfrei bestimmbar neben 15,5 mg NaF bei Zusatz von 24 mg $Al(NO_3)_3 + 6H_2O$ sowie neben 155 mg NaF bei Zusatz von 240 mg $Al(NO_3)_3 + 6H_2O$. Der pH-Wert darf 3 nicht unterschreiten.

**Arbeitsvorschrift.** Man verwendet *zwei Säulen* von je 20 cm Länge und 8,5 mm Durchmesser. Sie werden gefüllt mit stark saurem Kationenaustauscher KU 2 oder Amberlite IR-120 in der $H^+$-Form bzw. stark basischem Anionenaustauscher EDE-10 P, AV-17 oder Amberlite IRA-400. Man belädt die Säulen mit KCl und spült mit Wasser, bis das Eluat pH = 2,5 bis 3 aufweist.

50 ml Probelösung von pH = 3 versetzt man mit 0,2 g Aluminiumnitrat und läßt 2–3 Std. stehen. Der pH-Wert ist dabei zu kontrollieren und auf 3 zu halten. Ein entstehender Niederschlag von Fluoroaluminaten wird durch ein Blaubandfilter abfiltriert und mit wenig angesäuertem Wasser von pH = 3 gewaschen. Die Lösung

gibt man mit einer Durchflußgeschwindigkeit von 2 bis 3 ml/min zuerst durch den Anionen-, dann durch den Kationenaustauscher. Mit Wasser von pH = 3 werden die Säulen nachgewaschen. Das Eluat mit einem Gesamtvolumen von 200 bis 250 ml wird alkalisch gemacht, eingedampft und bei 400 bis 500 °C vorsichtig geglüht. Die Borbestimmung kann titrimetrisch oder photometrisch erfolgen.

### 3.2.4 Trennung durch einen für Borsäure spezifischen Chelataustausch

*Wirkungsweise.* Borsäure bildet in recht selektiver Reaktion Esterchelate mit Substanzen, welche benachbarte OH-Gruppen enthalten. Diese wird u. a. bei der Verstärkungstitration mit Mannit genutzt (vgl. Kapitel 4.2.2, S. 60). *Lyman* und *Preuss* [17] haben ein Kopolymerisat aus chlormethyliertem Styrol und Divinylbenzol mit N-Methylglucamin umgesetzt. Das Harz besitzt untenstehende Ankergruppe und ist unter der Bezeichnung Amberlite XE-243 im Handel.

$$-CH-CH_2- \;\;|\;\; C_6H_4 \;\;|\;\; CH_2-N(CH_3)-CH_2-CH(OH)-CH(OH)-CH(OH)-CH(OH)-CH_2OH$$

Ankergruppe des Amberlite XE-243

Seine *Eigenschaften* wurden von verschiedenen Autoren näher untersucht [8, 9, 15, 25]. Es besitzt die nötige, mechanische Festigkeit und ist in der Chloridform bis 80 °C beständig [25]. Auf Grund seiner tertiären Aminogruppe ist es ein schwacher Anionenaustauscher mit einer Kapazität von 2,6 mÄq./g [25]. Seine Chloridform adsorbiert Borsäure aus alkalischer, neutraler oder schwach saurer Lösung mit einer Kapazität von 1,35 mÄq./g. Dieser Wert zeigt, daß je zwei Polyalkoholreste mit dem Bor reagieren, so daß ein Bisdiolkomplex vorliegt [25]. Dieser Adsorptionsmechanismus bedingt die hohe Spezifität des Harzes für Borsäure. Durch starke Säuren wird der Komplex durch Verschiebung seines Bildungsgleichgewichtes zerlegt und das Bor quantitativ aus dem Harz ausgewaschen [15]. Eine weitere Möglichkeit seiner Elution besteht darin, es mit $H_2F_2$ am Harz in $BF_4^-$ zu überführen, welches nicht zur Chelatbildung mit den Diolgruppen befähigt ist [8].

$$H_3BO_3 + 2\,[(-OH)_2] \rightleftharpoons [(-O)_2B^{\ominus}(O-)_2] + 3\,H_2O + H^{\oplus}$$

Chelatbildungsgleichgewicht

Die Kapazität des Harzes steigt von dem für unendliche Verdünnung der Borsäure gültigen Wert 1,35 mÄq./g mit der Borsäurekonzentration in der Lösung linear an auf 4 mÄq./g bei 0,7 Mol $HBO_2$/l. Die Kapazität des Harzes für 0,1 m Borsäure wird durch die Anwesenheit von 0,2 bis 1 m NaOH sowie 0,5 bis 2 m NaCl oder $MgCl_2$ praktisch nicht beeinträchtigt. Durch 0,2 bis 3 m HCl wird sie vermindert, ist aber in diesem Bereich von der HCl-Konzentration unabhängig. Diese Eigenschaften ermöglichen es, Borsäure aus Salzlösungen selektiv zu adsorbieren.

*Anwendungen.* Das Harz kann sowohl zur Isolierung des Bors für analytische Zwecke als auch zur Entfernung von Borspuren aus Reagentien, Wässern u. ä. benutzt werden.

Über analytische Anwendungen des Amberlite XE-243 ist noch wenig bekannt. *Deson* und *Rosset* [9] haben Borsäure-Anion aus Natronlauge und Salzsole isoliert. *Carlson* und *Paul* [8] haben adsorbierte $H_3BO_3$ mit $H_2F_2$ in Tetrafluoroborat umgewandelt und dessen Konzentration im Eluat mit einer für $BF_4^-$ spezifischen Membranelektrode potentiometrisch gemessen (siehe Kapitel 4.10.2., S. 154).

### 3.2.4.1 Arbeitsweise nach Deson und Rosset zur Bestimmung in Natronlauge und Salzsolen

Nach der gegebenen Vorschrift werden Milligramm-Mengen Bor adsorbiert aus einigen Litern Probelösung, welche $10^{-3}$ m an $HBO_2$ (11 ppm) und 0,1 m an NaOH bzw. je 0,2 m an $MgCl_2$, $MgSO_4$ und NaCl war. Nach Elution mit HCl wurde die Borsäure nach der Mannitmethode titriert und quantitativ wiedergefunden.

*Austauschersäule* [9, 25]. Das Harz wird vor Gebrauch mehrfach abwechselnd mit 1 m NaOH und 1 m HCl behandelt und nach der letzten Säurebehandlung mit Wasser gewaschen. Man benutzt eine Harzsäule von 44 cm Länge und 0,6 cm Durchmesser, d.h. 0,28 $cm^2$ Querschnitt.

**Arbeitsvorschrift** [9]. Durch die Säule gibt man mit einer Geschwindigkeit von 180 ml/Std./$cm^2$ bis zu 2,5 l Natronlauge oder bis zu 3,5 l Salzsole mit 11 ppm Borgehalt. Man eluiert das Bor mit verd. Salzsäure.

Zur quantitativen Elution der Borsäure aus 6 g Harz sind etwa 100 ml n HCl erforderlich [25].

## *Literatur*


1. B. I. S. R. A. Methods of analysis committee: J. Iron Steel Inst. **189**, 227 (1958).
2. *Bovay, E., Cossy, A.*: Mitt. Geb. Lebensmitteluntersuch. Hyg. **48**, 59 (1957).
3. *Brouchek, F. I.*: Tr. Gruzinsk. Politechn. Inst. **1962**, 27; durch Chem. Abstr. **60**, 7793c.
4. *Brunisholz, G., Bonnet, J.*: Helv. chim. Acta **34**, 2074 (1951).
5. *Calkins, R. C., Stenger, V. A.*: Anal. Chem. **28**, 399 (1956).
6. *Callicoat, D. L., Wolszon, J. D., Hayes, J. R.*: Anal. Chem. **31**, 1437 (1959).
7. *Capelle, R.* Anal. chim. Acta **25**, 59 (1961).
8. *Carlson, R. M., Paul, J. L.*: Anal. Chem. **40**, 1292 (1968).
9. *Deson, J., Rosset, R.*: Bull. Soc. chim. France **1968**, 4307.
10. *Dranickaja, R. M., Cybulkova, L .P., Gavrilčenko, A. I.*: Ž. Anal. Chim. (russ.) **22**, 448 (1968).
11. *Eristavi, D. I., Brouchek, F. I., Čeišvili, L. I.*: Tr. Gruzinsk. Politechn. Inst. **1962**, 3; durch Chem. Abstr. **60**, 7793c.
12. *Eristavi, D. I., Brouchek, F. I.*: Tr. Gruzinsk. Politechn. Inst. **1962**, 17; durch Chem. Abstr. **60**, 7793c.
13. *Everest, D. A., Popiel, W. J.*: J. chem. Soc. **1956**, 3183.
14. *Kramer, H.*: Anal. Chem. **27**, 144 (1955).
15. *Kunin, R., Preuss, A. F.*: Ind. eng. Chem., Prod. Res. Develop. **3**, 304 (1964).
16. *Lang, K.*: Fr. **163**, 241 (1958).
17. *Lyman, W., Preuss, A.*: U. S. Patent 2813838 (19. Nov. 1957).
18. *Martin, J. R., Hayes, J. R.*: Anal. Chem. **24**, 182 (1952).
19. *Materova, E. A., Rožanskaja, T. I.*: Ž. Neorg. Chim. (russ.) **6**, 177 (1961).
20. *Materova, E. A., Rožanskaja, T. I.*: Ž. Neorg. Chim. (russ.) **6**, 425 (1961).
21. *Muto, S.*: Bull. chem. Soc. Japan **30**, 881 (1957); durch Fr. **163**, 377 (1958).
22. *Muzzarelli, R. A. A.*: Anal. Chem. **39**, 365 (1967).
23. *Newstead, E. G., Gulbierz, J. E.*: Anal. Chem. **29**, 1673 (1957).
24. *Norwitz, G., Codell, M.*: Anal chim. Acta **11**, 233 (1954).
25. *Pinon, F., Deson, J., Rosset, R.*: Bull. Soc. chim. France **1968**, 3454.
26. *Rjabčikov, D. I., Kuril'čikova, G. E.*: Ž. Anal. Chim. (russ.) **19**, 1495 (1964).
27. *Schütz, E.*: Mitt. Geb. Lebensmitteluntersuch. Hyg. **44**, 213 (1953).
28. *Silverman, L., Bradshaw, W.*: Ind. eng. Chem. **48**, 1242 (1956).
29. *Towndrow, E. G., Webb, H. W.*: Analyst **85**, 850 (1960).
30. *Wenzel, A. W., Pietri, C. E.*: Anal. Chem. **36**, 2083 (1964).
31. *Wolszon, J. D., Hayes, J. R., Hill, W. H.*: Anal. Chem. **29**, 829 (1957).

## 3.3 Trennung durch Extraktion

Zur Isolierung des Bors durch Extraktion stehen im wesentlichen zwei Möglichkeiten zur Verfügung. Nach Überführung in das Tetrafluoroboration kann dieses als Ionenassoziat mit organischen Kationen extrahiert werden, ein Prinzip, auf dem auch die im Kapitel 4.3.3, S. 112, beschriebenen, photometrischen Bestimmungen beruhen. Ferner kann $H_3BO_3$ durch Äther aus wäßriger Lösung ausgeschüttelt werden. Zwar ist der Verteilungskoeffizient gering, doch läßt sich durch kontinuierliche Extraktion (Perforation) eine quantitative Isolierung von $H_3BO_3$ erreichen. Beide Methoden eignen sich sowohl für Milligramm-Mengen als auch zur Anreicherung geringster Spuren von Bor. — Seit kurzem wichtig geworden ist die Extraktion mit Diolen; vgl. S. 44, 119 (IV), 131 (Arbeitsvorschrift). —

### 3.3.1 Extraktion als Tetrabutylammoniumtetrafluoroborat

Tetrafluoroboration bildet mit dem Tetrabutylammoniumkation ein Ionenassoziat im Verhältnis 1:1, welches mit Methylisobutylketon (MIK) extrahierbar ist [14]. Ein 10facher molarer Überschuß des Kations gegenüber Bor genügt zur quantitativen Extraktion. Das Verfahren erlaubt die vollständige Extraktion des Bors bei einmaligem Ausschütteln. Die übrigen bekannten Verfahren zur Extraktion von Ionenassoziaten des $BF_4^-$ mit Tetraphenylarsonium (vgl. S. 40) oder organischen Farbstoffen (vgl. Kapitel 4.3.3, S. 112) ermöglichen keine quantitative Extraktion.

Das Verfahren hat außerdem den Vorzug, daß unter den angewandten Bedingungen die Bildung des $BF_4^-$-Ions fast augenblicklich verläuft, während alle anderen Methoden hierfür eine längere Wartezeit erfordern (vgl. Kapitel 3.3.2, S. 40; Kapitel 4.3.3, S. 113).

Die Extraktion des Tetrabutylammoniumtetrafluoroborats wurde zur Isolierung des Bors vor seiner flammenphotometrischen Bestimmung benutzt. Hierbei wird der organische Extrakt unmittelbar in eine $H_2/O_2$-Flamme gesprüht und die Emission bei 548 nm gemessen [14].

*Arbeitsbereich.* 100 bis 1000 μg B/5 ml.

*Geräte.* 50 ml-Zentrifugengläser aus Polypropylen mit Polyäthylenstopfen.

*Reagentien. Tetrabutylammoniumhydroxid-Lösung,* 1 m in Wasser

*Methylisobutylketon (MIK).*

**Arbeitsvorschrift** [14]. In einem 50-ml-Zentrifugenglas aus Polypropylen mischt man maximal 5 ml wäßrige Probelösung mit 100 bis 1000 μg B, 1 ml 15 m $H_2SO_4$, 1 ml 27 n Flußsäure, 3 ml 1 m Tetrabutylammoniumhydroxid und ergänzt mit Wasser auf 10 ml. Man gibt genau 10 ml MIK zu, verschließt mit einem Polyäthylenstopfen, schüttelt 3 min, zentrifugiert und hebert die organische Phase ab.

*Bemerkungen.* I. *Störungen. Nitrat-* und in noch stärkerem Maße *Perchlorationen* bilden ebenfalls mit $Bu_4NOH$ extrahierbare Ionenassoziate. In größeren Konzentrationen stören sie daher durch Reagensverbrauch. Nitrate kann man mit $H_2SO_4$ abrauchen (vgl. aber Kapitel 2.2.4, S. 8). Unter den gleichen Arbeitsbedingungen extrahierbar sind ferner *Dichromationen* sowie Fe(III) als Chlorokomplex; sie sind durch Hydroxylamin zu reduzieren. Bei anschließender, flammenphotometrischer Bestimmung treten Störungen in Anwesenheit von Mo, Nb, Pt(IV), Ru(III), V(V) und W auf.

II. Bei der Extraktion *steigt das Volumen* der organischen Phase von 10 auf 11,5 ml. Schließt man ein Analysenverfahren an, durch welches die Konzentration in der organischen Phase bestimmt wird, sind daher die Anfangsvolumina vor dem Schütteln konstant zu halten.

### 3.3.2 Extraktion als Tetraphenylarsoniumtetrafluoroborat

Tetrafluoroboration ist als Ionenassoziat mit dem Tetraphenylarsoniumkation $(C_6H_5)_4AsBF_4$, durch Dichloräthan extrahierbar [1, 7, 9]. Die Extraktion ist jedoch – im Gegensatz zu der als $(C_4H_9)_4NBF_4$ (S. 39) – nicht quantitativ; auch bei mehrmaligem Schütteln werden nur etwa 80 bis 90% des $BF_4^-$ extrahiert [7]. Die anschließende Borbestimmung erfolgt nach Eindampfen des Extrakts als Rubrocurcumin (vgl. Kapitel 4.3.2, S. 104). Der unmittelbaren, photometrischen Bestimmung des Tetraphenylarsoniumkations steht die dafür erforderliche sehr kurze Wellenlänge $\lambda = 220$ nm entgegen.

*Arbeitsbereich.* 0,05 bis 1 µg B/5 ml.

*Reagentien. Tetraphenylarsoniumchlorid,* 0,01 m Lösung in Chloroform.

*Curcumin,* 0,125%ige Lösung in Äthanol. Die Lösung ist nur 3 bis 4 Wochen haltbar und sollte kühl und dunkel aufbewahrt werden.

*Trichloressigsäure,* 1 m in Wasser.

*$NH_4HF_2$- oder NaF/HF-Lösung,* 7,5 m.

**Arbeitsvorschrift** *zur Extraktion* [7]. Zur Überführung von Borat- in Tetrafluoroboration bringt man 5 ml wäßrige Probelösung in einem Polyäthylengefäß auf einen pH-Wert $<3,2$ und eine Fluoridkonzentration von mindestens 0,8 m und läßt 18 Std. verschlossen stehen. Dann gibt man 5 ml Tetraphenylarsoniumchloridlösung zu und schüttelt 30 min. Die Mischung wird in verschließbaren Zentrifugengläsern aus Kunststoff zentrifugiert, die wäßrige Phase mit einer Polyäthylenpipette abgesaugt und die organische Phase dreimal mit je 5 ml Wasser gewaschen. Die chloroformische Lösung wird in einen Platintiegel überführt und das Zentrifugenglas mit 1 ml Chloroform nachgewaschen.

**Arbeitsvorschrift** *zur Bestimmung mit Curcumin im Extrakt* [7] (vgl. auch Kapitel 4.3.2.2, S. 107). Zu der in einem Platintiegel befindlichen Lösung von $(C_6H_5)_4AsBF_4$ in Chloroform gibt man 15 Tropfen 0,1 n Natronlauge sowie 1 Tropfen Phenolphthalein und dampft auf einer Heizplatte zur Trockene ein. Der Rückstand wird mit 1 ml n Trichloressigsäure aufgenommen. Nach einer Wartezeit von 10 min gibt man 1 ml 96%iges Äthanol zu, mischt bis sich alles gelöst hat und gibt 1 ml Curcuminlösung zu. Man stellt den Tiegel $60 \pm 3$ min in einen Ofen von $106 \pm 1$ °C; die Temperatur im Ofen ist genau zu kontrollieren. Man nimmt den Rückstand mit Äthanol auf, füllt im Meßkolben zu 25 ml auf und photometriert bei 540 nm.

*Bemerkungen.* I. Der *Fehler* beträgt etwa 0,03 bis 0,04 µg Bor.

II. Unter den beschriebenen Bedingungen ist zur quantitativen Bildung des Tetrafluoroborats eine 18stündige *Wartezeit* erforderlich. Über Möglichkeiten einer wesentlich schnelleren $BF_4$-Bildung vgl. S. 39 u. Kapitel 4.10.2, S. 155.

III. *Probenvorbereitung* bei der Analyse von Si, U, Zr, $SiO_2$, BeO. a) Silicium [9]. Das Probegut wird fein pulverisiert, wofür Mörser aus Al, Wolframcarbid oder Korund günstig sind; in Achatmörsern muß vorsichtig gearbeitet werden, um stärkeren Abrieb zu vermeiden. Etwa 50 mg Probe mit 0,5 bis 1 µg B versetzt man in einem Polyäthylengefäß mit 5 Tropfen 0,2%iger $CuCl_2$-Lösung (nicht $CuSO_4$!) als Oxydationskatalysator, 1 ml 20 n Flußsäure (D = 1,19), 2 ml einer 7,5 m $NH_4HF_2$-Lösung und 1 ml 30%igem $H_2O_2$. Man erwärmt dann vorsichtig auf 40 bis 50 °C. Sobald sich alles gelöst hat, gibt man 12 ml Wasser zu und läßt gut verschlossen 18 Std. bei Zimmertemperatur stehen.

b) Uran, Zirkonium [8, 13]. 200 mg Probe mit etwa 0,05 bis 0,1 µg B löst man in einem Polyäthylengefäß in 1 ml 4 n HCl, gibt 1 ml 15%iges $H_2O_2$, 11 ml Wasser und 2,8 g 7,5 m $NH_4HF_2$-Lösung zu und läßt verschlossen 18 Std. stehen.

c) Siliciumdioxid [9]. Man verfährt wie für Silicium beschrieben. Die Zusätze von $CuCl_2$ und $H_2O_2$ entfallen jedoch.

d) Berylliumoxid [8, 13]. 200 mg Probe mit etwa 0,1 μg B versetzt man in einem Polyäthylengefäß mit 5,7 g 7,5 m $NH_4HF_2$-Lösung und löst bei 70 °C auf dem Wasserbad. Dann verdünnt man mit 11 ml Wasser und läßt verschlossen 18 Std. stehen.

### 3.3.3 Extraktion sonstiger Ionenassoziate

*Tetrafluoroborat* ist als Ionenassoziat mit basischen organischen Farbstoffen durch Dichloräthan oder Benzol extrahierbar. Diese Verfahren extrahieren $BF_4^-$ im allgemeinen nicht quantitativ, haben jedoch den Vorteil, daß sich der Extrakt unmittelbar photometrieren läßt. Näheres siehe Kapitel 4.3.3, S. 112.

*Borat* ist nur schwierig als Ionenassoziat extrahierbar. Durch Chloroform nicht ausgeschüttelt wird Borat in Gegenwart der Kationen Tetraphenylarsonium [3], Tetraphenylphosphonium [5] und Triphenylsulfonium [4]. Mit Triphenylzinnhydroxid in Benzol wird Borsäure im pH-Bereich 1 bis 6 zu etwa 50 bis 65% extrahiert, doch liegt kein echtes Gleichgewicht vor [6].

### 3.3.4 Extraktion der Borsäure mit Äther

Borsäure ist in Diäthyläther, Diisopropyläther oder Äther-Alkohol-Gemischen löslich. Der Verteilungskoeffizient von $H_3BO_3$ zwischen wäßriger und organischer Phase ist jedoch gering, so daß es nicht möglich ist, die Borsäure durch einfaches Ausschütteln quantitativ zu isolieren. Manche Autoren begnügen sich damit, einen reproduzierbaren Bruchteil der $H_3BO_3$ auszuschütteln und zu bestimmen [11, 12, 18].

#### 3.3.4.1 Perforation nach Pohl zur Trennung von Kieselsäure

Quantitative Extraktion ist möglich, wenn man die wäßrige Lösung im Perforator kontinuierlich extrahiert [2, 15, 16, 17]. Nach *Pohl* ist eine solche Arbeitsweise der Isolierung des Bors als Methylester (vgl. Kapitel 3.1) an Empfindlichkeit um mehrere Zehnerpotenzen überlegen und besonders zur Trennung kleiner Mengen Borsäure von großen Mengen Kieselsäure zu empfehlen.

0,1 μg bis 10 mg Borsäure werden innerhalb 2 Std. quantitativ extrahiert. Das Verfahren wurde zur Analyse von elementarem Silicium nach Auflösung mit Brom und vorsichtiger Hydrolyse benutzt [2, 17] (vgl. Kapitel 5.4.1, S. 166).

Die Verteilung der Borsäure zwischen schwefelsaurer wäßriger Lösung und Gemischen verschiedener Alkohole und Äther wurde untersucht. Ein System aus etwa gleichen Volumenteilen Isopropyläther, Methanol und Wasser erwies sich als für die Perforation besonders günstig. Der Verteilungskoeffizient der Borsäure beträgt $\alpha_{25°} = 0{,}178$ [Isopropyläther(2)/Methanol(1)/Wasser(1)]. Zulässig ist ein Volumenverhältnis von Wasser zu Methanol von 1:1 bis 1:1,5 [16].

Um die Bildung und Verflüchtigung des Borsäuretrimethylesters während der Perforation zu vermeiden, gibt man etwas Wasser in den Destillationskolben.

Abb. 10 zeigt den zeitlichen Verlauf der Extraktion von Borsäuremengen zwischen 0,1 μg und 10 mg [16].

Die Borsäure-Extraktionskurve wird durch Kieselsäure nicht beeinflußt. Bei der Perforation wird die Kieselsäure durch die magnetische Rührung und Durchperlung in dauernder Bewegung und gleichmäßiger Suspension gehalten, so daß etwa anfangs adsorbierte Borspuren desorbiert und extrahiert werden. Die Perforation zeigt im sauren Gebiet nur geringe pH-Abhängigkeit; es ist jedoch vorteilhaft, den pH-Wert genügend weit außerhalb des isoelektrischen Bereiches der Kieselsäure zu halten, um Okklusion durch grobes Ausflocken zu vermeiden. Ein pH-Wert von 2 bis 3, den man durch Zusatz einiger Tropfen Methylorange-Indikatorlösung kontrollieren kann, ist am geeignetsten. Methylorange wird bei der Perforation nicht extrahiert und der Zusatz stört daher bei einer photometrischen Endbestimmung des Bors nicht.

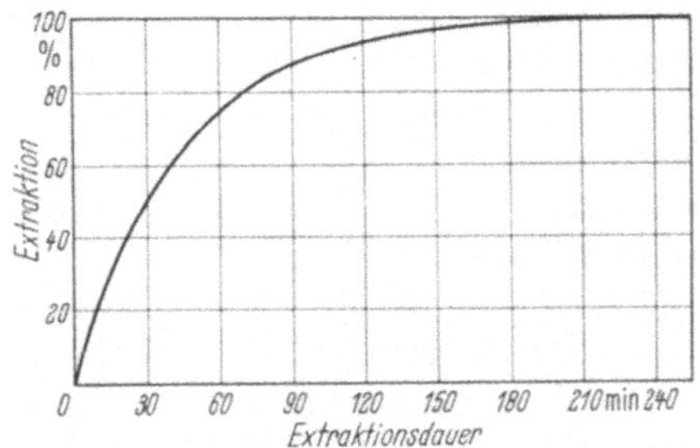


Abb. 10. Extraktion der Borsäure mit dem Perforator in Abhängigkeit von der Extraktionsdauer

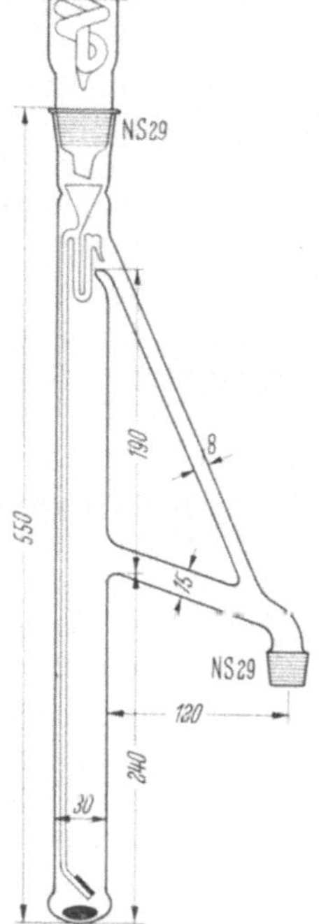


Abb. 11. Perforator nach *Pohl*

Der *Perforationsapparat* nach *Pohl* [16] (Abb. 11) besteht aus dem Perforator mit Fritteneinsatz, aus dem in der Zeichnung nicht dargestellten Dimroth-Kühler und dem Destillationskolben mit 100 ml Inhalt. Der Fritteneinsatz mit grobporiger Fritte (G 1) trägt oben ein U-Rohr als Wasserabscheider mit einem zur Vermeidung von Siphonwirkung oben offenen Überlaufrohr. Die in der Abbildung nebeneinander gezeichneten drei Rohre werden zweckmäßig im Dreieck angeordnet. Der Fritteneinsatz wird durch zwei Einstiche im Perforator gehalten, so daß genügend Platz für den Magnetrührer unterhalb der Fritte verbleibt. Der Perforator ist mit je einem Ablaufrohr für Wasser und Methanol-Isopropyläther versehen. Unmittelbar unterhalb des Wasserablaufrohres ist der Perforator so weit eingedrückt, daß das Wasser aus dem Überlaufrohr gut in den Destillationskolben zurücklaufen kann.

Wie die Versuche mit dieser Apparatur zeigen, kann die Perforation stundenlang betrieben werden, ohne daß merkliche Mengen Wasser in die perforierte Phase gelangen. In kühleren Räumen empfiehlt es sich, die obere Hälfte des Perforators mit Asbestband zu umhüllen, um ein Kondensieren des Wassers unterhalb des Kühlers zu verhindern.

Für die Perforation von Mikrogramm-Mengen und weniger Borsäure muß der ganze Perforator aus Quarz gefertigt sein. Jenaer Geräteglas 20 gibt bei dreistündiger Perforation 5 bis 25 $\mu$g B ab. Zur Extraktion von Bormengen über 1 Milligramm kann eine Glasapparatur benutzt werden. Vor dem ersten Gebrauch wird der Apparat längere Zeit mit Methanol/Salzsäure ausgedämpft und dann gründlich mit heißem bidest. Wasser gespült.

**Arbeitsvorschrift** [16]. Die wäßrige, saure oder alkalische Probelösung, die 0,1 $\mu$g bis 10 mg $H_3BO_3$ und bis zu 2 g Kieselsäure enthält, wird mit 3 n Schwefelsäure oder 3 n Natronlauge auf pH = 2 bis 3 gebracht, indem man nach Zusatz von Methylorange-Indikatorlösung auf Orangefarbe einstellt und dann noch 5 Tropfen 3 n Säure zufügt. Nun gießt man die Lösung durch einen langstieligen Polyäthylentrichter in den Perforator und spült mit bidest. Wasser bis 50 ml Lösungsvolumen nach. Hierzu ätzt man sich am besten eine Marke außen am Perforator ein. Nun setzt man den Magnetrührer in Betrieb und fügt durch den Polyäthylentrichter 60 ml Methanol sowie 20 ml Isopropyläther zu. Hierbei rührt man kurze Zeit so kräftig, daß sich die Phasen durchmischen. Nun setzt man den Fritteneinsatz ein, füllt das U-Rohr des Wasserabscheiders aus einer Spritzflasche mit Wasser und setzt den Kühler auf. In den Destillationskolben bringt man 55 ml Isopropyläther und 20 ml bidest. Wasser und setzt ihn an. Mit einer Pilzheizhaube bringt man den Äther im Kolben zum Sieden und perforiert 3 Std. Hierbei wird mit dem Magnetrührer mäßig gerührt, so daß sich die Kieselsäure in der wäßrigen Phase gleichmäßig verteilt und die Perlen des aus der Fritte strömenden Äthers in Spiralen nach oben steigen. Die Phasengrenzschicht, die durch die Rührung nicht mehr bewegt wird, sinkt am Anfang der Perforation durch den Abtransport von Methanol und bleibt nach Einsetzen des Methanolkreislaufs konstant. Nach beendeter Perforation überführt man den Extrakt aus dem Destillationskolben in eine Silber- oder Platinschale und bringt nach Zusatz von etwa 1 ml 0,5 n Natronlauge unter Oberflächenhitze zur Trockene, um die Borbestimmung dann nach bekannten Verfahren vorzunehmen.

*Bemerkungen.* I. Zur Spurenanalyse ist der *Reinheit* der Reagentien größte Aufmerksamkeit zu schenken. Wasser, Methanol und NaOH p.a. können $10^{-4}$ bis $10^{-6}$% B enthalten. Die Lösungsmittel sind in einer Quarzapparatur zu destillieren; reinere NaOH ist aus metallischem Natrium erhältlich. Besonders zu achten ist auf Peroxidfreiheit des Isopropyläthers. Nach *Berthel* und Mitarbeitern [2] beeinträchtigen Spuren Peroxide die Perforation derart, daß selbst in Anwesenheit größerer Bormengen das Element im Extrakt nicht nachzuweisen ist.

II. *Vorsicht*: Werden peroxidhaltige Ätherlösungen zur Trockene eingedampft, können sich schwere Explosionen ereignen!

### 3.3.4.2 Ausschüttelung nach Ross, Meyer und White zur Trennung von Fluorid

Zur Isolierung von Makromengen Bor aus Gläsern haben *Glaze* und *Finn* [11, 12] den Sodaaufschluß der Probe in Wasser gelöst, mit Äthanol verdünnt und die Lösung mit Äther extrahiert. Die in der Ätherphase enthaltene Borsäure wurde titrimetrisch bestimmt. Nur ein Teil der $H_3BO_3$ wird hierbei ausgeschüttelt. Die Autoren bestimmten den Verteilungskoeffizienten $\alpha = \frac{c_{\text{org.}}}{c_{\text{wss.}}}$ der Borsäure zu $\alpha = 0{,}673 - 0{,}054\sqrt{t}$, wobei $t$ die Temperatur (°C) ist, bei welcher das Ausschütteln erfolgt. Für Schnellbestimmungen, bei denen die Temperatur um nicht mehr als 2 °C von 25 °C abweicht, kann bei der Berechnung des Analysenergebnisses ohne große Einbuße an Genauigkeit $\alpha = 0{,}403$ gesetzt werden.

Die Arbeitsweise nach *Glaze* und *Finn* wurde von *Ross*, *Meyer* und *White* auf die Bestimmung von Borspuren in Fluoridsalzen angewandt [18]. Die Probe wird dabei unter Zusatz von viel Aluminiumsalz gelöst, wodurch das stark störende Fluoridion als Al-Fluorokomplex gebunden wird. Der Verteilungskoeffizient der Borsäure beträgt nach *Ross* und Mitarbeitern: $\alpha = 0{,}59 \pm 0{,}02$ bei einer HCl-Konzentration von 4 m und einer Al-Konzentration von 2 m. Er ist im Bereich von 13 bis 28 °C unabhängig von der Temperatur. Der gegenüber den Befunden von *Glaze* und *Finn* höhere Wert von $\alpha$ rührt von der höheren Ionenstärke der wäßrigen Lösung her [18].

Der Verteilungskoeffizient hängt bei HCl-Konzentrationen <4 m stark von der HCl-Konzentration ab. Bei >4 m HCl löst sich $AlCl_3$ nur schlecht. Auch die Mischbarkeit der Phasen ändert sich mit der Acidität.

Die Arbeitsbedingungen müssen daher streng konstant gehalten werden.

*Arbeitsbereich.* 10 bis 500 µg B.

*Reagentien.* $AlCl_3 \cdot 6\,H_2O$ p. a.; *Äthanol* und *Diäthyläther*, wasserfrei.

**Arbeitsvorschrift** [18]. In einem 300-ml-Erlenmeyerkolben gibt man zur fein pulverisierten Probe des Fluoridsalzes (maximal 1 Gramm mit <500 µg B) 15 g $AlCl_3 \cdot 6\,H_2O$, 20 ml Wasser und 10 ml 2 n Salzsäure. Man bringt ein mit Teflon überzogenes Rührstäbchen in den Kolben, verschließt diesen mit Al-Folie und rührt magnetisch, bis sich alles gelöst hat. Man gibt nun 30 ml Äthanol und 60 ml Äther zu, kühlt wenn nötig auf Zimmertemperatur ab und schüttelt 5 min. Nach Trennung der Phasen pipettiert man 25 ml Ätherphase in ein 250-ml-Becherglas, in dem 5 ml Wasser vorgelegt sind. Man engt auf dem Dampfbad vorsichtig auf 2 bis 4 ml ein, überführt in einen 25-ml-Meßzylinder aus Plastik und wäscht das Becherglas zweimal mit 2 bis 3 ml Wasser nach. Man füllt im Meßzylinder auf 10 ml auf und mischt. In einem aliquoten Teil dieser Lösung wird das Bor bestimmt.

*Bemerkungen.* I. *Ross* und Mitarbeiter benutzen hierzu die photometrische Bestimmung mit *Carminsäure* (vgl. Kapitel 4.3.1.1, S. 91), indem 2 ml wäßrige Lösung vorgelegt werden.

II. *Auswertungsverfahren.* Zur Auswertung kann man eine *Eichkurve* aufstellen, für welche bekannte Borsäuremengen unter Zusatz aller Reagentien genau nach obiger Arbeitsvorschrift extrahiert und bestimmt wurden. Die Unvollständigkeit der Borsäureextraktion ist dann in der Eichkurve bereits berücksichtigt.

Möglich ist auch, die in der oben erhaltenen wäßrigen Lösung befindliche Borsäuremenge zu bestimmen und mit einem *empirischen Korrekturfaktor* auf den Borgehalt der Analysenprobe umzurechnen:

Wegen der teilweisen Mischbarkeit des Äthers und der wäßrig-äthanolischen Phase weichen die Gleichgewichtsvolumina von den Anfangsvolumina ab. Um diese Volumenmessung zu sparen, nimmt man das Gleichgewichtsvolumen der organischen Phase als unverändert mit 60 ml an. Wenn $B_{25}$ die in den pipettierten 25 ml Ätherphase enthaltene Bormenge (µg) ist, so ist die in der gesamten Ätherphase (scheinbar) enthaltene Bormenge (µg):

$$B'_0 = B_{25} \cdot \frac{60}{25} = 2{,}4 \cdot B_{25}.$$

Hieraus errechnet sich die in der Analysenprobe insgesamt enthaltene Bormenge B (µg) zu:

$$B = \alpha' \cdot B'_0.$$

Der empirische Faktor $\alpha'$ hat den Wert $0{,}347 \pm 0{,}009$ und ist im Temperaturbereich 13 bis 28 °C mit einer Reproduzierbarkeit von 3% konstant. Die gegebene Vorschrift muß jedoch streng eingehalten werden.

### 3.3.5 Extraktion der Borsäure mit sonstigen Extraktionsmitteln

Von *1,3-Diolen* (2,2-Diäthylpropandiol-1,3; 2-Äthylhexandiol-1,3) in Chloroform wird Borat bei etwa pH ≦ 9 als Borsäure-Diolkomplex (1:2) ausgeschüttelt [10]; vgl. auch Kapitel 4.5.3, S. 131. Nach *Vinogradov* und *Azarova* [19] wird Borsäure gut extrahiert durch *Alkohole, Äthylacetat, Tributylphosphat, Dioctylmethylphosphonat* und *Diisopentylmethylphosphonat.* Mit steigender Konzentration der Lösung an $MgCl_2$ steigt die Extraktionswirkung der Alkohole, wobei i-Pentanol besonders wirksam ist. Bei geringer $MgCl_2$-Konzentration ist i-Pentanol zur Extraktion der Borsäure am geeignetsten, da er sowohl einen hohen Trennfaktor $H_3BO_3/MgCl_2$ als auch einen hohen Verteilungskoeffizienten für $H_3BO_3$ aufweist. Bei hoher $MgCl_2$-Konzentration ist dagegen Diisopentylmethylphosphonat am geeignetsten [19]. *Kohlenwasserstoffe*, *Chlorkohlenwasserstoffe*, *Nitrobenzol*, *Cyclohexanon* und *Toluol* extrahieren $H_3BO_3$ nicht. *Trioctylamin*, *Äther* und *Essigsäureester* (außer *Äthylacetat*) extrahieren $H_3BO_3$ nur wenig [19].

## *Literatur*


1. *Behrends, K.*: Fr. **216**, 13 (1966).
2. *Berthel, K. H.*, *Döge, H. G.*, *Ehrlich, G.*, *Köthe, A.*, *Schmidt, A.*: Mikrochim. A. **1963**, 702.
3. *Bock, R.*, *Beilstein, G. M.*: Fr. **192**, 44 (1963).
4. *Bock, R.*, *Hummel, C.*: Fr. **198**, 176 (1963).
5. *Bock, R.*, *Jainz, J.*: Fr. **198**, 315 (1963).
6. *Bock, R.*, *Niederbauer, H. T.*, *Behrends, K.*: Fr. **190**, 33 (1962).
7. *Coursier, J.*, *Huré, J.*, *Platzer, R.*: Anal. chim. Acta **13**, 379 (1955).
8. *Coursier, J.*, *Huré, J.*, *Platzer, R.*: Commissariat à l'Energie Atomique, Rapport 404 (1955); durch *Koch* u. *Koch-Dedic* [13].
9. *Ducret, L.*, *Seguin, P.*: Anal. chim. Acta **17**, 207 (1957).
10. *Dyrssen, D.*, *Uppström, L.*, *Zangen, M.*: Anal. chim. Acta **46**, 55 (1969).
11. *Glaze, F. W.*, *Finn, A. N.*: J. Res. Nat. Bureau of Standards **16**, 421 (1936); Glass Ind. **17**, 156, 176 (1936); durch Fr. **115**, 459 (1938/1939).
12. *Glaze, F. W.*, *Finn, A. N.*: J. Res. Nat. Bureau of Standards **27**, 33 (1941).
13. *Koch, O. G.*, *Koch-Dedic, G. A.*: Handbuch der Spurenanalyse. Berlin-Göttingen-Heidelberg-New York 1964.
14. *Maeck, W. J.*, *Kussy, M. E.*, *Ginther, B. E.*, *Wheeler, G. V.*, *Rein, J. E.*: Anal. Chem. **35**, 62 (1963).
15. *Partheil, A.*, *Rose, J.*: B. **34**, 3611 (1901).
16. *Pohl, F. A.*: Fr. **157**, 6 (1957).
17. *Pohl, F. A.*, *Kokes, K.*, *Bonsels, W.*: Fr. **174**, 6 (1960).
18. *Ross, W. J.*, *Meyer, A. S.*, *White, J. C.*: Anal. Chem. **29**, 810 (1957).
19. *Vinogradov, E. E.*, *Azarova, L. A.*: Ž. Neorg. Chim. (russ.) **12**, 1624 (1967).


# 3.4 Trennung durch Mikrodiffusion des Borsäuremethylesters

Das Prinzip der Diffusionsanalyse nach *Conway* [1] läßt sich nach *Umland* und *Janssen* [2] zur Mikrobestimmung des Bors benutzen. Hierbei wird die Probe in einer druckfesten Bombe mit konz. $H_2SO_4$ in Gegenwart von Methanoldampf auf 110 bis 120 °C erhitzt. Der entstehende Borsäuretrimethylester gelangt durch Diffusion zu einem NaOH-Plätzchen, wird dort verseift und entfernt auf diese Weise das Bor aus dem Reaktionsgleichgewicht. Anschließend kann das Boration photometrisch z.B. mit Carminsäure bestimmt werden; vgl. Kapitel 4.3.1.1.1, S. 91.

Die Methode gestattet, etwa 0,01 bis 5 mg B in festen Proben bis maximal 100 mg Gesamtgewicht zu bestimmen, erfaßt also den Konzentrationsbereich $>0{,}01\%$. Die Diffusionsmethode hat gegenüber der gebräuchlichen Destillation (vgl. Kapitel 3.1) den Vorteil, daß sehr geringe Substanzmengen ($<1$ mg) eingesetzt werden können, ohne daß die erreichbare Analysengenauigkeit leidet. Die Diffusionsmethode ist demnach bei Mikroanalysen, die Destillationsmethode bei Spurenanalysen ($<0{,}01\%$ B) vorzuziehen. Die untere Grenze des Bestimmungsbereiches ist wesentlich durch den Apparateblindwert gegeben, der oft bei 1 bis 2 µg B liegt. Durch dreitägiges Ausdämpfen der gesamten Apparatur mit Methanoldampf von 150 °C kann der Blindwert auf 50 bis 100 ng B gesenkt werden. Die Borbestimmung muß dann mit Curcumin erfolgen; vgl. Kapitel 4.3.2.3, S. 107 f.

Wegen der geringen Diffusionsgeschwindigkeit erfordert die Reaktion 6 Std., bei schwer aufschließbaren Substanzen bis 12 Std. Wartezeit. Die effektive Arbeitszeit bleibt jedoch gering.

*Apparatur* [2]. Als Druckgefäß verwendet man vorteilhaft die meistens zum Peroxidaufschluß organischer Substanzen benutzte sog. „Wurzschmitt-Bombe". Als Reaktions- und Absorptionsgefäße dienen zwei kleine Platintiegel, die mittels eines Kreuzes aus Platindraht ineinander gehängt werden, so daß ein ausreichender Diffusionsraum zwischen den Tiegeln bleibt (Abb. 12). Der untere, etwas größere Tiegel dient zur Aufnahme der Probe und der konz. Schwefelsäure, der obere zur Aufnahme des Absorptionsmittels.

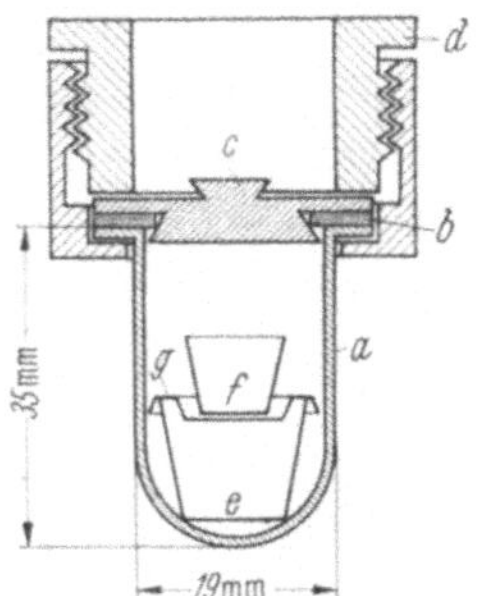


Abb. 12. Mikrodiffusionsapparatur im Schnitt. *a* Bombentiegel; *b* Dichtungsring; *c* Bombendeckel; *d* Druckverschraubung; *e* Reaktionstiegel; *f* Absorptionstiegel; *g* Tragekreuz

Die *Diffusionsapparatur* besteht aus je einem kleinen Platintiegel von etwa 12 mm oberem, 9 mm unterem ∅, 12 mm Höhe und etwa 15 mm oberem, 12 mm unterem ∅, 15 mm Höhe; einem Kreuz aus 0,3 mm ∅ Platindraht, an den Enden hakenförmig umgebogen, so daß es auf dem größeren Tiegel liegen kann; einer IKA-Universalbombe aus Reinnickel nach *Wurzschmitt* (Fa. Janke und Kunkel). Die Teile werden zusammengestellt, wie es Abb. 12 zeigt. Zur Dichtung dienen Ringe aus Perbunan N (Simrit 64 PA/153 der Fa. Carl Freudenberg, Weinheim), die mit Siliconfett eingerieben werden. Nach Zusammenbau wird die Bombe in aufrechter Stellung in einen passenden Messingring von etwa 35 mm Höhe gestellt (in der Abb. 12 nicht gezeichnet).

**Arbeitsvorschrift** [2]. Die feste Probe mit bis zu 100 mg Gesamtgewicht wird in den größeren der beiden Platintiegel eingewogen und vorsichtig mit 10 Tropfen (≈0,2 ml) konz. Schwefelsäure versetzt. Wäßrige Probelösungen werden vorher unter Zugabe von 0,3 ml 10%iger Natronlauge unter einer Infrarotlampe zur Trockene eingedampft. Mit Schwefelsäure nicht zersetzliche Proben (Sonderstähle, SiC) werden vorher mit wenig $Na_2O_2$ oder in geeigneter Weise aufgeschlossen und in den Reaktionstiegel gebracht. Gegebenenfalls ist zur Neutralisation der alkalischen Schmelze entsprechend mehr Schwefelsäure zu nehmen. Ein höherer Alkalisulfatgehalt stört nicht.

Man gibt dann etwa 0,5 bis 0,7 ml Methanol in den Bombentiegel und ein halbes NaOH-Plätzchen (etwa 90 mg) in den kleineren Platintiegel. Darauf stellt man die beiden Platintiegel in dem Bombentiegel mit Hilfe des Platinkreuzes übereinander, verschraubt die Bombe fest mit der Hand und stellt sie auf einen Metallring in einen Trockenschrank, der auf 100 bis 120 °C beheizt wird. Dort verbleibt die Bombe ohne jede weitere Wartung 6 Std., bei schwer aufschließbaren Organoborverbindungen und bei borhaltigen Metallchelaten 12 Std. (über Nacht). Anschließend läßt man abkühlen, öffnet die Bombe und löst den Inhalt des kleineren Platintiegels in einem Polyäthylenbecher mit wenig Wasser.

*Störungen.* Mit der Mikrodiffusionsmethode läßt sich in Abwesenheit von Fluorid das Bor in allen Proben bestimmen, die durch konz. $H_2SO_4$ bei 120 °C aufgeschlossen werden. In Anwesenheit von Fluorid bleibt etwas Bor in der Schwefelsäure zurück. Dieses Bor setzt sich weder mit Methanol um, noch diffundiert es als $BF_3$ heraus, auch nicht nach sehr langer Diffusionszeit.

7 mg NaF verursachen bei 0,9 mg Bor einen *Fehler* von —19%. Die Störung läßt sich durch Zugabe von $SiO_2$ oder $ZrOCl_2$ nicht beseitigen.

Keine Störung bzw. einen *Fehler* von $< \pm 2\%$ bei Bestimmung von etwa 1 mg Bor (als $H_3BO_3$) verursachen folgende Stoffe in den in Klammern angegebenen Milligramm-Mengen: $NaNO_3$ (105), KCl (92), $Na_2SiO_3$ (50), $Na_2HAsO_4 \cdot 7H_2O$ (58), $NH_4VO_3$ (56), $Na_2WO_4 \cdot 2H_2O$ (60), $(NH_4)_6Mo_7O_{24} \cdot 4H_2O$ (55), $K_2Cr_2O_7$ (47), $KMnO_4$ (43), $BeCl_2$ (50), $MgSO_4 \cdot 7H_2O$ (76), CaO (60), $AlCl_3 \cdot 6H_2O$ (66), $TiO_2$ (45), $ZrOCl_2 \cdot 8H_2O$ (46), $SnCl_4 \cdot 4H_2O$ (41), $AgNO_3$ (42), $PbCl_2$ (47), $Hg(NO_3)_2$ (73), $ZnSO_4 \cdot 7H_2O$ (31), $SbCl_3$ (100), $Cr_2(SO_4)_3$ (43), $MnSO_4 \cdot 4H_2O$ (34), $FeSO_4 \cdot 7H_2O$ (34), $FeCl_3 \cdot 6H_2O$ (80), $CoSO_4 \cdot 7H_2O$ (32), $NiSO_4 \cdot 7H_2O$ (40). Die photometrische Bestimmung wurde dabei mit Carminsäure ausgeführt.

### *Literatur*

1. *Conway, E. J.*: Microdiffusion Analysis and Volumetric Error, London 1950.
2. *Umland, F., Janssen, A.*: Fr. **219**, 121 (1966).

## 3.5 Abtrennung des Bors durch Pyrohydrolyse

*Prinzip.* Borhaltige Substanzen, z.B. Metallboride, Stähle, Gläser, werden durch Behandeln mit überhitztem Wasserdampf von etwa 1000 °C aufgeschlossen. Die Bestandteile der Probe werden dabei gegebenenfalls oxydiert, das Bor in $H_3BO_3$ überführt und im Dampfstrom verflüchtigt. Im Kondensat kann Boration nach einer der üblichen Methoden bestimmt werden.

Die Anwendung der Pyrohydrolyse ist besonders für schwer aufschließbare Substanzen wie z.B. Zirkonborid von Vorteil und liefert außerdem die Borsäure in weitgehend reiner, von Störionen freier, wäßriger Lösung. Der Konzentrationsbereich von $2 \cdot 10^{-4}\%$ B (im Stahl) bis hin zu elementarem Bor ist erfaßbar.

Die erforderliche *Apparatur* besteht im wesentlichen aus Dampferzeuger, Überhitzerofen, Reaktionsrohr mit Probeschiffchen, Reaktionsofen, Kühler und Vorlage. Viele Autoren verzichten auf einen besonderen Überhitzer und leiten den Dampf unmittelbar in das Reaktionsrohr.

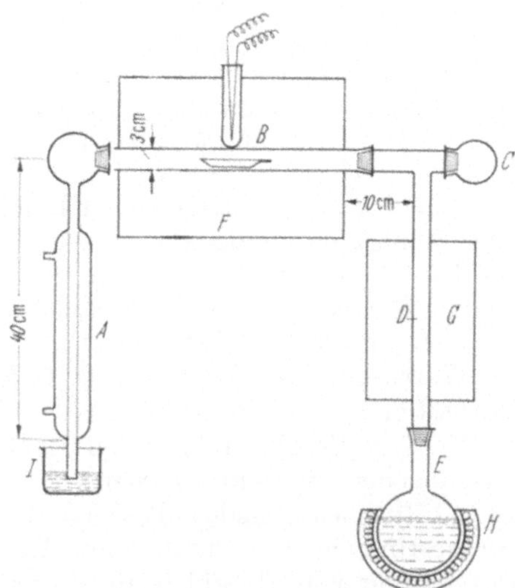


Abb. 13. Quarzapparat zur Pyrohydrolyse nach *Yoshimori* und Mitarbeiter. *A* Kühler; *B* Reaktionsrohr; *C* Probeneinlaß; *D* Überhitzerrohr; *E* Dampfentwickler; *F* Reaktionsofen; *G* Überhitzerofen; *H* Heizhaube; *I* Vorlage

Abb. 13 zeigt die Anordnung nach *Yoshimori*, *Miwa* und *Takeuchi* [7]. Das Probenschiffchen besteht aus Platin [3, 4, 5, 6] oder Gold [2].

Reaktionsrohre aus Quarz haben sich gut bewährt und sind unter den Reaktionsbedingungen auch bei 1400 °C beständig [3, 4, 7]. Auch Platinrohre können bis zu dieser Temperatur benutzt werden [2, 6]. Ein Nickelrohr kann bis 1100 C ° verwendet werden [5]; bei 1300 bis 1400 °C werden Rohre aus Nickel, Inconel oder 18/8-Stahl dagegen rasch zerstört [4, 5]. Dampfentwickler und Kühler bestehen nach *Morgan* [4] aus Pyrex, nach *Yoshimori* und Mitarbeitern [7] aus Quarz, das Innenrohr des Kühlers nach *Williams* und Mitarbeitern [6] aus Platin, nach *McKinley* und *Wendt* [3] aus Quarz.

Die Ausbeute an Bor hängt von der Art der Probe ab; sie ist oft quantitativ [4, 7]. Im Rückstand der Pyrohydrolyse von Zr/U-Legierungen wurden jedoch 3 bis 20 ppm B [1], im Rückstand von $ZrB_2$, $TiB_2$, $NbB_2$ etwa 0,02% des Gesamtbors [3] gefunden.

Steigende Reaktionstemperatur verbessert die Wirksamkeit des Aufschlusses und kürzt die Reaktionszeit ab. So erfordert z.B. die quantitative Verflüchtigung des Bor aus $ZrB_2$ 4 Std. bei 700 °C, 2 Std. bei 900 °C, 1 Std. bei 1100 °C und 30 min bei 1200 °C [3]. Die Stärke des Dampfstromes ist von nur geringem Einfluß [5] und beträgt etwa 1 bis 5 ml Destillat/min. Zu beachten ist, daß größere Dampfmengen die Temperatur im Reaktionsrohr herabsetzen und auf diese Weise die Ausbeute verschlechtern können. Dies gilt besonders, wenn man ohne Überhitzer arbeitet.

### 3.5.1 Arbeitsweise nach Morgan

Die im folgenden beschriebene Arbeitsweise wurde von *Morgan* [4] angewandt auf die Bestimmung von Bor in elementarem Bor, Borstahl, Zirkoniumdiborid, Borcarbid, Zirkoniummetall, Cermets mit Borcarbid oder Zirkonborid sowie von Borspuren in Schweißelektroden, Schweißdrähten und $Al_2O_3$-Isolierstäben. Die Borgehalte dieser Proben lagen bei $8 \cdot 10^{-4}$% bis 96% B, die Einwaagen je nach Borgehalt bei 0,1 bis 5 g.

*Apparatur.* Reaktionsrohr (76 × 2,5 cm) aus Quarz; Dampfentwickler (3-Liter-Kolben) und Kühler aus Pyrex; 500 ml-Erlenmeyerkolben aus Quarz als Vorlage; Probeschiffchen aus Platin (etwa 2,5 × 0,95 × 0,95 cm); Röhrenofen mit Regeltransformator. *Morgan* verzichtet auf einen Dampfüberhitzer; der Dampf wird aus dem Siedekolben über ein kurzes, rechtwinkliges Quarzrohr mit Schliff unmittelbar in das Reaktionsrohr geleitet. Der Siedekolben ist zur Sicherheit mit einem langen, in das Wasser tauchenden Steigrohr versehen.

**Arbeitsvorschrift.** Das Wasser im Dampfentwickler wird 15 min im Sieden gehalten, um alles $CO_2$ auszutreiben (andere Autoren verzichten hierauf). In das Probeschiffchen werden etwa 0,1 bis 5 g Probe als Pulver oder Späne eingewogen und in das Reaktionsrohr gebracht. Der Ofen wird auf 1400 °C eingestellt. In den Vorlagekolben gibt man 10 ml 0,1 n NaOH und 10 ml Wasser. Dann schließt man den Dampfentwickler an und stellt den Dampfstrom derart ein, daß 2 ml Destillat je Minute entstehen. Man läßt die Pyrohydrolyse 90 min bei 1400 °C ablaufen, entfernt dann den Vorlagekolben und spült die Apparatur zur Entfernung von restlichem $H_2$ mit $N_2$. (Andere Autoren verzichten auf diese Gasspülung [3, 5, 6, 7].) In gleicher Weise bestimmt man ohne Probe den *Blindwert* des Verfahrens.

Im Destillat kann Bor nach einer der üblichen Methoden bestimmt werden.

### 3.5.2 Weitere Anwendungen

*McKinley* und *Wendt* [3] analysieren *Metallboride* ($ZrB_2$, $TiB_2$, $NbB_2$, $TaB_2$) bei 1100 °C ohne Dampfüberhitzer. Die Laufzeit beträgt 1 Std. bei 5 ml Destillat/min.

Die Ausbeute an Bor war dagegen noch nach 2 Std. unvollständig bei $HfB_2$, $LaB_6$, $YB_6$, $YbB_6$, CrB. Wird dem Dampf noch zusätzlich ein $O_2$-Strom von 5 ml/min beigemischt, kann $HfB_2$ erfolgreich bei 1400 °C (Zr-Schiffchen) pyrohydrolysiert werden [3]. *Stähle* mit $2 \cdot 10^{-4}$ bis $1 \cdot 10^{-2}$% B werden nach *Yoshimori* und Mitarbeitern [7] bei 1350 °C in 20 bis 40 min vollständig pyrohydrolysiert. Einwaagen von 0,5 bis 3 g Probe werden mit einer Dampfgeschwindigkeit von 2 bis 3 ml Destillat/min behandelt; höhere Dampfgeschwindigkeiten ergeben Minderbefunde. *Wiederkehr* und *Goward* [5] analysieren *Stähle, Carbide, Zirkalloy/U-Legierung* bei 1100 °C. Die erforderliche Reaktionszeit beträgt dabei 1,5 Std., die Dampfgeschwindigkeit 1 bis 3 ml Destillat/min. *Boirie* und Mitarbeiter [1] stellen bei der Pyrohydrolyse von *Zr/U-Legierungen* mit 100 bis 2000 ppm B fest, daß der Rückstand 3 bis 20 ppm B festhält. Dabei wurden 200 mg Probe 1,5 Std. bei 1100 °C mit einem Dampfstrom von 3 ml/min behandelt. *Zr-Metall* ist schlecht angreifbar, da das entstehende Oxid das restliche Metall abschirmt [1]. 100 bis 200 mg *elementares Bor* werden nach *Eberle* und Mitarbeitern [2] in 6 Std. bei 1000 °C mit 1,5 l Destillat pyrohydrolysiert. Der Rückstand enthält $< 50$ µg B. *Williams* und Mitarbeiter [6] benutzen in Anlehnung an die Halogen-Pyrohydrolyse einen Zusatz von 3 g $U_3O_8$ als Katalysator zur Analyse von *Gläsern*. Dieser wurde jedoch von *Morgan* [4] als überflüssig erkannt und von anderen Autoren nicht mehr verwendet [1, 2, 3, 5].

### *Literatur*


1. *Boirie, C., Baudin, G., Cittanova, J., Platzer, R.*: Bull. Soc. chim. France **1965**, 551.
2. *Eberle, A. R., Pinto, L. J., Lerner, M. W.*: Anal. Chem. **36**, 1282 (1964).
3. *McKinley, G. J., Wendt, H. F.*: Anal. Chem. **37**, 947 (1965).
4. *Morgan, L.*: Analyst **89**, 621 (1964).
5. *Wiederkehr, V. R., Goward, G. W.*: Anal. Chem. **31**, 2102 (1959).
6. *Williams, J. P., Campbell, E. E., Magliocca, T. S.*: Anal. Chem. **31**, 1560 (1959).
7. *Yoshimori, T., Miwa, T., Takeuchi, T.*: Talanta **11**, 993 (1964).


## 3.6 Abtrennung von Störionen durch Elektrolyse

Durch elektrolytische Abscheidung an einer Quecksilberkathode können verschiedene, die Borbestimmung störende Metalle abgetrennt werden. Auf diese Weise entfernbar sind Eisen, Chrom, Molybdän, Nickel, Kobalt, Kupfer und Zinn, nicht aber Aluminium, Titan, Vanadium, Zirkonium und Phosphor [1, 4, 7, 8]. Molybdän wird nicht quantitativ abgeschieden [2]. Höhere Manganmengen werden nicht quantitativ abgeschieden; auch kann etwas Quecksilber in Lösung gehen. $Hg^{2+}$ kann mit $H_2S$, $Mn^{2+}$ mit NaOH + $H_2O_2$ gefällt werden [4]. Nach *Bush* und *Higgs* [2] wird Eisen nur aus ganz schwach saurer Lösung vollständig abgeschieden; während der Elektrolyse muß die entstehende Säure daher mehrfach mit Natronlauge neutralisiert werden [2].

Man elektrolysiert mit Stromstärken von etwa 2 bis 4 A; hoher Chromgehalt erfordert die höchste Stromstärke [4]. Man elektrolysiert bis die Lösung farblos geworden ist und geeignete qualitative Tüpfelproben negativ ausfallen. Hierfür sind Elektrolysezeiten von etwa 30 bis 120 min erforderlich [5, 7]. Die Durchmischung des Elektrolyten erfolgt durch die als Rührer ausgebildete Anode aus Platinblech [2, 4]. Statt einer Rühranode kann man auch eine feststehende Platinanode verwenden und das Quecksilber mit einem Glasrührer intensiv rühren.

Die meisten Autoren schreiben vor, die Temperatur durch Kühlung auf 20 bis 25 °C zu halten [2, 3, 5, 8], wofür doppelwandige Elektrolysegefäße mit Wasserkühlung beschrieben wurden [2, 5].

Abb. 14 zeigt die Elektrolyseeinrichtung nach *Etheridge* [4]. Dabei senkt man nach beendeter Elektrolyse das Niveaugefäß, bis das Quecksilber im Elektrolysengefäß zum oberen Rand des Doppelweghahnes absinkt. Dann läßt man nach Drehen des Hahnes den Elektrolyten in ein Becherglas abfließen. Abb. 15 zeigt ein doppelwandiges, kühlbares Elektrolysengefäß nach *Golubcova* [5]. Es wurde in Größen von 5 ml oder 35 ml Fassungsvermögen benutzt.

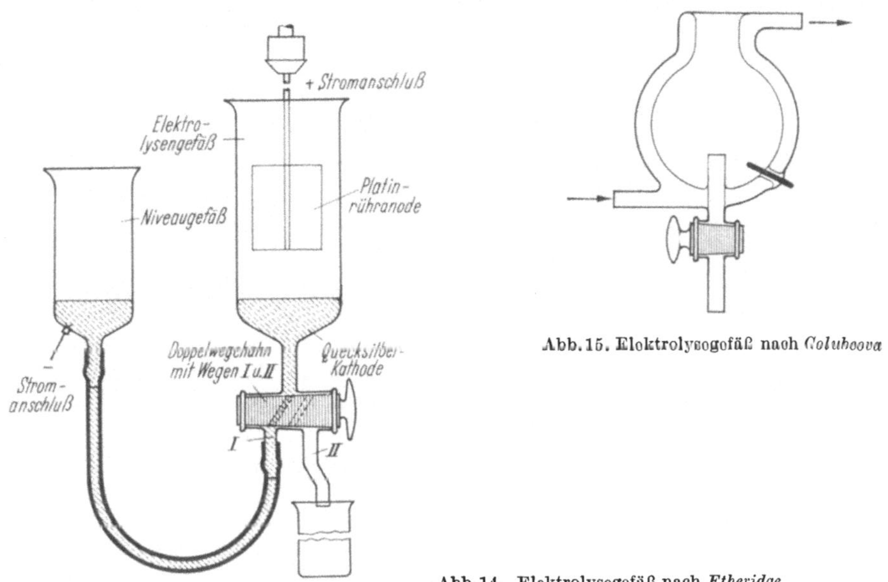


Abb. 15. Elektrolysegefäß nach *Golubcova*

Abb. 14. Elektrolysegefäß nach *Etheridge*

## 3.6.1 Arbeitsvorschrift nach Piper und Hagedorn zur Bestimmung im Stahl

Je nach dem zu erwartenden Borgehalt werden 0,2 bis 1 g fein zerspante Probe in einem 250-ml-Rundkolben mit Schliff und aufgesetztem Rückflußkühler in 15 ml Schwefelsäure (1 + 6) (etwa 2,7 m) bei mäßiger Wärme gelöst. Nach dem Abkühlen werden durch den Kühler etwa 10 ml 10%iges $H_2O_2$ tropfenweise zugegeben. Dann wird die Lösung 10 min gekocht, der Rückstand abfiltriert und das Filter mit heißem Wasser ausgewaschen. Im Filtrat befindet sich das „säurelösliche Bor" (vgl. Kapitel 5.5.3, S. 169). Soll das gesamte Bor bestimmt werden, muß der abfiltrierte Rückstand nach dem Veraschen des Filters mit 0,3 bis 0,5 g $Na_2CO_3$ aufgeschlossen werden.

Das Filtrat wird in das Elektrolysengerät nach *Etheridge* (Abb. 14) gespült und mit 2 bis 4 A in einem Gesamtvolumen von etwa 130 ml 2 Std. elektrolysiert. Der Elektrolyt muß gut gerührt werden, wozu die Rühranode bis mindestens zur Hälfte eintauchen soll. Danach läßt man die Lösung, ohne den Elektrolysestrom abzuschalten, in ein Becherglas ab, gibt 5 ml Schwefelwasserstoffwasser und 5 ml konz. Schwefelsäure zu und engt durch Erhitzen unterhalb des Siedepunktes auf 70 ml ein. Die Lösung darf nicht kochen, da sonst Borverluste entstehen. Man läßt bei gelinder Wärme so lange stehen, bis sich der Niederschlag abgesetzt hat, filtriert und wäscht aus.

*Bemerkungen.* I. Soll die Borbestimmung *photometrisch* mit Carminsäure erfolgen (vgl. Kapitel 4.3.1.1, S. 91), engt man das Filtrat in einer Platinschale vorsichtig bis zum Auftreten der ersten Schwefelsäuredämpfe ein. Die Lösung darf dabei nicht kochen (vgl. Kapitel 2.2).

II. *Störungen.* Bei anschließender photometrischer Borbestimmung mit Carminsäure treten keine Störungen auf bei Stählen mit 0,01 bis 0,04% Ti, 0,05 bis 0,1% Al oder 0,01 bis 0,02% Zr [1]. Bei Einwaagen $<0{,}5$ g stören 2% Al nicht [7]. Nach dem Lösen der Probe in $H_2SO_4$ zurückbleibende Niederschläge von Wolfram- oder Niobsäure werden abfiltriert [5]. Titan und Zirkonium können nach der Elektrolyse hydrolytisch gefällt werden, ohne daß Bor mitgerissen wird. Hierzu gibt man in einem Quarzbecher zu 25 ml Elektrolytlösung 2,5 ml 40%ige Natronlauge, erhitzt bis sich der Niederschlag zusammengeballt hat, filtriert ab und wäscht dreimal mit je 1 ml 1%iger NaOH [5].

### 3.6.2 Weitere Anwendungen

Zur Bestimmung von 2 bis 23 ppm Bor im *Nickelblech* wird dieses nach *Chirnside, Cluley* und *Proffit* [3] anodisch gelöst und Ni gleichzeitig an einer Hg-Kathode wieder abgeschieden. Durch nur teilweises Lösen können dabei Konzentrationsgradienten an B in Ni ermittelt werden.

Zur Analyse des *Siliciums* lösen *Morrison* und *Rupp* [6] die Probe in NaOH und befreien die Lösung durch Elektrolyse von Kationen ($Na^+$). Kathoden- und Anodenraum sind durch eine kationendurchlässige Membran aus „Amberplex-C 1" (Fa. Rohm u. Haas) getrennt. Beim Eindampfen der von $Na^+$ befreiten Lösung entsteht kristallines Silicat, welches kein Boration einschließt. Aus dem Eindampfrückstand wird mit Wasser alles Borat und nur wenig Silicat herausgelöst, so daß das in 1 g Si enthaltene Bor neben nur etwa 10 mg Kieselsäure vorliegt.

*Literatur*

1. *Blum, H., Eder, A.*: Radex-Rundschau **1954**, 123.
2. *Bush, G. H., Higgs, D. G.*: Analyst **76**, 683 (1951).
3. *Chirnside, R. C., Cluley, H. J., Proffit, P. M. C.*: Analyst **82**, 18 (1957).
4. *Etheridge, A. T.*: Analyst **54**, 141 (1929); Handbuch Eisenhüttenlab., Bd. 2, S. 508 (1941).
5. *Golubcova, R. B.*: Ž. Anal. Chim. (russ.) **15**, 481 (1960).
6. *Morrison, G. H., Rupp, R. L.*: Anal. Chem. **29**, 892 (1957).
7. *Piper, E., Hagedorn, H.*: Arch. Eisenhüttenw. **28**, 373 (1957).
8. *Tschischewski, N.*: Ind. eng. Chem. **18**, 607 (1926).

## 3.7 Abtrennung von Störionen durch Fällung

Die Abtrennung von Störionen durch deren Ausfällung kommt im allgemeinen nur in Betracht, wenn größere Mengen (mg) Bor bestimmt werden sollen. Eine Ausnahme bildet die Isolierung von Borspuren aus hochreinem Silicium durch Fällung der Kieselsäure mit Methanol nach *Luke* [10, 14] (vgl. Kapitel 5.4, S. 166).

Fällungsverfahren haben den Vorteil besonderer Einfachheit in der Ausführung; doch besteht stets die Gefahr einer Mitfällung des Bors. Für anspruchsvollere Trennungen, besonders bei Spurenanalysen, werden daher andere Verfahren vorgezogen.

Besondere Bedeutung haben Fällungsverfahren zur Entfernung solcher Ionen erlangt, welche die Titration nach dem Mannitverfahren stören. Es sind dies hauptsächlich 2- und 3wertige Metalle (insbesondere $Al^{3+}$ und $Fe^{3+}$) sowie Phosphationen, da sie schon in schwach saurer Lösung schwer lösliche Niederschläge bilden. Phosphorsäure wird vorwiegend als Eisen- oder Bleisalz abgetrennt, Metalle werden mittels NaOH oder $BaCO_3$ hydrolytisch gefällt. Besonders geringe Gefahr einer Mitfällung von Borationen besteht bei der Fällung mehrwertiger Kationen als Oxinate nach *Schäfer* und *Sieverts* [15].

### 3.7.1 Fällung der Phosphorsäure in der Düngeranalyse

Die Notwendigkeit, größere Mengen Phosphationen zu entfernen, ergibt sich besonders, wenn Borationen in Düngern wie Superphosphat nach der Mannitmethode titrimetrisch bestimmt werden sollen. Entfernt man die Phosphorsäure nicht, entstehen Niederschläge von Hydroxylapatit und Dicalciumphosphat, wenn man den wäßrigen Auszug eines sauren Düngemittels auf pH = 6 bringt [9]. Diese Niederschläge sollen nach *Lang* nicht stören, wenn die Endpunktanzeige potentiometrisch erfolgt [9]. Zur photometrischen Bestimmung mit Carminsäure (vgl. Kapitel 4.3.1.1.3, S. 92) müssen nur größere Mengen Phosphationen entfernt werden, wie sie im Auszug des Superphosphats vorliegen [18]. Aus Glühphosphaten, Borrhekaphos und Borröchlingphosphat gehen nur so geringe Mengen Phosphat in den wäßrigen Auszug, daß sie die Carminsäuremethode nicht stören [18] (Arbeitsvorschrift vgl. Kapitel 4.3.1.1.3, S. 93).

Die Fällung der Phosphorsäure kann durch Schütteln des wäßrigen Auszuges der Düngerprobe mit *$FeCl_3$-Lösung und $CaCO_3$* erfolgen [9, 13, 18] (Arbeitsvorschrift vgl. Kapitel 4.3.1.1.3, S. 93). Die Bestimmung kann photometrisch [18] oder titrimetrisch [13] ausgeführt werden. Aus Borrhekaphoslösung fällt das überschüssige $Fe^{3+}$ nur schwierig wieder quantitativ aus. In Abänderung der im Kapitel 4.3.1.1.3, S. 93, gegebenen Vorschrift für Superphosphate wendet man nach *v. Polheim* auf 5 g Dünger nur 8 ml 10%ige $FeCl_3$-Lösung und 1 g $CaCO_3$ an [13].

Aus Borröchlingphosphat geht praktisch keine Phosphorsäure in Lösung, so daß auch die titrimetrische Borbestimmung ohne Vortrennung erfolgen kann [13].

**Arbeitsvorschrift** *zur Fällung mit Bariumchlorid und -hydroxid.* Zur Ausfällung des Phosphations mit *$BaCl_2$ und $Ba(OH)_2$* gibt man zum wäßrigen Auszug von 2,5 g Dünger in der Hitze 15 ml 10%ige $BaCl_2$-Lösung und macht mit festem $Ba(OH)_2$ gegen Phenolphthalein eben alkalisch. Man verkocht $NH_3$ (60 min), filtriert, wäscht gründlich mit heißem Wasser und titriert das Filtrat wie üblich nach Mannitzusatz (vgl. Kapitel 4.2.3, S. 79f.) [1].

*Bemerkungen.* I. Das Verfahren liefert bei Bordüngemitteln mit 0,01 bis 0,6% B *gute* Ergebnisse [9].

II. Auch mit *Bleinitrat* [3, 17], *Wismutnitrat* [19] oder *Silbernitrat* [16] läßt sich die Phosphorsäure entfernen. Die im folgenden gegebene Vorschrift zur Fällung als Bleiphosphat wurde unter Einbeziehung mehrerer Industrielaboratorien von der englischen Vereinigung der Düngerfabrikanten entwickelt [3].

**Arbeitsvorschrift** *zur Fällung mit Bleinitrat* [3]. In einem Gefäß aus borfreiem Material wird die Probe (2 g bei $<$0,5% B; 1 g bei 0,5 bis 1% B) in 150 ml Wasser gelöst und mit $Na_2CO_3$-Lösung gegen Phenolphthalein schwach alkalisch gemacht. Man kocht, bis alles $NH_3$ vertrieben ist, wobei man durch Zugabe von weiterem $Na_2CO_3$ die Lösung stets schwach alkalisch hält. Danach kühlt man ab und gibt vorsichtig 12 ml 20%ige Salzsäure zu. Zu 2 g Einwaage gibt man für je 12% $P_2O_5$-Gehalt der Probe 20 ml, zu 1 g Einwaage 10 ml 10%ige Bleinitratlösung zu. Dann erhitzt man zum Sieden, entfernt die Heizquelle und macht durch vorsichtige Zugabe von festem $Na_2CO_3$ schwach alkalisch. Man erhitzt noch 5 min auf dem Wasserbad, überführt in einen 200-ml-Meßkolben und füllt mit Wasser auf. Man mischt gut durch und filtriert, wobei man die ersten 10 bis 20 ml Filtrat verwirft.

100 ml des Filtrats werden mit HCl gegen Methylrot vorsichtig angesäuert und durch kräftiges Rühren von der Hauptmenge des $CO_2$ befreit. Man macht mit 0,5 n NaOH gegen Methylrot schwach alkalisch und mit 0,5 n HCl wieder schwach sauer und kocht in bedecktem Becherglas noch 5 min zur Vertreibung des restlichen $CO_2$. In der von $CO_2$ befreiten Lösung titriert man das Borat nach dem Mannitverfahren unter potentiometrischer Endpunktsanzeige (vgl. Kapitel 4.2.2.4, S. 72).

*Bemerkung.* Ist ein ähnlich zusammengesetzter, aber borfreier Dünger verfügbar, kann man den *Blindwert* des Verfahrens bestimmen und bei der Berechnung des Analysenergebnisses berücksichtigen.

### 3.7.2 Fällung von Kationen mit Oxin nach Schäfer und Sieverts

Die Ausfällung von Kationen als Hydroxide oder Carbonate führt vielfach zu amorphen oder gelartigen Niederschlägen. Diese können nur durch mehrmaliges Umfällen von eingeschlossenem Boration befreit werden. Oxinatniederschläge sind dagegen gut kristallisiert und reißen nach *Schäfer* und *Sieverts* kein Bor mit [15].

Die im folgenden beschriebene Arbeitsweise wurde von den Autoren am Beispiel der Kationen von *Zink, Blei, Aluminium, Eisen und Nickel* erprobt, jedoch kann sie auch zur Abtrennung anderer mit Oxin fällbarer Metalle dienen [15]. Für die Bestimmung von 1 bis 10% B in *Al—Mn-Legierung* ist nach *Nakashima* und Mitarbeitern [12] die Oxinatfällung der Hydrolysefällung mit $CaCO_3$ [2] überlegen. Vor der Titration wird das überschüssige Oxin mit Mg-Salzlösung entfernt.

*Reagenslösung* [15]. 7,5 g *8-Hydroxychinolin* werden in 50 ml 1 n Natronlauge unter schwachem Erwärmen gelöst. Durch Verdünnen mit Wasser auf 200 ml erhält man eine etwa 0,25 m Lösung von Natriumoxinat. Sie ist etwa 10 Tage haltbar; eine entstehende Braunfärbung ist unschädlich.

**Arbeitsvorschrift.** [15]. Etwa 50 ml neutrale oder schwach saure Probelösung werden auf etwa 60 °C erwärmt und mit Oxinatlösung in geringem Überschuß versetzt. Nach dem Umschwenken prüft man durch Zutropfen von Bromkresolpurpurlösung auf alkalische Reaktion (Zugabe des Indikators schon vor der Fällung ist unzweckmäßig). Ist Natriumoxinat im Überschuß vorhanden, so färbt sich der vorher gelbe Indikator tief blauviolett. Zur Vervollständigung der Fällung wird noch 5 min erwärmt.

Zur Entfernung des Reagensüberschusses gibt man etwa 5 min nach der Fällung 5 ml 1 m Magnesiumchloridlösung zu und erwärmt noch 5 min. Danach saugt man ab und wäscht den Niederschlag mit Wasser von Zimmertemperatur. Das Filtrat wird gegen Methylrot schwach angesäuert und mit 0,5 g Aktivkohle versetzt. Nach 5 min wird filtriert und mit Wasser gewaschen. Im farblosen Filtrat kann die Borsäure auf beliebige Weise bestimmt werden.

### 3.7.3 Fällung von Kationen durch Hydrolyse

Die hydrolytische Fällung von Kationen erfolgt meistens durch Zugabe von Natronlauge [5, 7] oder Kochen der Lösung mit überschüssigem Erdalkalicarbonat [2, 4].

*Anwendungen.* Um die besondere Einfachheit der Abtrennung durch Fällung auch für Spurenanalysen nutzbar zu machen, hat *Gräbner* [7] ein Verfahren beschrieben, 0,0004 bis 0,05% B im *Stahl* nach NaOH-Fällung zu bestimmen. Es erfordert Einwaagen von 5 g Probe und ist auf unlegierte, mittel- und hochlegierte Stähle anwendbar; die Borbestimmung erfolgt potentiometrisch nach der Sorbitmethode; vgl. S. 73. Die Fällung großer Mengen Hydroxide neben Spuren Bor führt jedoch zu merklichen Borverlusten. Nach *Gräbner* tritt ein systematischer Fehler von —2,5% auf, der empirisch korrigiert wird. Die Anwesenheit von mehr als 0,2% Mo, W oder V erfordert zusätzlich eine Nachfällung mit $Pb^{2+}$, welche einen Fehler von —12% verursacht [7].

*Aluminium* läßt sich mit Natronlauge [5] oder Bariumhydroxid [11] fällen. Bei der Bestimmung von 0,005 bis 0,03% B in *Titanlegierungen* (ohne Cr und Ni) löst man nach *Golubcova* [6] 10 mg Probe unter Rückfluß in 1 ml $H_2SO_4$ (1 + 3) (etwa 24%ig), kocht dann 20 min unter Rückfluß mit 0,15 ml 15%iger Ammoniumpersulfatlösung bis zur Farblosigkeit und spült den Kühler mit 1 ml Wasser. Dann macht man (in einem Quarzgefäß) mit 2,5 ml 40%iger NaOH gegen Kongorot alkalisch, erhitzt, bis sich der Niederschlag zusammenballt, und filtriert unter Zusatz von Filtrierpapierbrei. Der Rückstand wird dreimal mit je 1 ml 1%iger NaOH gewaschen, das Filtrat mit 7 ml konz. $H_2SO_4$ und 5 Tropfen konz. $HNO_3$ versetzt und bis zum 5 min langen Rauchen eingeengt. Alle $HNO_3$ muß entfernt sein. Die Bestimmung erfolgt photometrisch mit Carminsäure (vgl. Kapitel 4.3.1.1, S. 91), Chromotrop 2 B oder Arsenazo II (vgl. Kapitel 4.3.4.2, S. 119) [6].

*Magnesite und Magnesia* löst man nach *Hazel* und *Ogilvie* [8] unter Rückfluß in HCl und gießt die annähernd neutralisierte Lösung unter ständigem Schütteln in eine Lösung von 15 g NaOH und 2 g $Na_2CO_3$ in 50 ml Wasser. Man filtriert, stellt gegen p-Nitrophenol auf pH = 7 und erwärmt zur Fällung von restlichem Fe und Ti noch 1 Std. auf 65 °C. Man filtriert, vertreibt $CO_2$ und titriert wie üblich nach der Mannitmethode (vgl. Kapitel 4.2.3, S. 79) [8].

Die Fällung mit überschüssigem $BaCO_3$ nach *Blumenthal* [2] hat den Vorteil, daß der pH-Wert der Lösung stets unter 6,5 bleibt und dabei Bariumborate löslich sind. Das Verfahren eignet sich für *Boride* von Fe, Cr, W, Ti, Zr, Th, V, Nb, Ta, Ca, Ce, Al sowie für $B_4C$, BN und elementares Bor. In Gegenwart von V ist bei der Fällung ein Zusatz von $Fe^{3+}$, bei Cr ein Zusatz von $BaCl_2$ erforderlich. Ni und Mn werden mit $BaCO_3$ nicht quantitativ gefällt [2].

## *Literatur*


1. *Berry, R. C.*: J. Assoc. offic. agric. Chem. **36**, 623 (1953).
2. *Blumenthal, H.*: Anal. Chem. **23**, 992 (1951).
3. *Borland, H., Brownlie, I. A., Godden, P. T.*: Analyst **92**, 47 (1967).
4. *Dimbleby, V.*: J. Soc. Glass Technol. **14**, 51, 62 (1930).
5. *Eipeltauer, E., Jangg, G.*: Fr. **138**, 18 (1953).
6. *Golubcova, R. B.*: Ž. Anal. Chim. (russ.) **15**, 481 (1960).
7. *Gräbner, H. J.*: Fr. **181**, 327 (1961).
8. *Hazel, W. M., Ogilvie, G. H.*: Anal. Chem. **22**, 697 (1950).
9. *Lang, K.*: Fr. **163**, 241 (1958).
10. *Luke, C. L.*: Anal. Chem. **27**, 1150 (1955).
11. *Mylius, W.*: Ch.-Z. **57**, 173, 194 (1933).
12. *Nakashima, R., Sasaki, S., Furukawa, M., Morita, K.*: Nagoya Kogyo Gijutsu Shikensho Hokoku **15**, 143 (1966); durch Chem. Abstr. **65**, 9722d.
13. *v. Polheim, P.*: Fr. **137**, 8 (1952).
14. *Schneer, A., Halmos, T., Székely, T.*: Fr. **182**, 178 (1961).
15. *Schäfer, H., Sieverts, A.*: Fr. **121**, 161 (1941).
16. *Schäfer, H., Sieverts, A.*: Fr. **121**, 170 (1941).
17. *Taylor, D. S.*: J. Assoc. offic. agric. Chem. **33**, 132 (1950).
18. *Wiele, H.*: Fr. **151**, 270 (1956).
19. *Wilson, H. N., Pellegrini, G. M. M.*: Analyst **86**, 517 (1961).

# 4 Bestimmungsverfahren

*Vorbemerkung.* Die in diesem Kapitel beschriebenen *naßchemischen* Bestimmungsverfahren gehen fast ausnahmslos von der Borsäure bzw. ihren Salzen aus. Naßchemische Verfahren, welche spezielle Eigenschaften anderer Borverbindungen (Organoborverbindungen, Borane) zu deren Bestimmung nutzen, sind im Kapitel 6 beschrieben. Eine Ausnahme macht insbesondere das Tetrafluoroboration, welches vielfach aus Borat erzeugt und zu dessen Bestimmung verwendet wird. Die Bestimmung des $BF_4$-Anions ist deshalb hier im Kapitel 4 beschrieben.

Von der Natur der vorliegenden Borverbindung weitgehend unabhängig sind die radiochemischen Verfahren, mit Einschränkung auch die spektralanalytischen.

## 4.1 Gravimetrie

Eine direkte Fällung der Borsäure aus ihren Lösungen ist nicht möglich, da alle in Frage kommenden, schwer löslichen Borate (z.B. Ba-, Ag-, Cd-, Cu-, Fe-, Mn-, Ni-, Co-, Zn-Borat) gelatinöse, schlecht oder nicht filtrierbare Niederschläge ergeben, die meistens beträchtliche Mengen des Fällungsmittels einschließen [16].

Besser zu handhaben und genügend schwer löslich sind Salze einiger Diolkomplexe der Borsäure [6, 9]. Insbesondere das Bariumtartratoborat, $Ba_5B_2C_{16}H_{16}O_{28} \cdot 2H_2O$, wurde mehrfach zur gravimetrischen Borbestimmung empfohlen [6, 12, 17, 18].

In neuerer Zeit haben sich Salze des $BF_4^-$-Anions als gewichtsanalytisch brauchbar erwiesen [1, 10]. Der Vorteil dieser Verbindungen liegt insbesonders darin, daß auch größere Mengen Fluoridionen die B-Bestimmung nicht stören; ihr Nachteil ist die geringe Bildungsgeschwindigkeit des $BF_4^-$-Anions.

Die Selektivität aller Methoden ist gering; meistens wird eine Trennung vorhergehen müssen, für die insbesonders Ionenaustauschverfahren in Betracht kommen (vgl. Kapitel 3.2, S. 30). Im Anschluß an die häufig durchgeführte Destillation der Borsäure als Methylester kann auch eine gravimetrische Endbestimmung angeschlossen werden. Hierbei fängt man den Ester in einer geeigneten Base auf [8, 14], z.B. in $Ca(OH)_2$ [5, 7], dampft ein und wägt nach dem Glühen als Calciumborat. Zur Destillation des Methylesters darf hierbei im Destillierkolben keine $H_2SO_4$ benutzt werden, da kleine Mengen in die Vorlage gelangen und als $CaSO_4$ mitgewogen werden. Man verwendet statt der ersteren Essigsäure, da sich Calciumacetat leicht verglühen läßt. Zur quantitativen Gewinnung des Methylborats muß man dann jedoch 6- bis 7mal mit Methanol destillieren, statt wie sonst 1- bis 2mal. Eine Apparatur zur kontinuierlichen Destillation wurde u.a. von *Otting* angegeben [12]. Insgesamt ist dieses gravimetrische Verfahren sehr zeitraubend, ohne daß ein Vorteil gegenüber der üblichen Titration des Vorlageinhaltes erzielt wird. Gleiches gilt für die Absorption des Esters in Ammoniumcarbonat, Zusatz von $(NH_4)_2HPO_4$ und Auswaage als geglühtes $BPO_4$ [2]. Erwähnt sei schließlich noch die Möglichkeit, $H_3BO_3$ aus wäßriger Lösung mit Äther zu extrahieren, wofür kontinuierliche Extraktionsapparate beschrieben wurden. Nach Verdampfen des Äthers wägt man als $H_3BO_3$ [13].

### 4.1.1 Arbeitsweise nach Lucchesi und DeFord zur Bestimmung als Nitrontetrafluoroborat

Tetrafluoroboration bildet mit Nitron (1,4-Diphenyl-3,5-endoanilino-1,2,4-triazolin) [10] oder Tetraphenylarsoniumchlorid [1] Niederschläge, die gut filtrierbar und stöchiometrisch zusammengesetzt sind. Die Salze können direkt ausgewo-

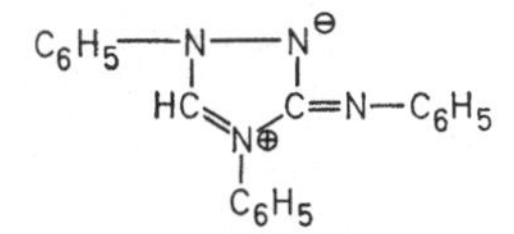

$C_6H_5$—N—$N^{\ominus}$, HC, C=N—$C_6H_5$, $N^{\oplus}$, $C_6H_5$

Nitron

gen werden. Sie sind jedoch immer noch relativ leicht löslich, z. B. ist eine gesättigte Lösung von $(C_6H_5)_4As[BF_4]$ $4{,}66 \cdot 10^{-4}$ molar bei 25 °C; Löslichkeitsprodukt $2{,}2 \cdot 10^{-7}$ [1]. Der zehnmal schwerer als Nitronfluoroborat lösliche Niederschlag mit Cetyltrimethylammoniumchlorid läßt sich nicht definiert trocknen und darum nur zur indirekten B-Bestimmung durch Rücktitration des Fällungsmittels benutzen [15].

Ältere Arbeitsweisen, welche nach verschiedenen Meßprinzipien Bor als $BF_4^-$ bestimmen, verlangen eine lange Wartezeit für die quantitative Bildung des $BF_4^-$ aus $H_3BO_3$ und $H_2F_2$. Nach *Lucchesi* und *de Ford* sind 10 bis 20 Std. erforderlich [10]. Neuere Untersuchungen haben jedoch gezeigt, daß sich $BF_4^-$ bereits binnen weniger Minuten bilden kann [3, 11]. Diese Erkenntnisse sind für die gravimetrische Bestimmung noch nicht ausgewertet worden; es ist zu erwarten, daß sich der unbequem große Zeitbedarf der Arbeitsweise nach *Lucchesi* und *de Ford* hierdurch entscheidend vermindern läßt. *Affsprung* und *Archer* [1] sind bei der Fällung des $(C_6H_5)_4As[BF_4]$ von $NH_4BF_4$ ausgegangen.

*Reagentien. Nitron*: 37,5 g Nitron, gelöst in 250 ml 5%iger Essigsäure; in brauner Flasche aufbewahren.

*Gesättigte Waschlösung*: Überschüssiges Nitrontetrafluoroborat wird 2 Std. mit Wasser geschüttelt.

**Arbeitsvorschrift** [10]. Die Probelösung mit 125 bis 250 mg $H_3BO_3$ wird in einem 250 ml-Polyäthylenbecher mit Wasser auf etwa 60 ml verdünnt, mit 15 ml Nitronlösung und 1 bis 1,3 g 48%iger Flußsäure versetzt. Man läßt die Mischung 10 bis 20 Std. bei Zimmertemperatur stehen, kühlt 2 Std. in Eis und filtriert durch einen Porzellanfiltertiegel. Der Niederschlag wird fünfmal mit je 10 ml gesättigter Waschlösung gewaschen und 2 Std. bei 105 bis 110 °C getrocknet.

*Bemerkungen.* I. *Berechnungsfaktor* aus $C_{20}H_{16}N_4 \cdot HBF_4$: $F_1 = 0{,}1545$ für $H_3BO_3$, $F_2 = 0{,}02701$ für B.

II. Systematischer *Fehler*: etwa $+1\%$.

III. *Reproduzierbarkeit*: $\pm 1\%$.

IV. *Störungen.* Keine Störung verursachen Fluoridionen sowie insbesonders diejenigen schwachen Säuren (pK $\approx$ 5 bis 10), welche die Mannittitration der Borsäure stören. Mehr oder weniger schwer lösliche Niederschläge mit Nitron ergeben Nitrat-, Thiocyanat-, Perchlorat-, Jodid-, Bromid- und Bromationen. Für ihre Entfernung sind vor allem Ionenaustauschverfahren zu empfehlen.

V. Bei der Filtration greift HF den *Filtertiegel* an. Es wurde ein durchschnittlicher Gewichtsverlust des Tiegels von 1,4 mg je Bestimmung beobachtet. Dies entspricht bei Bestimmung von 250 mg $H_3BO_3$ einem Fehler von etwa $+0{,}1\%$. *Affsprung* und *Archer* [1] fällen und filtrieren Tetraphenylarsoniumfluoroborat in ammoniakalischem Medium; sie vermeiden auf diese Weise den Angriff von HF auf das Gefäßmaterial.

### 4.1.2 Arbeitsweise nach Gautier und Pignard [6] zur Bestimmung als Bariumtartratoborat

*Reagentien. Fällungsreagens.* a) Stammlösung: 13 g $BaCl_2 \cdot 2H_2O$, 14 g Weinsäure und 240 g $NH_4Cl$ werden zu 1 l in Wasser gelöst. Die Lösung wird nach 24 Std. filtriert und ist unbegrenzt haltbar.

b) Fällungslösung: Zum Gebrauch wird die nötige Menge Stammlösung stets frisch mit einem Zehntel ihres Volumens an konz. $NH_3$-Lösung (15 n) versetzt. Es stellt sich etwa pH = 8,8 ein.

*Waschlösung.* Man mischt 2 Volumteile konz. $NH_3$, 1 Teil Wasser und 1 Teil Aceton.

**Arbeitsvorschrift.** Man versetzt etwa 1 bis 10 ml Probelösung, welche 0,2 bis 10 mg Bor enthält, mit dem 8- bis 10fachen Volumen Fällungslösung. Nach mindestens einstündigem Stehen saugt man durch einen Glasfiltertiegel G 4 ab und wäscht mit der Waschlösung, bis im Filtrat mit $SO_4^{2-}$ keine Fällung mehr auftritt. Man wäscht nochmals mit etwas 95%igem Äthanol und trocknet bei 110 °C. Der getrocknete Niederschlag ist etwas hygroskopisch.

*Bemerkungen.* I. *Berechnungsfaktor* [12] aus $Ba_5B_2C_{16}H_{16}O_{28} \cdot 2H_2O$; F = 0,01544 für B.

II. *Störungen.* Anionen, welche mit $Ba^{2+}$ Niederschläge ergeben, werden zuvor mit $Ba^{2+}$ ausgefällt und abgetrennt [6]. Ersetzt man $Ba^{2+}$ durch $Ca^{2+}$, ist die Fällung nicht quantitativ. $Mg^{2+}$ vermindert sowohl Geschwindigkeit als auch Vollständigkeit der Fällung [17]. $Al^{3+}$ stört, dagegen $Zn^{2+}$ oder $Mg^{2+}$ nicht [4].

III. Bei der Bestimmung im *Ferrobor* glüht *Wakamatsu* [18] den Niederschlag bei 700 bis 800 °C. Der Analysenfaktor auf Bor ist empirisch; F = 0,0285.

#### *Literatur*


1. *Affsprung, H. E., Archer, V. S.*: Anal. Chem. **36**, 2512 (1964).
2. *Aschman, C.*: Ch.-Z. **40**, 960 (1916).
3. *Carlson, R. M., Paul, J. L.*: Anal. Chem. **40**, 1292 (1968).
4. *Eipeltauer, E., Jangg, G.*: Fr. **138**, 18 (1953).
5. *Funk, H., Winter, H.*: Z. anorg. Ch. **142**, 257 (1925).
6. *Gautier, J. A., Pignard, P.*: Mikrochem. **36/37**, 792 (1951).
7. *Gooch, F. A.*: Fr. **26**, 364 (1887).
8. *Gooch, F. A., Jones, L. C.*: Z. anorg. Ch. **19**, 417 (1899).
9. *Ishibashi, M., Emi, K., Kusaka, T., Mitooka, M.*: Records Oceanogr. Works Japan **4**, 95 (1960); durch Chem. Abstr. **55**, 11183d.
10. *Lucchesi, C. A., De Ford, D. D.*: Anal. Chem. **29**, 1169 (1957).
11. *Maeck, W. C., Kussy, M. E., Ginther, B. E., Wheeler, G. V., Rein, J. E.*: Anal. Chem. **35**, 62 (1963).
12. *Otting, W.*: Angew. Ch. **64**, 670 (1952).
13. *Partheil, A., Rose, J.*: B. **34**, 3611 (1901); Z. Lebensm. **5**, 1049 (1902); Ar. **242**, 478 (1904).
14. *Rosenbladt, T.*: Fr. **26**, 18 (1887).
15. *Schaack, H. J., Wagner, W.*: Fr. **146**, 326 (1955).
16. *Strecker, W., Kannappel, E.*: Fr. **61**, 378 (1922).
17. *Svarcs, E., Ievinš, A.*: Latvijas PSR Zinatnu Akad. Vestis **1961**, 67; durch Chem. Abstr. **57**, 22c.
18. *Wakamatsu, S.*: Japan Analyst **9**, 22 (1960); durch Fr. **177**, 315 (1960).


## 4.2 Maßanalyse

Die wichtigste, maßanalytische Borbestimmung ist die Titration als Mannitoborsäure (S. 60) oder in Form ähnlicher komplexer Borsäuren (Esterchelate). Sie gestattet ohne großen Aufwand Bormengen bis herab zu 10 μg zu erfassen und wird durch starke Säuren oder Basen nicht gestört, da diese vor der Bestimmung der schwachen Borsäure gegen geeignete Indikatoren neutralisiert werden können (S. 79). Mittelstarke Säuren und Basen müssen jedoch vorher beseitigt werden

(S. 80) oder erfordern besondere Kompensationsverfahren. Das gleiche gilt für hydrolysierende Salze.

Unter bestimmten Bedingungen, insbesondere in reinen Lösungen, ist jedoch eine direkte Bestimmung der Borsäure möglich. Die *Genauigkeit* der direkten Titration entspricht bei potentiometrischer Indizierung der Titration der Mannitoborsäure, ist aber unter Verwendung von Farbindikatoren etwas geringer.

### 4.2.1 Direkte Titration der Borsäure

*Theoretische Grundlagen.* Borsäure, $H_3BO_3$, ist eine sehr schwache, dreibasische Säure mit den $pK_s$-Werten:

$$pK_{s1} = 9{,}14; \quad pK_{s2} = 12{,}74 \quad \text{und} \quad pK_{s3} = 13{,}80.$$

Hiernach ist zu erwarten, daß die erste Säurestufe noch titrimetrisch erfaßt werden kann. Definiert man — wie allgemein üblich —

$$K_{s1} = \frac{[H^+]\,[H_2BO_3^-]}{[H_3BO_3]} \quad \text{und} \quad K_{s2} = \frac{[H^+]\,[HBO_3^{2-}]}{[H_2BO_3^-]},$$

so gilt für den Äquivalenzpunkt die Bedingung: $[H_3BO_3] = [HBO_3^{2-}]$. Daraus folgt für den pH-Wert am Äquivalenzpunkt ($pH_{Ä}$):

$$[H^+]^2 = K_{s1} \cdot K_{s2} \quad \text{oder} \quad pH_{Ä} = \frac{1}{2}\,pK_{s1} + \frac{1}{2}\,pK_{s2} = 10{,}94.$$

Der pH-Wert am Äquivalenzpunkt sollte also in erster Näherung unabhängig von der Boratkonzentration sein. Tatsächlich ist das, wie aus zahlreichen zuverlässigen Messungen hervorgeht, nicht der Fall. Aus neueren NMR-Messungen in Verbindung mit Komplexbildung von *Knoeck* und *Taylor* [6] (vgl. S. 62) erfolgt die Dissoziation der ersten Stufe in folgender Weise:

$$B(OH)_3 + H_2O \rightleftharpoons B(OH)_4^- + H^+.$$

Faßt man danach $K_{s1}$ als Dissoziationskonstante der Orthoborsäure auf:

$$K_{s1} = \frac{[H^+]\,[B(OH)_4^-]}{[HB(OH)_4]},$$

so hätte die Berechnung des pH-Wertes am Äquivalenzpunkt nach den Regeln für einbasische, schwache Säuren zu erfolgen unter Berücksichtigung der Hydrolyse:

$$B(OH)_4^- + H_2O \rightleftharpoons HB(OH)_4 + OH^-$$

bzw.

$$H_2BO_3^- + H_2O \rightleftharpoons H_3BO_3 + OH^-.$$

Für den Äquivalenzpunkt gilt also

$$[HB(OH)_4] = [OH^-] = \frac{10^{-14}}{[H^+]}$$

bzw.

$$[H_3BO_3] = [OH^-] = \frac{10^{-14}}{[H^+]}.$$

Durch Einsetzen in die Gleichung für $K_{s1}$ und Logarithmieren folgt:

$$pH_{Ä} = 7 + \frac{1}{2}\,pK_{s1} + \frac{1}{2}\log C_{\text{Borat}}.$$

Die nach dieser Gleichung berechneten, konzentrationsabhängigen pH-Werte für den Äquivalenzpunkt entsprechen sehr gut den Meßdaten für Boratkonzentrationen $\leqq 0{,}2$ m (Tabelle 3).

Tabelle 3. *Berechnete und gemessene pH-Werte am Äquivalenzpunkt bei der Titration reiner Borsäurelösungen*

| $c_{Borat}$ | $pH_{Ä_{ber.}}$ | $pH_{Ä_{gem.}}$ | Lit. |
|---|---|---|---|
| 0,4 n | 11,37 | 11,5 | [14] |
| 0,25 n | 11,27 | 11,2 | [19] |
| 0,2 n | 11,22 | 11,2 | [14] |
| 0,1 n | 11,07 | 11,1 | [20] |
| 0,04 n | 10,87 | 10,9 | [14] |
| 0,02 n | 10,72 | 10,7 | [14] |
| 0,01 n | 10,57 | 10,6 | [14] |

Auch die von zahlreichen, früheren Autoren [10, 11, 12, 13, 16, 17, 18, 19] gemessenen Titrationskurven decken sich in diesem Konzentrationsbereich recht gut mit der nach dem Massenwirkungsgesetz aus dem $pK_{s1}$-Wert berechneten Kurve. Daraus folgt z. B. der Anfangs-pH-Wert der Titrationskurve für eine 0,1 m Borsäurelösung zu:

$$pH_A = \frac{1}{2}\,pK_{s1} - \frac{1}{2}\log c_{Säure} = 5{,}07\,.$$

Es gelingt demnach unschwer, Borsäure auch direkt neben starken Säuren und Basen zu titrieren, wenn eine Vorneutralisation auf den Ausgangswert pH = 4,5 bis 5 vorgenommen wird.

Bei hohen Konzentrationen treten dagegen Abweichungen auf, weil die stärker saure Tetraborsäure [21, 22] ($pK_{s1} \approx 4$, $pK_{s2} \approx 9$ [4]) bzw. die Triborsäure [1, 2, 5] im Gleichgewicht mit der Monoborsäure vorliegen. Dadurch ändert sich scheinbar die Dissoziationskonstante mit der Konzentration. So ergeben sich nach *Kolthoff* [7] die scheinbaren $pK_{s1}$-Werte 8,59; 7,93; 7,39 in 0,25; 0,5; 0,75 m Lösungen. Das hat eine abweichende Form der Titrationskurve im Anfangsteil zur Folge und erlaubt keine exakte Vorneutralisation starker Säuren oder Basen. In stärker als 0,5 m Lösungen scheint der Kurvenverlauf überwiegend durch die polymeren Borsäuren bestimmt zu werden; in verdünnteren als 0,1 m Lösungen haben sie keinen nachweisbaren Einfluß mehr.

Da die Dissoziation der Borsäure mit steigender Temperatur zunimmt, sinkt auch der Äquivalenz-pH-Wert, und zwar nach *Walbum* [23] streng linear um 0,2 pH-Einheiten je 10° Temperaturzunahme im Bereich von 10 °C ($pH_Ä = 11{,}2$) bis 70 °C ($pH_Ä = 10{,}0$).

Als *Indikatoren* für die direkte Titration der Borsäure wurden Tropäolin O (gelb → orangebraun, pH = 11 bis 13) [8, 15] oder Nitramin (farblos → rotbraun pH = 10,8 bis 13,0) [9] vorgeschlagen. Da die Änderung des pH-Wertes im Äquivalenzpunkt nicht sehr groß ist, muß eine Vergleichslösung vom gleichen pH-Wert, am besten eine Natriumboratlösung annähernd gleicher Konzentration, verwendet werden. Der Titrationsfehler wird zu ± (1 bis 2)% angegeben [8, 15].

**Arbeitsvorschrift** nach *Kolthoff* [8] bzw. *Prideaux* [15]. Die kohlensäurefreie, reine Borsäurelösung wird mit 0,5 bis 1 ml 0,1%iger wäßriger Tropäolinlösung je 100 ml (nach *Prideaux* 0,7 bis 0,8 ml 0,04%iger Tropäolinlösung) versetzt und mit carbonatfreier Natronlauge bis zum Farbton einer Vergleichslösung ähnlicher Boratkonzentration titriert.

*Bemerkungen.* I. *Neutralsalze*, wie NaCl, haben keinen Einfluß auf die Titration; $CaCl_2$ gibt jedoch Störungen [15].

Boratlösungen werden zunächst mit Salzsäure gegen p-Nitrophenol oder Methylorange neutralisiert und dann wie oben titriert [15].

II. Genauer als gegen Indikatoren ist die direkte Borsäuretitration mit *potentiometrischer* Indizierung [3]. Mit modernen, empfindlichen Geräten erreicht man die gleiche Genauigkeit wie bei der Titration in Gegenwart von Mannit (siehe unten). Die direkte, potentiometrische Titration kann deshalb für automatisierte Analysen von Vorteil sein (vgl. auch S. 72).

III. *Kolthoff* [7] bestimmte 0,1 und 0,01 m Borsäure *konduktometrisch* in Gegenwart von Essigsäure, Oxalsäure, Weinsäure, Natriumcarbonat mit einem *Fehler* von 2 bis 3%.

*Literatur*


1. *Antikainen, P. J.*: Suomen Kemistilehti **B 20**, 74 (1957).
2. *Edwards, J. O.*: Am. Soc. **75**, 6154 (1953).
3. *Hahn, F. L., Klockmann, R.*: Ph. Ch. **A 146**, 373 (1930).
4. *Hodgman, C. D.*, und Mitarbeiter: Handbook of Chemistry and Physics, 44. Edition; Cleveland (Ohio) 1963.
5. *Ingri, N., Lagerstrøm, G., Frydman, M., Sillén, L. G.*: Acta chem. Scand. **11**, 1034 (1952).
6. *Knoeck, J., Taylor, J. K.*: Anal. Chem. **41**, 1730 (1969).
7. *Kolthoff, I. M.*: Z. anorg. Ch. **111**, 1, 28, 97 (1920); **112**, 155, 165 (1920).
8. *Kolthoff, I. M.*: Z. anorg. Ch. **115**, 168 (1921); Pharm. Weekbl. **58**, 885 (1921).
9. *Kolthoff, I. M.*: Die Maßanalyse, 2. Aufl.; Berlin 1930/1931.
10. *Krantz, J. C., Oakley, M., Carr, C. J.*: J. physic. Chem. **40**, 151 (1936).
11. *van Liempt, J. A. M.*: Z. anorg. Ch. **111**, 151 (1920).
12. *Mellon, M. G., Morris, V. N.*: Pr. Indian Acad. Sci. **33**, 85 (1923).
13. *Mellon, M. G., Swim, F. R.*: Ind. eng. Chem. **19**, 1354 (1927).
14. *Menzel, H.*: Ph. Ch. **100**, 276 (1922).
15. *Prideaux, E. B. R.*: Z. anorg. Ch. **83**, 362 (1913).
16. *Rosenheim, A., Leyser, F.*: Z. anorg. Ch. **119**, 1 (1921).
17. *Schäfer, H.*: Z. anorg. Ch. **247**, 96 (1941).
18. *Schäfer, H., Sieverts, A.*: Z. anorg. Ch. **246**, 149 (1941).
19. *Schmidt, C. L. A., Finger, C. P.*: J. physic. Chem. **12**, 406 (1908).
20. *Sørensen, S. P. L.*: Bio. Z. **21**, 131 (1909); **22**, 352 (1909); C. r. Carlsberg **8**, 1, 396 (1909).
21. *Stetten, D.*: Anal. Chem. **23**, 1177 (1951).
22. *Thygesen, J. E.*: Z. anorg. Ch. **237**, 101 (1938).
23. *Walbum, L. E.*: Bio. Z. **107**, 219 (1920).


## 4.2.2 Titration als komplexe Borsäure in Abwesenheit von Störionen

### 4.2.2.1 Theoretische Grundlagen

*Borsäure-Diolkomplexe.* Zahlreiche Dihydroxyverbindungen mit der Gruppierung $\rangle C—C\langle$ (OH OH) wie Glycerin, Mannit, Fructose, Sorbit, vermögen die Acidität der schwachen Borsäure zu erhöhen.

Als erster wies *Klein* 1878 [52] darauf hin, daß man diese aciditätssteigernde Wirkung von Diolen zur maßanalytischen Bestimmung der Borsäure benutzen kann. Allgemein anwendbare Titrationsverfahren beschrieben später *Thomson* [105], *Barthe* [4], *Hönig* und *Spitz* [40] sowie *Jørgensen* [48]. *Magnanini* [67] bewies die Komplexbildung zwischen Borsäure und Diolen mit Hilfe von Leitfähigkeitsmessungen. *Böeseken* [9] konnte zeigen, daß die Komplexbildung an eine sterisch günstige Gruppierung der beiden Hydroxygruppen in den Diolen gebunden ist. *Hermans* [38] stellte präparativ zwei Typen von Borsäure-Diolkomplexen her:

```
 \                        ┌ \          ┐         ┌ \          /  ┐
  C—O                     │  C—O   OH  │         │  C—O   O—C    │
 /|   \                   │ /|   \ /   │         │ /|   \ /   |\  │
  |    B—OH  bzw. in Lösung: │  |    B     │ H   und: │  |    B    |   │ H
 \|   /                   │ \|   / \   │         │ \|   / \   |/  │
  C—O                     │  C—O   OH  │         │  C—O   O—C    │
 /                        └ /          ┘         └ /          \  ┘
                           (abgekürzt HBD)         (abgekürzt HBD₂).
```

(abgekürzt HBD) (abgekürzt $HBD_2$).

Es handelt sich also um cyclische „Estersäuren" („Esterchelate") mit Borospiranstruktur.

Die Frage, ob Monodiolborsäuren, HBD, oder Bisdiolborsäuren, $HBD_2$, oder noch andere Teilchen [13] für die aciditätssteigernde Wirkung verantwortlich sind, umfaßt eine umfangreiche Literatur bis in die letzte Zeit [2, 12, 14, 15, 23, 38, 53, 75, 82, 106, 108, 110]. Aber schon 1941 konnte *Schäfer* [86] eindeutig zeigen, daß für ausreichend hohe Diolkonzentrationen sich die $H^+$-Ionenkonzentration $[H^+]$ linear mit der Diolkonzentration [D] ändert (vgl. Abb. 16).

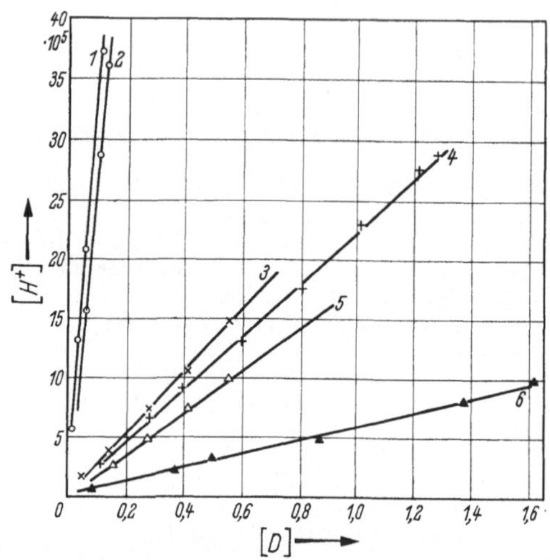


Abb. 16. $[H^+]$ in Abhängigkeit von [D]. Borsäurekonzentration = 0,08136 m. Chinhydronelektrode 18 °C. *1* Mannit; *2* Fruktose; *3* $\alpha$-Glukose; *4* Erythrit (meso); *5* $\alpha$ + $\beta$-Glukose (im Gleichgewicht); *6* Glycerin

Dieser Befund ist nur mit der Bildung von Bisdiolborsäuren in Einklang zu bringen (HB = Borsäure):

Für
$$HB + 2\,D \rightleftharpoons H^+ + BD_2^- \tag{1}$$
gelte die Bruttokonstante $K_0$ (= „scheinbare Dissoziationskonstante"):
$$K_0 = \frac{[H^+]\,[BD_2^-]}{[HB]\,[D]^2} \tag{2}$$
oder, da
$$[H^+] = [BD_2^-],$$
$$K_0[HB] = \frac{[H^+]^2}{[D]^2}. \tag{3}$$
Aus der Geradlinigkeit der Kurven folgt weiter, daß [HB] (in saurer Lösung, vgl. S. 62 oben) in erster Näherung als konstant anzusehen ist. Demnach ist:
$$[H^+] = K' \cdot [D]; \quad (K' = \sqrt{K_0[HB]}). \tag{4}$$
Für Monodiolborsäuren wäre eine Abhängigkeit:
$$[H^+] = \sqrt{K''[D]} \tag{5}$$
zu fordern, die experimentell nicht gefunden wurde.

*Schäfer* [86] konnte die Größe der Bruttokonstante $K_0$ für Difruktoseborsäure ($pK_0 = 3{,}19$) und Dimannitoborsäure ($pK_0 = 4{,}13 \pm 0{,}07$) bereits recht gut abschätzen (siehe unten). Demnach verhalten sich die Bisdiolborsäuren je nach Diolkonzentration wie mittelstarke Säuren, z.B. etwa so wie Essigsäure. Aus Abb. 16 geht ferner hervor, daß die aciditätssteigernde Wirkung in der Reihenfolge: Mannit, Fructose > d-Glucose > Erythrit > $\alpha$- + $\beta$-Glucose > Glycerin beträchtlich abnimmt.

Aus der näherungsweisen Konstanz von [HB] folgt, daß das Gleichgewicht (1) ganz zur linken Seite verschoben ist. In saurer Lösung liegt die Bisdiolsäure also nur in sehr geringer Konzentration vor. Diese älteren Angaben wurden in jüngster Zeit mit neueren Methoden — aber offenbar ohne Kenntnis der älteren Arbeit von *Schäfer* [86] — von *Knoeck* und *Taylor* [53] nochmals bestätigt und präzisiert.

Die Autoren verglichen die NMR-Spektren von Mannit in $D_2O$ mit denjenigen von Mannit/Boration wie auch Mannit/Borsäure in $D_2O/DCl$ und schlossen daraus, daß Mannit nur mit dem Boratanion, nicht aber mit der freien Borsäure unter Komplexbildung reagiert. Die Aciditätszunahme der Borsäure nach Zugabe von Mannit kann man demnach in zwei Teilschritte zerlegen: Erstens Dissoziation (Hydrolyse) der Borsäure:

$$B(OH)_3 + H_2O \rightleftharpoons B(OH)_4^- + H^+ \qquad K_s \tag{6}$$

oder vereinfacht:

$$HB \rightleftharpoons B^- + H^+. \tag{6a}$$

Hierfür gilt $K_s = K_{s1} = 10^{-9,14}$ (vgl. S. 58). Zweitens: Komplexbildung:

$$B^- + nD \rightleftharpoons BD_n^-. \tag{7}$$

Werden die einzelnen Stabilitätskonstanten der Komplexe mit $K_1$, $K_2$, ... und die Bruttostabilitätskonstante mit $\bar{K}_n = K_1 \cdot K_2 \cdots K_n$ bezeichnet, so gilt:

$$K_0 = K_s \cdot \bar{K}_n . \tag{8}$$

Aussagen über die für die Acidität maßgebende Bruttokonstante $K_0$ kann man also machen, wenn die Stabilitätskonstanten bekannt sind. *Knoeck* und *Taylor* fanden als Mittelwert aus mehreren Meßreihen:

$$\bar{K}_n = 10^{4,98},\ K_1 = 10^{2,79} \text{ und } K_2 = 10^{2,19}.$$

Viele Widersprüche in der älteren Literatur sind nach *Knoeck* und *Taylor* offenbar dadurch bedingt, daß die Stabilitätskonstanten des (1:1)-Komplexes ($K_1$) und des (1:2)-Komplexes ($K_2$) sehr ähnlich sind; die Bildung des (1 : 2)-Komplexes in Lösung

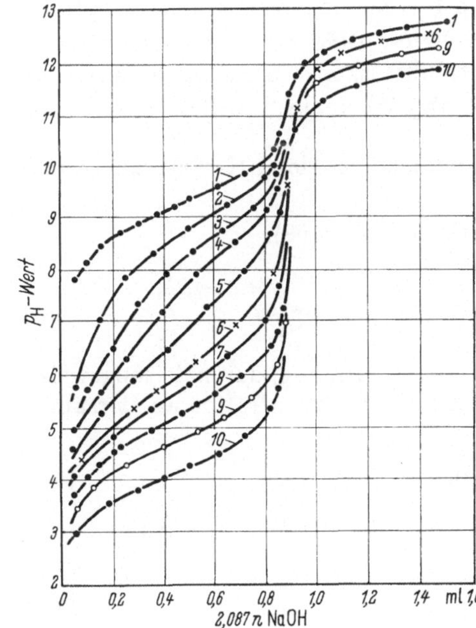


Abb. 17. Borsäure und Mannit. Messung mit Pt–$H_2$-Elektrode bei 18 °C

| Kurve Nr. | 1,850 Millimol $H_3BO_3$ (20 ml $H_3BO_3$ 0,0925 m) + Millimol Mannit | Mannit-Konzentr. Mol/l |
|---|---|---|
| *1* | 0 | 0 |
| *2* | 0,549 | 0,027 |
| *3* | 1,099 | 0,054 |
| *4* | 1,648 | 0,081 |
| *5* | 2,471 | 0,121 |
| *6* | 3,295 | 0,161 |
| *7* | 4,395 | 0,213 |
| *8* | 6,59 | 0,316 |
| *9* | 10,99 | 0,51 |
| *10* | 21,98. | 0,96 |

wird daher schon beträchtlich, sobald sich eine kleine Menge des (1:1)-Komplexes gebildet hat.

*Knoeck* und *Taylor* [53] beziehen sich in ihren Untersuchungen auf eine Arbeit von *Nickerson* [75], der ein (1:1)-Verhältnis angibt. In einer späteren Veröffentlichung versucht *Nickerson* [75a] diesen Befund nochmals zu untermauern. *Nickerson* setzt in seinen Ableitungen $[HBD_n] = [H^+]$ statt $[BD_n^-] = [H^+]$ [vgl. Gl(3)]. Wenn man den oben verwendeten Ansatz benutzt (vgl. auch [53, 86]), liefern auch die Meßwerte von *Nickerson*: $n = 2$.

Aus den Stabilitätskonstanten folgt für die Bruttobildungskonstante der Dimannitoborsäure:

$$K_0 = 10^{-9,14} \cdot 10^{4,98} = 10^{-4,16}$$

oder

$$pK_0 = 4,16.$$

Sie stimmt innerhalb der Fehlergrenze mit der früher von *Schäfer* [86] ermittelten überein.

*Verlauf der Titrationskurven*; *Äquivalenzpunkt.* Titrationskurven komplexer Bisdiolborsäuren wurden von verschiedenen Autoren — sowohl für verschiedene Diole als auch in Abhängigkeit von der Diol- und Borsäurekonzentration — gemessen [69, 86]. Die Tabelle der Abb. 17 gibt ein Beispiel nach *Schäfer* [85] für die Titration einer etwa 0,1 m Borsäure mit 2 n NaOH in Gegenwart wechselnder Mengen Mannit. Für verschiedene Diole vgl. Abb. 18. Der pH-Verlauf aller gemessenen Kurven läßt sich bei Kenntnis der Stabilitätskonstanten $p\overline{K}_2 = \log \overline{K}_2$ bzw. der Bruttoumsetzungskonstante $pK_0 = pK_s - p\overline{K}_2$ recht gut durch die Formel (8) wiedergeben, die man durch Umformung aus Gl. (2) erhält:

$$pH = pK_0 - 2 \log [D] - \log [HB] + \log [BD_2^-]. \tag{8}$$

Für den Wendepunkt der Kurven bei halber Neutralisation gilt in guter Näherung $[HB] = [BD_2^-]$. Die Gl. (8) vereinfacht sich daher zu

$$pH_{1/2} = pK_0 - 2 \log [D] = 9,14 - p\overline{K}_2 - 2 \log [D]. \tag{8a}$$

Bei genügend hoher Diolkonzentration ist [D] in erster Näherung gleich der Diolausgangskonzentration $C_D$ zu setzen. Der pH-Wert des Wendepunktes ($pH_{1/2}$) hängt also in erster Näherung nur von der Diolkonzentration und — bei verschiedenen Diolen — von der jeweiligen Bruttostabilitätskonstanten $\overline{K}_2$ ab. Hiervon wurde Gebrauch gemacht, um die $pK_0$- und $p\overline{K}_2$-Werte in Tabelle 4 (vgl. S. 65) aus älteren gemessenen Kurven zu berechnen.

Interessanter für maßanalytische Bestimmungen ist der pH-Wert am Äquivalenzpunkt. Hierfür gilt die Bedingung:

$$[HB] = [OH^-] = 10^{-14}/[H^+] \quad \text{(vgl. S. 58)}.$$

Damit folgt aus Gl. (8):

$$pH_{\ddot{A}} = \frac{1}{2} pK_0 + 7 - \log [D] + \frac{1}{2} \log [BD_2^-] \tag{9}$$

oder unter Einführung von $p\overline{K}_n$ und unter Berücksichtigung, daß näherungsweise für großes $[D] \approx C_D$ auch $[BD_2^-] \approx C_B$, der Ausgangskonzentration an Borsäure, ist:

$$pH_{\ddot{A}} = 11,57 - \frac{1}{2} p\overline{K}_2 - \log C_D + \frac{1}{2} \log C_B. \tag{9a}$$

Für das Beispiel der Dimannitoborsäure ergibt sich der pH-Wert am Äquivalenzpunkt ($p\overline{K}_2 = 4,98$) zu:

$$pH_{\ddot{A}} = 9,08 - \log C_D + \frac{1}{2} \log C_B. \tag{9b}$$

Der Umschlagspunkt verschiebt sich also zu um so kleineren pH-Werten, je größer die Diolkonzentration im Verhältnis zu der Borsäurekonzentration ist.

Zum Beispiel gilt für die Titration einer 0,1 m Borsäure in Gegenwart von 1 m Mannit (etwa der Kurve 10 in Abb. 17): $pH_Ä = 8{,}58$. *Nazarenko* und *Ermak* [74] ermittelten die optimalen Bedingungen für die alkalimetrische Titration komplexer Borsäuren und geben für 0,1 m Borsäure und 0,4 m Mannit den Äquivalenzbereich $p_T = 7{,}75$ bis $7{,}90$ an.

Im Vergleich zur reinen Borsäure (S. 58) liegt also der Umschlagspunkt um mehrere pH-Einheiten niedriger, und der Umschlagsbereich ist wesentlich größer, so daß die Wahl der Indikatoren weniger kritisch ist.

### 4.2.2.2 Eignung verschiedener Komplexbildner

*Polyalkohole. Krantz, Oakley* und *Carr* [56] untersuchten den aciditätserhöhenden Einfluß durch potentiometrische Titration der Borsäure in Gegenwart von Äthylenglykol, Glycerin, Erythrit, Adonit, Mannit, Dulcit und stellten fest, daß die Wirksamkeit mit steigender Zahl der Kohlenstoffatome und Hydroxylgruppen, also in der Richtung Äthylenglykol, das ohne Wirkung ist, Glycerin, Erythrit, Adonit und Mannit bzw. Dulcit zunimmt:

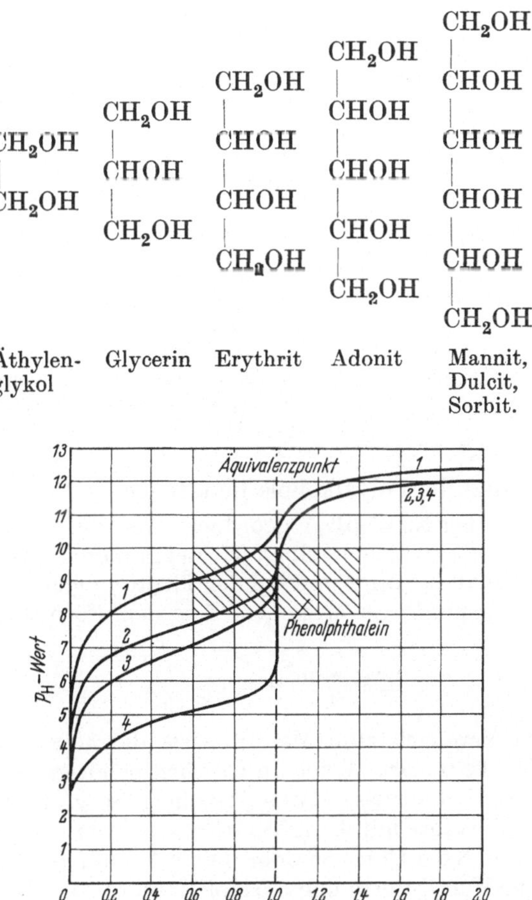


Abb. 18. Titration einer 0,1 m Borsäurelösung mit 0,2 n Natronlauge in Gegenwart von je 4 Mol Polyalkohol je Mol Borsäure. (Nach *Mellon* und *Morris* [69]). *1* Borsäure allein; *2* Borsäure + Glycerin; *3* Borsäure + Erythrit; *4* Borsäure + Mannit

Zu ganz ähnlichen Ergebnissen kamen *Mellon* und *Morris* [69]. Abb. 18 gibt die von ihnen bei der Titration einer 0,1 m Borsäurelösung mit 0,2 n Natronlauge in Gegenwart von je 4 Mol Glycerin (Kurve 2), Erythrit (Kurve 3), Mannit (Kurve 4) je Mol Borsäure erhaltenen Titrationskurven wieder. Man ersieht daraus die Überlegenheit von Mannit gegenüber Glycerin oder Erythrit. Die mit dem Mannit stereoisomeren Hexite Sorbit und Dulcit kommen nach *Mellon* und *Morris* [69] dem ersteren an Wirksamkeit gleich (die Dulcitkurve liegt ein wenig oberhalb, die Sorbitkurve ein wenig unterhalb der Mannitkurve). In der von *Iles* [42] für die Zwecke der Borsäuretitration vorgeschlagenen Manna ist Mannit der wirksame Bestandteil. Die Titrationskurve entspricht dem Mannitgehalt der Manna.

Über den Vergleich der Wirkung verschiedener Alkoholkonzentrationen auf die Form der Titrationskurven liegen insbesondere Untersuchungen von *Schäfer* [86], *Hildebrand* [39], *van Liempt* [61], *Eipeltauer* und *Jangg* [25] vor. Da, wie oben gezeigt wurde, der wesentliche Verlauf der Titrationskurven durch die Gleichungen (8), (8a), (9) wiedergegeben werden kann, sind in Tabelle 4 die aus den gemessenen Kurven nach Gl. (8a) berechneten $p\bar{K}_2$- bzw. $pK_0$-Werte für einige Polyalkohole und Zucker (vgl. S. 66) zusammengestellt.

Tabelle 4. *Bruttostabilitätskonstanten und „scheinbare Dissoziationskonstanten" einiger Bisdiolborsäuren*

| | $p\bar{K}_2$ ($\log \bar{K}_2$) | $pK_0$ ($-\log K_0$) | Berechnet nach Messungen von | Bemerkungen |
|---|---|---|---|---|
| Glycerin | 1,86 | 7,28 | *Schäfer* [86] | Mittel aus 6 Kurven |
| | 1,9 | 7,2 | *Mellon u. Morris* [69] | Einzelwert |
| Erythrit | 2,81 | 6,33 | *Schäfer* [86] | Mittel aus 6 Kurven |
| | 3,1 | 6,0 | *Mellon u. Morris* [69] | Einzelwert |
| Mannit | 4,98 | 4,16 | *Knoeck u. Taylor* [53] | Von Autoren angegebenes Mittel |
| | 5,01 | 4,13 | *Schäfer* [86] | Mittel aus 7 Werten |
| | 4,94 | 4,20 | *Mellon u. Morris* [69] | Einzelwert |
| Saccharose | 1,6 | 7,5 | *Mellon u. Morris* [69] | Einzelwert |
| Lactose | 2,3 | 6,8 | *Mellon u. Morris* [69] | Einzelwert |
| Glucose | 2,8 | 6,3 | *Mellon u. Morris* [69] | Einzelwert |
| Invertzucker | 4,5 | 4,6 | *Mellon u. Morris* [69] | Einzelwert |
| Fructose | 5,95 | 3,19 | *Schäfer* [86] | Mittel aus 7 Werten |

In der Tabelle 4. sind die Polyalkohole und Zucker je für sich nach steigenden Stabilitätskonstanten ($\log \bar{K}_2 = p\bar{K}_2$) geordnet. Aus den $pK_0$-Werten läßt sich größenordnungsmäßig überschlagen, einen wieviel größeren Zusatz eines schwächeren Komplexbildners man benötigt, um bei der Titration gleicher Mengen Borsäure den gleichen Umschlagspunkt zu erreichen. Aus den Formeln (8), (8a) bzw. (9) läßt sich ableiten:

$$\frac{pK_{01} - pK_{02}}{2} = \log \frac{C_{D_1}}{C_{D_2}}. \tag{10}$$

Hiernach sollten im Vergleich zum Mannit etwa die 35fache molare Menge an Glycerin oder die 10fache molare Menge an Erythrit benötigt werden. In der Praxis liegen die gefundenen Verhältnisse etwas günstiger. So gibt *Gilmour* [29] für die Titration einer 0,1 m Borsäure mit 0,1 n NaOH gegen Phenolphthalein als Indikator die Mindestmengen von 8,0 g Glycerin oder 0,65 g Mannit je 10 ml Borsäurelösung (entsprechend etwa 90 Mol Glycerin und 3,5 Mol Mannit je Mol $H_3BO_3$), also die etwa 25fache molare Menge an Glycerin an. Nach *Schäfer* [86] sind zur Titration einer 0,1 m Borsäure mit 2 n NaOH auf pH = 8,5 2 Mol Mannit, 4 Mol Erythrit oder 20 Mol Glycerin je Mol Borsäure erforderlich.

Bei diesen unterschiedlichen Angaben ist zu berücksichtigen, daß der *Verdünnungseffekt* (Titration mit 0,1 n statt 2,0 n NaOH) nach Gl. (9b) eine beträchtliche Rolle spielt. Mit zunehmender Verdünnung verschiebt sich der Umschlagspunkt ($pH_{\ddot{A}}$) gemäß Gl. (9b) wegen des überwiegenden Einflusses von log $C_D$ zu höheren pH-Werten. Bei Titration auf den gleichen Endpunkt werden also zu niedrige Werte gefunden. Zum Beispiel verbrauchten nach *Gilmour* [29] 5 ml 0,1 m Borsäure in Gegenwart von 0,30 g Mannit 4,9 ml 0,1 n NaOH, nach vorheriger Verdünnung auf das drei- bzw. siebenfache dagegen 4,7 bzw. 4,2 ml NaOH. In der Praxis begegnet man diesem Effekt dadurch, daß während der Titration erneut Polyalkohol zugesetzt wird.

Die Diolkonzentrationen für optimale Bedingungen geben *Nazarenko* und *Ermak* [74] an. Tabelle 5 enthält die Ergebnisse (bezüglich der Fructose vgl. auch S. 67). — Für einen Vertrauensbereich von 85% wurden Resultate mit ±0,06 bis ±0,59% Fehler erzielt.

Tabelle 5. *Optimale Diolkonzentrationen* $C_D$ [Mol/l] *und Äquivalenzbereiche* ($p_T$) *für die Titration von* 0,1 m *Borsäure*

| Diol | $C_D$ | $p_T$ | Indikator |
|---|---|---|---|
| Mannit | 0,4 | 7,75 bis 7,90 | α-Naphtholphthalein |
| Sorbit | 0,34 | 8,15 bis 8,30 | α-Naphtholphthalein |
| Glycerin | 2,84 | 8,25 bis 8,45 | Thymolblau |
| Fructose | 0,22 | 7,50 bis 7,70 | Kresolrot oder Phenolrot |

*Schlußfolgerung.* Von den bisher untersuchten Polyalkoholen ist Mannit allen anderen an Wirksamkeit überlegen [74]. Von den in ihrer Wirksamkeit dem Mannit ähnlichen isomeren Hexiten, Sorbit und Dulcit, kommt für die Praxis der Makro-Borsäure-Titration nach *Schulek* und *Vastagh* [97] der Sorbit in Frage, der für therapeutische Zwecke unter dem Namen „Sionon“ im Handel ist.

*Anhydride von Polyalkoholen.* Die Anhydride von Polyalkoholen (cyclische Äther) wirken — wenn überhaupt — weit schwächer auf die Acidität der Borsäure ein als die zugrunde liegenden Polyalkohole selbst. Nach *Krantz*, *Oakley* und *Carr* [56] sind Epihydrinalkohol, Polygalit und Isomannid ohne Einfluß; Dulcitan wirkt etwa wie Glycerin, Mannid etwas besser, Mannitan etwas schlechter. Eine Ausnahme bildet lediglich das Erythritan, dessen Wirksamkeit selbst diejenige des Mannits übertrifft.

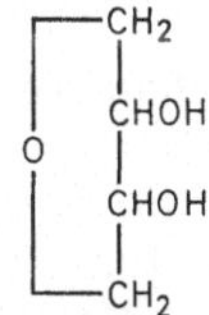

Erythritan

*Zucker.* Über die aciditätserhöhende Wirkung verschiedener Zucker auf Borsäure liegen potentiometrische Messungen von *Mellon* und *Morris* [69] vor. Tabelle 4, S. 65, enthält einige aus den Kurven der Autoren berechnete Werte der Bruttostabilitätskonstanten und „scheinbaren Dissoziationskonstanten“ von Zuckerborsäuren. Die beste Wirkung übt demnach Fructose aus. Auf Grund der pK-Werte sollte sie selbst noch Mannit übertreffen. Eine etwas geringere Wirksamkeit zeigt Invertzucker (Fructose plus Glucose). Da Glucose ein wesentlich schwächerer Komplexbildner ist, vergleichbar etwa mit Erythrit, beruht die Wirksamkeit des Invertzuckers überwiegend auf seinem Fructosegehalt. Die in der Tabelle nicht aufgeführte Pentose Xylose erreicht fast die Wirksamkeit des Invertzuckers. Mannose und Rhamnose entsprechen etwa der Glucose.

Bezüglich des Einflusses der Konzentration der Zucker auf den Verlauf der pH-Kurven vor dem Äquivalenzpunkt gilt das gleiche wie für die Polyalkohole, wie potentiometrische Messungen von *van Liempt* [61] und *Schäfer* [86] in Gegenwart wechselnder Mengen *Fructose* gezeigt haben. Abb. 19 zeigt die Meßergebnisse von *Schäfer*.

Im Vergleich mit Abb. 17 fällt auf, daß nach Überschreiten des Äquivalenzpunktes bei gleichmolarer Konzentration an Mannit bzw. Fructose die fructosehaltigen Lösungen einen wesentlich niedrigeren pH-Wert zeigen. Der Potential-

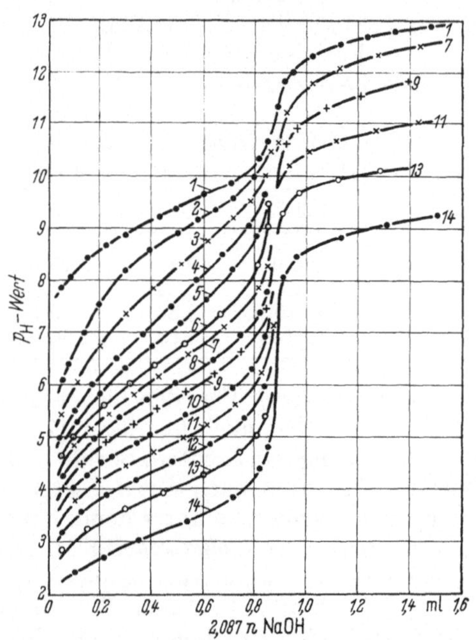


Abb. 19. Borsäure und Fruktose. Messung mit Pt – $H_2$-Elektrode bei 18 °C

| Kurve Nr. | 1,850 Millimol $H_3BO_3$ (20 ml $H_3BO_3$ 0,0925 m) + Millimol Fruktose | Fruktose-Konzentr. Mol/l |
|---|---|---|
| 1 | 0 | 0 |
| 2 | 0,555 | 0,028 |
| 3 | 1,111 | 0,055 |
| 4 | 1,666 | 0,082 |
| 5 | 2,22 | 0,11 |
| 6 | 3,05 | 0,15 |
| 7 | 3,33 | 0,163 |
| 8 | 4,44 | 0,22 |
| 9 | 5,55 | 0,27 |
| 10 | 8,33 | 0,40 |
| 11 | 11,11 | 0,52 |
| 12 | 16,66 | 0,76 |
| 13 | 27,77 | 1,20 |
| 14 | 66,7 | 2,4 |

sprung ist unter Verwendung von Mannit größer als mit Fructose. Die Gl. (9) zur Berechnung des pH-Wertes am Äquivalenzpunkt darf hier also nicht angewendet werden. *Schäfer* führt den abweichenden Kurvenverlauf darauf zurück, daß Fructose stärker sauer ist als Mannit.

Untersuchungen über die erforderlichen Mindestmengen einzelner Zucker führte *Gilmour* [29] durch.

Es ergibt sich daraus, daß 0,1 m Borsäurelösung mit 0,1 n Natronlauge in Gegenwart von mindestens 0,35 g Fructose, 7,2 g Glucose oder 35 g Rohrzucker je 5 ml Borsäurelösung (entsprechend 4 Mol Fructose, 80 Mol Glucose oder rund 200 Mol Rohrzucker je Mol Borsäure) mit Erfolg titriert werden kann (vgl. auch Tabelle 5, S. 66). Die Fructose entspricht also in ihrer Wirksamkeit praktisch dem Mannit.

An die Stelle von Fructose kann auch Invertzucker treten; entsprechend dessen Zusammensetzung aus äquimolekularen Mengen Fructose und Glucose benötigt man dabei als Mindestmenge ungefähr das Doppelte des erforderlichen Fructosegewichtes. Empfohlen wird von *Gilmour* [29] ein Zusatz von 3 ml rund 50%iger Invertzuckerlösung auf je 10 ml 0,1 m Borsäurelösung (entsprechend 4 bis 5 Mol Invertzucker je Mol Borsäure).

Zur Titration verdünnterer als 0,1 m Borsäurelösungen sind — bezogen auf gleiche Borsäuremengen — größere Zusätze an Invertzucker als die oben angegebenen notwendig. So erforderten nach *Mylius* [72] 20 ml 0,1 m Borsäurelösung nach Verdünnung mit Wasser auf das $6^1/_2$fache zur Titration mit 0,1 n Barytlauge ($\alpha$-Naphtholphthalein als Indicator) 15 statt — unverdünnt — 6 ml (siehe oben) 50%ige Invertzuckerlösung.

Die Disaccharide Lactose und Maltose erwiesen sich nach *Gilmour* [29] als ungeeignet zur Verwendung bei der Borsäuretitration. Invertierte Lactose (Galactose plus Glucose) ist dagegen auf Grund ihres Galactosegehaltes wirksam. Nach *Dodd* [24] werden 3,5 g Galactose oder 5 g invertierte Lactose (als feste Substanzen) benötigt, um 5 ml 0,1 m Borsäure mit 0,1 n NaOH gegen Phenolphthalein als Indicator zu titrieren.

*Schlußfolgerung.* Von allen untersuchten Zuckern ist Fructose zur Borsäuretitration am geeignetsten. Man kann sie auch in Form einer Invertzuckerlösung verwenden.

Der Gebrauch von Invertzucker für die Praxis der Borsäuretitration wurde erstmalig von *Böeseken* [10] (1917) vorgeschlagen. *Van Liempt* [61] (1920) war der erste, der mit Invertzucker eine erfolgreiche Borsäuretitration durchführte (vgl. *van Liempt* [62]), ohne indessen eine bestimmte Vorschrift dafür zu geben. *Gilmour* [29] (1921) sowie *Böeseken* und *Couvert* [11] (1921) bewiesen dann in diesbezüglichen Untersuchungen die Eignung des Invertzuckers zur Borsäuretitration. Später hat *Mylius* [72] (1927) erneut auf die Vorteile der Verwendung von Invertzucker hingewiesen.

*Polyphenole und Hydroxysäuren.* Brenzkatechin und Pyrogallol erhöhen die Leitfähigkeit von Borsäurelösungen ebenso wie Mannit. Die Stabilitätskonstanten der Borsäurekomplexe sind nur wenig kleiner als diejenigen der Dimannitoborsäure, wie sich aus Titrationskurven nach *Mellon* und *Morris* [68] entnehmen läßt. Trotzdem sind beide zur Borsäuretitration ungeeignet, weil die $pK_s$-Werte der Phenole in der Größenordnung von $pK_s \approx 9$ liegen und deshalb im Äquivalenzpunkt der Polyphenolborsäuren kein ausreichend großer pH-Sprung erzielt wird.

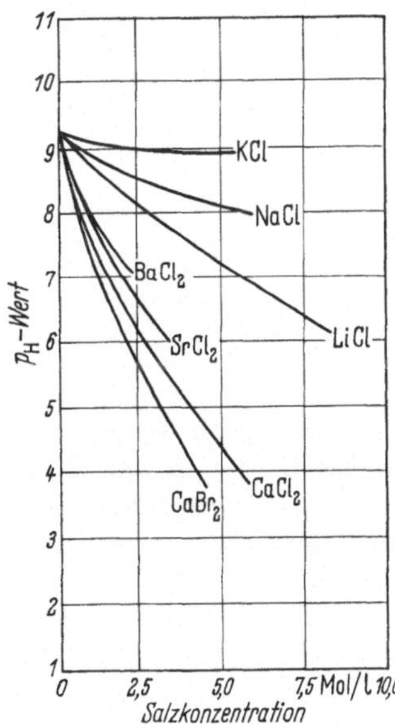


Abb. 20. Aktivierung der Borsäure durch Neutralsalze (pH-Werte einer mit 2n Natronlauge halbneutralisierten 0,1 m Borsäurelösung in Gegenwart wechselnder Salzmengen). (Nach *Schäfer* und *Sieverts* [89])

Auch die von *Mellon* und *Morris* [68] untersuchten Säuren: Oxal-, Malon-, Milch-, Äpfel-, Wein-, Gallussäure und Tannin erwiesen sich zur Borsäuretitration als ungeeignet. Die aliphatischen Säuren ergeben keine ausreichend stabilen Borsäurekomplexe und werden getrennt neben Borsäure titriert, die aromatischen Hydroxysäuren, Gallussäure und Tannin, verhalten sich wie die Polyphenole und ergeben außerdem bei Annäherung an den Endpunkt tiefe Färbungen.

*Neutralsalze.* In der Literatur finden sich vielfach Hinweise darauf, daß auch gewisse Neutralsalze die Acidität der Borsäure zu steigern imstande sind (vgl. z. B. *Pfyl* [78], ferner *Prideaux* [80] sowie *Cikritova* und *Sandra* [20]. *Mellon* und *Swim* [70] ermittelten auf potentiometrischem Wege die Kurven zur Titration von 0,05 m Borsäurelösung mit 0,1 n Natronlauge in Gegenwart von Lithiumchlorid, Natriumchlorid, Kaliumchlorid, Calciumchlorid, Natriumsulfat, Kaliumsulfat, Natriumnitrat, Kaliumnitrat; sie fanden, daß bei Natriumchlorid, Lithiumchlorid und Calciumchlorid aciditätserhöhende Wirkungen festzustellen sind, die in der Reihenfolge der genannten Salze zunehmen. Als anwendbar auf die Borsäuretitration erwies sich lediglich das Calciumchlorid. Zum gleichen Ergebnis führten Untersuchungen von *Schäfer* und *Sieverts* [89] über den Einfluß von Lithiumchlorid, Natriumchlorid, Kaliumchlorid, Kaliumbromid, Kaliumjodid, Kaliumsulfat, Kaliumnitrat, Calciumchlorid, Calciumbromid, Strontiumchlorid und Bariumchlorid auf die Acidität der Borsäure. Auch hier zeigte sich, daß die Erdalkalimetallsalze wirksamer als die Alkalimetallsalze sind und daß innerhalb beider Gruppen die Wirksamkeit des Salzes bei gleichem Anion mit abnehmendem Atomgewicht des Kations steigt. Besonders deutlich geht dies aus Abb. 20 hervor, welche nach *Schäfer* und *Sieverts* [89] die pH-Werte einer mit 2 n Natronlauge halbneutralisierten 0,1 m Borsäurelösung in Abhängigkeit von der molaren Konzentration der zugefügten Salze wiedergibt. Wie hierin der Vergleich von Calciumchlorid mit Calciumbromid zeigt, besitzen auch die Anionen eine Wirkung auf die Acidität der Borsäure.

Borsäure ist danach in Gegenwart genügender Calciumsalzmengen gegen bestimmte Indicatoren titrierbar, wie *Pfyl* [78] sowie *Schäfer* und *Sieverts* [89] auch experimentell bestätigen konnten.

Für die Praxis der Borsäuretitration bietet die Verwendung von Calciumchlorid u. ä. an Stelle von Mannit oder Invertzucker keinen Vorteil, da die Titration in Gegenwart von Mannit, Fructose oder Invertzucker genauer ist.

*Zusammenfassung.* Faßt man alle in den vorhergehenden Abschnitten besprochenen Versuchsergebnisse zusammen, so folgt, daß Mannit (bzw. Sionon, S. 66) und Fructose oder Invertzucker zur Borsäuretitration am geeignetsten sind. Mannit ergibt den etwas schärferen Indicatorumschlag wegen des höheren Potentialsprunges.

### 4.2.2.3 Titration gegen Indicatoren

#### *4.2.2.3.1 Eignung verschiedener Indicatoren*

Zur Titration etwa 0,1 m Borsäurelösungen mit 0,1 n Natronlauge in Gegenwart von 4 Mol Mannit je Mol Borsäure — den gewöhnlichen Bedingungen der Borsäuretitration — sind Indicatoren geeignet, die im pH-Bereich 7 bis 10 umschlagen.

Der am häufigsten angewendete Indicator ist Phenolphthalein (*Jørgensen* [47], *Jannasch* und *Noll* [46], *Schulek* und *Vastagh* [96]); Umschlagsgebiet pH = 8,2 bis 10,0; Farblos-Rot. Nach *Percs* [77] wird der Phenolphthaleinumschlag schärfer, wenn man der äthanolischen Lösung etwas Methylenblau (3% Phenolphthalein und 0,2% Methylenblau) beifügt.

Andere in der Literatur zur Borsäuretitration in Gegenwart von Komplexbildnern vorgeschlagene Indicatoren sind unter anderem: Kresolrot (*Mellon* und *Morris* [69]; pH = 7,2 bis 8,8; Gelb-Purpur), Kresolrot oder Phenolrot; (pH = 6,4 bis 8,2; Gelb-Rot; nach *Nazarenko* und *Ermak* [74] für Fructose), Kresolphthalein (*Dodd* [24]; pH = 8,2 bis 9,8; Farblos-Rot), Thymolblau (*Dodd* [24]; *Allen* und *Zies* [1]; pH = 8,0 bis 9,6; Gelb-Blau), α-Naphtholphthalein (*Strecker* und *Kannappel* [99]; pH = 7,4 bis 8,7; Farblos-Grünlichblau), Bromkresolpurpur (*Schäfer* und *Sieverts* [88]; pH = 5,2 bis 6,8; Gelb-Purpur) und Bromthymolblau (*Vollmer* [111]; pH = 6,0 bis 7,6; Gelb-Blau). Mit Ausnahme des α-Naphtholphthaleins (siehe auch *Mylius* [73] sowie *Scharrer* und *Gottschall* [90]) sollen diese aber dem Phenolphthalein gegenüber keinen Vorteil aufweisen. Nach *Heller* [37] ergeben bei Titration in Gegenwart von $NH_4^+$-Ionen jedoch Phenolphthalein und α-Naphtholphthalein zu hohe, Methylrot zu niedrige Werte. Die besten, mit der konduktometrischen Endpunktsanzeige (vgl. S. 77) übereinstimmenden Werte liefert Bromkresolpurpur. Umgekehrt finden *Bogovina* und *Selivanov* [16] zu niedrige Werte mit Phenolphthalein und α-Naphtholphthalein im Vergleich mit der amperometrischen Endpunktsanzeige (vgl. S. 78).

Für sehr genaue Bestimmungen ist die potentiometrische Endpunktsanzeige den Indicatormethoden vorzuziehen [74] (vgl. dazu S. 72f.). Auch die konduktometrische oder amperometrische Titration (vgl. S.77 und S. 78) bringen in manchen Fällen, insbesondere in Gegenwart anderer Stoffe Vorteile gegenüber der Indicatormethode.

### *4.2.2.3.2 Reine Borsäure, Makroverfahren* (>1 mg B)

(Über Störungen und ihre Beseitigung vgl. S. 79.)

**Arbeitsvorschrift.** Auf je 10 ml der zu titrierenden, nicht zu verdünnten kohlensäurefreien und gegebenenfalls gegen den verwendeten Indicator vorneutralisierten (*Einindikatorverfahren*), reinen Borsäurelösung fügt man 1 g festen Mannit oder 3 ml 50%ige Invertzuckerlösung hinzu und titriert bei möglichst niedriger Temperatur und unter möglichst geringem Umschütteln der Flüssigkeit mit 0,1 n carbonatfreier Natronlauge oder Barytlauge gegen Phenolphthalein oder α-Naphtholphthalein als Indicator. Dann fügt man nochmals $^1/_2$ g Mannit oder $1^1/_2$ ml Invertzuckerlösung zu. Bleibt die Indicatorfarbe bestehen, so war der Endpunkt der Titration erreicht; andernfalls titriert man mit Lauge weiter bis zum abermaligen Umschlag und überzeugt sich durch erneuten Zusatz von Mannit oder Invertzucker vom Erreichen des Äquivalenzpunktes.

*Bemerkungen.* I. *Ähnliche Titrationsverfahren* mit geringen Modifikationen für verschiedene Zwecke beschreiben *Bush* und *Higgs* [18], *Fetterley* und *Hazel* [27], *Hollander* und *Rieman* [41], *Schäfer* [85, 86, 87, 88] wie auch *Thomson* [105].

II. *Bereitung einer Invertzuckerlösung.* a) Nach *Gilmour* [30] löst man ungefähr 3 kg Kristallzucker in 1 l dest. Wasser und kocht die Lösung einige Minuten bis zum Klarwerden. Hierauf entfernt man die Wärmequelle, fügt rasch 25 ml 3 n Schwefelsäure zu, rührt $^1/_2$ min, versetzt mit $1^1/_2$ l dest. Wasser, dem zuvor 25 ml carbonatfreie 3 n Natronlauge beigemischt wurden, rührt wieder um und kühlt. Die etwa 55%ige Lösung soll neutral und fast farblos sein; ihr Volumen beträgt ungefähr $4^1/_2$ l, das spezifische Gewicht 1,2 bis 1,3.

b) Eine andere Vorschrift gibt *Mylius* [73]; Man löst 500 g Würfelzucker in 325 ml dest. Wasser unter Umrühren und Erhitzen auf 85 °C. Dann werden unter weiterem Umrühren 40 ml 0,1 n Salzsäure zugegeben, worauf man den mit einem Uhrglas bedeckten Kolben — nach Wiedererhitzen auf 85 °C — 1 Std. auf einem siedenden Wasserbad beläßt. Die Temperatur des Kolbeninhaltes soll sich zwischen 85 und 87 °C halten. Hierauf neutralisiert man die Salzsäure mit 40 ml 0,1 n Lauge, kühlt auf Zimmertemperatur ab und bringt schließlich das Gesamtvolumen auf 750 ml. Die so erhaltene Invertzuckerlösung, deren Konzentration der nach *Gilmour* hergestellten entspricht, ist einerseits zum bequemen Abmessen genügend leichtflüssig und andererseits doch so konzentriert, daß man zur Titration nur geringe Mengen benötigt. Daher wirkt auch die leicht bräunliche Färbung des Sirups bei der Analyse nicht störend.

c) Weitere Vorschriften zur Darstellung von Invertzuckerlösung zum Zwecke der Borsäuretitration gibt *Liem* [63].

III. *Borsäurekonzentration.* Mit zunehmender Verdünnung nimmt die Dissoziation der Bisdiolborsäurekomplexe zu und verursacht Minderbefunde (S. 63). Man arbeitet deshalb zweckmäßigerweise im Bereich 0,1 bis 0,01 n Borsäurelösungen.

IV. *Mannit-(Invertzucker-)Konzentration.* Für die Titration von 10 ml 0,1 m Borsäure genügen 1 g fester Mannit [90, 96] oder 3 ml Invertzuckerlösung (siehe oben) [29]. Für verdünntere Lösungen sind höhere Konzentrationen erforderlich, um die Dissoziation der Borsäurekomplexe zurückzudrängen. Wegen der geringen Löslichkeit des Mannits wenden *Schäfer* und *Sieverts* [88] einen Kunstgriff an: Die Lösung wird mit so viel festem Mannit versetzt, daß ein Teil ungelöst bleibt. Dann titriert man, bis der Indicator (hier wurde Bromkresolpurpur verwendet) eben seine Farbe zu ändern beginnt. Dann erwärmt man, bis aller Mannit gelöst ist, und kühlt anschließend mit Eis, wobei die Lösung wieder sauer wird. Der Mannit fällt dabei nicht aus, so daß die übersättigte Lösung scharf zu Ende titriert werden kann.

Durch einen Blindversuch überzeuge man sich von der *Säurefreiheit des Mannits.* Gegebenenfalls muß das Titrationsergebnis um den Laugenverbrauch des Mannits korrigiert werden. Der Mannit p.a. „Merck“ ist säurefrei.

V. *Kohlendioxid.* Kohlensäure wird als schwache Säure mittitriert und täuscht zu hohe Borwerte vor. Über die Titration in Gegenwart von Carbonationen vgl. S. 79. Um Aufnahme von $CO_2$ während der Titration zu vermeiden, soll nicht zu stark geschüttelt werden [90]. *Schulek* und *Vastagh* [96] empfehlen, zunächst in der Siedehitze bis zum Umschlag zu titrieren, dann sorgfältig abzukühlen und die Titration in der Kälte zu beenden, wozu noch einige Tropfen Lauge benötigt werden. *Roth* [83] empfiehlt, vor dem Abkühlen das Titrierkölbchen mit einem Natronkalkrohr zu verschließen. Auch verwenden *Unverdorben* und *Fischer* [109] zur Vermeidung der Aufnahme von Kohlendioxid während der Titration besondere, durch ein Natronkalkrohr verschließbare Titrierkolben.

Selbstverständlich muß die zum Titrieren verwendete Lauge ebenfalls carbonatfrei sein. Ausführliche Vorschriften zur Herstellung absolut carbonatfreier Lauge durch Zufügen von $Ba(OH)_2$ geben *Unverdorben* und *Fischer* [109]. Statt dessen kann man die Lauge auch über einen Anionenaustauscher in der OH-Form reinigen. Von verschiedenen Autoren [99] wird die *Titration mit Barytlauge* empfohlen, weil sie sich leichter carbonatfrei herstellen läßt als Natronlauge.

VI. *Titriertemperatur.* Da die Stabilität der gebildeten, komplexen Borsäure mit steigender Temperatur in starkem Maße sinkt, empfiehlt es sich, zwecks Erzielung scharfer Indicatorumschläge die Titration bei möglichst niedriger Temperatur auszuführen (*Kolthoff* [55]). *Mylius* [73] sowie *Stock* und *Kuss* [98] empfehlen Titration unter Eiskühlung, *Rader* und *Hill* [81] Titration bei 10 °C; *Roth* [83] titriert die mit Leitungswasser abgekühlte Lösung (vgl. auch oben *Schäfer* und *Sieverts* [88]).

VII. *Jodometrische Bestimmung.* Man kann sich zur maßanalytischen Borsäurebestimmung nach *Jones* [49] auch der Tatsache bedienen, daß die Mannitoborsäure zum Unterschied von der Borsäure selbst aus Kaliumjodid-Kaliumjodat-Lösungen nach der Gleichung:

$$5J^- + JO_3^- + 6H^+ \rightleftharpoons 3H_2O + 3J_2,$$

eine äquivalente Menge Jod in Freiheit setzt, welches mit Thiosulfatlösung titriert werden kann. Dieses jodometrische Verfahren bietet aber gegenüber dem oben beschriebenen alkalimetrischen keinen Vorteil, zumal die quantitative Ausscheidung des Jods fast 1 Std. erfordert.

Über *potentiometrische* Verfahren vgl. S. 72f.

*4.2.2.3.3 Reine Borsäure, Mikroverfahren* (0,02 bis 1 mg B)

(Über Störungen und ihre Beseitigung vgl. S. 79.)

**Arbeitsvorschrift.** Zu je 5 ml der zu titrierenden, nicht zu verdünnten kohlensäurefreien, reinen Borsäurelösung fügt man 2 g säurefreien Mannit oder 5 ml konz., etwa 40%ige vorneutralisierte Mannitlösung [96] und einige Tropfen 0,4%ige äthanolische $\alpha$-Naphtholphthaleinlösung, kocht 1 bis 2 min, kühlt ab und titriert unter möglichst geringem Umschütteln mit carbonat- und borfreier Natron- oder Barytlauge bis zum Indicatorumschlag. Vom Laugenverbrauch wird ein in gleicher Weise mit dest. Wasser ermittelter Blindwert abgezogen.

*Bemerkungen.* I. Das *Titrationsvolumen* soll wegen der Abnahme der Stabilität der komplexen Borsäure mit steigender Verdünnung (vgl. S. 63) so gering wie möglich sein. *Gottschall* [31] fand durch Titration mit 0,01 n NaOH (1 g Mannit, 20 ml Volumen, $\alpha$-Naphtholphthalein) *Fehler* von $\pm$ 3 bis 5 µg B bei Titration von 10 bis 50 µg B in $10^{-3}$%iger Borsäurelösung, dagegen $\pm$4 bis 10 µg B in $10^{-4}$%iger Lösung.

Aus dem gleichen Grunde darf die Titrierlauge nicht zu verdünnt sein. Andererseits steigen mit konzentrierteren Laugen die Dosierfehler, so daß sich 0,01 n als das Optimum erweist [31].

II. Das *Kochen der Lösung* [90] ist notwendig, um vorhandene oder beim Auflösen des Mannits etwa in die Lösung gebrachte Kohlensäure zu entfernen. Anschließend wird der Titrationskolben zweckmäßigerweise mit Natronkalkröhrchen verschlossen [83, 109].

III. *Bor- und Kieselsäurefreiheit der Titrierlauge.* Alle zur Herstellung und Aufbewahrung der carbonatfreien Lauge verwendeten Gefäße müssen aus borfreiem Glas oder Quarz bestehen. Um auch eine Aufnahme von Kieselsäure aus dem Glas zu vermeiden, ist die Lauge — etwa mittels eines Anionenaustauschers — stets frisch herzustellen oder in paraffinierten Flaschen aufzubewahren [90, 58, 76]. Polyäthylengefäße sind kohlendioxiddurchlässig und zum längeren Aufbewahren nicht geeignet.

IV. *Genauigkeit und Bestimmungsgrenzen.* Die Fehlergrenze ist um so kleiner, je höher die Borsäurekonzentration ist. Sie wird mit maximal $\pm$5% für die Titration von 0,1 bis 0,5 mg B in $10^{-3}$ m Lösung mit 0,01 n NaOH angegeben ($\pm$3 bis 5 µg B, siehe oben). Die kleinste, noch auf $\pm$3 bis 5 µg B titrierbare Menge beträgt nach *Gottschall* [31] 0,02 mg B in 5 ml ($4 \cdot 10^{-4}$ m). Für noch verdünntere Lösungen empfiehlt sich die Einstellung eines bestimmten pH-Wertes (7,6), auf den nach der Mannitzugabe wieder genau tiriert wird, wie es in Anwesenheit von Begleitstoffen üblich ist (vgl. S. 83).

Über potentiometrische Indizierung siehe unten. Potentiometrische Erfassung sehr kleiner Konzentrationen ohne Titration vgl. Kapitel 4.10.1, S. 154.

### 4.2.2.4 Potentiometrische Titration

*4.2.2.4.1 Registrierung der Titrationskurve*

Registriert man die Änderung des $H^+$-Ionenpotentials während der Titration an zwei geeigneten Elektroden, z.B. Glaselektrode und Kalomelektrode, mittels eines pH-Meßgerätes entweder schrittweise oder besser mit Hilfe eines Schreibers [5, 57, 64, 71], so erhält man die klassische Titrationskurve. Aus dem Wendepunkt der Kurve kann man den Titrationsendpunkt berechnen [26, 34] oder graphisch ermitteln [107]. Diese Methode ist sowohl auf reine Borsäure, wegen des größeren Potentialsprunges aber mit höherer Genauigkeit auf komplexe Borsäuren anwendbar [6]. Die im „allgemeinen Teil“ (vgl. S. 62 und S. 67) gezeigten Kurven sind potentiometrisch gemessen. In der Regel ist die potentiometrische Titration mit einer höheren *Genauigkeit* möglich. Besondere Vorteile bieten sich in Anwesenheit anderer Stoffe (Säuren, Basen, Salze). Eine große Anzahl Verfahren bedient sich der potentiometrischen Endpunktsbestimmung [8, 32, 35, 39, 56, 61, 69, 84, 112]. Davon sind Methoden, die sich der Kombination einer Chinhydron- und Silberchloridelektrode bedienen (*Wilcox* [112, 113]) theoretisch interessant, haben aber wohl keine praktische Bedeutung mehr.

#### *4.2.2.4.2 Titration auf vorgegebenen pH-Wert*

*Prinzip.* Eine Variante der potentiometrischen Titration besteht darin, daß — meistens mit Hilfe von Titrierautomaten — auf einen vorgegebenen pH-Wert, z.B. pH = 7,2 bis 7,3 nach *Gräbner* [32] unter Verwendung von Sorbit, auf pH = 6,9 nach *Berkovič* und Mitarbeitern [6] mit Mannit, titriert wird (vgl. auch Einindicatorverfahren S. 83).

**Arbeitsvorschrift** *nach Gräbner* [32]. Zur Titration mit 0,01 n NaOH wird eine 5 ml-Mikrokolbenbürette, Ablesegenauigkeit 0,01 ml, benutzt. Zur potentiometrischen Messung dient ein mV-pH-Meßgerät (Fa. Knick, Berlin, Type pH 52) in Verbindung mit einem Titrierzusatzgerät, mit dem das Potential der Meßelektrode (kombinierte Glaselektrode, Nullpunkt pH = 7) durch Gegenschaltung einer stufenlos regelbaren Spannung auf 0 mV kompensiert werden kann. Zur Erhöhung der Meßgenauigkeit wird über ein Regelpotentiometer ein empfindliches Nullgalvanometer mit 0,5 mV je Skalenteil als zweites Anzeigegerät angeschlossen.

Die Lösung wird — nach Abtrennung störender Stoffe (vgl. S. 53) — schwach angesäuert, von Kohlendioxid befreit und unter kohlendioxidfreiem Gas ($N_2$ oder $O_2$) nach Neutralisation auf pH = 7,2 bis 7,3 und Zugabe von 5 g Sorbit mit 0,01 n NaOH auf den Ausgangs-pH-Wert titriert.

*Bemerkungen.* Da Sorbit nicht immer ganz säurefrei ist, wird eine auf pH 7 eingestellte Lösung von 250 g Sorbit in 500 ml verwandt. Bei Aufbewahrung in Polyäthylenflaschen wird die Lösung nach einigen Tagen wieder leicht sauer und muß erneut neutralisiert werden. Der Autor stellte fest, daß der *Blindwert* der Titration ganz überwiegend auf den Sorbit zurückzuführen ist, so daß es im allgemeinen genügt, den Eigenverbrauch des Sorbits zu ermitteln, indem zu der austitrierten und auf „Null“ kompensierten Lösung eine zweite gleiche große Menge Sorbitlösung gegeben und diese erneut titriert wird.

Die Methode wurde zur Bestimmung von „löslichem“ und „unlöslichem“ Bor in ***legierten Stählen*** benutzt (vgl. Kapitel 5.5, S. 169 und Kapitel 3.7.3, S. 53).

***Arbeitsweise nach Lang zur Bestimmung in Phosphatdüngern. Lang*** [59] verbesserte das von *Taylor* [102] angegebene Verfahren zur Bestimmung in Phosphatdüngern. Während *Taylor* nach Abtrennung des Phosphats durch Fällung (vgl. Kapitel 3.7.1, S. 52) auf den vorgegebenen pH = 6,3 titriert, kann nach *Lang* unter bestimmten Bedingungen bei Titration auf pH = 6 (vgl. auch *Schäfer* und *Sieverts* [88], S. 86), auf die Abtrennung der Phosphorsäure verzichtet werden. Will man dabei auftretende Phosphatniederschläge vermeiden, trennt man vorher über Ionenaustauscher (vgl. Kapitel 3.2.3, S. 35). Jedoch scheint die Anwendung des Austauschers nicht erforderlich zu sein, da die Niederschläge bei der potentiometrischen Titration nicht stören.

*Apparatur.* pH-Meter und kombinierte Glaselektrode.

**Arbeitsvorschrift.** 5 g Düngemittel (20 g bei Düngemitteln mit weniger als 0,1 %Bor) werden im 500-ml-Stohmann-Kolben mit etwa 450 ml dest. Wasser 1 Std. geschüttelt, aufgefüllt und durch ein Filter (Schl. & Sch. Nr. 5691) filtriert. Man entnimmt einen aliquoten Teil des klaren Filtrats, der zwischen 0,5 und 1,5 mg B enthalten soll, damit der Verbrauch an 0,02 n Lauge 10 ml nicht übersteigt, ergänzt auf etwa 100 ml und stellt mit 0,1 n Natronlauge oder 0,1 n Salzsäure auf pH = 6 ein. Um pH 6 genau zu erreichen, arbeitet man gegen Ende mit 0,02 n Lösung. Darauf setzt man unter kräftigem Umrühren 5 g Mannit zu und titriert mit 0,02 n Natronlauge aus der Mikrobürette auf pH = 6 zurück. Zur Kontrolle, ob alles Bor erfaßt ist, wird zu der austitrierten Lösung nochmals 1 g Mannit gegeben. Hierdurch darf sich der pH-Wert nur unwesentlich ändern; andernfalls ist die jetzt verbrauchte Natronlauge der ersten Titration zuzurechnen.

*4.2.2.4.3 Endpunktsbestimmung aus der differenzierten Titrationskurve*

*Rechnerisches Verfahren.* Eine der Methoden zur genauen Berechnung des Äquivalenzpunktes bei potentiometrischer Titration besteht darin, kurz vor dem Erreichen des Endpunktes kleine, gleiche Mengen Titrationsmittel hinzuzugeben und nach jeder schrittweisen Zugabe das Potential abzulesen. Aus diesen Werten errechnet sich der Endpunkt nach *Hahn* und *Weiler* [36] folgendermaßen:

Es seien der jeweilige Verbrauch an

| | | | |
|---|---|---|---|
| Maßlösung: $V = V_1$ | $V_2$ | $V_3$ | $V_4$ |
| das Potential: $E = E_1$ | $E_2$ | $E_3$ | $E_4$ |
| Potentialschritt: $\Delta E = \quad \Delta_1 = E_2 - E_1$ | $\Delta_2 = E_3 - E_2$ | $\Delta_3 = E_4 - E_3$ | |

Das stets gleiche Tropfenvolumen werde mit

$$S = V_2 - V_1 = V_3 - V_2 = V_4 - V_3$$

bezeichnet. Ist der Potentialschritt am Wendepunkt $\Delta_2$, dann ergibt sich für das bis zum Endpunkt verbrauchte gesamte Titrationsvolumen $V_g$

$$V_g = V_2 + \frac{\Delta_2 - \Delta_1}{(\Delta_2 - \Delta_1) + (\Delta_2 - \Delta_3)} \cdot S,$$

wobei die Absolutwerte $|\Delta E|$ einzusetzen sind.

Diese Berechnung gestattet es, den Endpunkt auf den Bruchteil eines Volumschrittes genau festzulegen. Theoretisch könnte man die *Genauigkeit* sehr weit steigern; sie wird begrenzt durch die Größe des Volumschrittes (Tropfen), der noch eine gut meßbare Potentialänderung verursacht. Bei schwachen Säuren und Basen sind das je 0,01 ml (0,1 n NaOH) etwa 3 bis 5 mV, bei starken Säuren und Basen etwa 10 bis 20 mV.

Schneller und genauer als das Verfahren nach *Hahn* und *Weiler* ist die Auswertung schrittweiser Titrationen nach *Fortuin* [28a]. Ihre Anwendung auf schrittweise arbeitende Titrierautomaten sowie die programmierte Berechnung mit Tischrechnern beschreibt *Wolf* [114].

*Graphisches Verfahren.* Bei der entsprechenden graphischen Auswertung wird eine Differentialkurve gezeichnet, indem man den Quotienten des Potentialschrittes und des Volumschrittes gegen den Verbrauch an Titrationsmittel aufzeichnet [3, 19, 21, 22, 45, 101]. Dieses Verfahren läßt sich automatisieren. Mittels eines passenden Differentialverstärkers wird das Ausgangssignal eines pH-Meßgerätes mit dem Schreiber direkt in Form der ersten Differentialkurve aufgezeichnet. Derartige Geräte sind handelsüblich. Abb. 21 zeigt eine derartige Differentialkurve. An Stelle des Wendepunktes der Titrationskurve erhält man ein sehr scharfes Maximum, das eine recht genaue Ermittlung des Endpunktes gestattet. Eine gute Differentialkurve dieser Art wird aber nur erhalten, wenn die Titrationsmittelzugabe kontinuierlich und synchron mit der Schreiberbewegung vorgenommen wird. Die erreichbare *Genauigkeit* der Endpunktsfestlegung hängt wesentlich von der Exaktheit der Synchronisierung ab.

*Präzisionsmethode nach Lauer und le Duigou.* Eine Methode *extremer* Genauigkeit (±0,01%), die hiervon unabhängig ist und die Vorteile moderner Titrierautomaten mit der Genauigkeit der oben beschriebenen Berechnung des Endpunktes aus kleinen Volumschritten verbindet, entwickelten *Lauer* und *le Duigou* [60]. Es wird mit normaler Schaltung des Potentiographen bis nahe an den Wendepunkt titriert, dann auf „Differential" geschaltet und das Titrationsmittel schrittweise zugegeben. Dabei bewirkt jeder Tropfen je nach seiner relativen Lage zum Endpunkt der Titration einen verschieden großen Potentialschritt (Abb. 22).

Die Höhe h der einzelnen Maxima entspricht den Potentialdifferenzen der oben angegebenen Formel, so daß sich für die Berechnung des gesamten Titrationsvolumens $V_g$ ergibt (vgl. oben):

$$V_g = V_2 + \frac{h_2 - h_1}{(h_2 - h_1) + (h_2 - h_3)} \cdot S.$$

Es ist möglich, den mechanischen Teil der Titrationsmittelzugabe auf besser als 0,002% genau zu standardisieren [7]. Bei günstigem Verhältnis von Titrationsgesamtvolumen zu Tropfenvolumen kann man praktisch eine *Genauigkeit* ($3\sigma$) von $\pm 0{,}01$ bis 0,02% erzielen. Dazu ist jedoch erforderlich, daß sämtliche Reagentien und Lösungsmittel auf ihren „Blindwert" kontrolliert werden und die Borsäure keine laugeverbrauchenden Verunreinigungen enthält. Die gesamte Titration wird unter kohlendioxidfreiem Stickstoff durchgeführt.

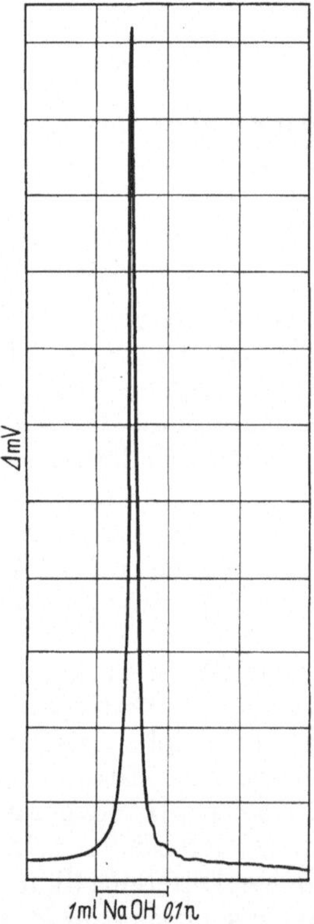


Abb. 21. Differentialkurve mit kontinuierlicher Titrationsmittelzugabe (NaOH + HCl)

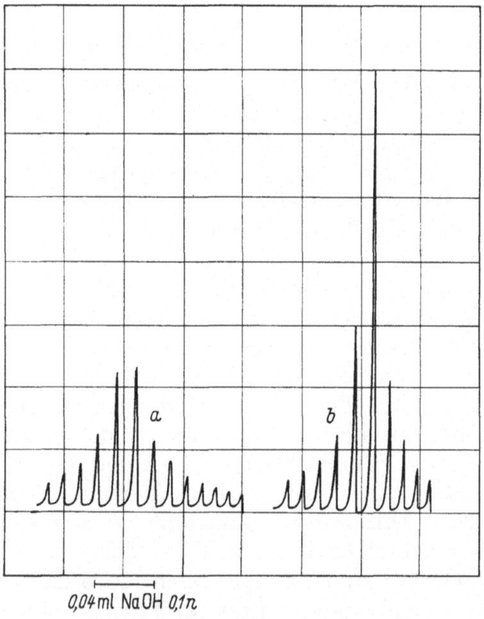

Abb. 22. Schrittweise Differentialkurve. *a* Borsäure-Mannitkomplex + Natronlauge; *b* Salzsäure + Natronlauge

Während bei der klassischen Borsäuretitration in Gegenwart von Mannit mit Lauge vorneutralisiert und dann auf den gleichen Indicatorumschlag titriert wird (Einindicatorverfahren, vgl. S. 83), wird bei der schrittweisen Differentialpotentiometrie vor der ersten Titration eine kleine Menge 0,1 n HCl zugefügt. Man erhält dann bei der Titration mit 0,1 n NaOH einen sauberen ersten Endpunkt (Abb. 22, Kurve b). Anschließend gibt man Mannit zu und titriert bis zum zweiten Endpunkt

(Abb. 22, Kurve a). Die zwischen beiden berechneten Endpunkten verbrauchte Lauge entspricht dem Borsäuregehalt der Lösung.

Die *Apparatur* ist in Abb. 23 bis 25 wiedergegeben. Sie besteht aus einem registrierenden pH-Meßgerät mit Einrichtung zur Aufzeichnung der differentiellen Kurve, der manuellen Präzisionskolbenbürette und der dazu gehörigen Thermostatisierung. Das Titrationsgefäß ist ebenso mit einer Thermostatisierung versehen und besitzt im Deckel 5 Schliffföffnungen. Zwei dieser Schliffföffnungen sind für die beiden Elektroden, eine Öffnung für Einleitung von Stickstoff bzw. Edelgasen vorgesehen. Die 4. Öffnung dient zum Einfüllen des Mannits und ist während der Titration geschlossen. Die zentrale 5. Schliffföffnung trägt die Spitze der Kolbenbürette. Das Schutzgas tritt oberhalb der Bürettenspitze aus. Die Kolbenbürette faßt 20 ml und gestattet 0,02 ml genau abzulesen. Die Bürettenspitzen sind so fein ausgezogen,

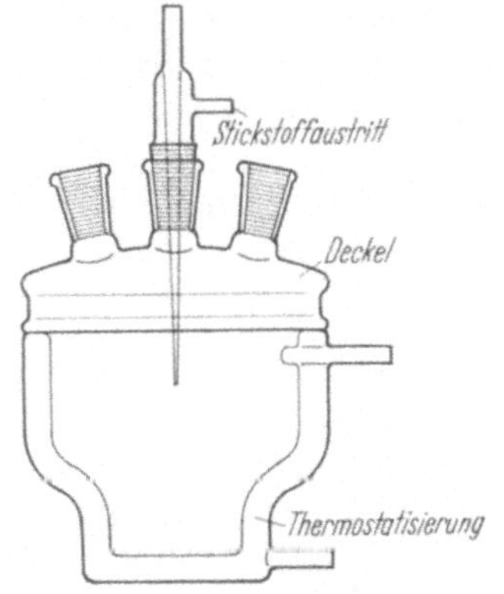

Abb. 23. Titriergefäß (Seitenansicht)

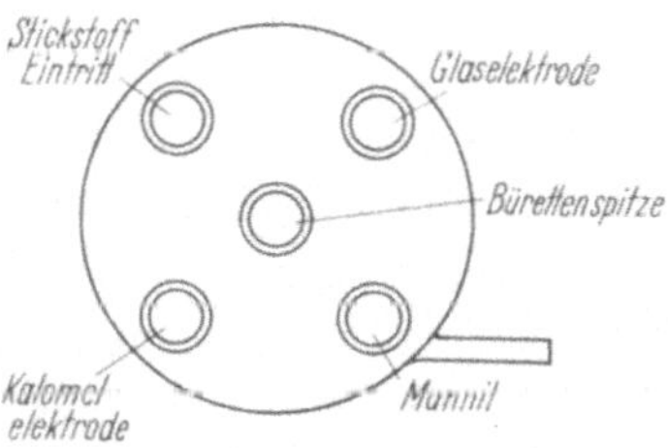

Abb. 24. Titriergefäß (Aufsicht)

daß die Tropfen ungefähr 0,01 ml groß sind. Die Tropfengröße wird gravimetrisch genau festgelegt, da sie zur Endpunktsberechnung benötigt wird. Für die Größe des Potentialschrittes ist es sehr wichtig, die Rührgeschwindigkeit des Magnetrührers genau zu standardisieren.

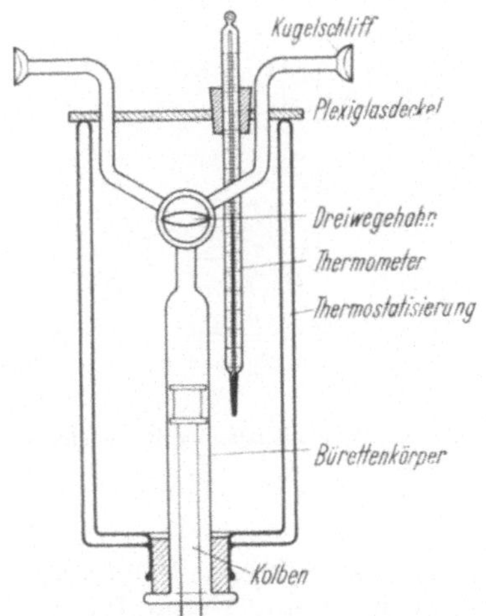

Abb. 25. Büretteneinheit

**Arbeitsvorschrift.** Die Probelösung, die etwa 0,1 g Borsäure enthalten soll, wird mit einer Wägebürette unter $CO_2$-Ausschluß in das Titriergefäß (Abb. 23) eingewogen und mit etwa 1 ml 0,1 n HCl versetzt. Dann wird das Titrationsgefäß mit den Elektroden und der Bürettenspitze geschlossen und Stickstoff *über* die Lösung geleitet. Man titriert pH-metrisch bis nahe an den Wendepunkt, schaltet den Schreiber auf „Differential" und gibt die letzten Tropfen hinzu. Zu der oben beschriebenen Berechnung ist es erforderlich, daß etwas über den ersten Endpunkt hinaus titriert wird. Man notiert deshalb die den einzelnen Potentialsprüngen entsprechenden Volumina genau. Danach werden (je 0,1 g Borsäure) 5 g Mannit durch die Öffnung im Deckel des Titriergefäßes eingeführt und die Titrieroperationen wie oben wiederholt. Ein in entsprechender Weise ermittelter *Blindwert* wird abgezogen (Dauer etwa 1 Std.).

*Bemerkungen.* I. Das *Schutzgas* darf nicht in die Lösung eingeleitet werden, weil dann keine zufriedenstellende Reproduzierbarkeit erreicht wird.

II. Die *Einstellung der Natronlauge* wird auf dreifache Weise gegen gravimetrisch geeichte 0,1 n HCl, Kaliumhydrogenphthalat und Benzoesäure unter gleichen Bedingungen vorgenommen (absolute *Genauigkeit* des Faktors etwa $\pm 0{,}01\%$).

III. Die *Temperaturkonstanz* der Titrationslösung ist von großer Bedeutung. Abweichungen von 0,5 °C können Abweichungen des Absolutwertes der Titration von etwa 0,1% hervorrufen.

IV. Über potentiometrische Bestimmungsverfahren, nach denen ohne Titration aus der Potentialänderung (pH) nach Diolzugabe die Borsäurekonzentration *berechnet* wird, vgl. Kapitel 4.10.1, S. 154.

### 4.2.2.5 Konduktometrische Titration

Eine konduktometrische Methode zur Bestimmung von $NH_4^+$-Ionen und Borsäure nebeneinander in Ammoniumpolyborat beschreibt *Heller* [37]. Das Verfahren entspricht der konduktometrischen Titration schwacher Säuren und ist bei entsprechender Wahl der Säure und Base auch auf andere Boratlösungen anwendbar.

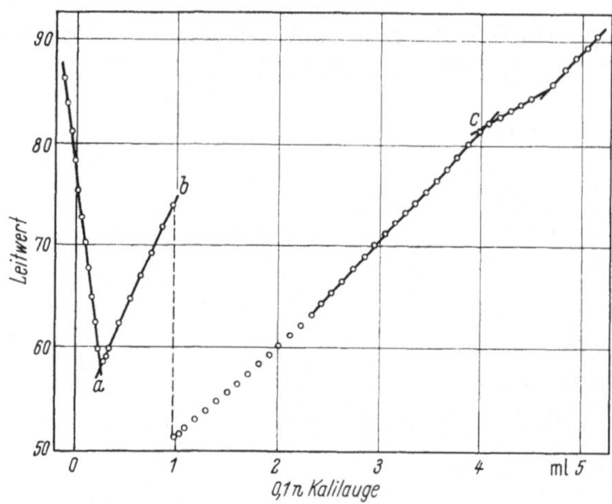


Abb. 26. Rücktitration der salzsauren Ammoniumboratlösung mit 0,1 n Kalilauge. *a* Äquivalenzpunkt HCl; *b* Zugabe von Mannit; *c* Äquivalenzpunkt Borsäure

*Arbeitsweise nach Heller* [37]

*Apparatur.* Konduktoskop Metrohm Type E 165; Motorbürette Metrohm Type E 298; Leitfähigkeitsgefäß von 35 mm ∅ mit zwei in 30 mm Abstand angebrachten, platinierten Platinelektroden mit einer Fläche von je 1,5 cm².

**Arbeitsvorschrift.** Die wäßrige Lösung des eingewogenen Ammoniumpolyborats wird schrittweise aus einer Motorbürette mit 0,1 n Salzsäure bis über den Äquivalenzpunkt titriert. Dadurch wird die $NH_4^+$-Menge erfaßt. Dann titriert man mit

0,1 n Kalilauge den Überschuß an 0,1 n Salzsäure zurück und überschreitet dabei den Äquivalenzpunkt (Abb. 26, Punkt a) in umgekehrter Richtung. Nach Zugabe von viel Mannit (2 g auf je 10 ml Flüssigkeit, Punkt b) wird dann weiter mit 0,1 n Kalilauge bis über den Äquivalenzpunkt des Borsäure-Mannit-Komplexes hinaus titriert. Abb. 26 veranschaulicht den Verlauf der Rücktitration mit 0,1 n Kalilauge. Der Endpunkt der Borsäuretitration gibt sich durch den leichten Knick c der konduktometrischen Kurve zu erkennen.

Die dem Borsäuregehalt äquivalente Menge KOH ergibt sich aus dem Verbrauch von Punkt a bis c. *Genauigkeit* der Methode $\pm 2\%$.

### 4.2.2.6 Amperometrische Titration

Die Stromspannungskurve der Borsäure in verd. NaOH zeigt zwei wohldefinierte Redoxpotentiale bei 0,3 und 0,6 V, bezogen auf die ges. Kalomelelektrode [43, 65, 66]. Die Höhe des Diffusionsstromes ändert sich mit der Laugenkonzentration. *Bogovina* und *Selivanov* [16] benutzen ein Potential von 0,55 V gegen die gesätt. Kalomelelektrode zur amperometrischen Titration und finden, daß der Diffusionsstrom der Borsäurekonzentration direkt proportional ist.

*Arbeitsweise* nach *Bogovina* und *Selivanov*. Es wird eine handelsübliche *Apparatur* zur amperometrischen Titration benutzt. Als Anode dient ein platinierter Platindraht, ⌀ 0,5 mm, freie Länge 8 bis 10 mm, eingeschmolzen in ein am Ende gebogenes Glasrohr. Sie rotiert mittels eines Synchronmotors mit 600 bis 800 U/min. Als Gegenelektrode wird eine ges. Kalomelelektrode über eine Agarbrücke mit dem Titrationsgefäß verbunden. Die Stromstärke wird mit einem Mikroamperemeter der Empfindlichkeit $0{,}5 \cdot 10^{-6}$ A/mm registriert.

**Arbeitsvorschrift** zur Durchführung der Messung. Die von störenden Elementen befreite Probe (vgl. S. 85) wird mit HCl schwach angesäuert, 10 min unter Rückfluß gekocht und schnell abgekühlt. Ein aliquoter Teil, der etwa 10 mg B in 50 ml enthalten soll, wird mit 6 bis 7 Tropfen eines Mischindikators (0,05 g Methylrot, 0,1 g Bromkresolgrün, 0,3 g Phenolphthalein, 0,3 g Thymolphthalein in 100 ml Äthanol, vgl. auch S. 79) versetzt. Dann wird der Stromkreis geschlossen, ein Potential von 0,55 V eingestellt und die Mikroamperemeternadel auf Null gebracht. Unter Rühren mit der Platinelektrode neutralisiert man die HCl mit 0,1 n NaOH, bis die Lösung grünlich wird. Anschließend werden 10 ml Invertzuckerlösung oder 1 g Mannit zugegeben. Man führt die amperometrische Titration der Borsäure durch, zeichnet die Titrationskurve und ermittelt den Laugenverbrauch graphisch (vgl. Abb. 27).

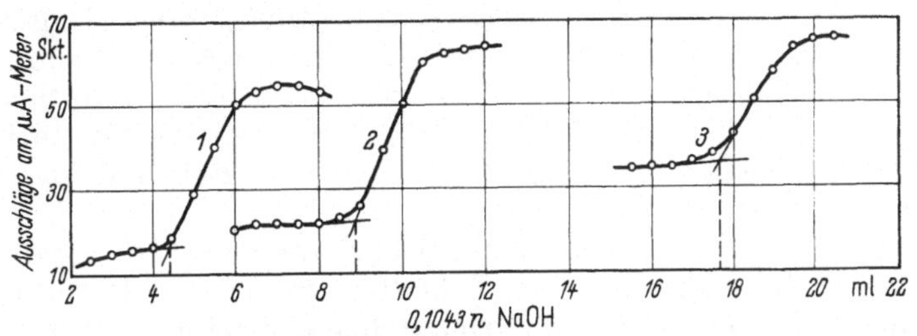


Abb. 27. Amperometrische Titrationskurven von Borsäure. Es wurden 25 [Kurve *1*], 50 [Kurve *2*] und 100 ml [Kurve *3*] der gleichen Lösung titriert, die etwa 0,2 mg B/ml enthielt

*Bemerkungen.* I. *Fehler* der Bestimmung maximal $\pm 0{,}4\%$; *Dauer* 4 bis 5 min.

II. Die *Vorneutralisation der Mineralsäure* kann auch ohne den Mischindicator ausgeführt werden, da das Ende sich in einem Potentialsprung bemerkbar macht.

### 4.2.3 Titration als komplexe Borsäure neben starken und mittelstarken Säuren (Basen)

Da außer Borsäure nur Germanium- und Tellursäure [33, 81] eine wesentliche Aciditätssteigerung durch Zugabe von Diolen erfahren, ist eine Borsäuretitration neben starken und mittelstarken Säuren (Basen) möglich, wenn diese vor der Zugabe des Diols neutralisiert werden. Die $pK_s$-Werte der tolerierbaren Säuren müssen etwa $5 > pK_s > 9$ betragen. Je nach Konzentrationsverhältnis der Fremdsäure zu Borsäure ergeben sich jedoch Verschiebungen (siehe unten). Das bedeutet, schwache Säuren (viele organische Säuren), deren $pK_s$-Wert zwischen demjenigen der Borsäure ($pK_s = 9{,}14$) und demjenigen der Diolborsäure ($pK_s = 4{,}16$ für Mannitoborsäure) liegen, stören die maßanalytische Borsäurebestimmung und müssen vorher abgetrennt werden. Das gilt auch für mehrbasische Säuren (Kieselsäure, $H_3PO_4$, $H_2SO_3$, $H_2CO_3$, organische Säuren, wie Oxal- und Weinsäure), wenn einer der $pK_s$-Werte in den Grenzen $5 < pK_s < 9$ liegt (vgl. auch S. 86), sowie für in diesem Bereich hydrolysierende Salze. In diesen Fällen müssen Trennoperationen vorhergehen, entweder durch Destillation (Kapitel 3.1, S. 19), Ionenaustausch (Kapitel 3.2, S. 30), Extraktion der Borsäure (Kapitel 3.3.4, S. 41), Fällung (Kapitel 3.7, S. 51) oder andere selektive Abtrennungsmethoden der störenden Stoffe (Kapitel 3.5, S. 47; Kapitel 3.6, S. 49). Bei Salzen ist in manchen Fällen eine Unterdrückung der Hydrolyse durch „Maskierung" (S. 86) möglich.

Basen werden — u. a. schon zur Vertreibung von Kohlendioxid — grundsätzlich mit einem Überschuß an starker Säure vorneutralisiert, so daß es im folgenden genügt, die Vorneutralisation von Säuren zu betrachten.

Es gibt zwei verschiedene Verfahrensweisen, Borsäure nach Vorneutralisation starker bis mittelstarker Säuren (Basen) zu titrieren: das *Zweiindicatorverfahren* und das *Einindicatorverfahren*.

*Zweiindicatorverfahren*. In der Regel liegt der als Ausgangs-pH-Wert ($pH_A$) der Borsäuretitration dienende Endpunkt der Vorneutralisation bei einem anderen pH-Wert als der Äquivalenzpunkt der Diolborsäure. In Gegenwart starker Säuren ist dieser gegeben durch den pH-Wert einer reinen Borsäure (vgl. S. 59):

$$pH_A = \frac{1}{2} pK_{s_B} - \frac{1}{2} \log C_B = 4{,}57 - \frac{1}{2} \log C_B . \tag{1}$$

Da die Konzentration der zu titrierenden Borsäure zwischen 0,1 m und 0,001 m liegen sollte, empfiehlt sich eine Einstellung auf $pH_A = 5$ bis 6. Dies geschieht am einfachsten mit physikalischen Methoden (vgl. Potentiometrie, S. 72). Systematische Untersuchungen über die Eignung verschiedener Indicatoren für die Vorneutralisation stammen von *Dodd* [24]. Geeignet sind: *Methylorange* (Umschlagsgebiet pH = 3,1 bis 4,4; Rot-Gelb), *Methylrot* (pH = 4,2 bis 6,3; Rot-Gelb), *Diäthylrot* (pH = 4,5 bis 6,3; Rot-Gelb), *Sofnol Nr. 1* (pH = 4,5 bis 6,5; Rötlich-Gelb), *p-Nitrophenol* (pH = 5,0 bis 7,0; Farblos-Gelb), *Bromkresolpurpur* (pH = 5,2 bis 6,8; Gelb-Purpur), *Phenacetolin* (pH = 3,0 bis 6,0; Gelb-Rot) und *Bromthymolblau* (pH = 6,0 bis 7,6; Gelb-Blau).

Methylorange ergibt keinen sehr scharfen Farbumschlag. Die alkalische Farbe von p-Nitrophenol, Bromkresolpurpur, Bromthymolblau und Phenacetolin stört bei der Erkennung des nachfolgenden Farbumschlages des Phenolphthaleins etwas. Methylrot, Diäthylrot und Sofnol Nr. 1 gestatten den Phenolphthaleinumschlag in alkalischer Lösung gut zu erkennen. Konzentriertere Borsäurelösungen sprechen nach *Thomson* [104] und *Dodd* auf Sofnol Nr. 1, Methylrot oder Diäthylrot bereits etwas sauer an, weshalb *Thomson* für solche Lösungen Methylorange empfiehlt.

Nach *Schulek* und *Rózsa* [92, 93] eignet sich *p-Äthoxychrysoidin* (pH = 3,5 bis 5,5; Rot-Gelb) besonders gut als 1. Indicator der Borsäuretitration. *Blumenthal*

[8] sowie *Kelly* [51] empfehlen einen *Mischindicator*, bestehend aus einer Lösung von 0,050 g Methylrot, 0,075 g Bromkresolgrün, 0,300 g Phenolphthalein und 0,300 g Thymolphthalein in 100 ml Methanol (vgl. auch S. 69). Dieses Indicatorgemisch ist bis zum pH-Wert 5,0 rosa und wird beim pH-Wert 5,6 grün, beim pH-Wert 8,9 purpurfarben. Man titriert gegen den Indicator (10 Tropfen der methanolischen Lösung) vor dem Mannitzusatz auf Grün, nach dem Mannitzusatz auf Purpur.

*Zusammenfassend* ergibt sich, daß für die Titration 0,1 m oder verdünnterer, starke Säure (Base) enthaltender Borsäurelösungen zweckmäßig *Methylrot* als 1. Indicator verwendet wird.

In *Gegenwart mittelstarker Säuren* hängt der $pH_A$-Wert außerdem vom $pK_s$-Wert ($pK_{s_m}$) und von der Konzentration $C_m$ der mittelstarken Säure ab. Nach *Kolthoff* [55] wird er folgendermaßen berechnet:

$$pH_A = \frac{1}{2}(pK_{s_B} + pK_{s_m}) + \frac{1}{2}\log\frac{C_B}{C_m} \tag{2a}$$

oder

$$pH_A = 4{,}57 + \frac{1}{2}pK_{s_m} + \frac{1}{2}\log\frac{C_B}{C_m}. \tag{2b}$$

Hieraus folgt, daß bei gleicher Konzentration von Borsäure und der mittelstarken Säure bei Einstellung auf $pH_A = 7{,}1$ eine Säure mit $pK_{s_m} = 5$ (siehe oben) noch vorneutralisiert werden kann. Ist dagegen die Konzentration der Borsäure 100mal größer, so kann nur eine Säure mit $pK_{s_m} = 3$ auf $pH = 7{,}1$ vorneutralisiert werden. *Kolthoff* [54] fand, daß in diesen Fällen die Borsäure auf $\pm 0{,}5\%$ genau titriert werden kann unter Benutzung der Indicatoren *Neutralrot* (pH = 6,8 bis 8,0; Rot-Gelb), *Phenolrot* (pH = 6,8 bis 8,0; Gelb-Rot) oder *Bromthymolblau* (pH = 6,0 bis 7,6; Gelb-Blau) zur Vorneutralisation und *α-Naphtholphthalein* oder *Phenolphthalein* nach Mannitzugabe für die Borsäuretitration.

*Einindicatorverfahren.* Beim Einindicatorverfahren wird die Vorneutralisation auf den gleichen pH-Wert vorgenommen wie die Titration der Borsäure nach Diolzugabe ($pH_A = pH_{\ddot{A}}$). Das hat verschiedene praktische Vorteile: Der doppelte *Fehler* bei der Einstellung beider pH-Werte fällt weg, der insbesondere bei Farbindicatoren erheblich sein kann und durch entsprechende Laugeneinstellung kompensiert werden muß. Auch die gegenseitige Beeinflussung der Farbe der Indicatoren wird vermieden. Außerdem können bei nicht zu großen Genauigkeitsforderungen mit dieser Methode auch noch schwächere Säuren als $pK_s = 5$ oder kleine Mengen mehrbasiger Säuren, wie $H_3PO_4$ (vgl. S. 86) oder hydrolysierende Salze toleriert werden (S. 85), vorausgesetzt, daß der maximale Pufferbereich nicht gerade mit dem vorgewählten $pH_A$-Wert zusammenfällt ($pK_{s_m} = pH_A$) und Germanium- oder Tellursäure abwesend sind.

Das Einindicatorverfahren ist jedoch mit einem grundsätzlichen *Fehler* behaftet, da bei dem entsprechend höher zu wählenden pH-Wert bereits ein Teil der Borsäure vor der Diolzugabe mit erfaßt wird. Diese Minusfehler können durch eine entsprechend — gegen gleichkonzentrierte Borsäure — standardisierte Lauge kompensiert oder — insbesondere bei physikalischen Meßmethoden — rechnerisch korrigiert werden: Ist $C_{gef}$ die gefundene, $C_B$ die insgesamt vorhandene und $[B^-]$ die bei der Vorneutralisation bereits erfaßte Menge Bor, so gilt:

$$C_B = C_{gef} + [B^-]. \tag{3}$$

Da $C_{gef} = [HB]$, gilt nach dem Massenwirkungsgesetz auch:

$$\frac{K_{s_B}}{[H^+]} \cdot C_{gef} = [B^-]. \tag{4}$$

Durch Einsetzen und Umformen ($K_{sB} = 10^{-9,14}$) folgt:

$$C_B = C_{gef}\left(1 + \frac{10^{-9,14}}{[H^+]}\right). \tag{5}$$

Bei Vorneutralisation auf pH = 7,1 ist also der gefundene Wert um +1%, bei pH = 6,1 um +0,1% zu korrigieren.

Da die Korrektur um so kleiner wird, je kleiner der vorgewählte pH-Wert ist, hat es sich als zweckmäßig erwiesen, bei der Einindicatormethode mit möglichst hohen Diolkonzentrationen zu arbeiten, weil hierdurch nach Gl. (9), (9a), (9b) (S. 63) der Äquivalenzpunkt der Diolborsäuren zu kleineren pH-Werten verschoben wird. Auch in Gegenwart sehr schwacher Säuren ($pK_s \geqq 9$), z. B. $NH_4^+$-Salzen, empfiehlt sich dieses Vorgehen (vgl. *Schäfer* und *Sieverts* [88], S. 85).

### 4.2.3.1 Bestimmungen nach dem Zweiindicatorverfahren

*4.2.3.1.1 Allgemeine Arbeitsvorschrift für Makromengen* (> 1 mg B).

Die zu analysierende, starke Lauge (Säure) enthaltende, möglichst nicht stärker als 0,1 m Borsäurelösung wird gegen Methylrot (andere Indicatoren vgl. S. 79) so lange mit 10%iger HCl (NaOH) versetzt, bis sie schwach sauer reagiert und dann zur Entfernung von $CO_2$ 1 bis 2 min gekocht. Dann wird schnell abgekühlt und mit 0,1 n carbonatfreier Natron- oder Barytlauge genau bis zum Indicatorumschlag titriert. Die so erhaltene Lösung dient zur Titration der Borsäure nach S. 82.

*Bemerkungen.* I. Die *Genauigkeit* der anschließenden Borsäuretitration hängt von der Genauigkeit ab, mit der die *Vorneutralisation* erfolgte.

Liegt eine etwa 0,1 m Borsäurelösung vor, so titriere man auf die Mischfarbe Orange des Methylrots, bei konzentrierten Lösungen auf ein rotstichiges Orange, bei verdünnten auf ein gelbstichiges Orange bis reines Gelb. Der Äquivalenzpunkt entspricht nach *Kolthoff* [55] bei 0,5 (0,05, 0,005) m Borsäurelösungen einem pH-Wert von 4,8 (5,3, 5,8) (vgl. Gleichung (1), S. 79).

II. Beim *Äquivalenzpunkt der Borsäuretitration* liegt eine Mischfarbe des 1. mit dem 2. Indicator vor. Bei Verwendung des Methylrots als ersten Indicator empfehlen *Strecker* und *Kannappel* [99] deshalb als zweiten Indicator α-Naphtholphthalein, da der Übergang von Gelb nach Grün (Mischfarbe Gelb/Blau) besser zu erkennen ist, als derjenige von Gelb nach Hellorange (Mischfarbe Gelb/Rot) unter Verwendung von Phenolphthalein.

III. Die *Fehlergrenze* ist dieselbe wie bei der Titration reiner Borsäurelösungen (vgl. S. 72).

IV. In *Gegenwart sehr schwacher Säuren* ($pK_s \geqq 9$, z. B. Ammoniumsalze) kann die Vorneutralisation ebenfalls gegen Methylrot erfolgen. Zur Borsäuretitration ist jedoch Bromthymolblau (pH = 6,0 bis 7,6; Gelb-Blau) als Indicator zu verwenden, da α-Naphtholphthalein und erst recht Phenolphthalein erst im $NH_3/NH_4^+$-Pufferbereich umschlagen und deshalb zu hohe Borwerte vortäuschen.

*4.2.3.1.2 Jodometrische oder potentiometrische Einstellung des 1. Äquivalenzpunktes*

Die Beseitigung der überschüssigen Säure kann statt durch Neutralisation mit Lauge auf Methylrot als Indicator auch auf jodometrischem Wege durch Zugabe von Kaliumjodid-Kaliumjodat-Gemisch erfolgen [49] (vgl. S. 71). Man verfährt derart, daß man die Lösung nach dem Austreiben des Kohlendioxids mit überschüssiger Kaliumjodid-Kaliumjodat-Lösung versetzt und das ausgeschiedene freie Jod mit 0,1 n Natriumthiosulfatlösung genau entfernt. Dann titriert man mit Lauge zunächst ohne Zugabe von Mannit — um eine Jodausscheidung durch die stärkere

Mannitoborsäure zu vermeiden — bis zum Indicatorumschlag, entfärbt die Flüssigkeit wieder durch Zusatz von Mannit und setzt den Zusatz von Alkali und Mannit fort, bis durch Mannit keine Entfärbung der Lösung mehr hervorgerufen wird.

Am besten gelingt die Einstellung des ersten Äquivalenzpunktes jedoch mittels potentiometrischer Titration (vgl. S. 72).

*4.2.3.1.3 Allgemeine Arbeitsweise für Mikromengen* (0,02 bis 1 mg B)

Man verfährt wie unter *Makroverfahren*, titriert jedoch mit 0,01 n Lauge (bzw. HCl).

*Bemerkungen.* I. Bei der Borbestimmung ist eine *Blindbestimmung* mit dest. Wasser durchzuführen.

II. Zur Kompensation der *Indicatorfehler* ist hier eine Einstellung der 0,01 n Lauge auf Borsäurelösungen bekannter Konzentration gegen beide Indicatoren (Methylrot und α-Naphtholphthalein) zu empfehlen.

**Arbeitsvorschrift** nach *Şumuleanu* und *Botezatu* [100]. 0,5 bis 5 ml der zu analysierenden, starke Säure (Base) enthaltenden, zweckmäßig nicht unter 0,001 m Borsäurelösung werden schwach alkalisch gemacht und in das Titriergefäß A des in Abb. 28 wiedergegebenen Apparates gegeben. Dann fügt man 3 bis 4 Tropfen Methylrotlösung (gesättigte Lösung in 60%igem Äthanol), 3 bis 4 Tropfen 1%ige Phenolphthalein- (oder besser α-Naphtholphthalein-)Lösung sowie 1 Tropfen Octanol hinzu und titriert, während man einen kräftigen, kohlendioxidfreien Luftstrom durch das Gefäß leitet, mit 0,01 n Salzsäure, bis ein Orangeton bestehen bleibt. Wenn nach einigen Minuten das Kohlendioxid aus der Lösung vertrieben ist, mäßigt man die Geschwindigkeit des Luftstroms, setzt der Lösung 0,5 ml 10%ige Mannitlösung zu und titriert mit 0,005 n Barytlauge auf Rosa (bzw. Grün).

*Bemerkungen.* a) *Berechnung.* Der Laugenverbrauch zwischen den beiden Umschlagspunkten, vermindert um den Laugenverbrauch eines in genau gleicher Weise mit dest. Wasser durchgeführten Blindversuchs, ergibt die vorhandene Bormenge.

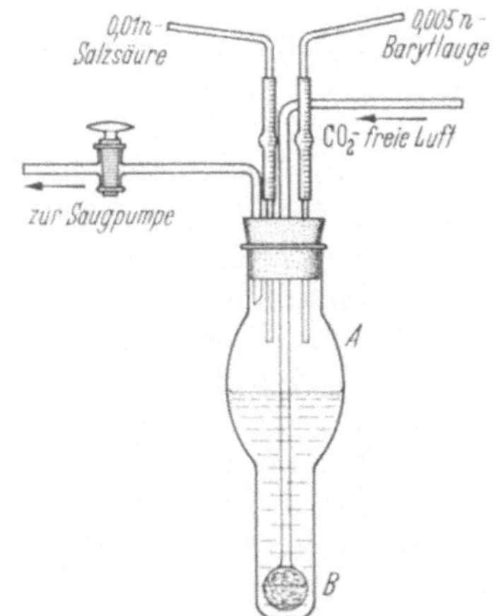


Abb. 28. Titriergefäß zur Mikrotitration verd. Borsäurelösungen. (Nach *Şumuleanu* und *Botezatu* [100])

b) Die gesamte Bestimmung erfordert etwa *5 min.*

c) Der *Titrierapparat* besteht aus einem Titriergefäß A aus Glas von der in Abb. 28 wiedergegebenen Form, verschlossen durch einen Gummistopfen mit vier Bohrungen. Durch diese vier Bohrungen gehen die Enden zweier Halbmikrobüretten, ein Gasverteiler (Rohr mit Fritte B von 1 cm Durchmesser) und ein zur Saugpumpe führendes Rohr mit Hahn.

*Brown* [17] empfiehlt den von *Jackson* [44] beschriebenen Titrierapparat.

d) *Mannitlösung.* Der 10%igen Mannitlösung setzt man nach *Şumuleanu* und *Botezatu* zweckmäßig einige Tropfen Chloroform zu. Ein etwaiger, kleiner Säuregehalt des Mannits geht in die Blindprobe ein.

e) *Titrierlauge.* Zur Herstellung der Barytlauge verdünnt man nach *Şumuleanu* und *Botezatu* 13 bis 14 ml einer gesättigten Lösung von $Ba(OH)_2$ auf 500 ml. Den Titer ermittelt man nach mehrstündigem Stehen der Lauge in der Weise, daß man eine bekannte Borsäuremenge (z.B. eine 0,01 m Borsäurelösung) in der oben beschriebenen Weise titriert und vom Laugenverbrauch den eines in genau gleicher Weise mit dest. Wasser ausgeführten Blindversuchs abzieht.

f) *Genauigkeit.* Borsäuremengen von 0,1 bis 1,5 mg (entsprechend 0,02 bis 0,3 mg Bor) lassen sich nach *Şumuleanu* und *Botezatu* in der oben beschriebenen Weise mit einem maximalen *Fehler* von $\pm 2\%$ und einem mittleren Fehler von $\pm 0{,}7\%$ der vorhandenen Bormenge titrieren.

g) *Untere Grenze der Bestimmbarkeit.* Wie in reinen Borsäurelösungen läßt sich nach *Şumuleanu* und *Botezatu* auch in sauren (alkalischen) Borsäurelösungen die Mikroborsäuretitration bis herab zu 0,02 mg Bor durchführen, wenn das Titriervolumen 5 ml nicht überschreitet.

h) *Störungen.* Ein NaCl-Gehalt stört nach *Şumuleanu* und *Botezatu* nicht. Die Kationen $Fe^{3+}$ und $Al^{3+}$ sollen nur über 5 mg/l durch Hydrolyse stören. Größere Mengen müssen vorher abgetrennt werden.

i) *Weitere Angaben* zum Zweiindicatorverfahren machen u.a. *Blumenthal* [8] (Mischindicator, vgl. S. 80; Borbestimmung in Metallboriden nach $BaCO_3$-Fällung, vgl. S. 54); *Eipeltauer* und *Jangg* [25] (in Aluminiumlegierungen nach verschiedenen Trennmethoden, insbesondere Fällung von Al mit NaOH, vgl. S. 53); *Polheim* [79] (in Phosphaten nach Phosphatfällung mit $FeCl_3$ und $CaCO_3$, vgl. Kapitel 3.7.1, S. 52); *Schütz* [91] (nach Ionenaustauschtrennung, vgl. Kapitel 3.2.3, S. 35); *Schulek* und Mitarbeiter [94, 95] (nach Destillation aus $ZnCl_2$-Lösungen, vgl. Kapitel 3.1, S. 19).

### 4.2.3.2 Bestimmungen nach dem Einindicatorverfahren

Nach *Foote* [28] titriert man beide Male auf pH = 7,6. Da bei diesem pH-Wert aber bereits eine nicht zu vernachlässigende Menge Borsäure durch die Vorneutralisation umgesetzt wird (vgl. S. 80), muß der Fehler durch eine unter gleichen Bedingungen eingestellte Lauge kompensiert werden. *Schäfer* und *Sieverts* [86, 88] stellen auf pH = 5,8 ein und verwenden höhere Diolkonzentrationen, wobei sich eine speziell eingestellte Lauge erübrigt. Auf diese Weise ergibt sich eine sehr einfache Borsäurebestimmung, welche auch in Gegenwart von Metall(II)-kationen, die bei pH = 5,8 noch nicht hydrolysieren (Ni, Zn, Mg, Cd, Co, Mn) sowie Ammoniumsalzen, Phenol u. ä. durchgeführt werden kann (über rechnerische Korrektur vgl. S. 81). Weitere Angaben zum Einindicatorverfahren machen u.a. *Otting* [76], *Rader* und *Hill* [81], *Roth* [83], *Schulek* und *Szakács* [95], *Schulek* und *Vastagh* [96, 97], *Unverdorben* und *Fischer* [109], *Wilcox* [112]. Die Einstellung des pH-Wertes kann sowohl mit Indicatoren als auch potentiometrisch (vgl. S. 72) erfolgen. Eine potentiometrische Methode mit Einstellung auf pH = 6,9 zur Borbestimmung in Gegenwart von Ammonium- und Calciumsalzen beschreiben *Berkovič*, *Smirnova* und *Lagunova* [6].

#### *4.2.3.2.1 Arbeitsvorschrift nach Foote* [28] (<5 mg B)

100 bis 500 ml zu untersuchende, 0,005% oder weniger Bor enthaltende Borsäurelösung werden in einem weithalsigen Erlenmeyerkolben aus Pyrexglas mit 1 Tropfen 1%iger Methylrotlösung versetzt und mit Salzsäure gegen diesen Indicator

deutlich angesäuert. Dann kocht man 5 min unter gelegentlichem Umschütteln zur Entfernung von $CO_2$ und kühlt die Flüssigkeit auf Zimmertemperatur ab. Nach Zusatz von 5 Tropfen 0,4%iger Phenolrotlösung je 100 ml wird die Lösung unter Verwendung einer Vergleichslösung und unter Vermeidung von $CO_2$-Zutritt mittels einer Mikrobürette auf pH = 7,6 gebracht. Die diesem pH-Wert entsprechende Indicatorfarbe darf sich bei 15 bis 20 sec langem kräftigen Schütteln nicht wahrnehmbar ändern. Dann fügt man 4 g Mannit je 100 ml Lösung zu und titriert bei möglichst niedriger Temperatur mit „0,02 n" (siehe unten) NaOH bis auf den gleichen pH-Wert 7,6 zurück. Die Indicatorfarbe darf sich nach 10 bis 20 sec Schütteln nicht ändern.

*Bemerkungen.* I. *Foote* verwendet spezielle *Prüfröhrchen*, mit denen unter $CO_2$-Ausschluß ein Teil der Lösung entnommen und die Färbung mit einer Vergleichslösung verglichen werden kann. Ein mit dest. Wasser unter gleichen Bedingungen ermittelter „Blindwert" wird vom Verbrauch abgezogen.

II. *Einstellung der Lauge.* Die Lauge darf nicht in der üblichen Weise gegen starke Säuren eingestellt werden, sondern muß — auch unter Abzug des Laugenverbrauchs für einen Blindversuch — in genau gleicher Weise wie die zu analysierende Borsäurelösung auf eine Lösung bekannter Borkonzentration standardisiert werden (siehe oben). Die „0,02 n" Natronlauge ist also in Wirklichkeit etwas verdünnter.

III. *Indicator.* Statt Phenolrot (pH = 6,8 bis 8,0; Gelb-Rot) kann man nach *Rader* und *Hill* [81] auch *Phenolphthalein* verwenden, wenn man es *in geeigneter Konzentration* zugibt. Nach *Rader* und *Hill* erscheint die Rosafarbe des Phenolphthaleins in 100 ml einer 0,1 m Natriumchloridlösung nach Zugabe von 20 Tropfen 2%iger Phenolphthaleinlösung bei einem pH-Wert von 7,6, nach Zugabe von 10 Tropfen bei einem pH-Wert von 7,7 und nach Zugabe von nur 1 Tropfen bei einem pH-Wert von 8,4.

Ähnlich verfahren *Schulek* und Mitarbeiter [95, 96, 97] sowie *Unverdorben* und *Fischer* [109] außer mit Phenolphthalein auch mit $\alpha$-Naphtholphthalein (pH = 7,6 bis 8,2) [95], indem jeweils bis zum beginnenden Umschlag ($\approx$ pH 7,6) neutralisiert wird.

IV. *Otting* [76] empfiehlt die Anwendung eines *Mischindicators* aus 1 Teil Bromthymolblau-Natrium (0,15%ige wäßrige Lösung) und 1 Teil Phenolrot-Natrium (0,1%ige wäßrige Lösung). Im sauren Gebiet ist der Indicator gelb, bei pH = 7,2 schmutzig grün, bei pH = 7,4 schwach violett und bei pH = 7,6 stark violett. Die stärkste Farbänderung liegt beim pH-Wert 7,5 vor. Da der Farbumschlag in einem sehr engen pH-Bereich stattfindet, ist die Einstellung leicht reproduzierbar, so daß sich der Wirkungsgrad der Natronlauge gegen Borsäure relativ genau bestimmen läßt.

V. *Mannitzusatz.* Nach *Foote* reicht eine Menge von 3 g Mannit je 100 ml Lösung für Bormengen bis zu 5 mg je 100 ml aus. *Wilcox* [112] verwendet 4 g, *Otting* [76] 9 g je 100 ml. Die Einstellung der Lauge und die Blindprobe müssen selbstverständlich unter Verwendung der gleichen Menge durchgeführt werden wie die eigentliche Borbestimmung.

VI. *Genauigkeit. Foote* ermittelte bei der Bestimmung verschiedener Borzusätze (0,5 bis 10 mg) zu 500 ml natürlicher Wässer maximale Abweichungen von $\pm 1\%$. Die Genauigkeit ist von der Menge angewendeter Lösung weitgehend unabhängig. So fand *Foote* bei der Analyse dreier natürlicher Wässer mit 0,41, 0,82 und 4,27 ppm B übereinstimmende Werte bei der Titration von 500, 200 und 100 ml Wasser.

### *4.2.3.2.2 Arbeitsvorschrift nach Schäfer und Sieverts* [88]

Die nach dem Ansäuern aufgekochte und danach abgekühlte Borsäurelösung, deren Volumen 30 bis 40 ml nicht überschreiten soll und die Salze sowie andere

Beimengungen enthalten kann, wird gegen Methylrot oder besser Bromkresolpurpur als Indicator auf einen pH-Wert von 5,8 neutralisiert, mit überschüssiger neutraler Invertzuckerlösung versetzt und bei 0 °C mit carbonatfreier 0,1 n Lauge auf den gleichen pH-Wert titriert.

*Bemerkungen.* I. *Titriervolumen.* Wegen des erforderlichen hohen Mannit-(Fructose-)-Gehaltes von 1,5 bis 2 mol/l soll das Flüssigkeitsvolumen möglichst klein sein. Das Einengen größerer Flüssigkeitsmengen erfolgt am einfachsten und schnellstens derart, daß die alkalische Lösung nach Zugabe einiger Glasperlen als Siedeerleichterer in dem gleichen, mit einem durchlochten Uhrglas bedeckten Erlenmeyer-Kolben eingekocht wird, in dem auch die spätere Borsäuretitration erfolgt. Das Herauslösen von Bor aus dem Glas kann praktisch verhindert werden, wenn man vor dem Kochen der alkalischen Lösung etwa 5 ml 1 m Magnesiumchloridlösung zusetzt. Der Magnesiumgehalt stört die Borbestimmung nicht. Ohne Magnesiumsalzzusatz ist der Glasangriff merklich.

II. *Äquivalenzpunkt.* Sowohl bei der Neutralisation der Mineralsäure wie bei der Titration der Bisdiolborsäure wird die Einstellung des pH-Wertes 5,8 erstrebt, weil bei diesem pH-Wert die unaktivierte Borsäure gerade noch nicht und die aktivierte Borsäure gerade vollkommen neutralisiert ist (vgl. S. 83). In den meisten Fällen — abhängig von den vorliegenden Fremdstoffen — ist der pH-Sprung beim Äquivalenzpunkt so groß, daß 1 Tropfen 0,1 n Lauge eine pH-Änderung von pH $\approx$ 5 auf pH $\approx$ 7 hervorruft.

III. *Indicator.* Beim pH-Wert 5,8 ist Methylrot gelb (pH $=$ 5: orange; pH $=$ 7: gelb) und Bromkresolpurpur schmutzigblaugrün (pH $=$ 5: gelb; pH $=$ 7: purpur) gefärbt. Die Empfindlichkeit des Bromkresolpurpurs ist danach bei dem erstrebten pH-Wert von 5,8 größer als diejenige des Methylrots. Bromkresolpurpur (0,1% in Äthanol) erfordert Tageslichtbeleuchtung oder künstliche Beleuchtung mit einer Tageslichtlampe.

IV. *Aktivierung der Borsäure.* Zur *Herstellung der Invertzuckerlösung* (vgl. auch S. 70) wird 1 kg Würfelzucker in 650 ml Wasser heiß gelöst und nach Zugabe von 8 ml n Salzsäure 1 bis 2 Std. auf 80 bis 90 °C erwärmt. Vor dem Gebrauch wird der erhaltene Sirup mit 0,1 n Lauge neutralisiert. Statt Invertzucker kann auch Mannit oder Fructose verwendet werden, und zwar muß die Konzentration an Mannit (Fructose) beim Äquivalenzpunkt etwa 1,5 bis 2 Mol/l betragen. Die Erreichung des Äquivalenzpunktes ist dann gewährleistet, wenn weiterer Zusatz an Aktivierungsmittel ohne Einfluß auf den Indicatorumschlag ist.

Bei der Verwendung von *Mannit* muß wegen der zu geringen Löslichkeit des Mannits ein Kunstgriff angewandt werden: Die Borsäurelösung wird auf den pH-Wert 5,8 neutralisiert und danach mit so viel reinem Mannit versetzt, daß ein Überschuß ungelöst bleibt. Nun titriert man mit Lauge, bis der Indicator eben seine Farbe zu ändern beginnt. Dann wird der Mannit durch Erwärmung vollständig in Lösung gebracht, wobei die Lösung infolge Spaltung der Mannitoborsäure alkalisch wird. Beim Abkühlen mit Eis wird die Lösung wieder sauer, der Mannit fällt nicht aus, und die übersättigte Lösung kann nun sehr scharf zu Ende titriert werden.

V. *Titriertemperatur.* Es empfiehlt sich, die Titration unter Eiskühlung bei etwa 0 °C durchzuführen. Das gilt insbesondere bei der Titration in Gegenwart von Metall(II)-Salzen, deren Hydrolyse dadurch zurückgedrängt wird.

#### *4.2.3.2.3 Titration in Gegenwart anderer Stoffe*

*Metall(II)-Salze* von Mg, Ca, Ba, Zn, Cd, Co, Ni, Mn stören die Bestimmung nach *Schäfer* und *Sieverts* [88] nicht. Fe-, Al- und Pb-Salze müssen jedoch vor der Bestimmung — z.B. durch Fällung mit 8-Hydroxychinolin (vgl. Kapitel 3.7.2, S. 53) — abgetrennt werden. Auch *Ammoniak* stört die Bestimmung nicht. Die Borsäurebestimmung wird deshalb besonders zur direkten Titration von Nickelbädern (mit $Ni^{2+}$ und $NH_3$) empfohlen.

Kleine Mengen *Phosphorsäure* und *Arsensäure* ($P_2O_5$ bzw. $As_2O_5 : B_2O_3 < 1:2$) sowie größere Mengen *arseniger Säure* beeinträchtigen die Bestimmung nicht. In Gegenwart von Phosphor- und Arsensäure ist es zweckmäßig, statt auf pH = 5,8 auf pH = 4,9 mit Methylrot (Rotorange) zu titrieren. Diese Möglichkeit ist wichtig für die Analyse von arsenhaltigen Gläsern. Größere Mengen Phosphor- und Arsensäure werden durch Invertzucker gering aktiviert, so daß eine Trennung erforderlich ist. *Schäfer* und *Sieverts* [88] empfehlen hierzu die Fällung mit Silbernitrat und Entfernung des überschüssigen Silbers als Chlorid.

*Schwache organische Säuren*, deren $pK_s$-Werte kleiner als 5 und größer als 9 sind, stören nicht, falls sie keine Verbindungen mit Borsäure geben. Die Titration ist möglich in Gegenwart von *Formiat-*, *Acetat-*, *Propionat-*, *Benzoationen* und *Phenol*. Störende organische Substanzen werden alkalisch verglüht (vgl. Kapitel 2.3.2, S. 12). Auch die durch *Kohlensäure* hervorgerufenen Titrierfehler sind bei diesem Verfahren nur gering. Zur Erzielung scharfer Indicatorumschläge ist es aber zweckmäßig, Kohlendioxid durch Aufkochen der sauren Lösung zu vertreiben.

*Kieselsäure*. In Gegenwart von weniger als 50 mg $SiO_2$ kann die Borsäure ohne merkliche Störung durch Titration auf den pH-Wert 5,8 gemäß der obigen Arbeitsvorschrift bestimmt werden. Voraussetzung ist dabei, daß die Kieselsäure nicht durch Elektrolyte ausgeflockt wird. Dies erreicht man dadurch, daß man die alkalische Silicatlösung schnell mit einem Säureüberschuß versetzt, wobei das für die Ausflockung der Kieselsäure besonders kritische Gebiet um den pH-Wert 8 schnell überschritten wird. Größere Kieselsäuremengen sind abzutrennen, was u.a. durch Ausfällung als Kieselgel erfolgen kann (vgl. Kapitel 5.3 bis 5.4, S. 163 f.). *Schäfer* und *Sieverts* [88] geben Modellbeispiele für Bortitration in Silicaten und synthetischen Modellmischungen nach vorhergehender Kieselsäure- und Oxinatfällung (vgl. Kapitel 3.7.2, S. 53).

### 4.2.4 Titration als komplexe Borsäure in Gegenwart von Salzen unter Verwendung von Metallkomplexbildnern

Die störende Hydrolyse von Salzen bei der Bortitration läßt sich verhindern, wenn die Kationen mit geeigneten Komplexbildnern maskiert werden. Diese Möglichkeit ist anscheinend noch nicht allgemein geprüft worden; doch werden zwei spezielle Anwendungsmöglichkeiten von *Tereshko* [103] beschrieben. Bei der Analyse von Bornitrid und borhaltigem Graphit werden *Eisen*, *Aluminium* und *Mangan* mit *Äthylendiamintetraacetat* (ÄDTA) und bei der Analyse von *Titan-* und *Zirkoniumboriden* diese beiden Metalle mit *Tiron* (Natrium-Brenzkatechindisulfonat) maskiert.

**Arbeitsvorschrift** nach *Tereshko* [103] zur Bestimmung im Bornitrid und Graphit. 0,2 g Probe werden mit Natriumcarbonat im Platintiegel aufgeschlossen. Die erkaltete Schmelze wird in heißem dest. Wasser gelöst, gegen Methylpurpur oder Methylrot mit halbkonz. Salzsäure angesäuert und im bedeckten Gefäß zur Entfernung von $CO_2$ 15 min gekocht. Dabei muß die Lösung durch tropfenweisen Zusatz von Salzsäure sauer gehalten werden. Man kühlt auf Raumtemperatur, fügt 2 ml 0,1 m ÄDTA-Lösung zu und neutralisiert zunächst annähernd mit 20%iger, dann genau mit 0,2 n Natronlauge auf pH = 7. Anschließend gibt man Mannit zu, bis der pH-Wert auf etwa 4 absinkt, und titriert mit einer Standardnatronlauge (siehe Bemerkung I) auf *pH = 8,2*. Die Mannitzugabe und Titration werden wiederholt, bis erneute Mannitzugabe keine pH-Änderung mehr bewirkt.

*Bemerkungen.* I. Die *Natronlauge* wird gegen reinstes Bor standardisiert, das unter genau gleichen Bedingungen wie die Probe aufgeschlossen und weiter behandelt wird. Ein Reagentienblindwert wird bestimmt und abgezogen.

II. *Störungen durch ÄDTA* sind unter Verwendung von 2 ml 0,1 m Lösung für eine 0,2-g-Einwaage unbedeutend. Der maximale *Fehler* betrug $\pm 0{,}1\%$, wenn die ÄDTA vollständig zur Maskierung der Metallionen verbraucht wurde. Bei höheren ÄDTA-Gehalten (10 ml) streut der Blindwert beträchtlich.

III. *Kieselsäure* bis zu 30 Gew.-% $SiO_2$ stört die Bestimmung nicht.

IV. Nach *Pirjutko* [78a] wird der pH-Sprung der Mannitoborsäure im Bereich des Äquivalenzpunktes durch größere Mengen ÄDTA stark verflacht, auch entstehen dann Überbefunde. Bei einem Verbrauch von etwa 15 ml 0,02 n NaOH ($\triangleq$ 3,25 mg B) sind höchstens 3 ml 0,1 m ÄDTA-Lösung zulässig. Dies genügt zur Maskierung von etwa 20 bis 30 mg Metalloxiden. Die Lösung wird nach ÄDTA-Zusatz bei pH $\sim$ 5 gekocht und vor und nach Mannitzugabe auf genau pH 6,9 titriert.

**Arbeitsvorschrift** zur Bestimmung im Titan- und Zirkoniumborid. Der Aufschluß wird wie oben durchgeführt. Zum Lösen der Schmelze darf vorsichtig erwärmt, aber nicht gekocht werden. Nach Vertreibung des $CO_2$ durch Zusatz halbkonz. Salzsäure wird auf Raumtemperatur gekühlt und mit der berechneten Menge einer 2%igen wäßrigen Tironlösung +1 ml im Überschuß sowie 2 ml 0,1 m $FeCl_3$-Lösung und 2 ml 0,1 m Weinsäure versetzt. Man stellt wie oben auf pH = 7 ein, gibt Mannit zu und titriert auf pH = 7.

*Bemerkungen.* I. *Überschüssiges Tiron* stört die Titration. Titan und Zirkonium bilden (1:1)-Komplexe mit Tiron. Man errechnet die zur Maskierung erforderliche Menge und gibt einen geringen Überschuß hinzu. Der Überschuß wird mit Eisen gebunden und das Eisen mit Weinsäure in Lösung gehalten. Bei Einstellung auf pH = 7 als Titrationsendpunkt stört Weinsäure nicht.

II. Die *Natronlauge* wird auf die gleiche Weise standardisiert wie oben mit der Abweichung, daß das Bor auf den Endwert pH = 7 titriert wird.

III. *Sorbit* und *Invertzucker* an Stelle von Mannit ergeben in beiden Verfahren keine befriedigenden Ergebnisse.

## *Literatur*


1. *Allen, E. T., Zies, E. G.*: J. Am. ceram. Soc. **1**, 739 (1918).
2. *Antikainen, P. J.*: Acta chem. Scand. **9**, 1008 (1955).
3. *Baber, H. H., Müller, R. H.*: Trans. Am. electrochem. Soc. **76**, 75 (1939).
4. *Barthe, L.*: J. Pharm. Chim. [5] **29**, 163 (1894).
5. *Barredo, J. M. G., Taylor, J. K.*: Trans. Am. electrochem. Soc. **92**, 437 (1947).
6. *Berkovič, M. T., Smirnova, G. M., Lagunova, N. L.*: Betriebslab. (russ.) **34**, 671 (1968); durch Fr. **248**, 70 (1969).
7. *Bishop, E.*: Anal. chim. Acta **20**, 405 (1959); durch Fr. **172**, 371 (1960).
8. *Blumenthal, H.*: Anal. Chem. **23**, 992 (1951).
9. *Böeseken, J.*: B. **46**, 2612 (1913).
10. *Böeseken, J.*: Koninkl. Ned. Akad. Wetenschap. Amsterdam, Wisk. en Natk. Afd. **26**, 3 (1917).
11. *Böeseken, J., Couvert, H.*: R. **40**, 354 (1921).
12. *Böeseken, J., Vermaas, N.*: J. physic. Chem. **35**, 1477 (1931).
13. *Böeseken, J., Vermaas, N.*: R. **54**, 853, 860 (1935).
14. *Böeseken, J., Vermaas, N., Küchlin, Th.*: R. **49**, 711 (1930).
15. *Böeseken, J.*: Zahlreiche Arbeiten seit 1913; durch R. **40**, 553 (1921); Bull. Soc. chim. Belg. **37**, 385 (1928); Inst. int. Chim. Solvay, Conseil Chim. **4**, 61 (1931); Bull. Soc. chim. France [4] **53**, 1332 (1933).
16. *Bogovina, V. T., Selivanov, V. G.*: Betriebslab. (russ.) **24**, 1200 (1958).
17. *Brown, W. B.*: Analyst **61**, 671 (1936).
18. *Bush, G. H., Higgs, D. G.*: Analyst **76**, 683 (1951); durch Fr. **138**, 217 (1953).
19. *Carson, W. N.*: Anal. Chem. **25**, 1733 (1953); durch Fr. **143**, 122 (1954).
20. *Cikritova, Sandra*: Chem. Listy **19**, 179 (1925).
21. *Delahay, P.*: Bl. Soc. chim. Belg. **56**, 7 (1947).

22. *Delahay, P.*: Anal. Chem. **20**, 1212 (1948).
23. *Deutsch, A., Osoling, S.*: Am. Soc. **71**, 1637 (1949).
24. *Dodd, A. S.*: Analyst **55**, 23 (1930).
25. *Eipeltauer, E., Jangg, G.*: Fr. **138**, 18 (1953).
26. *Fenwick, F.*: Ind. eng. Chem. Anal. Edit. **4**, 144 (1932).
27. *Fetterley, G. H., Hazel, W. M.*: A-2191, 21—25, 16. Dez. 1945; vgl. auch Fr. **137**, 460 (1952/1953).
28. *Foote, F. J.*: Ind. eng. Chem. Anal. Edit. **4**, 39 (1932).
28a. *Fortuin, J. M. H.*: Anal. chim. Acta **24**, 175 (1961).
29. *Gilmour, G.*: Analyst **46**, 3 (1921).
30. *Gilmour, G.*: Analyst **49**, 576 (1924).
31. *Gottschall, R.*: Diss. Göttingen 1935.
32. *Gräbner, H.-J.*: Fr. **184**, 327 (1961).
33. *Hague, J. L., Bright, H. A.*: J. Res. Nat. Bureau of Standards **21**, 125 (1938).
34. *Hahn, F. L.*: Fr. **87**, 263 (1932).
35. *Hahn, F. L., Klockmann, R., Schulz, R.*: Z. anorg. Ch. **208**, 213 (1932).
36. *Hahn, F. L., Weiler, G.*: Fr. **69**, 417 (1926).
37. *Heller, G.*: Fr. **214**, 23 (1965).
38. *Hermans, P. H.*: Z. anorg. Ch. **142**, 83 (1925).
39. *Hildebrand, J. H.*: Am. Soc. **35**, 847, 1538 (1913).
40. *Hönig, M., Spitz, G.*: Angew. Ch. **9**, 549 (1896).
41. *Hollander, H., Rieman* III, *W.*: Ind. eng. Chem. Anal. Edit. **18**, 788 (1946).
42. *Iles, L. E.*: Analyst **43**, 323 (1918).
43. *Ilković, D.*: Coll. Czechoslov. Chem. Commun. **11**, 480 (1932).
44. *Jackson, J.*: J. Soc. chem. Ind. **53**, 36 (1934).
45. *Jacobsen, C. F., Leonis, J.*: C. r. Carlsberg, Ser. Chim. **27**, 33 (1951).
46. *Jannasch, P., Noll, F.*: J. pr. **99**, 1 (1919).
47. *Jørgensen, G.*: Fr. **42**, 121 (1903).
48. *Jørgensen, G.*: Nord. pharm. Tidskr. **1895**, 213.
49. *Jones, L. C.*: Z. anorg. Ch. **20**, 212 (1899); Am. J. Sci [4] **7**, 147 (1899).
50. *Jones, L. C.*: Z. anorg. Ch. **21**, 169 (1899); Am. J. Sci. [4] **8**, 127 (1899).
51. *Kelly, M. W.*: Anal. Chem. **23**, 1335 (1951).
52. *Klein, D.*: C. R. hebd. Séances Acad. Sci. **86**, 826 (1878); J. Pharm. Chim. **4**, 28 (1878).
53. *Knoeck, Y., Taylor, J. K.*: Anal. Chem. **41**, 1730 (1969).
54. *Kolthoff, I. M.*: Pharm. Weekbl. **59**, 129 (1922).
55. *Kolthoff, I. M.*: Die Maßanalyse, 2. Aufl., Berlin 1930/1931.
56. *Krantz, J. C., Oakley, M., Carr, C. J.*: J. physic. Chem. **40**, 151, 927 (1936).
57. *Krogh, A.*: Ind. eng. Chem. Anal. Edit. **7**, 130 (1935) durch Fr. **105**, 437 (1936).
58. *Krügel, C., Dreyspring, C., Lotthammer, R.*: Fr. **123**, 15 (1942).
59. *Lang, K.*: Fr. **163**, 241 (1958).
60. *Lauer, K. F., Le Duigou, Y.*: Fr. **184**, 4 (1961).
61. *van Liempt, J. A. M.*: Z. anorg. Ch. **111**, 151 (1920); R. **39**, 358 (1920).
62. *van Liempt, J. A. M.*: Analyst **51**, 293 (1926).
63. *Liem, H. T.*: Pharm. Tijdskr. Nederl.-Indië **13**, 291 (1936); durch C. **108, I**, 2817 (1937).
64. *Lingane, J. J.*: Anal. Chem. **20**, 285 (1948).
65. *Loshkarev, M. A., Ozerov, A. M.*: J. physic. Chem. **24**, 731 (1950).
66. *Loshkarev, M. A., Ozerov, A. M., Kudriavtsev, N. G.*: J. appl. Chem. **23**, 294 (1949).
67. *Magnanini, G.*: Ph. Ch. **6**, 58 (1890); **11**, 281 (1893).
68. *Mellon, M. G., Morris, V. N.*: Pr. Indian Acad. Sci. **33**, 85 (1923).
69. *Mellon, M. G., Morris, V. N.*: Ind. eng. Chem. **16**, 123 (1924).
70. *Mellon, M. G., Swim, F. R.*: Ind. eng. Chem. **19**, 1354 (1927).
71. *Müller, R. H.*: Ind. eng. Chem. Anal. Edit. **18**, (5), 23 A (1946).
72. *Mylius, W.*: Keram. Rundschau **35**, 365 (1927).
73. *Mylius, W.*: Ch. Z. **57**, 173, 194 (1933).
74. *Nazarenko, V. A., Ermak, L. D.*: Betriebslab. (russ.) **34**, 257 (1968); durch Fr. **248**, 70 (1969).
75. *Nickerson, R. F.*: J. Inorg. Nucl. Chem. **30**, 1447 (1968).
75a. *Nickerson, R. F.*: J. Inorg. Nucl. Chem. **32**, 1400 (1970).
76. *Otting, W.*: Angew. Ch. **64**, 670 (1952).
77. *Percs, E.*: Magy. Gyógyszerésztudományi Társaság Értesitöje **12**, 318 (1936); durch C. **107, II**, 1383 (1936).
78. *Pfyl, B.*: Arb. Kais. Gesundh.-Amt **47**, 1 (1914).
78a *Pirjutko, U. U., Benediktova-Lodočnikova, N. V.*: Ž. Anal. Chim. (russ.) **25**, 136 (1970)
79. *v. Polheim, P.*: Fr. **137**, 8 (1952).
80. *Prideaux, E. B. R.*: Z. anorg. Ch. **83**, 362 (1913).
81. *Rader Jr., L. F., Hill, W. L.*: J. agric. Res. **57**, 901 (1938).

82. *Ross, S. D., Catotti, A. J.*: Am. Soc. **71**, 3563 (1949).
83. *Roth, H.*: Angew. Ch. **50**, 593 (1937).
84. *Ruehle, A. E., Shock, D. A.*: Ind. eng. Chem. Anal. Edit. **17**, 453 (1945).
85. *Schäfer, H.*: Dissertation Jena 1940.
86. *Schäfer, H.*: Z. anorg. Ch. **247**, 96 (1941).
87. *Schäfer, H., Sieverts, A.*: Fr. **121**, 161 (1941).
88. *Schäfer, H., Sieverts, A.*: Fr. **121**, 170 (1941).
89. *Schäfer, H., Sieverts, A.*: Z. anorg. Ch. **246**, 149 (1941).
90. *Scharrer, K., Gottschall, R.*: Bodenkunde Pflanzenernähr. **39**, 178 (1935).
91. *Schütz, E.*: Mitt. Geb. Lebensmitteluntersuch. Hyg. **44**, 213 (1953).
92. *Schulek, E., Rózsa, P.*: Fr. **115**, 185 (1939).
93. *Schulek, E., Rózsa, P.*: Magyar Hidrologiai Közlöny **27** H. 5—8 (1947); durch Fr. **129**, 464 (1949).
94. *Schulek, E., Szakács, O.*: Fr. **137**, 5 (1952).
95. *Schulek, E., Szakács, O., Szakács, M.*: Fr. **151**, 1 (1956).
96. *Schulek, E., Vastagh, G.*: Fr. **84**, 167 (1931).
97. *Schulek, E., Vastagh, G.*: Fr. **87**, 165 (1932).
98. *Stock, A., Kuss, E.*: B. **56**, 789 (1923).
99. *Strecker, W., Kannappel, E.*: Fr. **61**, 378 (1922).
100. *Şumuleanu, C., Botezatu, M.*: Mikrochem. **21**, 75 (1936/1937).
101. *Takahashi, J., Niki, E., Kimoto, K.*: Japan Analyst **3**, 236 (1956).
102. *Taylor, D. S.*: J. Assoc. off. agric. Chem. **33**, 132 (1950).
103. *Tereshko, J. W.*: Anal. Chem. **35**, 157 (1963).
104. *Thomson, R. T.*: Analyst **53**, 315 (1928).
105. *Thomson, R. T.*: J. Soc. chem. Ind. **12**, 432 (1893).
106. *Torssell, K.*: Arkiv Kemi **3**, 571 (1952).
107. *Tubbs, C. F.*: Anal. Chem. **26**, 1670 (1954); durch Fr. **147**, 35 (1955).
108. *Tung, Jo-Yun, Chang, Hok-Ling*: J. Chinese Chem. Soc. (Taiwan) **9**, 125 (1942).
109. *Unverdorben, O., Fischer, R.*: Bodenkunde Pflanzenernähr. **13**, 177 (1939).
110. *Vermaas, N.*: R. **51**, 67, 955 (1932).
111. *Vollmer, A.*: Lab.-Prax. **3**, 174 (1926).
112. *Wilcox, L. V.*: Ind. eng. Chem. Anal. Edit. **4**, 38 (1932).
113. *Wilcox, L. V.*: Ind. eng. Chem. Anal. Edit. **12**, 341 (1940).
114. *Wolf, S.*: Fr. **250**, 13 (1970).

## 4.3 Photometrie

*Vorbemerkung. Charakterisierung der Empfindlichkeit photometrischer Verfahren.* Die Empfindlichkeit der *Farbreaktion* wird bei photometrischen Bestimmungen üblicherweise durch den Extinktionskoeffizienten $\varepsilon$ [$\mathrm{l \cdot Mol^{-1} \cdot cm^{-1}}$] charakterisiert. Dabei ist

$$\varepsilon = \frac{\mathrm{E}}{\mathrm{c \cdot d}}$$

E = Extinktion, c = molare Konzentration; d = Schichtdicke.

In amerikanischen Arbeiten wird statt dessen manchmal die Empfindlichkeit nach *Sandell* („ES") angegeben. Diese gibt die Konzentration des Elementes in µg pro ml Lösung an, welche bei d = 1 cm eine Extinktion von E = 0,001 erzeugt. Es ist

$$\mathrm{ES} = \frac{\mu\mathrm{g \cdot d}}{\mathrm{E \cdot V}} \cdot 10^{-3}\ [\mu\mathrm{g/cm^2}],$$

V = Gesamtvolumen der Lösung.

Für den Zusammenhang beider Größen gilt:

$$\varepsilon = \frac{\mathrm{n \cdot Atomgewicht}}{\mathrm{ES}}.$$

n = Anzahl der Metallatome im Molekül der farbigen Verbindung.

Die *praktisch nutzbare Empfindlichkeit* wird darüber hinaus noch von anderen Faktoren beeinflußt. Gerade bei photometrischen Bestimmungen des Bors treten häufig sehr hohe Blindwerte durch Lichtabsorption des überschüssigen Reagenses auf. Diese machen es unmöglich, die Empfindlichkeit durch Messung bei größeren Schichtdicken zu steigern. Bei den Anthrachinonderivaten ist in dieser Hinsicht besonders die Arbeitsweise nach *Wünsch* zur Bestimmung mit Diaminochrysazin vorteilhaft (vgl. S. 98). Im Falle des Methylenblautetrafluoroborats muß die Lösung sogar vor der Messung in 1-cm-Küvetten verdünnt werden. Auch kleine Verteilungskoeffizienten in extraktionsphotometrischen Methoden vermindern die nutzbare Empfindlichkeit.

Die statistische *Nachweis-* bzw. *Bestimmungsgrenze* ist durch die Reproduzierbarkeit der Blind- bzw. Meßwerte definiert (*Kaiser* und *Specker*; *Gottschalk*). Sie ermöglicht objektive Vergleiche verschiedener Arbeitsweisen; entsprechende Zahlenangaben liegen jedoch nur selten vor.

Der in den Arbeitsvorschriften angegebene *Arbeitsbereich* stellt dagegen mehr eine orientierende Angabe dar. Durch Veränderung der Schichtdicke, des Meßvolumens oder auch der Probemenge kann er häufig nach beiden Seiten erheblich ausgedehnt werden.

### 4.3.1 Bestimmung mit Derivaten des Anthrachinons

Hydroxy- und Aminoderivate des Anthrachinons stellen die umfangreichste und meist benutzte Gruppe von Reagentien zur photometrischen Borbestimmung. Sie bilden in konz. schwefelsaurem Medium mit Borsäure Esterchelate, welche meistens die Zusammensetzung Reagens: B = 1:1 haben. Typische Vertreter sind das Chinalizarin und das 1,1'-Dianthrimid; praktisch wichtig sind ferner Carminsäure und Diaminochrysazin.

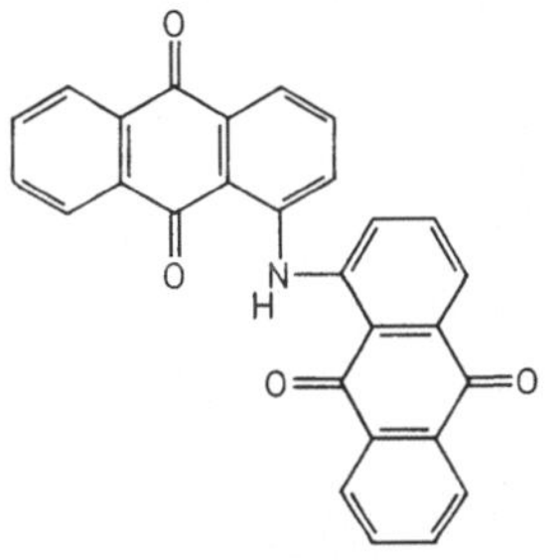

1,1'-Dianthrimid 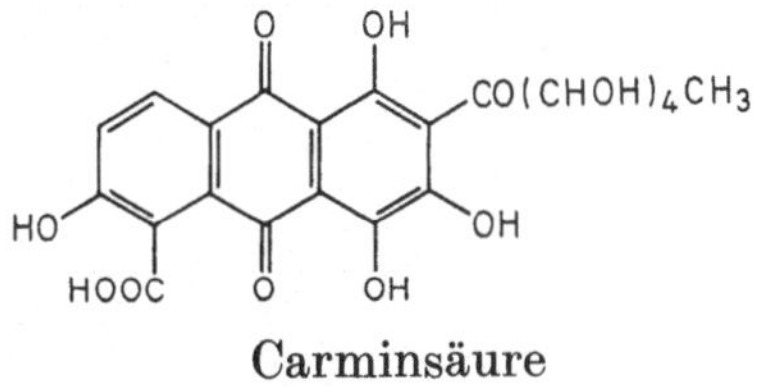 Carminsäure

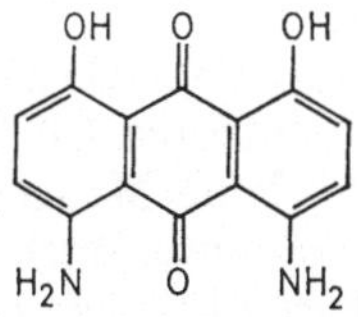

Diaminochrysazin 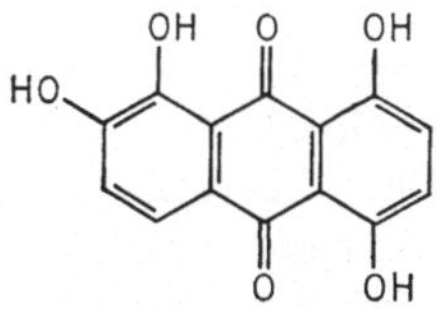 Chinalizarin

Die Anthrachinonderivate ermöglichen Borbestimmungen von oftmals ausreichender Selektivität und mittlerer Empfindlichkeit. *Störungen* verursachen vor allem Fluoridionen und Oxydationsmittel, auch $NO_3^-$. Die Extinktionskoeffizienten der Chelate liegen meistens in der Größenordnung $\varepsilon = 5 \cdot 10^3$ [$l \cdot Mol^{-1} \cdot cm^{-1}$], für Dianthrimid bei $\varepsilon = 15 \cdot 10^3$.

Der Hauptnachteil dieser Reagentienklasse besteht in der Notwendigkeit, den Farbkomplex in etwa 95%iger $H_2SO_4$ entwickeln zu müssen, und den Unannehmlichkeiten, die das Arbeiten mit konz. $H_2SO_4$ mit sich bringt. Um eine Verdünnung des Reaktionsmediums zu vermeiden, dürfen nur 2 bis 3 ml wäßrige Probelösung zur Analyse eingesetzt werden, oder die Probe muß zur Trockne eingedampft und mit konz. $H_2SO_4$ aufgenommen werden.

Wenn sich die Anthrachinonderivate trotz dieser Nachteile stark durchgesetzt haben, liegt es vor allem darin begründet, daß kaum Möglichkeiten bekannt sind, Bor in homogener wäßriger Lösung photometrisch zu bestimmen (vgl. aber Kapitel 4.3.4, S. 117, 120).

#### 4.3.1.1 Bestimmung mit Carminsäure

Carminsäure (Formel S. 90) bildet in konz. Schwefelsäure mit Borat ein Chelat im Verhältnis 2B:1 Reagens [4], wobei ein Farbumschlag von rot nach blau stattfindet. Nach *Brown* [1] liegt dagegen ein 1:1-Chelat mit der Stabilitätskonstante $k = 1{,}94 \cdot 10^4$ vor.

Das Reagens wurde durch eine Arbeit von *Hatcher* und *Wilcox* bekannt [9]. Die Reaktionsbedingungen wurden später von *Callicoat* und *Wolszon* [2] genauer untersucht. Die Eigenschaften des Reagenses sind denjenigen der anderen gebräuchlichen Polyhydroxyanthrachinone ähnlich. Die Färbung entwickelt sich bereits bei Zimmertemperatur innerhalb etwa 45 bis 60 min und bleibt etwa 3 Std. konstant [9]. Temperaturänderungen im Bereich: 20 bis 35 °C sind ohne Einfluß auf das Ergebnis [3, 9, 11]. Mit steigendem $H_2O$-Gehalt des Reaktionsmediums vermindert sich die Empfindlichkeit; zugleich wird jedoch die Farbentwicklung beschleunigt. 4 ml Wasser in 50 ml konz. schwefelsaurer Lösung haben sich als günstig erwiesen [2]. Wegen der starken Überlappung der Spektren von Chelat und Re-

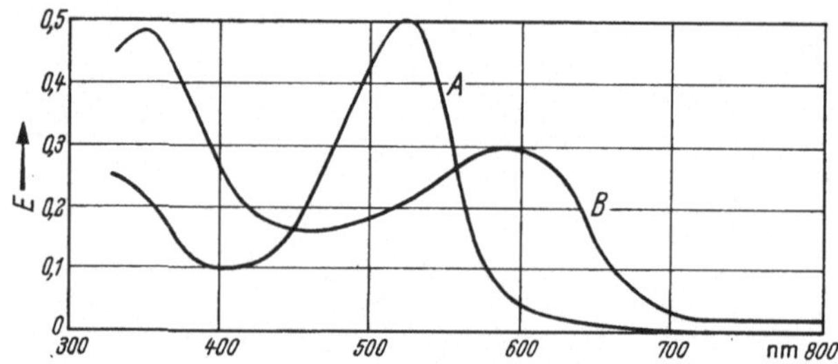


Abb. 29. Spektren von: *A* Carminsäure; *B* Carminsäure-Borchelat

agens ist der Blindwert hoch, jedoch bedeutend niedriger als etwa beim Chinalizarin (vgl. S. 95). Das Beersche Gesetz ist im Bereich: 0,15 bis 1,6 μg B/ml erfüllt.

Bestimmungen mit Carminsäure sind gegen kleine Mengen Fremdionen wenig anfällig. In manchen Fällen ist daher eine Vortrennung entbehrlich, insbesondere wenn man restliche Störeinflüsse durch Korrekturen berücksichtigt. Ohne Vortrennung wurde Bor mit Carminsäure bestimmt in Wässern [9], Düngern [12, 21] (vgl. S. 92), Boranen in Luft [6], U/Al-Legierungen [14], Mo-Legierungen [10] sowie pflanzlichem und tierischem Material [9, 18].

Vor der Bestimmung mit Carminsäure wurde Bor zunächst isoliert durch Esterdestillation (vgl. Kapitel 3.1, S. 19) bei der Analyse von Wässern [11], Gläsern [5], Silicaten [19], durch Ionenaustausch (vgl. Kapitel 3.2, S. 30) bei der Analyse von Titanlegierungen [1a], Düngern [12], Stählen [3], durch Elektrolyse (vgl. Kapitel 3.6, S. 50) bei der Analyse von Stählen [13], Cr-, Co-, Ni- und Fe-Legierungen [7], durch Extraktion mit Äther (vgl. Kapitel 3.3.4.2, S. 44) bei der Analyse von Fluoriden [15].

#### 4.3.1.1.1 *Arbeitsweise nach Hatcher und Wilcox* [9, 20]

*Arbeitsbereich.* 2 bis 35 µg B in 2 ml Probelösung.

*Reagentien.* a) *Carminsäurelösung*: 0,1%ig. 500 mg fein gepulverte und im Exsiccator getrocknete Carminsäure p. a. werden in 500 ml konz. $H_2SO_4$ gelöst. Die Lösung ist wochenlang haltbar. Mit verschiedenen Carminsäurepräparaten wurden z. T. unterschiedliche Empfindlichkeiten erhalten [1a, 2].

b) *konz.* $H_2SO_4$ (D = 1,84); c) *konz. HCl.*

**Arbeitsvorschrift** [9, 20]. In einer 50-ml-Flasche aus borfreiem Glas (AR-Glas) mischt man 2 ml schwefelsaure Probelösung, 2 Tropfen konz. Salzsäure und genau 10 ml konz. $H_2SO_4$. Man läßt auf Zimmertemperatur abkühlen, gibt genau 10 ml Carminsäurelösung zu, mischt und läßt 60 min verschlossen stehen. Dann photometriert man in 1-cm-Küvetten bei $\lambda = 610$ nm gegen eine Reagentienblindprobe. Die Extinktion der Blindprobe gegen konz. $H_2SO_4$ beträgt E $\approx$ 0,6.

*Störungen.* Keine Störungen in etwa gleichen molaren Mengen wie Bor verursachen Ni, $Fe^{3+}$, Co, $Mn^{2+}$, Mn(VII), Zn und Pb. Keine Störung verursachen ferner kleine Mengen Ge, Mo, Ce, Ca, Mg, $NH_4^+$, Alkalien, Silicat-, Phosphationen. Ti und Fluoridion stören in zehnfachem Überschuß. Kleine Mengen Nitrat- und Nitritionen werden durch den Zusatz von konz. HCl unschädlich gemacht; größere Mengen müssen abgetrennt oder zerstört werden (vgl. S. 93). Oxydationsmittel, wie $H_2O_2$, sind mit $SO_2$-Lösung zu reduzieren.

#### 4.3.1.1.2 *Arbeitsweise nach Callicoat und Wolszon* [2]

*Arbeitsbereich.* Maximal 40 µg B in bis zu 250 ml Lösung.

*Reagentien.* a) *Kalkwasser*: 8 g CaO p. a. werden in 1 l Wasser suspendiert. Die Lösung ist in einer Polyäthylenflasche aufzubewahren.

b) *Schwefelsäure-Reagens.* 2 l konz. $H_2SO_4$ werden vorsichtig zu einer eisgekühlten Mischung aus 100 bis 120 ml Wasser und 5 ml konz. Salzsäure gegeben. Für verschiedene Lieferungen der Reagentien ist jeweils experimentell festzustellen, welche Wassermenge innerhalb obiger Grenzen die höchste Empfindlichkeit ergibt.

c) *Carminsäurelösung* „0,1%ig". 1 g Carminsäure wird in 1 l konz. $H_2SO_4$ gelöst.

**Arbeitsvorschrift.** Man gibt zu höchstens 250 ml wäßriger Probelösung in einem 500-ml-Kolben aus borarmem Glas 25 ml Kalkwasser und dampft dei 90 °C auf dem Wasserbad vollständig zur Trockne ein. Den Rückstand löst man in genau 40 ml Schwefelsäurereagens, gibt dann genau 10 ml Carminsäurelösung zu und läßt 90 min verschlossen stehen. Man photometriert bei $\lambda = 610$ nm gegen eine gleich behandelte Reagentienblindprobe.

#### 4.3.1.1.3 *Arbeitsweise nach Wiele (zur Bestimmung des wasserlöslichen Bors in Düngemitteln* [21])

In manchen Düngemitteln läßt sich nach *Wiele* Bor mit Carminsäure ohne Vortrennung bestimmen [12, 21]. Dies gilt für solche Materialien, die keine Nitrationen, keine Farbstoffe und nur geringe Mengen leicht löslicher Phosphate enthalten; hierher gehören Borglühphosphat und Borrhekaphos. In wäßrigen Superphosphatextrakten müssen vorher durch Behandeln mit $FeCl_3$-Lösung und festem $CaCO_3$ die in höherer Konzentration vorliegenden störenden Phosphationen entfernt werden (vgl. Kapitel 3.7.1, S. 52). Fe und Ca stören nicht. Zur Analyse nitrathaltiger und gefärbter Dünger (Spezialvolldünger „Hoechst", Bornitrophoska rot/blau, Borkampka) hat *Lang* [12] das Ionenaustauschverfahren nach *Schütz* [17] (vgl. Kapitel 3.2.3.1, S. 35) als Vortrennung benutzt und die Borbestimmung im Eluat nach *Wiele* ausgeführt.

*Reagentien.* a) *Carminsäure.* 0,01%ige Lösung in konz. $H_2SO_4$.

b) *20%ige $H_2SO_4$.*

c) *10%ige Eisen(III)-chloridlösung.*

d) *$CaCO_3$* p.a.

e) *Borat-Standardlösung.* 25 µg B/ml (0,1430 g $H_3BO_3$ werden in 1 l 20%iger $H_2SO_4$ gelöst).

**Arbeitsvorschriften.** a) *Bestimmung des wasserlöslichen Bors im Borglühphosphat und Borrhekaphos.* 5 g Düngemittel werden mit etwa 250 ml Wasser 30 min geschüttelt. Man filtriert in einen 500-ml-Meßkolben, wäscht mit Wasser nach und füllt auf. Von dieser Lösung pipettiert man für eine Probe mit 2% Boraxgehalt 20 ml, für 4 bis 6,4% Boraxgehalt 10 ml in einen 100-ml-Meßkolben und füllt mit 20%iger $H_2SO_4$ auf. In einen 50-ml-*Meßzylinder*, welcher genau 20 ml Carminsäurelösung enthält, pipettiert man bei 2% Borax 2,5ml, bei 4 bzw. 6,4% Borax 3 ml bzw. 2 ml Probelösung und füllt mit 20%iger $H_2SO_4$ auf 23 ml auf. Man mischt gut durch und läßt verschlossen etwa 1 Std. stehen. Dann photometriert man in einer 2-cm-Küvette mit dem Filter S 59 E im Elko II gegen eine Blindprobe aus 20 ml Carminsäurelösung plus 3 ml 20%iger $H_2SO_4$. Den Borgehalt entnimmt man einer in entsprechender Weise aufgestellten *Eichkurve.*

b) *Bestimmung des wasserlöslichen Bors im Borsuperphosphat* (vgl. Kapitel 3.7.1, S. 52). 5 g Probe werden in einem 500-ml-Meßkolben mit etwa 250 ml Wasser 30 min geschüttelt. Dann setzt man 60 ml 10%ige Eisen(III)-chloridlösung sowie 5 g festes $CaCO_3$ zu und schüttelt erneut 10 min. Man füllt auf, filtriert und verfährt weiter wie unter a).

c) *Bestimmung im Eluat von Ionenaustauschern* [12]. Man löst 5 g Düngemittel in Wasser und läßt die Lösung nach der in Kapitel 3.2.3.1, S. 35 gegebenen Vorschrift durch eine Austauschersäule fließen [12, 17]. 80 ml Eluat werden im Meßkolben mit 8 ml konz. $H_2SO_4$ versetzt und mit Wasser auf 100 ml aufgefüllt. Zur photometrischen Bestimmung gibt man 3 ml Lösung zu 20 ml Carminsäure und verfährt weiter wie unter a).

*Bemerkungen.* I. *Lang* mißt mit der Hg-Linie 578 nm des Eppendorf-Photometers, die jedoch *hohe Blindwerte* ergibt (vgl. die Spektren S. 91). Günstiger ist das Zeiss-Filter I 61 des Elko II.

II. Zu beachten ist, daß die beschriebene *Herstellung* der Probelösung durch Schütteln des Düngers mit Wasser nur das wasserlösliche (pflanzenverfügbare) Bor zu erfassen gestattet. Zur Bestimmung des Gesamtbors sind gegebenenfalls Aufschlüsse erforderlich.

### *4.3.1.1.4 Bestimmung nach Ross und White neben viel Nitrationen* [16]

Nitrate oxydieren Carminsäure in konz. $H_2SO_4$ und stören daher bereits in kleinen Mengen. Man kann sie nach *Ross* und *White* durch Kochen der Probelösung mit konz. Ameisensäure reduzieren und unschädlich machen [16]. Bis zu 3 Millimol Nitrat in 1 ml Probelösung lassen sich auf diese Weise zerstören; dies entspricht einer zulässigen Nitratkonzentration von 3 m neben 5 bis 40 µg B. Zur quantitativen Reduktion ist ein genügend hoher Überschuß an Ameisensäure erforderlich. Bei einer Kochzeit von 20 min und einem Gesamtvolumen von 2 ml genügt ein 4 bis 5facher Überschuß; bei 5 ml Volumen ist ein mindestens 10facher Überschuß nötig.

Das Verfahren wurde zur Bor-Bestimmung in Uranylnitratlösungen nach Extraktion des Urans mit Tri-n-octylphosphinoxid benutzt.

*Geräte.* 25-ml-Kolben mit Rückflußkühler aus Pyrex bzw. Duran.

*Reagentien.* a) *Carminsäure*; 0,1%ige Lösung in konz. $H_2SO_4$ (0,1 g Carminsäure in 100 ml $H_2SO_4$).

b) *Ameisensäure* p.a., 88%ig.

c) *konz.* $H_2SO_4$.

**Arbeitsvorschrift** [16]. In einen 25-ml-Kolben gibt man 1 ml nitrathaltige Probelösung mit 5 bis 40 µg B, 0,2 ml konz. $H_2SO_4$ und 0,5 ml Ameisensäure. Man setzt einen Rückflußkühler auf und erhitzt, bis alle farbigen Stickoxide durch den Kühler entwichen sind. Man kühlt den Kolben auf unter 100 °C ab und gibt durch den Kühler nochmals 0,5 ml Ameisensäure zu. Man kocht 15 min unter Rückfluß und kühlt dann im Eisbad. Dann gibt man durch den Kühler unter Einhaltung der Reihenfolge 2 Tropfen Salzsäure, 10 ml konz. $H_2SO_4$ und 10 ml Carminsäurelösung, wobei man die Innenseite des Kühlers mit diesen Reagentien abspült (vgl. Bem. I).

Nachdem sich die Lösung auf Zimmertemperatur abgekühlt hat, entfernt man den Kolben vom Kühler, rührt die Lösung durch und überführt sie in ein 50-ml-Becherglas.

Man läßt mindestens 45 min stehen und photometriert bei 585 nm gegen eine Blindprobe aus 2 ml Wasser, 2 Tropfen Salzsäure, 10 ml $H_2SO_4$ und 10 ml Carminsäurelösung.

*Bemerkungen.* I. Dieses *Nachspülen* ist wichtig, da Spuren Nitrate im Kühler verbleiben und erst jetzt durch die auftretende Erwärmung zerstört werden.

II. Die *überschüssige Ameisensäure* wird durch konz. $H_2SO_4$ langsam zersetzt. Die dabei entstehenden Gasbläschen (CO) müssen durch Umschütteln entfernt werden.

III. Die Autoren schreiben zur Zersetzung des Nitrates ein 10-ml-Kölbchen vor, das jedoch das Volumen der Reagentien beim Nachspülen *nicht faßt* und deshalb durch ein größeres ersetzt werden müßte.

### *Literatur*

1. *Brown, R. S.:* Anal. chim. Acta **50**, 157 (1970)
1a. *Calkins, R. C., Stenger, V. A.:* Anal. Chem. **28**, 399 (1956).
2. *Callicoat, D. L., Wolszon, J. D.:* Anal. Chem. **31**, 1434 (1959).
3. *Callicoat, D. L., Wolszon, J. D., Hayes, J. R.:* Anal. Chem. **31**, 1437 (1959).
4. *Capitan Garcia, F., Lachica Garrido, M.:* Ars Pharm. **4**, 255 (1963); durch Chem. Abstr. **61**, 5179e.
5. *Ehrlich, P., Keil, T.:* Fr. **165**, 188 (1959).
6. *Fristrom, G. R., Bennett, L., Berl, W. G.:* Anal. Chem. **31**, 1696 (1959).
7. *Golubcova, R. B.:* Ž. Anal. Chim. (russ.) **15**, 481 (1960).
8. *Goward, G. W., Wiederkehr, V. R.:* Anal. Chem. **35**, 1542 (1963).
9. *Hatcher, J. T., Wilcox, L. V.:* Anal. Chem. **22**, 567 (1950).
10. *Higgs, D. G.:* Analyst **85**, 897 (1960); durch Fr. **184**, 302 (1961).
11. *Kawaguchi, H.:* Japan Analyst **4**, 307 (1955).
12. *Lang, K.:* Fr. **163**, 241 (1958).
13. *Piper, E., Hagedorn, H.:* Arch. Eisenhüttenw. **28**, 373 (1957).
14. *Puphal, K. W., Merrill, J. A., Booman, G. L.: Rein, J. E.* Anal. Chem. **30**, 1612 (1958).
15. *Ross, W. J., Meyer, A. S., White, J. C.:* Anal. Chem. **29**, 810 (1957).
16. *Ross, W. J., White, J. C.:* Talanta **3**, 311 (1960).
17. *Schütz, E.:* Mitt. Geb. Lebensmitteluntersuch. Hyg. **44**, 213 (1953).
18. *Smith, W. C., Goudie, A. J., Sivertson, J. N.:* Anal. Chem. **27**, 295 (1955).
19. *Stefl, M.:* Coll. Czechoslov. Chem. Commun. **24**, 1726 (1959).
20. *Umland, F., Janssen, A., Thierig, D., Wünsch, G.:* Theorie und praktische Anwendung von Komplexbildnern in der Analyse; Frankfurt 1971.
21. *Wiele, H.:* Fr. **151**, 270 (1956).

### 4.3.1.2 Bestimmung mit Derivaten des Chinizarins, Anthrarufins und Chrysazins

*Cogbill* und *Yoe* prüften verschiedene Abkömmlinge des Chinizarins, Anthrarufins und Chrysazins auf ihre Eignung zur Borbestimmung [3]. Untersucht wurden Derivate mit Amino-, Nitro-, Nitril- und Halogengruppen. Dabei hat sich gezeigt, daß einige von ihnen gegenüber dem aus dieser Gruppe meistens benutzten Chinalizarin (vgl. S.99) klare Vorteile aufweisen. Die weitere Verwendung von Chinalizarin erscheint demnach unzweckmäßig. Allen gemeinsam ist, daß sich die Färbung nur in konz. schwefelsaurer Lösung entwickelt, zum Unterschied von Dianthrimid aber bereits bei Zimmertemperatur.

Chinalizarin zeigt den Nachteil hoher Blindwerte, da sich die Spektren von Reagens und Chelat nur wenig unterscheiden. Ferner ist bei Bestimmungen mit diesem Reagens das Beersche Gesetz nicht erfüllt. In beiden Punkten sind die meisten der geprüften Derivate dem Chinalizarin überlegen. Praktisch bewährt haben sich insbesonders das Diaminoanthrarufin [3], Diaminochrysazin [4, 6], Tribromanthrarufin [4] und Tetrabromchrysazin [10, 20].

OH O OH
HO
O OH

Chinalizarin (Dihydroxychinizarin)

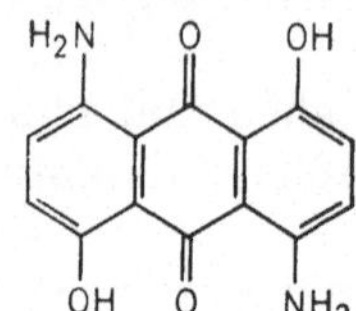


Diaminoanthrarufin

OH O OH
H2N O NH2

Diaminochrysazin

Derivate des Anthrarufins weisen eine besonders hohe Empfindlichkeit auf; Diaminochrysazin zeigt den praktisch wichtigen Vorteil, daß die Färbung sich bereits binnen 15 min vollständig entwickelt. Die Eichkurven mit diesen Reagentien sind zwar nicht streng geradlinig, jedoch sehr viel besser als mit Chinalizarin.

Die Abb. 30 bis 32 geben die Spektren einiger dieser Reagentien und Chelate in konz. $H_2SO_4$. — Spektrum für Carminsäure vgl. Abb. 29, S. 91.

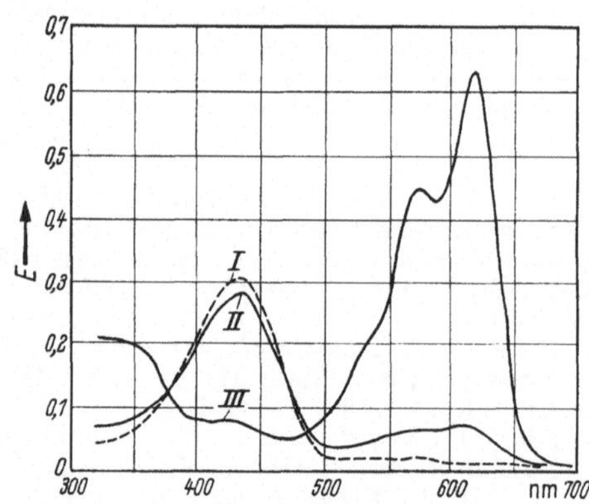


Abb. 30. Diaminoanthrarufin. *I*. Reagens, 0,01 mg/ml (gelb); *II*. 0,3 μg B/ml (gelbgrün); *III*. 5,0 μg B/ml (blau)

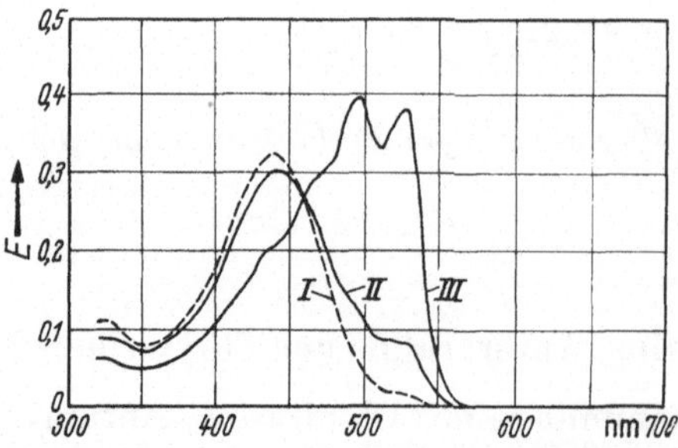


Abb. 31. Diaminochrysazin. *I*. Reagens, 0,01 mg/ml (gelb); *II*. 0,3 μg B/ml (orange-gelb); *III*. 5,0 μg B/ml (orange)

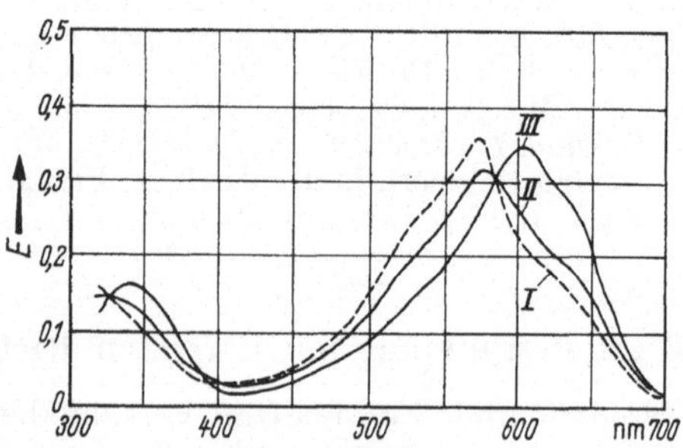


Abb. 32. Chinalizarin. *I*. Reagens, 0,005 mg/ml (violett); *II*. 0,2 μg B/ml (blau-violett); *III*. 10,0 μg B/ml (blau)

Die Extinktionskoeffizienten $\varepsilon$ der Chelate betragen etwa, abhängig von der Arbeitsweise, für Diaminochrysazin 4900 bei 525 nm, für Diaminoanthrarufin 4300 bei 620 nm, für Tribromanthrarufin 10800 bei 637 nm, für Chinalizarin 4300 bei 615 nm und für Carminsäure 4300 bei 610 nm [7].

Die Empfindlichkeit (Definition nach *Sandell* [$\mu g/cm^2$]; vgl. S. 89) beträgt für Diaminochrysazin 0,0021 [3] bzw. 0,0009 [6] bzw. 0,0025 [19] bei 525 nm, für Diaminoanthrarufin 0,0025 bei 620 nm, für Tribromanthrarufin 0,0010 bei 637 nm und für Chinalizarin 0,0031 bei 575 nm [3]. Zur Bestimmung mit Diaminoanthrarufin und Tribromanthrarufin arbeitet man in der für Diaminochrysazin beschriebenen Weise. Jedoch ist zur vollständigen Entwicklung der Färbung bei Diaminoanthrarufin eine Wartezeit von 1 Std., bei Tribromanthrarufin von 30 min einzuhalten. Die photometrische Messung erfolgt in den jeweiligen Absorptionsmaxima [4].

*4.3.1.2.1 Bestimmung mit Diaminochrysazin nach Cogbill und Yoe* [4]

Diaminochrysazin bildet mit Borsäure ein Chelat im Verhältnis 1:1 mit der Stabilitätskonstante $K = (3,5 \pm 0,22) \cdot 10^3$ [2a]. *Cogbill* und *Yoe* haben dafür die folgende Formel vorgeschlagen. Diaminoanthrarufin scheint außer einem entsprechenden 1:1-Chelat auch noch eine Verbindung mit zwei Borsäuregruppen zu bilden [4].

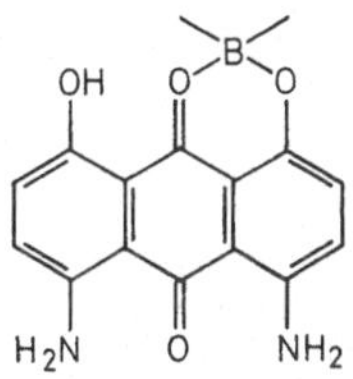

Diaminochrysazin-(1:1)-chelat

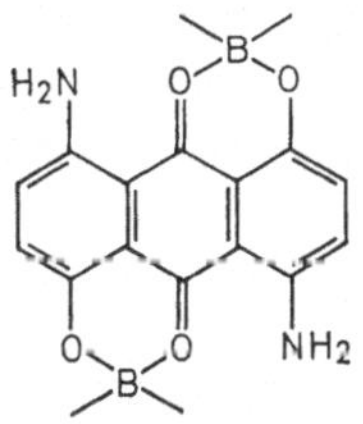

Diaminoanthrarufin-(2:1)-chelat

*Arbeitsbereich.* 1 bis 6 $\mu g$ B in 2 ml konz. $H_2SO_4$. Das Beersche Gesetz ist erfüllt.

*Gerät.* 250-ml-Erlenmeyerkolben aus borfreiem Glas oder Quarz.

*Reagentien.* a) *Kalkwasser* $Ca(OH)_2$-Lsg., gesättigt.

b) *$NH_3$-Lösung, borfrei*; herzustellen durch Destillation oder durch Einleiten von $NH_3$-Gas in bidest. Wasser. Die Lösungen sind in Polyäthylenflaschen aufzubewahren.

c) *Diaminochrysazin* (Fa. EGA, Steinheim) 0,3 mg/ml konz. $H_2SO_4$.

d) *$H_2SO_4$*, 96%ig. Der Gehalt ist zu kontrollieren.

**Arbeitsvorschrift.** Man trennt das Bor als Methylester (vgl. Kapitel 3.1) von störenden Bestandteilen ab und fängt das methanolische Destillat in 15 ml Kalkwasser auf. *Cogbill* und *Yoe* empfehlen, vor dem Eindampfen außerdem 5 ml 3 n $NH_3$ zuzusetzen. Man dampft die Lösung in einem 250-ml-Erlenmeyerkolben aus borfreiem Glas oder Quarz vorsichtig zur Trockne, wobei sie nicht sieden sollte. Eine mäßig heiße Heizplatte und ein Oberflächenstrahler werden empfohlen. Auch die letzten Feuchtigkeitsspuren müssen entfernt werden. Nach *Eberle* und *Lerner* [6] erhitzt man 30 min im Trockenschrank auf 170 bis 180 °C, verschließt dann den Kolben und läßt erkalten.

Man gibt genau 5 ml konz. $H_2SO_4$ zu, verschließt sofort wieder und löst den Rückstand unter sorgfältigem Umschwenken des Kolbens. 2 ml Lösung, welche 1 bis 6 $\mu g$ B enthalten sollen, pipettiert man in einen 10-ml-Meßkolben, gibt genau 1 ml Reagenslösung zu, verschließt und mischt. Nach 15 min füllt man mit konz. $H_2SO_4$ zur Marke auf und läßt nochmals 10 bis 15 min stehen. Dann photometriert man bei $\lambda = 525$ nm gegen $H_2SO_4$ als Vergleich und ermittelt den Borgehalt aus einer in gleicher Weise aufgestellten *Eichkurve.*

*Bemerkungen.* I. Bei *Ausschluß von Feuchtigkeit* ist die Färbung mehrere Wochen konstant.

II. *Reproduzierbarkeit.* Bei Bestimmung von 5 µg B in reiner Lösung ist die Reproduzierbarkeit besser als 1%.

III. *Störungen.* Auch ohne vorgeschaltete Destillation treten relativ wenige Störungen auf. Je 1 mg folgender Ionen oder eine solche Menge, die in 1 ml ihrer gesättigten Lösung in konz. $H_2SO_4$ enthalten ist, verursachen in 2 ml konz. schwefelsaurer Probelösung eine Störung von weniger als 2%: Al, Ba, Ca, Co, $Cr^{3+}$, Cu, $Fe^{3+}$, K, Mg, $Mn^{2+}$, Na, Ni, Pb, Zn, $Cl^-$, $PO_4^{3-}$. Nach qualitativen Beobachtungen sollen auch Carbonat-, Acetat-, Formiat-, Sulfit- und Silicationen nicht stören. Starke Störungen bereits in Mengen von etwa 10 µg verursachen dagegen Ti, Cr(VI), $NO_3^-$ und $F^-$. Ferner stören $H_2O_2$ sowie Formaldehyd.

IV. Die *Empfindlichkeit* des Reagenses hängt stark von der $H_2SO_4$-Konzentration ab. Sie steigt von 95% $H_2SO_4$ auf 96,5% $H_2SO_4$ um 44%. Benutzt man 95,5%ige $H_2SO_4$, so verursacht der Zutritt von 0,1% Wasser eine Abnahme der Extinktion um 2%. Verwendet man 98%ige statt 95%iger $H_2SO_4$, steigt die Empfindlichkeit auf etwa das Doppelte. — Der Gehalt der konz. $H_2SO_4$ ist also zu kontrollieren; zweckmäßig führt man gleichzeitig mit jeder Serie von Bestimmungen eine Eichmessung durch.

V. *Diaminoanthrarufin* ist gegen Schwankungen der $H_2SO_4$-Konzentration fast ebenso empfindlich, *Tribromanthrarufin* dagegen weniger.

### *4.3.1.2.2 Bestimmung mit Diaminochrysazin nach Eberle und Lerner* [6]

*Eberle* und *Lerner* fanden, daß die mit Diaminochrysazin erzielbare Empfindlichkeit in erheblichem Maße von der Reagenskonzentration abhängt. Diese ist also konstant zu halten. Nach *Cogbill* und *Yoe* beträgt die Empfindlichkeit (Definition nach *Sandell*, vergleiche S. 89) 0,0022 µg/cm² und der Arbeitsbereich 1 bis 6 µg B/10 ml bei einer Reagenskonzentration von 0,030 mg/ml, bezogen auf das Endvolumen. Eine höhere Reagenskonzentration von 1,2 mg/ml ermöglicht die Bestimmung von 0,2 bis 2 µg B/10 ml bei einer Empfindlichkeit von 0,0009 µg/cm². Dies hat jedoch höhere Blindwerte zur Folge.

Diaminochrysazin wurde von *Eberle* und *Lerner* zur Analyse von Beryllium, Zirkonium, Thorium und Uran benutzt [6]. Die Metalle wurden mit Brom in absolutem Methanol gelöst und das Bor als Methylester abdestilliert (Arbeitsvorschrift vgl. Kapitel 3.1.5, S. 28). Die alkalische Vorlage enthält dann erhebliche Mengen Bromidionen, welche bei Zusatz von $H_2SO_4$ als HBr-Gas freiwerden. Dieses stört die Bestimmung zwar nicht, jedoch ist durch längeres Schütteln und Stehenlassen für eine Beendigung der Gasentwicklung zu sorgen.

*Arbeitsbereich.* 0,2 bis 2 µg B.

*Reagens*: *Diaminochrysazin.* 1,2 mg/ml in 95- bis 98%iger $H_2SO_4$.

**Arbeitsvorschrift.** Die Probelösung mit 0,2 bis 2 µg B, gegebenenfalls das Destillat einer Esterdestillation (vgl. Kapitel 3.1.5, S. 28) vom Brom-Methanol-Aufschluß, wird unter Zusatz von 15 ml Kalkwasser in einem 250-ml-Erlenmeyerkolben aus Quarz oder borfreiem Glas vorsichtig zur Trockene eingedampft. Der Kolben wird dann nach 30 min im Trockenschrank auf 160 bis 170 °C erhitzt. Man läßt verschlossen erkalten, gibt genau 10 ml Reagenslösung zu und verschließt sofort wieder. Enthielt die Probe größere Mengen Bromid, läßt man den Kolben jetzt 30 bis 60 min unter häufigem Umschütteln stehen, um die Gasentwicklung zu beschleunigen. Man photometriert in 2-cm-Küvetten bei 525 nm gegen eine Reagentienblindprobe.

*Bemerkungen.* I. *Eberle* und *Lerner* haben beobachtet, daß verschiedene Lieferungen des Diaminochrysazins etwas unterschiedliche Empfindlichkeiten ergaben. Die *Reinheit* des Präparates ist zu kontrollieren und für verschiedene Lieferungen die Gültigkeit der *Eichkurve* zu überprüfen.

II. Nach *Cogbill* und *Yoe* hängt die *Empfindlichkeit* stark von der $H_2SO_4$-Konzentration ab (vgl. S. 97). Zweckmäßig führt man mit jeder Reihe von Bestimmungen eine Eichmessung aus.

### *4.3.1.2.3 Bestimmung mit Diaminochrysazin nach Wünsch zur Analyse wäßriger Lösungen* [19]

Die Empfindlichkeit der Borbestimmung steigt bei allen Anthrachinonderivaten mit dem $H_2SO_4$-Gehalt bzw. sinkt mit dem $H_2O$-Gehalt der Lösung. Zur Erzielung hoher Empfindlichkeit bei Bestimmungen mit Diaminochrysazin haben daher *Cogbill* und *Yoe* [4] sowie *Eberle* und *Lerner* [6] die Probelösung zur Trockene eingedampft und den Rückstand mit konz. $H_2SO_4$ aufgenommen.

Nach *Wünsch* [19] kann man jedoch auch kleine Mengen wäßrige Probelösung bei nur geringem Verlust an Empfindlichkeit unmittelbar zur Bestimmung einsetzen. Die Empfindlichkeit nach *Sandell* (vgl. Kapitel 4.3, S. 89) beträgt unter den Bedingungen der Arbeitsvorschrift 0,0025 $\mu g/cm^2$, im Vergleich dazu nach *Cogbill* und *Yoe* 0,0021 $\mu g/cm^2$ bzw. nach *Eberle* und *Lerner* 0,0009 $\mu g/cm^2$.

Die Empfindlichkeit nach *Sandell* verschlechtert sich zwar mit steigendem Volumenanteil wäßriger Probelösung im schwefelsauren Medium. Mit größeren Volumina wäßriger Lösung gelangt aber mehr Bor zur Bestimmung. Die praktisch nutzbare Empfindlichkeit (Extinktion, multipliziert mit Millilitern wäßriger Lösung bei stets gleicher Bormenge) steigt mit steigendem Volumen wäßriger Probelösung deshalb zunächst dennoch an. Sie erreicht bei etwa 2 bis 3 ml wäßriger Lösung ein Maximum, um dann wieder abzufallen. — Höhere Volumina als 2 ml zeigen den Nachteil, daß durch Zugabe der Reagenslösung zur abgekühlten Mischung von Probelösung und $H_2SO_4$ eine erneute Erwärmung auftritt. Die Anwendung von 2 ml wäßriger Probelösung bei insgesamt 20 ml konz. $H_2SO_4$ ist daher am günstigsten.

Eine wesentliche Steigerung der Reagenskonzentration über das angegebene Maß hinaus ist nicht sinnvoll, da dann die Höhe des Blindwertes die Messung bei großen Schichtlängen verhindert und der Gewinn an Empfindlichkeit diesen Verlust nicht aufwiegt.

*Arbeitsbereich.* 0,8 bis 80 $\mu g$ B/2 ml wäßriger Lösung.

*Reagentien.* a) *Diaminochrysazin* (EGA, Steinheim), 1 mg/ml konz. $H_2SO_4$ „Merck".

b) *konz. HCl*; c) *konz.* $H_2SO_4$.

**Arbeitsvorschrift.** In 50-ml-Flaschen aus borfreiem Glas (AR-Glas) mischt man 2 ml wäßrige Probelösung, 2 Tropfen konz. Salzsäure und genau 10 ml konz. Schwefelsäure. Man stellt die Flaschen verschlossen in eine Schale mit Wasser und läßt auf Zimmertemperatur abkühlen. Dann pipettiert man genau 10 ml Reagenslösung zu, mischt und photometriert nach 45 min bei $\lambda = 525$ nm und d = 5 cm oder d = 1 cm gegen eine Reagentienblindprobe.

*Bemerkungen.* I. Die *Eichkurve* ist täglich zu überprüfen; zweckmäßig führt man mit jeder Serie von Bestimmungen eine Eichmessung aus.

II. *Anwendungen.* Die beschriebene Arbeitsweise wurde zur Borbestimmung nach Peroxidaufschluß organischer Verbindungen (Arbeitsvorschrift vgl. Kapitel 2.4.2.1, S. 15) benutzt. Isoliert man Borsäure durch Adsorption am borspezifischen Ionenaustauscher Amberlite XE-243 (vgl. Kapitel 3.2.4, S. 37) und eluiert mit 10%iger $H_2SO_4$, so läßt sich Borsäure im Eluat hochselektiv mit Diaminochrysazin bestimmen [19].

*4.3.1.2.4 Bestimmung mit Chinalizarin nach Jones* [9]

Chinalizarin bildet in konz. $H_2SO_4$ einen Komplex, der entgegen einer älteren Annahme [2] die Zusammensetzung 1:1 besitzt. *Langmyhr* und *Holme* schlagen folgende Formel vor [12]:

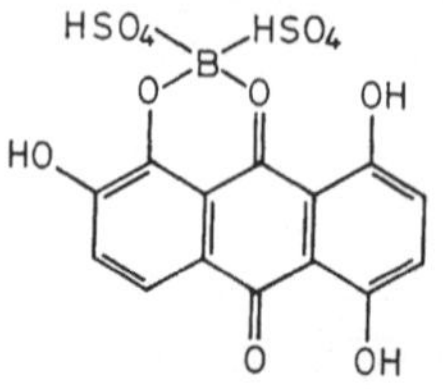

Chinalizarin-(1:1)-chelat

Alizarin bildet einen ähnlichen Komplex. *Goward* und *Wiederkehr* haben darauf aufmerksam gemacht, daß die Empfindlichkeit der Chinalizarinreaktion sehr stark vom Reagensüberschuß abhängt und mit diesem stark ansteigt [7, 9]. Dies geht auf die geringe Stabilität der Komplexes zurück, dessen Stabilitätskonstante $0{,}87 \cdot 10^5$ beträgt [12]. Ähnliches gilt auch für Diaminochrysazin (vgl. S. 98). Bei der Diskussion anderer Reagentien angestellte Empfindlichkeitsvergleiche mit Chinalizarin sind daher vielfach nicht allgemeingültig [7, 14]. Auf einer Dissoziation des Komplexes beruht die Abnahme der Extinktion mit steigender Temperatur [7]. Die Empfindlichkeit steigt mit der $H_2SO_4$-Konzentration stark an, so daß diese konstant zu halten ist. Als günstig wird vielfach ein $H_2SO_4$-Gehalt von 91 bis 93% empfohlen [1, 5, 7, 9]. Hauptnachteile des Chinalizarins sind der nur geringe Unterschied der Spektren von Reagens und Komplex [3, 9, 17] (vgl. S. 95) mit den dadurch verursachten hohen Blindwerten, sowie die starke Krümmung der Eichkurven.

*Arbeitsbereich.* 1 bis 8 µg B in 2 ml Probelösung.

*Reagentien.* a) *Chinalizarinlösung.* α) Vorratslösung: 120 mg Chinalizarin werden in 1 l konz. $H_2SO_4$ gelöst. Die Lösung ist bei Feuchtigkeitsausschluß unbegrenzt haltbar. β) Gebrauchslösung: 25 ml Vorratslösung werden mit konz. $H_2SO_4$ auf 500 ml aufgefüllt.

b) *konz.* $H_2SO_4$ (D = 1,84).

**Arbeitsvorschrift.** In 50-ml-Glasflaschen pipettiert man 2 ml Probelösung und genau 25 ml Chinalizaringebrauchslösung. Man verschließt die Flaschen sofort, mischt und läßt 2 Std. ±5 min stehen. Man photometriert bei 615 nm in 5-cm-Küvetten gegen eine Reagentienblindprobe, bei der man 2 ml Wasser statt der Probelösung einsetzt.

*Anwendungen.* Das Reagens wurde von *Jones* zur Analyse von hochtemperaturfesten Legierungen benutzt. Eine Vortrennung ist entbehrlich, wenn man für die Eigenfärbung der übrigen Ionen sowie für die durch Ti verursachte Störung Korrekturen anbringt. Zur Vortrennung in der Stahlanalyse sind nach *Kysil* und *Vybora* Elektrolyse (vgl. Kapitel 3.6, S. 49), Ionenaustausch (vgl. Kapitel 3.2.1, S. 31) oder Esterdestillation (vgl. Kapitel 3.1, S. 19) geeignet [11]. Das Reagens wurde u.a. zur Bestimmung von Bor in Düngern und Böden [2, 16], Pflanzen [1, 2, 13], Stählen [11, 15, 18] und $SiCl_4$ [8] benutzt. Arbeitsvorschrift zur Bestimmung in $SiCl_4$ vgl. Kapitel 5.4.3, S. 167.

## *Literatur*

1. *Bardzicka, B., Krause, A.*: Chem. Anal. (Warsaw) **5**, 791 (1960); durch Fr. **184**, 79 (1961).
2. *Berger, K. C., Truog, E.*: Ind. eng. Chem. Anal. Edit. **11**, 540 (1939).
2a. *Brown, R. S.:* Canad. J. Chem. **42**, 2635 (1964).

3. *Cogbill, E. C., Yoe, J. H.*: Anal. chim. Acta **12**, 455 (1955).
4. *Cogbill, E. C., Yoe, J. H.*: Anal. Chem. **29**, 1251 (1957).
5. *Čurbanov, V. M., Palilova, N. I.*: Agrochimija **1966**, 121; durch Chem. Abstr. **64**, 20175a.
6. *Eberle, A. R., Lerner, M. W.*: Anal. Chem. **32**, 146 (1960).
7. *Goward, G. W., Wiederkehr, V. R.*: Anal. Chem. **35**, 1542 (1963).
8. *Haas, C. S., Pellin, R. A., Everingham, M. R.*: Anal. Chem. **36**, 245 (1964).
9. *Jones, A. H.*: Anal. Chem. **29**, 1101 (1957).
10. *Karpen, W. L.*: Anal. Chem. **33**, 738 (1961).
11. *Kysil, B., Vybora, J.*: Coll. Czechoslov. Chem. Commun. **24**, 3893 (1959).
12. *Langmyhr, F. J., Holme, A.*: Anal. chim. Acta **35**, 220 (1966).
13. *Macdougall, D., Biggs, D. A.*: Anal. Chem. **24**, 566 (1952).
14. *Pasztor, L., Bode, J. D., Fernando, Q.*: Anal. Chem. **32**, 277 (1960).
15. *Piper, E., Hagedorn, H.*: Arch. Eisenhüttenw. **28**, 373 (1957).
16. *Scharrer, K.*: Fr. **128**, 435 (1948).
17. *Sommer, L., Hnilickova, M.*: Coll. Czechoslov. Chem. Commun. **22**, 1432 (1957).
18. *Weinberg, S., Proctor, K. L., Milner, O.*: Ind. eng. Chem. Anal. Edit. **17**, 419 (1945).
19. *Wünsch, G.*: unveröffentlicht.
20. *Yoe, J. H., Grob, R. L.*: Anal. Chem. **26**, 1465 (1954).

### 4.3.1.3 Bestimmung mit Dianthrimid

*Bildung und Eigenschaften des Komplexes.* Dianthrimid (1,1'-Bisanthrachinolylamin) (Formel S. 90), bildet mit Boraten beim Erhitzen in konz. schwefelsaurer Lösung einen blauen Komplex. Das Reagens wurde von *Ellis, Zook* und *Baudisch* eingeführt [8]; die Reaktionsbedingungen wurden besonders ausführlich von *Langmyhr* und Mitarbeitern untersucht [12, 13, 14, 21]. Im Gegensatz zu älteren Formulierungen [12, 20] eines (1:1)-Komplexes schreiben *Langmyhr* und *Arnesen* [14] dem von ihnen präparativ erhaltenen Komplex die Formel I zu, nach welcher eine (2:2)-Verbindung vorliegt:

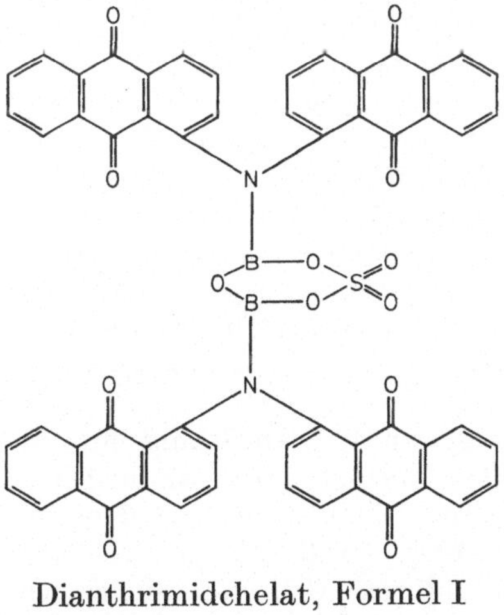

Dianthrimidchelat, Formel I

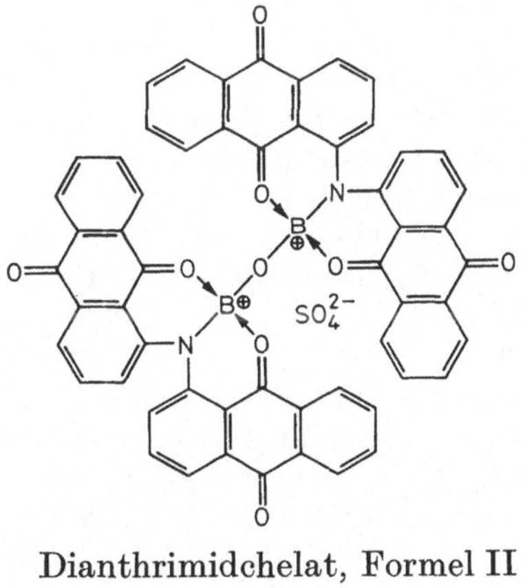

Dianthrimidchelat, Formel II

In Analogie zu den Borsäurecurcuminchelaten (vgl. Kapitel 4.3.2, S. 105) und wegen der in den meisten Borchelaten vorliegenden tetraedrischen Koordination des Bors [22, 23] ist aber auch eine salzartige Formel II zu diskutieren. Diese vermag im Gegensatz zu der Formel von *Langmyhr* und *Arnesen* das Auftreten der langwelligen Bande bei 600 bis 630 nm zu erklären.

Die Verbindung bildet sich auch in der Hitze nur langsam. Zur vollständigen Ausbildung der Färbung sind 1 bis 1,5 Std. bei 100 °C [7] oder 3 Std. bei 90 °C oder 5 Std. bei 70 bis 80 °C erforderlich [1, 8, 16, 24]. Die Geschwindigkeit verdoppelt sich bei einer Temperatursteigerung um 8 °C [21]. Auch zunehmender $H_2O$-Gehalt des Reaktionsmediums beschleunigt die Komplexbildung [16, 21]; jedoch vermindert sich dabei zugleich die Empfindlichkeit. Eine nur geringe Abhängigkeit der Empfindlichkeit vom $H_2O$-Gehalt des konz. schwefelsauren Reaktionsmediums besteht nur für $H_2O$-Gehalte unter 5%. Bei 10% $H_2O$ nimmt die Empfindlichkeit um 9%, bei 16% $H_2O$ um 50% ab [16]. Die Stabilitätskonstante des Komplexes wurde zu $K_{stabil.} = 1{,}4 \cdot 10^5$ bei 71 °C und 93,8% $H_2SO_4$ bestimmt [12].

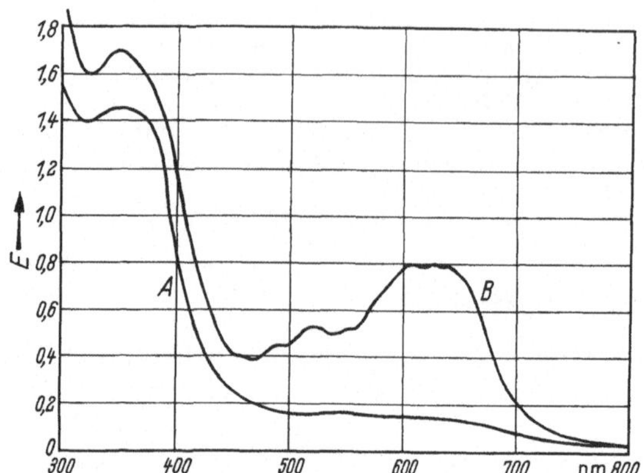


Abb. 33. Spektren von: *A* Dianthrimid; *B* Dianthrimid-Borchelat

Der Dianthrimid-Bor-Komplex weist ein breites Absorptionsmaximum im Bereich von etwa 600 bis 630 nm auf [8] (Abb. 33) und besitzt bei $\lambda = 620$ nm einen Extinktionskoeffizienten von $\varepsilon = 18\,400$ l · $Mol^{-1} \cdot cm^{-1}$ [4]. Die Empfindlichkeit (Definition nach *Sandell*, vgl. S. 89) beträgt 0,0006 $\mu g \cdot cm^{-2}$ [6]. Das Beersche Gesetz ist etwa im Bereich: 0,5 bis 5 $\mu g$ B/10 ml $H_2SO_4$ erfüllt [8, 17].

*Derivate des Dianthrimids.* Eine noch höhere Empfindlichkeit als das 1,1'-Dianthrimid selbst weisen einige seiner Derivate auf. 5-Benzamido-6'-chloro-1,1'-bis(anthrachinolyl)amin **I**, 5-p-Toluidino-1,1'-bis(anthrachinolyl)amin **II** [9] und 1,1'-Bis(6-chloranthrachinolyl)amin **III** [10] bilden mit Borsäure beim Erhitzen in etwa 96%iger $H_2SO_4$ (1:1)-Verbindungen. Diese besitzen Extinktionskoeffizienten von $\varepsilon = 21\,600$ bei 635 nm (I), $\varepsilon = 27\,000$ bei 720 nm (II) und $\varepsilon = 21\,600$ bei 641 nm (III). Die Empfindlichkeit (Definition nach *Sandell*) beträgt 0,0005 $\mu g \cdot cm^{-2}$ für III. Temperatur und Dauer des Erhitzens sowie die $H_2SO_4$-Konzentration sind kritisch.

*Störungen.* Gestört werden Borbestimmungen mit Dianthrimid und seinen Derivaten vor allem durch Fluoridionen und Oxydationsmittel, wie insbesonders $NO_3^-$ und $Fe^{3+}$. Es stören eine Reihe von Schwermetallionen, insbesondere von Co, Ni, Cr, Ti sowie $Br^-$, $J^-$, $VO_3^-$, $MoO_4^{2-}$ und viel $PO_4^{3-}$ Große Mengen Neutralsalze können durch ihre Unlöslichkeit in konz. $H_2SO_4$ stören [19]. Störeinflüsse wurden besonders ausführlich von *Langmyhr* und *Skaar* untersucht [13]. Nach diesen Autoren gelingt es, Störungen durch $NO_3^-$ und $MoO_4^{2-}$ durch Erhitzen mit Hydraziniumsulfat auszuschalten (vgl. S. 103).

Störungen, die lediglich auf der Eigenfarbe von Metallionen beruhen, können durch entsprechende Blindproben eliminiert werden [4, 7]. Zur Abtrennung störender Begleiter wurde Boration durch Esterdestillation [16, 17, 24] (vgl. Kapitel 3.1) oder Ionenaustausch [3] (vgl. Kapitel 3.2) isoliert.

Ohne besondere Vortrennungen sind Bestimmungen möglich im Aluminium [2, 11], Nickel [4], Stahl [7] sowie in pflanzlichem und tierischem Material (vgl. Kapitel 2, 3, S. 11, 12) [1, 16].

Insgesamt sind Bestimmungen mit Dianthrimid empfindlicher und etwas weniger störanfällig als mit Hydroxyanthrachinonen. Auch der Blindwert durch die Absorption des Reagensüberschusses ist geringer als bei vielen von diesen. Der Nachteil des Dianthrimids und seiner Derivate liegt vor allem in der Notwendigkeit, die Proben längere Zeit erhitzen und die Erhitzungstemperatur auf etwa $\pm 2\,°C$ konstant halten zu müssen.

#### *4.3.1.3.1 Arbeitsweise nach Brewster zur Bestimmung im Aluminium* [2]

*Arbeitsbereich.* 0,01 bis 0,22% B; durch Veränderung der Probemenge nach beiden Seiten ausdehnbar. 0,5 bis 10 µg B/10 ml Meßlösung.

*Geräte.* Spektralphotometer; Glasgeräte aus Borosilicatglas (vgl. auch Kapitel 2.1).

*Reagentien.* a) *Boratstandard*: 0,5719 g $H_3BO_3$ in Wasser auf 100 ml gelöst (1 ml $\triangleq$ 100 µg B).

b) *Kalkwasser*, $Ca(OH)_2$, gesättigt. Die Lösungen sind in Polyäthylengefäßen aufzubewahren.

c) *Dianthrimidreagens.* α) Vorratslösung: 400 mg 1,1'-Dianthrimid werden in 100 ml konz. $H_2SO_4$ gelöst. Die Lösung ist im Kühlschrank monatelang haltbar. β) Gebrauchslösung: 5 ml Vorratslösung werden mit konz. $H_2SO_4$ auf 200 ml aufgefüllt. Die Lösung ist alle 2 bis 3 Wochen zu erneuern.

d) *Mischsäure*: 750 ml $H_2O$, 250 ml konz. $H_2SO_4$, 300 ml konz. HCl und 300 ml konz. $HNO_3$.

e) *$H_2SO_4$*, konz.

f) *borfreies Aluminium.*

**Arbeitsvorschrift.** Zu Einwaagen von etwa 100 mg Probe gibt man im 100-ml-Becherglas 5 ml Kalkwasser und löst durch Zusatz von 5 ml Mischsäure. Man überführt die Lösung in einen 100-ml-Meßkolben und füllt mit Wasser auf. — Von dieser Lösung pipettiert man 2 ml (bei Borgehalten $<$0,01% entsprechend mehr) in ein 100-ml-Becherglas, gibt 2 ml konz. $H_2SO_4$ zu und erhitzt zum Rauchen. Dabei ist darauf zu achten, daß sich keine Niederschläge ausscheiden. Man läßt die Proben einige Minuten abkühlen und bringt sie dann in einen Ofen von 90 °C. Man gibt 5 ml Dianthrimidreagens zu und erhitzt 3 Std. auf 90 °C. Temperatur und Zeit sind genau einzuhalten. Nach dem Erkalten spült man in einen 10-ml-Meßkolben über und füllt mit konz. $H_2SO_4$ zur Marke auf.

Zur Erstellung der *Eichkurve* setzt man zu 100-mg-Proben von borfreiem Al entsprechende Mengen Boratstandardlösung zu.

Eine *Blindprobe* wird nach obiger Vorschrift aus borfreiem Al hergestellt.

Analysenproben, Eichproben und Blindprobe werden gleichzeitig bearbeitet. Man photometriert die Analysen- und Eichproben bei $\lambda = 620$ nm und $d = 1$ cm gegen die Blindprobe.

*Bemerkungen.* I. *Fehler.* Bei der Bestimmung in Legierungen mit Mn, Cu, Mg und Zn als Legierungsbestandteilen trat ein systematischer Fehler von etwa +4% auf. Im Bereich: 0,06 bis 0,1% Bor beträgt die Abweichung von Mittel einer Doppelbestimmung etwa $\pm$0,0016%. Dies Verfahren zeigt gute Übereinstimmung mit titrimetrischen Bestimmungen nach der Mannitmethode.

II. *Störungen.* Das mit der Mischsäure eingebrachte Nitration stört; auf seine vollständige Zersetzung ist zu achten. Nach *Kerin* [11] löst man die Al-Probe unter Zusatz von $Na_2O_2$ in Natronlauge, wofür Bechergläser aus Quarz nötig sind. Das Peroxid ist anschließend durch Eindampfen vollständig zu zerstören. In 20-mg-Proben sind nach *Kerin* $10^{-4}$ bis $10^{-2}$% Bor bestimmbar.

III. Um das *Hantieren mit konz. $H_2SO_4$* einzuschränken, verzichten manche Autoren darauf, die Lösung im Meßkolben mit konz. $H_2SO_4$ aufzufüllen. Statt dessen dampft man die Probelösung zur Trockne ein, löst den Rückstand in einer abgemessenen Menge konz. $H_2SO_4$, gibt eine gemessene Menge Dianthrimidlösung zu, erhitzt und photometriert nach dem Erkalten [4, 7, 16, 24].

*4.3.1.3.2 Beseitigung von Störungen nach Langmyhr und Skaar* [13]

Bestimmungen mit Dianthrimid werden durch Oxydationsmittel gestört. Praktisch wichtig sind Störungen durch Nitrate und Peroxoverbindungen. Zu ihrer Beseitigung gibt man zur konz. schwefelsauren Probelösung 150 mg festes Hydraziniumsulfat und erhitzt 1 Std. auf 110 °C. Nach dem Erkalten setzt man Dianthrimidlösung in konz. $H_2SO_4$ zu und entwickelt den Borkomplex wie üblich (vgl. S. 100). *Langmyhr* und *Skaar* erhitzen hierzu 16 Std. auf 70 °C und messen bei 630 nm.

Das Verfahren beseitigt auch eine Störung durch Molybdate. — Störungen durch Ge(IV) und Te(IV) lassen sich in entsprechender Weise durch Erhitzen mit 100 mg Hydroxylammoniumchlorid ausschalten.

Liegt organische Substanz vor, gibt man 450 mg Ammoniumpersulfat zur Lösung der Probe in konz. $H_2SO_4$ und erhitzt 1 Std. auf 110 °C. Danach zerstört man das überschüssige Persulfat wie oben mit Hydraziniumsulfat.

*4.3.1.3.3 Weitere Anwendungen*

In verschiedenen Metallen sind Borbestimmungen mit Dianthrimid ohne vorhergehende Trennverfahren möglich. In Anwesenheit von in konz. $H_2SO_4$ farbigen Ionen müssen jedoch Korrekturen vorgenommen werden. Das kann gegebenenfalls durch photometrische Messung gegen eine entsprechend zusammengesetzte Blindprobe geschehen.

A. Zur Bestimmung im *Stahl* löst man nach *Danielsson* [6, 7] in $H_2SO_4$ und schließt den Rückstand mit Soda auf. Bei Anbringung entsprechender Korrekturen sind 0,3 bis 1 µg B/ml *störungsfrei* bestimmbar neben (mg): $Fe^{2+}$ (100); Ni (10); Mn, Cu, Cr, Co (2); Al, V, Ti, Mo, Zr, P (1) und Sn, As (0,1). Auch neben 20% Cr und 10% Ni ist keine Vortrennung nötig.

B. Zur Bestimmung in *Nickel und Ni-Legierungen* löst man nach *Burke* und *Albright* [4] in HCl plus $H_2SO_4$ und korrigiert bei der Bestimmung für die Eigenfarben der Ni- und Fe-Ionen. 2 bis 100 ppm B im Metall sind *erfaßbar*.

C. Durch größere Mengen *Titan* wird die Dianthrimidmethode so stark *gestört*, daß zur Borbestimmung in *Ti-Metall* die Esterdestillation anzuwenden ist [5]; vgl. Kapitel 5.6, S. 170.

*4.3.1.3.4 Arbeitsweise zur Bestimmung im Anschluß an die Destillation des Borsäuremethylesters*

Die Borbestimmung mit Dianthrimid wird durch farbige Ionen, Oxydationsmittel oder Fluoridionen gestört. Sie wird durch größere Salzmengen beeinträchtigt, da diese meistens in konz. $H_2SO_4$ unlöslich sind. Die im Kapitel 3.1 ausführlich beschriebenen Verfahren zur Isolierung des Bors durch Destillation als Methylester werden daher häufig auch vor seiner Bestimmung mit Dianthrimid benutzt. Hierzu wird das Destillat oder ein aliquoter Teil desselben unter Zusatz von NaOH oder $Ca(OH)_2$ zur Trockene eingedampft. Der Rückstand wird mit konz. $H_2SO_4$ aufgenommen und der Farbkomplex nach Zusatz von Dianthrimidlösung wie üblich erzeugt. Eine besondere Modifizierung des Dianthrimidverfahrens ist nicht nötig. Eine solche Arbeitsweise wurde u.a. angewandt auf die Analyse von Sedimentgestein [24], pflanzlichem und tierischem Material [16, 17], Böden und Düngern [18], Titan [5], $Si_2Cl_6$ [19].

*Arbeitsbereich.* 1 bis 5 μg B in 10 ml Vorlageinhalt.

*Geräte.* Photometer Elko II, Filter I 62; Quarzkolben (Weithals-Erlenmeyerkolben, 20 ml, mit Schliffstopfen).

*Reagentien.* a) *$Ca(OH)_2$-Aufschlämmlösung,* 0,1 normal;
b) *Dianthrimidreagens.* 52 mg 1,1'-Dianthrimid, gelöst in 100 ml konz. $H_2SO_4$.
c) *Hydraziniumsulfat.*

**Arbeitsvorschrift** nach *Werner* [24]. Als Destillationsvorlage dient ein 100-ml Meßkolben, in welchen 10 ml trübe $Ca(OH)_2$-Lösung vorgelegt werden. Nach Beendigung der Destillation füllt man mit Methanol zur Marke auf. 10 ml Lösung werden in einem Quarzkolben vorsichtig eingedampft. Nach Zugabe von genau 10 ml Dianthrimidreagens und einer Messerspitze Hydraziniumsulfat (zur Verhinderung einer gelegentlich auftretenden Braunfärbung) erhitzt man 5 Std. auf 70 °C. Man photometriert nach dem Erkalten mit dem Filter I 62 ($\lambda$ = 620 nm).

Die *Eichkurve* wird durch Destillation vorgegebener Bormengen aufgestellt.

## *Literatur*

1. *Baron, H.*: Fr. **143**, 339 (1954).
2. *Brewster, D. A.*: Anal. Chem. **23**, 1809 (1951).
3. B. I. S. R. A., Methods of analysis Committee: J. Iron Steel Inst. **189**, 227 (1958).
4. *Burke, K. E., Albright, C. H.*: Talanta **13**, 49 (1966).
5. *Codell, M., Norwitz, G.*: Anal. Chem. **25**, 1446 (1953).
6. *Danielsson, L.*: Talanta **3**, 138 (1959).
7. *Danielsson, L.*: Talanta **3**, 203 (1959).
8. *Ellis, G. H., Zook, E. G., Baudisch, O.*: Anal. Chem. **21**, 1345 (1949).
9. *Grob, R. L., Yoe, J. H.*: Anal. chim. Acta **14**, 253 (1956).
10. *Grob, R. L., Cogan, J., Mathias, J. J., Mazza, S. M., Piechowski, A. P.*: Anal. chim. Acta **39**, 115 (1967).
11. *Kerin, D.*: Mikrochim. A. **1964**, 670.
12. *Langmyhr, F. J., Skaar, O. B.*: Acta chem. Scand. **13**, 2107 (1959).
13. *Langmyhr, F. J., Skaar, O. B.*: Anal. chim. Acta **25**, 262 (1961).
14. *Langmyhr, F. J., Arnesen, R. T.*: Anal. chim. Acta **29**, 419 (1963).
15. *Müller, F. W.*: Landwirtsch. Forsch. **10**, 32 (1957); durch Fr. **158**, 240 (1957).
16. *Otting, W.*: Angew. Ch. **64**, 670 (1952).
17. *Roth, H., Beck, W.*: Fr. **141**, 404 (1954).
18. *Roth, H., Beck, W.*: Fr. **141**, 414 (1954).
19. *Schneer, A., Halmos, T., Szekely, T.*: Fr. **182**, 178 (1961).
20. *Short, H. G.*: Arch. Eisenhüttenw. **26**, 209 (1955).
21. *Skaar, O. B., Langmyhr, F. J.*: Acta chem. Scand. **14**, 550 (1960).
22. *Umland, F., Poddar, B. K.*: Angew. Ch. **77**, 1012 (1965).
23. *Umland, F., Pottkamp, F.*: Fr. **241**, 223 (1968).
24. *Werner, H.*: Fr. **168**, 266 (1959).

## 4.3.2 Bestimmung mit Curcumin

Der bei weitem empfindlichste Chelatbildner zur photometrischen Borbestimmung ist das Curcumin (Formel vgl. S. 105). Es bildet mit Borationen Komplexe verschiedener Zusammensetzung, die sich alle von der protonisierten, chinoiden Form des Curcumins ableiten [26].

*Natur der Chelate.* Analytisch genutzt werden das „Rosocyanin“, ein kationischer (2:1)-Komplex, und das „Rubrocurcumin“, ein (1:1)-Komplex, der zusätzlich noch Oxalsäure enthält [18].

Die Oxalsäure kann auch durch Citronensäure [18] oder zwei Acetatreste [26] ersetzt sein.

*Mechanismus der Chelatbildung.* Vor der Komplexbildung muß das Curcumin durch *starke* Säuren in wasserarmem Medium *protonisiert* werden. Die protonisierte,

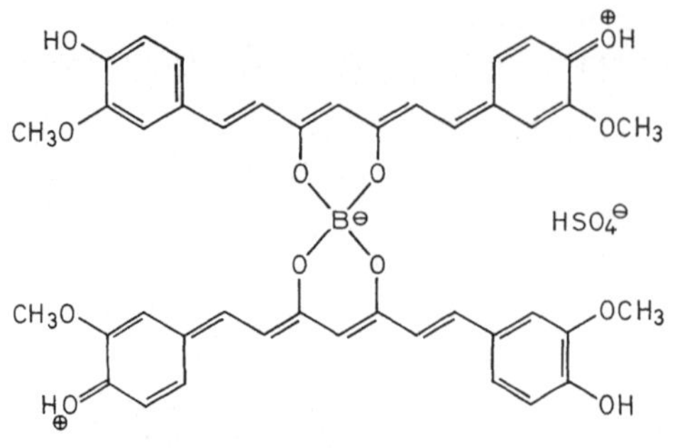

Rosocyanin 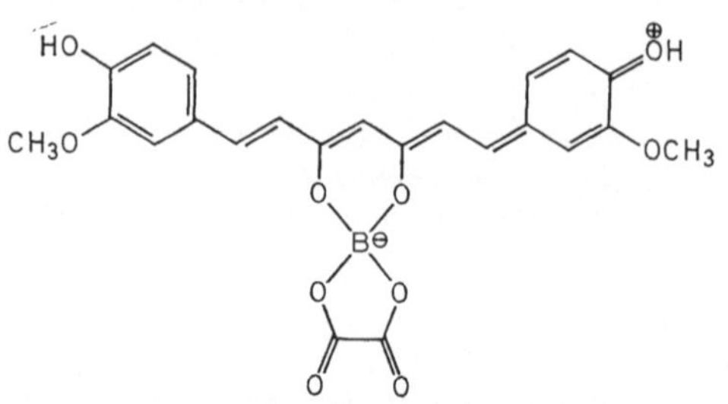		Rubrocurcumin

benzoide Form steht mit einer protonisierten, chinoiden im Gleichgewicht, von der sich die Borchelate ableiten. Die chinoide Form wird durch Phenol stabilisiert [26].

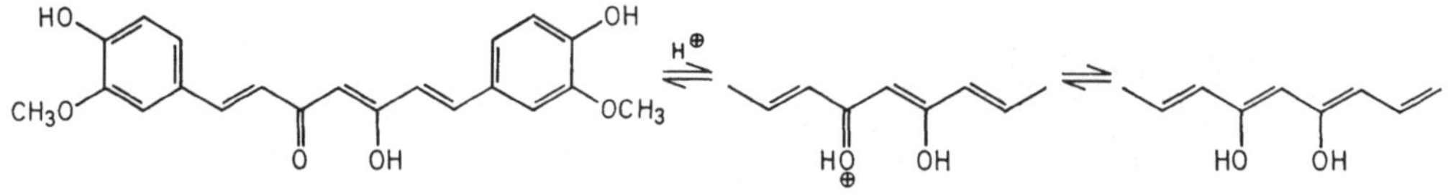

Curcumin, nicht protonisiert, benzoid	protonisiert, benzoid	protonisiert, chinoid (durch Phenol stabilisierbar)

*Optische Eigenschaften der Chelate.* Rosocyanin besitzt einen extrem hohen molaren Extinktionskoeffizienten, der zu $\varepsilon = 180000\,\mathrm{l \cdot Mol^{-1} \cdot cm^{-1}}$ [22], bzw. 170000 [6a] bzw. $\varepsilon = 146100$ [24] bei $\lambda = 555$ nm bestimmt wurde. Der Extinktionskoeffizient des Rubrocurcumins und damit die erreichbare Empfindlichkeit sind entsprechend der Zusammensetzung dieses Komplexes etwa halb so groß wie beim Rosocyanin [22]. Für den Oxalatokomplex wurde $\varepsilon = 61700$ bzw. 90000 bei $\lambda = 550$ nm und für den Diacetatokomplex $\varepsilon = 75400$ bei $\lambda = 525$ nm gefunden [21, 23, 26].

*Bildungsbedingungen des Rubrocurcumins.* Rubrocurcumin bildet sich beim Eindampfen der wäßrigen Probelösung auf dem Wasserbad in Gegenwart von Curcumin und Oxalsäure, und zwar hauptsächlich während des Abdampfens der letzten Milliliter. In diesem Stadium üben Temperatur, Verdampfungsgeschwindigkeit des Wassers und Luftfeuchtigkeit starken Einfluß auf die Reproduzierbarkeit aus. Die Ausbeute an Rubrocurcumin beträgt dabei nur etwa 50% [22]. Nach dem Lösen des Trockenrückstandes in Äthanol kann sofort bei $\lambda = 555$ nm photometriert werden.

*Bildungsbedingungen des Rosocyanins.* Rosocyanin bildet sich in wasserarmem Medium in Gegenwart starker Säuren aus protonisiertem Curcumin. Hierzu wird vielfach die Probelösung zunächst zur Trockne eingedampft und der Rückstand mit äthanolischer Curcuminlösung und Schwefelsäure-Eisessig behandelt [24]. Die Bildung des Rosocyanins in Gegenwart kleiner Mengen Wasser ist zwar möglich, führt aber zu einer starken Einbuße an Empfindlichkeit [9]. Man kann jedoch in homogener Phase unter Vermeidung des Eindampfens arbeiten, wenn nach *Uppström* [28] das Wasser mit Propionsäureanhydrid gebunden wird. Oxalylchlorid dient als Katalysator. Damit ist es möglich, bis zu 5 ml wäßrige Probelösung mit einer Konzentration von 3,3 bis 15 ng B/ml zu verarbeiten. 10 ng B/ml sind mit einer *Standardabweichung* von 4,2% bestimmbar. Zur Bindung des Wassers sind 30 min, zur

Bildung des Rosocyanins weitere 240 min erforderlich [28]. 1 bis 2 ml Wasser lassen sich in ähnlicher Weise mit Acetanhydrid/$H_2SO_4$ binden [8].

Das Absorptionsmaximum des unprotonisierten Curcumins liegt bei $\lambda = 420$ nm. Die Maxima des Rosocyanins und des protonisierten Curcumins liegen beide etwa bei $\lambda = 555$ nm. Der Extinktionskoeffizient der protonisierten Form beträgt $\varepsilon \geqq 73600$ [26]. Vor der photometrischen Messung muß daher die Acidität des Reaktionsmediums so weit herabgesetzt werden, daß die protonisierte Form zerlegt wird. Dies geschieht durch Verdünnen mit Wasser oder Äthanol [23, 24] oder durch Abstumpfen mit Acetatpuffer [28]. Die Entprotonisierung gibt sich durch einen Farbumschlag von Violett nach Gelb zu erkennen.

*Arbeitsweisen zur Isolierung des Rosocyanins.* Gemäß der ältesten Arbeitsweise nach *Spicer* und *Strickland* [23] erhält man danach das Rosocyanin gelöst in einer geringen Menge Äthanol. Nach dem Auffüllen auf 10 ml kann unmittelbar photometriert werden. Die Einführung eines wasserfreien Reaktionsmediums aus Schwefelsäure-Eisessig durch *Hayes* und *Metcalfe* [9, 10] vereinfacht die Arbeitsweise, führt aber zu größeren Volumina. Zur Anreicherung des Rosocyanins wird dieses gemeinsam mit dem Reagensüberschuß ausgefällt und durch Waschen des Niederschlages mit Äther vom Curcumin befreit. *Elwell* und *Wood* [5] haben vorgeschlagen, Rosocyanin als Niederschlag an der Phasengrenze Äther/Wasser anzureichern und danach in Methanol zu lösen.

*Anwendungen.* Für *Spurenanalysen* am vorteilhaftesten ist jedoch die selektive Extraktion, wozu Lösungsmittel mit einer Dielektrizitätskonstante um 20 besonders geeignet sind [24]. Vorgeschlagen wurden Mischungen aus Methyläthylketon, Chloroform und Phenol, aus Cyclohexanon und Phenol [24] sowie aus Methylisobutylketon, Chloroform und Phenol [28]. Damit wird das Meßvolumen auf 10 ml oder noch weniger reduziert.

Die Borbestimmung als *Rubrocurcumin* wurde bereits auf zahlreiche verschiedene Materialien angewandt [11]. Über praktische Erfahrungen mit der *Rosocyanin*methode ist sehr viel weniger bekannt. Verschiedene Autoren haben ein Verfahren zur Bestimmung im Silicium angegeben, bei dem Borate mit Curcumin, Äthanol und Trichloressigsäure zur Trockne eingedampft, der Farbkomplex in Äthanol gelöst und bei 540 nm photometriert wird [4, 15, 16]. Ob unter diesen Bedingungen Rosocyanin oder ein dem Diacetatocurcuminatobor [26] analoger Komplex entsteht, wurde nicht untersucht.

Zur *Automatisierung* geeignet ist die Methode nach *Uppström* [28]; (siehe oben). Unter Verwendung des „Autolab" (Fa. Linson, Stockholm) bestimmen *Hulthe* und Mitarbeiter 0,1 bis 6 ppm B in Seewasser; die Standardabweichung in der Mitte des Arbeitsbereiches beträgt 1,5% [10a].

### 4.3.2.1 Bestimmung als Rubrocurcumin nach Dible, Truog und Berger [3]

*Anwendungen.* Das Verfahren wurde von den Autoren sowie von *Williams* und *Vlamis* [29, 30] auf die Analyse von *Bodenproben* und *Pflanzenmaterialien* angewandt. (Probenvorbereitung vgl. Kapitel 2.3.2, S. 12, bzw. Kapitel 3.1.1, S. 22). Bei einem Vergleich mit der Dianthrimidmethode (vgl. S. 100) wurden übereinstimmende Ergebnisse erzielt.

*Arbeitsbereich.* Bis höchstens 2 µg B in 1 ml Probelösung.

*Geräte.* Photometer, genau regelbares Wasserbad, Gefäße aus borfreiem Glas.

*Reagentien.* a) *Boratstandardlösung.* Eine Lösung mit 0,5 mg Bor im Milliliter wird durch Lösen von 2,8597 g $H_3BO_3$ p.a. in 1000 ml Wasser erhalten. Sie wird zum Gebrauch auf einen Gehalt von 1 µg B/ml verdünnt.

b) *Curcumin-Oxalsäurelösung.* Man löst 40 mg Curcumin und 5 g Oxalsäure in 100 ml 95%igem Äthanol. Die Lösung ist bei kühler, dunkler Aufbewahrung einige Tage, im Kühlschrank etwa eine Woche haltbar.

c) *Äthanol*, 95%ig.

**Arbeitsvorschrift.** 1 ml wäßrige Probelösung mit bis zu 2 μg B wird in einem 250-ml-Becher aus borfreiem Glas mit 4 ml Curcumin-Oxalsäurelösung versetzt und gut durchmischt. Auf einem Wasserbad von (55 ± 3) °C wird der Becherinhalt eingedampft und der Trockenrückstand weitere 15 min bei dieser Temperatur belassen. Die strenge Einhaltung des angegebenen Temperaturintervalls ist wesentlich. Nach dem Erkalten behandelt man den Rückstand mit 25 ml 95%igem Äthanol. Man läßt das Ungelöste absitzen, filtriert oder zentrifugiert und photometriert danach die klare Lösung bei $\lambda = 540$ nm gegen eine Blindprobe.

*Bemerkungen.* I. Den Borgehalt entnimmt man einer *Eichkurve.*

II. Die zeitliche *Stabilität* des Rubrocurcumins unter den Bedingungen der obigen Vorschrift wurde von *Williams* und *Vlamis* ausführlich untersucht [30]. Danach ist die Extinktion äthanolischer Lösungen bei 20 °C einige Stunden, bei 0 °C 5 Tage konstant. Wird der trockene Eindampfrückstand bei 20 °C einige Tage aufbewahrt, so erreicht die Extinktion nach dem Lösen in Äthanol erst nach 2 Std. ihren Maximalwert.

III. *Störungen.* In alkalischer Lösung bilden Be, Al, Fe und Mg Farblacke mit Curcumin, deren Entstehung jedoch durch die überschüssige Oxalsäure unterdrückt wird [3]. Fluoridion stört [19]; jedoch treten Fluoridgehalte von störender Höhe wegen der Unlöslichkeit von $CaF_2$ in Extrakten von Bodenproben kaum auf. Nitration stört in Konzentrationen über 20 ppm. Zu seiner Entfernung aus Bodenextrakten gibt man zu 10 bis 20 ml Probelösung 2 ml gesätt. wäßrige $Ca(OH)_2$-Lösung, dampft ein und glüht schwach. Den Rückstand löst man in 10 ml 0,05 n Salzsäure und verfährt weiter wie beschrieben [3].

IV. *Weitere Anwendungen. Borrowdale, Jenkins* und *Shanahan* [1, 11] bestimmen 0,002 bis 0,1% Bor im Stahl nach Isolierung durch Destillation als Methylester. Das Destillat wird in Natronlauge aufgefangen und eingedampft. Im Rückstand wird das Bor nach einer dem Verfahren von *Dible* und Mitarbeitern sehr ähnlichen Arbeitsweise bestimmt. Statt in Äthanol wird das Rubrocurcumin jedoch in Aceton/Wasser (1:1) gelöst. Im Anschluß an eine Esterdestillation wird Bor als Rubrocurcumin ebenfalls in Germanium, $GeO_2$, Silicium [12, 13, 14], Siliciumtetrachlorid [20] bestimmt.

### 4.3.2.2 Bestimmung als Rubrocurcumin nach Philipson [15]

Der Bor-Curcumin-Komplex entsteht nach *Philipson* durch Eindampfen der wäßrigen Probelösung, Zugabe von Trichloressigsäure, Äthanol und Curcuminlösung in Äthanol. Man dampft erneut zur Trockne, hält 60 min auf 106 °C, löst den Rückstand in Äthanol und photometriert bei 540 nm. Das Verfahren wurde von *Coursier, Huré* und *Platzer* [2] sowie von *Ducret* und *Seguin* [4] im Anschluß an die Isolierung des Bors als Tetraphenylarsoniumtetrafluoroborat benutzt. Es wurden Verfahren zur Borbestimmung in Silicium, Uran, Zirkonium, $SiO_2$ und BeO angegeben [11]. Entsprechende Arbeitsvorschriften einschließlich der Erzeugung des Farbkomplexes finden sich im Kapitel 3.3.2, S. 40.

### 4.3.2.3 Makrochemische Bestimmung als Rosocyanin nach Umland [24]

Im Gegensatz zu älteren Arbeitsweisen erfolgt die Isolierung und Anreicherung des Rosocyanins aus dem Reaktionsmedium durch Extraktion. Bewährt haben sich hierfür besonders Ketone, wobei jedoch erst ein Zusatz von Phenol zu befriedigenden Verteilungskoeffizienten führt. Zumischung von Chloroform verbessert die Phasentrennung und liefert den Extrakt als schwere, untere Phase. Mit Methyläthylketon-Chloroform-Phenol (Methode A) wird bei kleinen Borgehalten eine etwas bessere *Genauigkeit* erzielt; jedoch ist der Anwendungsbereich nach oben auf

200 ng/10 ml beschränkt. Mit Cyclohexanon-Chloroform-Phenol (Methode B) sind dagegen noch 1000 ng/10 ml bestimmbar. Der mitextrahierte Überschuß von nicht protonisiertem Curcumin zeigt bei $\lambda = 555$ nm keinen Einfluß auf die Extinktion.

*Arbeitsbereich.* 8 bis 1000 ng B/10 ml Meßlösung.

*Geräte.* Spektralphotometer Zeiss PMQ II; Schütteltrichter 200 ml, konische Form mit kurzem Ablaufrohr; kleine Platinschalen.

*Reagentien.* a) *Curcuminlösung*: Curcumin, natürlich, zur Bestimmung von Bor in Böden und Pflanzen, Fp. 179 bis 181 °C (Schuchardt), wird aus Wasser/Aceton umkristallisiert. 125 mg des gereinigten Reagenses werden in 100 ml Eisessig unter leichtem Erwärmen gelöst.

b) *Schwefelsäure-Eisessig-Mischung.* 50 ml konz. Schwefelsäure p.a. werden langsam unter Rühren und Kühlen zu 50 ml Eisessig (96%ig, purissimum) gegeben.

c) *Natriumhydroxidlösung.* 10 g NaOH p.a. werden in 100 ml bidest. Wasser gelöst.

d) *Methyläthylketon-Extraktionslösung.* In 100 ml einer Mischung aus 5 Vol.-Teilen Methyläthylketon purum und 2 Vol.-Teilen Chloroform purum werden 10 g Phenol p.a. gelöst. Diese Lösung wird jeden Tag neu angesetzt, da bei längerem Stehen eine leichte Braunfärbung eintritt.

e) *Cyclohexanon-Extraktionslösung.* 1 g Phenol p.a. wird in 100 ml Cyclohexanon purum gelöst.

f) *$10^{-2}$ m Borsäure-Stammlösung* wird durch Lösen der abgewogenen Menge $H_3BO_3$ p.a. in bidest. Wasser angesetzt. Die benötigten $10^{-5}$ bzw. $10^{-6}$ m $H_3BO_3$-Lösungen werden daraus kurz vor Ansetzen eines Versuches durch Verdünnen mit bidest. Wasser hergestellt.

g) *Aceton purum*, destilliert.

Alle Reagentien — mit Ausnahme der Extraktionslösungen — werden in Polyäthylengefäßen aufbewahrt.

**Arbeitsvorschriften.** A. *Extraktion mit Methyläthylketon-Chloroform-Phenol-Gemisch.* In einer kleinen Platinschale wird die Probelösung, deren Volumen nicht größer als 20 ml sein sollte, mit 1 ml 10%iger Natriumhydroxidlösung versetzt und auf dem Wasserbad zur Trockne eingedampft. Nach Zugabe von 3,0 ml Curcuminlösung wird die Schale 5 min auf 60 °C erwärmt und der Rückstand durch gelegentliches Umschwenken des Schaleninhalts vollständig gelöst. Nach Abkühlen auf Zimmertemperatur werden 3,0 ml Schwefelsäure-Eisessigmischung zugegeben und mit der Lösung durch Umschwenken gut vermischt. Danach läßt man die Probe 20 min bei Zimmertemperatur stehen (bei extremen Raumtemperaturen sollte ein Wasserbad von 25 °C verwendet werden). Anschließend wird mit 20 ml bidest. Wasser versetzt, durchmischt und mit weiteren 80 ml Wasser in einen Scheidetrichter übergeführt. Zur Entfernung geringer Reste des Borcurcuminkomplexes wird die Extraktionslösung zuerst in die Platinschale und danach in den Scheidetrichter gegeben. Bei der ersten Extraktion wird mit 10 ml, bei der zweiten mit 6 ml Extraktionslösung jeweils 1 min geschüttelt. Etwa 7 ml gehen insgesamt durch Mischbarkeit mit der wäßrigen Phase verloren. Die vereinigten, organischen Lösungen werden mit dem Lösungsmittelgemisch auf 10 ml aufgefüllt. Falls die Lösung durch feinste Wassertröpfchen leicht getrübt sein sollte, wird vor dem Einfüllen in die Küvette filtriert. Die Extinktion wird bei 555 nm gegen das Extraktionsmittel gemessen. Die Extinktion einer gleichartig behandelten Reagentienblindprobe wird abgezogen.

B. *Extraktion mit Cyclohexanon-Phenol-Gemisch.* Gleiche Arbeitsweise wie unter A; jedoch wird die Extraktion zuerst mit 15 ml und nach Abtrennung der organischen Phase nochmals mit 4 ml phenolhaltiger Cyclohexanonlösung durchgeführt. Die vereinigten Extrakte werden mit 1 ml Aceton versetzt und mit der Extraktionslösung auf 10 ml aufgefüllt. Die Extinktion wird in 1-cm-Küvetten bei 555 nm gegen das Extraktionsmittel gemessen. Für Extinktionen über 0,800 werden 0,5-cm-Küvetten verwendet. Die Extinktion einer gleichartig behandelten Reagentienblindprobe wird abgezogen.

*Bemerkungen.* I. Bei Messung in 1-cm-Küvetten beträgt der gegen reines Lösungsmittel gemessene *Blindwert* etwa 0,035 bis 0,045 Extinktionseinheiten mit einer Standardabweichung, entsprechend 2 ng B/10 ml (10 Freiheitsgrade). Er wird ganz überwiegend durch Spuren Bor hervorgerufen, die in den Reagentien enthalten oder durch Staub aus der Luft eingeschleppt sind. Ansätze aus Reagentien verschiedener Lieferungen können unterschiedliche Blindwerte aufweisen. Auch die zum Eindampfen der Lösungen verwendeten Platinschalen geben kleine Mengen Bor ab. Zur Unterdrückung solcher Störungen ist es unerläßlich, zu jeder Probe parallel einen Blindansatz auszuführen. Bei der Allgegenwart von Borspuren ist die maximale Nachweisempfindlichkeit nur zu erreichen, wenn auf größte Sauberkeit geachtet und auch alle benutzten Hilfsmittel (z. B. Spülmittel, Flaschen) auf einen Borgehalt geprüft werden.

II. *Störungen.* Das Extraktionsverfahren unterliegt etwa den gleichen Störungen wie die älteren Arbeitsweisen nach *Hayes* und *Metcalfe* [9, 10] sowie *Elwell* und *Wood* [5]. Am stärksten stören Fluorid- und Nitrationen. Aber auch andere Oxydationsmittel, z. B. Chromationen, verhindern die Komplexbildung und müssen vor der Bestimmung reduziert oder zerstört werden. Nitration läßt sich durch Erhitzen der Probe mit Schwefelsäure-Eisessig-Mischung und Zusatz von Anilin ohne Borverluste entfernen [9]. Verschiedene Metallionen der Alkali- und Erdalkaligruppe sowie Zn, Al, Ti, Zr, Fe, Ni, U stören an sich nicht; aber einige dieser Elemente verbleiben nach dem Eindampfen als Hydroxide, die sich im Eisessig-Schwefelsäure-Gemisch nicht wieder vollständig auflösen und Bor einschließen. *Hayes* und *Metcalfe* schlagen deshalb vor, in diesem Fall auf das Eindampfen zu verzichten und ein kleines Volumen der wäßrigen Probelösung von 0,25 ml in die Reaktionsmischung aus je 3 ml der Curcuminlösung und der Eisessig-Schwefelsäure-Mischung zu geben [9]. Dabei wird die Extinktion um einen geringen, jedoch reproduzierbaren Betrag vermindert, so daß für diese Arbeitsweise eine besondere *Eichkurve* aufgestellt werden muß [24]. Die Isolierung des Bors mit Hilfe von Ionenaustauschern stößt bei höchstempfindlichen Spurenanalysen auf Schwierigkeiten, da die Harze manchmal erhebliche Mengen Bor abgeben. Die Abtrennung des Bors durch Destillation als Methylester ist auch im Mikrogramm- und Nanogrammaßstab möglich [9, 17, 23]; vgl. Kapitel 3.1.4, S. 25. Keine Störung verursachen 5 µg $F^-$ bei Bestimmung von 1 µg B [9]. In Anwesenheit von Fluoridion empfiehlt *Uppström* [28] die Abtrennung nach *Gaestel* und *Huré* [6], in welcher Borsäuremethylester in Gegenwart von $AlCl_3$ destilliert wird; vgl. Kapitel 3.1.5, S. 29.

*Coursier*, *Huré* und *Platzer* [2] sowie *Ducret* und *Seguin* [4] haben Bor aus flußsaurer Lösung als Tetraphenylarsoniumtetrafluoroborat mit Chloroform extrahiert, den Extrakt unter Zusatz von NaOH zur Trockne gedampft und im Rückstand das Bor als Rubrocurcumin bestimmt (vgl. S. 40).

Eine ähnliche Reaktion mit dem Curcumin unter den Bedingungen der Borbestimmung ist nur vom Germanium bekannt [22].

#### 4.3.2.4 Mikrochemische Bestimmung als Rosocyanin nach Umland [25, 27]

Bei dem extraktionsphotometrischen Verfahren zur Bestimmung als Rosocyanin liegt die Bestimmungsgrenze bei 8 ng Bor in 10 ml Meßlösung, wobei die einsetzbare Probemenge in dem für Makroanalysen üblichen Bereich liegen und bis etwa hundert Milligramm betragen kann [24]. Noch kleinere Mengen bis hinab zu etwa 300 pg Bor lassen sich erfassen, wenn man sich einer mikrochemischen Arbeitsweise bedient [25, 27]. Das verarbeitbare Volumen der Probelösung ist jedoch auf 1 bis 3 Tropfen (1 bis 3 µl) beschränkt. Diese Arbeitsweise kommt daher nur für Mikroanalysen in Betracht, für die nur sehr kleine Substanzmengen verfügbar sind, welche sich in wenigen µl Lösungsmittel lösen lassen. Legt man eine 10%ige Lösung der Analysenprobe in 1 µl Volumen zu Grunde, sind bei einer Bestimmungsgrenze von etwa 300 pg B noch 0,3% Bor in der Probe erfaßbar. Für Spurenanalysen an Makromengen ist die extraktionsphotometrische Methode empfindlicher, mit der bei 100 mg Einwaage und einer Bestimmungsgrenze von etwa 10 ng B noch $10^{-5}$% Bor in der Probe erfaßt werden können.

*Arbeitsbereich.* 0,3 bis 4 ng B in 1 Tropfen (1 µl) Probelösung.

*Geräte.* Spektralphotometer Zeiss PMQ II; Probenhalter: Im einfachsten Falle umwickelt man eine passende Glasplatte (z.B. längs gespaltener Objektträger) mit dünnem Kupferblech und bringt an diesem genau an der Stelle des Lichtdurchtritts mit Hilfe eines Bürolochers eine kreisförmige Öffnung an. Der Papierstreifen wird derart zwischen Glasplatte und Kupferblech geschoben, daß der Farbfleck vor die Blende zu liegen kommt. Diese Vorrichtung wird in den normalen Küvettenhalter des PMQ II eingesetzt. Von den Autoren wurde der in Abb. 34 dargestellte Probenhalter beschrieben, der gleichfalls in den Küvettenhalter des PMQ II einzusetzen ist. Er besteht aus zwei rechteckigen Aluminiumplatten, die durch eine Klemmscheibe *S* zusammengehalten werden. In Höhe des Lichtstrahls ist eine kreisförmige Blende *B* von 5 mm ∅ angebracht. Der Papierstreifen wird so zwischen die Platten gelegt, daß der Farbfleck vor der Blende liegt, und mit der Schraube festgeklemmt.

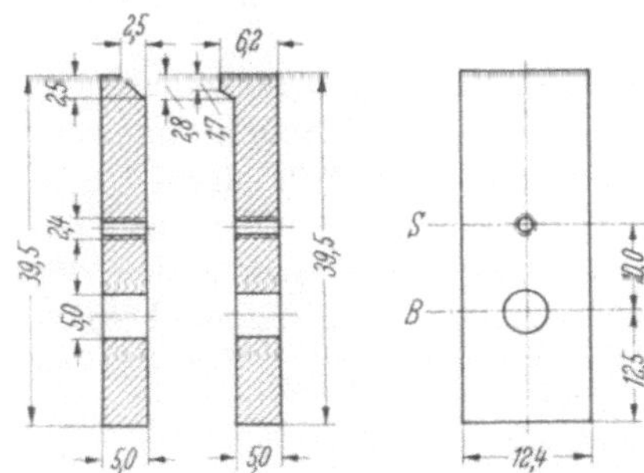


Abb. 34. Probenhalter nach *Umland*

Vor der erstmaligen Ausführung empfiehlt es sich, die Durchtrittsstelle des Lichtstrahles mit Hilfe von Photopapier genau zu ermitteln, da diese Durchtrittsstelle bei manchen Photometern seitlich verschoben sein kann und man dann bei zentrisch angebrachten Blenden unnötige Lichteinbußen erleidet.

*Reagentien.* a) *Curcuminlösung.* Curcumin, natürlich, Fp. 179 bis 181 °C (Schuchardt), wird aus Wasser-Aceton (1:1) umkristallisiert. 125 mg Curcumin werden in 100 ml Eisessig unter leichtem Erwärmen gelöst.

b) *Salzsäure-Eisessig-Mischung.* konz. Salzsäure und Eisessig werden im Volumenverhältnis 3:1 gemischt.

c) *Natronlauge,* 5%ig.

d) *Aceton,* rein, destilliert.

e) *Thioglykolsäurelösung,* 10%ig in Wasser.

f) *Borsäureeichlösung.* Eine $10^{-2}$ m Stammlösung, erhalten durch Lösen einer abgewogenen Menge $H_3BO_3$ p.a. in bidest. Wasser, wird täglich frisch mit bidest. Wasser auf $10^{-4}$ bzw. $10^{-5}$ m verdünnt.

g) *Chromatographiepapier,* Schleicher und Schüll, Nr. 2043b. Chromatographiepapier ist wegen seiner größeren Gleichmäßigkeit gewöhnlichem Filterpapier unbedingt vorzuziehen.

h) *Silberblech.*

Alle Reagentien sind in Polyäthylenflaschen aufzubewahren.

**Arbeitsvorschrift.** 1 Tropfen (1 µl) borsäurehaltiger Probelösung wird auf einem Silberblech (am besten in einer kleinen Vertiefung) mit je 1 Tropfen Natronlauge und Curcuminlösung versetzt und bei 80 °C im Trockenschrank eingedunstet. Der Rückstand wird mit 1 Tropfen Salzsäure-Eisessig-Mischung versetzt und 30 min auf 80 °C erwärmt. Aus dem dabei erhaltenen Rückstand wird der Borsäure-Curcumin-Komplex einschließlich des überschüssigen Curcumins mit wenigen µl Aceton herausgelöst und die Lösung mit einer Mikropipette auf einen Streifen Chromatographiepapier von 12 × 60 mm Größe übertragen. Das Papier wird bei 80 °C getrocknet und in den Probenhalter eingelegt. Man mißt die Extinktion E des Farbflecks gegen eine parallel bearbeitete Blindprobe bei $\lambda = 530$ nm. Anschließend mißt man den Radius r des Fleckens.

*Bemerkungen.* I. Zur Erstellung der *Eichkurve* wird $E \cdot r^2$ gegen die Bormenge aufgetragen.

II. Die *Empfindlichkeit* der Bestimmung kann noch gesteigert werden, wenn man mehrere (2 bis 3) Tropfen Probelösung nacheinander auf derselben Stelle des Bleches eindampft. Dabei setzt man Natronlauge nur beim ersten Tropfen und die Curcuminlösung erst beim letzten Tropfen zu.

III. *Störungen.* Keine oder nur eine geringe Störung neben 200 bis 1 000 pg B verursachen $Fe^{2+}$, $Co^{2+}$, $Ni^{2+}$ als Sulfate je für sich in bis zu 20 000fachem molarem Überschuß gegenüber Bor oder Fe + Co + Ni in zusammen 20 000fachem Überschuß, wenn man wie folgt verfährt: Der Bor-Curcumin-Komplex wird wie beschrieben hergestellt und auf das Chromatographiepapier übertragen. Nach der Trocknung läßt man einen Überschuß (etwa 0,5 bis 1 ml) einer 10%igen Thioglykolsäurelösung 0,5 min auf den Farbfleck einwirken und spült dann den ganzen Papierstreifen kräftig mit bidest. Wasser. Nach dem Trocknen bei 80 °C mißt man wie beschrieben.

Im übrigen gilt für die zu erwartenden Störungen sinngemäß das beim Extraktionsverfahren (vgl. S. 109) gesagte.

IV. *Bestimmungsgrenze.* An Probelösungen, die teils nur Borsäure, teils zusätzlich einen noch nicht störenden Überschuß von Fe, Co, Ni enthielten, ergab sich im Bereich 0,4 bis 4 ng B/µl eine Standardabweichung von 59 pg B/µl (n = 29 Freiheitsgrade). Die Bestimmungsgrenze für Einzelbestimmungen bei 99,9%iger Sicherheit ergibt sich daraus nach *Gottschalk* zu 0,3 ng B/µl. Die Varianz an der Bestimmungsgrenze beträgt dabei 19,5 rel.-% [7].

## *Literatur*

1. *Borrowdale, J., Jenkins, R. H., Shanahan, C. E. A.*: Analyst **84**, 426 (1959).
2. *Coursier, J., Huré, J., Platzer, R.*: Anal. chim. Acta **13**, 379 (1955).
3. *Dible, W. T., Truog, E., Berger, K. C.*: Anal. Chem. **26**, 418 (1954).
4. *Ducret, L., Seguin, P.*: Anal. chim. Acta **17**, 207 (1957).
5. *Elwell, W. T., Wood, D. F.*: Analyst **88**, 475 (1963).
6. *Gaestel, M. M., Huré, J.*: Bull. Soc. chim. France **16**, 830 (1949).

6a. *Gotô, H., Kakita, Y., Takada, K.*: Japan Analyst **18**, 52 (1969).

7. *Gottschalk, G.*: Statistik in der quantitativen chemischen Analyse: Die chemische Analyse, Bd. 49; Stuttgart 1962.
8. *Harrison, T. S., Cobb, W. D.*: Analyst **91**, 576 (1966).
9. *Hayes, M. R., Metcalfe, J.*: Analyst **87**, 956 (1962).
10. *Hayes, M. R., Metcalfe, J.*: Analyst **88**, 471 (1963).

10a. *Hulthe, P., Uppström, L., Östling, G.*: Anal. chim. Acta **51**, 31 (1970).

11. *Koch, D. G., Koch-Dedic, G. A.*: Handbuch der Spurenanalyse; Berlin-Göttingen-Heidelberg-New York 1964.
12. *Luke, C. L.*: Anal. Chem. **27**, 1150 (1955).
13. *Luke, C. L.*: Anal. Chem. **30**, 1405 (1958).

14. *Luke, C. L., Flaschen, S. S.*: Anal. Chem. **30**, 1406 (1958).
15. *Philipson, T.*: Lantbruks-Högskol. Ann. **12**, 251 (1944/1945); durch *Ducret* u. *Seguin* [4].
16. *Pohl, F. A., Kokes, K., Bonsels, W.*: Fr. **174**, 6 (1960).
17. *Roth, H. J., Beck, W.*: Fr. **141**, 404 (1954).
18. *Roth, H. J., Miller, B.*: Ar. **297**, 513, 617 (1964).
19. *Schäfer, H.*: Fr. **110**, 11 (1937).
20. *Schneer, A., Halmos, T., Szekely, T.*: Fr. **182**, 178 (1961).
21. *Spicer, G. S., Strickland, J D. H.*: J. chem. Soc. **1952**, 4650.
22. *Spicer, G. S., Strickland, J. D. H.*: Anal. chim. Acta **18**, 231 (1958).
23. *Spicer, G. S., Strickland, J. D. H.*: Anal. chim. Acta **18**, 523 (1958).
24. *Thierig, D., Umland, F.*: Fr. **211**, 161 (1965).
25. *Umland, F., Janssen, A.*: Fr. **249**, 186 (1970).
26. *Umland, F., Pottkamp, F.*: Fr. **241**, 223 (1968).
27. *Umland, F., Thierig, D., Müller, G.*: Fr. **215**, 401 (1966).
28. *Uppström, L. R.*: Anal. chim. Acta **43**, 475 (1968).
29. *Williams, D. E., Vlamis, J.*: Anal. Chem. **33**, 967 (1961).
30. *Williams, D. E., Vlamis, J.*: Anal. Chem. **33**, 1098 (1961).

### 4.3.3 Bestimmung durch Extraktion von Ionenassoziaten des Tetrafluoroborats

*Natur der Assoziate.* Gewisse organische Kationen bilden mit Tetrafluoroboration salzartige Verbindungen, die z.T. in Wasser schwer löslich [6] sowie in bestimmten pH-Bereichen durch organische Lösungsmittel, wie Benzol und Dichloräthan, extrahierbar sind [5, 7, 17].

Die in den Extrakten vorliegenden „Ionenassoziate" haben fast durchweg die Zusammensetzung Kation:$BF_4$ = 1:1 [17, 19]. Sofern das Kation genügend intensive Absorptionsbanden besitzt, kann die Konzentration des Assoziates photometrisch gemessen und zur Borbestimmung benutzt werden. Im Gegensatz zu den Chelaten ist das chromophore System des Kations durch die Assoziatbildung kaum verändert; die Absorptionsmaxima von Assoziat und freiem Reagens liegen bei fast der gleichen Wellenlänge. Analytisch brauchbar sind solche Systeme daher nur, wenn das überschüssige Reagens selbst sowie seine Assoziate mit in der Probelösung sonst noch anwesenden Anionen (besonders $F^-$, $OH^-$, $Cl^-$, $NO_3^-$ u.ä.) nicht oder nur schlecht extrahiert werden. Wegen der nie ganz zu vermeidenden Mitextraktion pflegen solche Methoden hohe Reagentienblindwerte aufzuweisen, die die Emfindlichkeit der Methode begrenzen [16, 17, 18].

Begrenzt wird die Empfindlichkeit des weiteren durch die recht geringen Stabilitätskonstanten dieser Assoziate. So ist die Dissoziationskonstante der Methylviolett-$BF_4$-Verbindung in Wasser $K_{Diss.} \approx 0{,}8 \cdot 10^{-3}$ [5]. Daher ist für niedrige $BF_4^-$-Konzentrationen das Beersche Gesetz nicht erfüllt. Aber auch bei höheren Konzentrationen besteht oft kein linearer Zusammenhang zwischen Extinktion und Konzentration. So ist z.B. die Eichkurve für [Azur C] · $BF_4$ auf ihrer ganzen Länge gekrümmt [16].

*Verteilungsverhalten.* In Systemen mit hohen Verteilungskoeffizienten für das $BF_4$-Assoziat pflegen auch die Assoziate mit anderen Anionen gut extrahiert zu werden und bewirken hohe Blindwerte. Man benutzt deshalb manchmal weniger wirksame Lösungsmittel und nimmt in Kauf, daß das $BF_4$-Assoziat nicht quantitativ ausgeschüttelt wird. So wird [Methylenblau] · $BF_4$ nur zu 80 bis 85% [11], [Methylviolett] · $BF_4$ auch bei dreimaligem Ausschütteln nur zu 80% extrahiert [5]. Auch bei unvollständiger Extraktion ist durchaus eine gute Reproduzierbarkeit der Bestimmungen erreichbar; jedoch müssen dann zahlreiche Bedingungen genau eingehalten werden. Konstant zu halten ist vor allem das Volumenverhältnis von wäßriger und organischer Phase. Sorgfältig zu berücksichtigen ist ferner die Abhängigkeit des Verteilungskoeffizienten von Temperatur und Neutralsalzgehalt der Lösungen.

Es ist daher empfehlenswert, mit jeder Serie von Bestimmungen wenigstens eine Eichmessung auszuführen. Das Eichzusatzverfahren ist wegen der gekrümmten Eichkurven kaum anwendbar.

*Zeitbedarf.* Ein besonders für Serienbestimmungen wichtiger Gesichtspunkt ist der Zeitbedarf der Verfahren. Er wird in erster Linie durch die geringe Bildungsgeschwindigkeit des $BF_4^-$-Anions bestimmt. Diese steigt mit der Temperatur, der Fluoridkonzentration sowie der Konzentration an freier Mineralsäure ($H_2SO_4$) stark an [8, 15]. Während nach den älteren Vorschriften bei Zimmertemperatur 18 Std. Wartezeit erforderlich sind [9, 10, 11], ist die $BF_4^-$-Bildung bei 20 °C in 1% $H_2F_2$ nach 20 min [13] bzw. nach 2 Std. [17] und in der Siedehitze bereits nach 10 bis 15 min beendet [5]. In 2,7 m $H_2F_2$- und 1,5 m $H_2SO_4$-haltiger Lösung ist auch bei Zimmertemperatur keine besondere Wartezeit mehr erforderlich [15]; jedoch sind so hohe $H_2F_2$- und $H_2SO_4$-Konzentrationen für die bisher bekannten, photometrischen Verfahren nicht brauchbar.

*Geeignete Farbstoffkationen.* Als Kationen zur Bildung des Ionenassoziates mit $BF_4^-$ sind Substanzen aus recht verschiedenen Stoffklassen geeignet. Die allgemeinen Arbeitsbedingungen sind jedoch stets ähnlich und weit mehr durch die Bildungsbedingungen des $BF_4^-$-Anions als durch die Natur des Kations bestimmt. Auch die Selektivitäten unterscheiden sich daher im allgemeinen nicht wesentlich.

Verschiedene *Antipyrinfarbstoffe* bilden mit $BF_4^-$ in Wasser schwer lösliche und aus schwach saurer Lösung mit Benzol, Toluol oder Chlorkohlenwasserstoffen extrahierbare Verbindungen [6]. Dabei sinkt der für die Extraktion optimale pH-Bereich mit der Basendissoziationskonstante des Farbstoffes ab. Für Bis(4-diäthylaminophenyl)-antipyrylcarbinol („Tetraäthyl") ist $K_D = 2{,}5 \cdot 10^{-5}$ und $pH_{opt.} = 6{,}7$ bis 7,2, für Bis(4-dimethylamino-3-nitrophenyl)-antipyrylcarbinol mit $K_D = 1 \cdot 10^{-11}$ ist $pH_{opt.} = 0{,}5$ bis 2,0. Das Assoziat mit „Tetraäthyl" besitzt in Toluol bei $\lambda = 602$ nm einen Extinktionskoeffizienten $\varepsilon = 75\,000$ und erlaubt die Bestimmung von 0 bis 0,5 µg B in 5 ml Extrakt.

Die Extinktionskoeffizienten der meistens benutzten *Thiazin*- oder *Triphenylmethanfarbstoffe* liegen ebenfalls sehr hoch (z.T. $\varepsilon > 50\,000$). Die damit zu erwartende, hohe Nachweisempfindlichkeit läßt sich jedoch nicht voll nutzen, da entweder hohe Blindwerte eine Verdünnung des Extrakts nötig machen [4, 17] oder infolge geringer Verteilungskoeffizienten nur ein Teil des Assoziates extrahiert wird. Bei Verwendung von Nilblau A läßt sich durch Zusatz von $Fe^{3+}$ vor der Extraktion das überschüssige Fluoridion binden und der Blindwert stark herabsetzen [13].

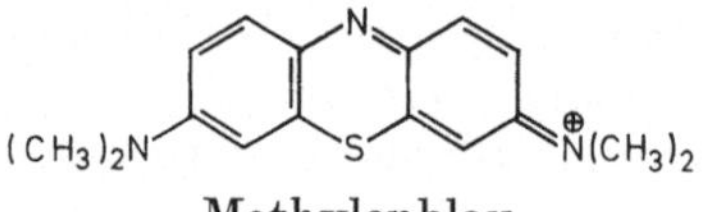

Methylenblau

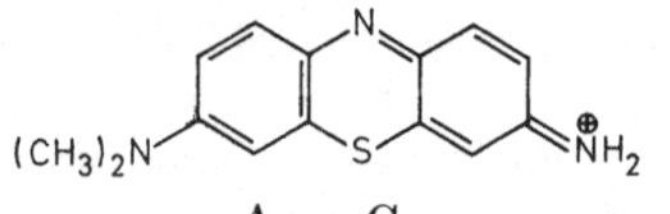

Azur C

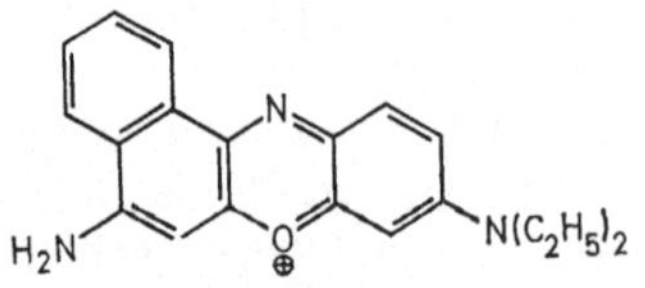

Nilblau A

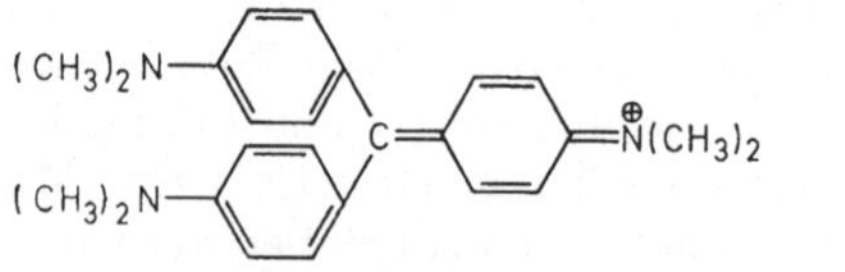

Kristallviolett

Das als erstes benutzte *Tetraphenylarsonium* · $BF_4$ ist nur zur Vortrennung geeignet, da es erst bei $\lambda = 220$ nm genügend stark absorbiert [1, 9, 10].

Die $BF_4$-Assoziate mit *Thioninfarbstoffen* sind etwa im pH-Bereich 1 bis 6 durch Chlorkohlenwasserstoffe extrahierbar; die Extraktion ist jedoch nicht quantitativ [17, 18]. Neben dem meistbenutzten Methylenblau ist nur das Azur C erwähnenswert; es weist bei 25 bis 30% höherer Empfindlichkeit einen etwa 20% niedrigeren Blindwert auf; die Eichkurve ist jedoch stark gekrümmt [16].

*Oxazinfarbstoffe* weisen gegenüber Thiazinen keine Vorteile auf [21]; jedoch ergibt Nilblau A bei Extraktion mit Mono- oder Dichlorbenzol einen sehr niedrigen Blindwert [13].

*Triphenylmethanfarbstoffe* wurden besonders von russischen Forschern vorgeschlagen. Zur Extraktion wird dabei Benzol benutzt. Mit Brillantgrün sind bei $\lambda = 610$ nm noch $5 \cdot 10^{-4}$% Bor im Stahl erfaßbar [2]. Die (1:1)-Verbindung von $BF_4^-$ mit Methylviolett ist bei optimal pH = 3,4 nur zu 5% extrahierbar [5, 19]. Günstiger ist die Verwendung von Kristallviolett [5].

Auch das rote *Chelatkation* aus 1,10-Phenanthrolin und $Fe^{2+}$ bildet mit $BF_4^-$ ein durch Nitrobenzol extrahierbares Assoziat. Es ist $\varepsilon = 3600$ bei $\lambda = 515$ nm. Die Eichkurve ist im Bereich 2 bis 15 µg B in 10 ml Extrakt linear [15a].

### 4.3.3.1 Arbeitsweise nach Bljum zur Bestimmung mit Kristallviolett [5]

Das Ionenassoziat aus $BF_4^-$ und Kristallviolett ist durch Benzol im pH-Bereich 1,5 bis 1,8 extrahierbar. Das Spektrum des Extraktes weist ein Maximum bei $\lambda = 543$ nm und ein weiteres, fast doppelt so hohes bei $\lambda = 610$ nm auf. Die Extraktion ist nicht quantitativ; die Arbeitsbedingungen müssen daher konstant gehalten werden. Dies gilt besonders für den Neutralsalzgehalt der Lösung, welcher bei der beschriebenen Arbeitsweise ganz überwiegend durch das zugesetzte NaF bestimmt wird. Seine Erhöhung vermindert die Extraktion; gegebenenfalls ist eine neue Eichkurve aufzustellen. Konstant bleiben müssen auch das Volumen der wäßrigen Phase sowie die Temperatur; es wird empfohlen, das zur Extraktion benutzte Benzol in einem Thermostaten von 20 °C aufzubewahren. Das Verfahren hat den Vorzug eines besonders geringen Zeitbedarfs zur $BF_4^-$-Bildung. Diese ist in der Siedehitze nach 10 bis 15 min beendet.

*Anwendungen.* Bei Einwaagen von höchstens etwa 0,25 g Probe ist die Methode zur Bestimmung von 0,002 bis 1,5% B geeignet. Für höhere B-Gehalte sind titrimetrische Verfahren vorzuziehen. Sie ist zur Analyse von Wasser, Silicaten, Salzen, Gips, Eisen- und Manganerzen, Quarzit, Zircon und Titanit geeignet.

*Arbeitsbereich.* 0,002 bis 1,5% B in 0,25 g Probe; 0,2 bis 1,5 µg B/25 ml Extrakt.

*Gerät.* Filterphotometer mit Grünfilter (Hg 546) oder Rotfilter (Zeiss I 61,7).

*Reagentien.* a) *Kristallviolett*, 1%ige Lösung in Wasser.

b) *Benzol*; *NaF*; *4 n* $H_2SO_4$; $Na_2CO_3/K_2CO_3$*-Gemisch.*

*Probenvorbereitung.* a) *Gesamtbor.* Nicht mehr als 0,25 g Probe werden im Platintiegel mit $Na_2CO_3/K_2CO_3$-Gemisch aufgeschlossen. Silicatarmen Proben (Fe- und Mn-Erze) kann 0,05 bis 0,07 g Quarzpulver als Flußmittel zugesetzt werden. Die erstarrte Schmelze wird auf $\pm 0{,}02$ g genau ausgewogen und in einem Porzellan- oder Teflonbecher in 50 ml Wasser und 20 ml 4 n $H_2SO_4$ gelöst. Dann gibt man $(2{,}0 \pm 0{,}1)$ g Natriumfluorid zu, kocht 10 bis 15 min und verfährt weiter wie unten.

b) *Lösliches Bor.* Nicht mehr als 0,25 g Probe werden mit 70 ml Wasser und genau 4 ml 4 n $H_2SO_4$ 10 min gekocht. Man gibt 1,0 g NaF zu, kocht nochmals 5 bis 7 min und verfährt weiter wie unten.

**Arbeitsvorschrift.** Die abgekühlte Probelösung füllt man im Meßkolben mit Wasser auf 250 ml auf und entnimmt einen aliquoten Teil zur Bestimmung. Bei Verwendung von Meßgefäßen aus borhaltigem Glas ist hierbei möglichst schnell zu verfahren. — Bei einem B-Gehalt der Probe von nicht mehr als 0,05% entnimmt man 25 ml Lösung, gibt genau 25 ml Benzol sowie 0,5 ml Kristallviolettlösung zu und schüttelt bei konstanter Temperatur 30 sec im Scheidetrichter. Die organische Phase zentrifugiert man oder man läßt sie bis zur völligen Klärung stehen. Danach photometriert man bei $d = 5$ cm Schichtdicke gegen eine Reagentienblindprobe. — Bei Borgehalten über 0,05% extrahiert man 2,5 ml Lösung mit 15 ml Benzol und mißt bei $d = 3$ cm.

*Bemerkungen.* I. Den Borgehalt entnimmt man einer unter gleichen Bedingungen aufgestellten *Eichkurve.*

Es ist darauf zu achten, daß bei Aufstellung der Eichkurve annähernd die gleiche Salzkonzentration wie bei Ausführung der Analyse vorliegt. Insbesondere ist für die Vorschriften a) und b) jeweils eine eigene Eichkurve nötig. Wegen der zahlreichen konstant zu haltenden Parameter dürfte es sich empfehlen, zugleich mit jeder Serie von Bestimmungen wenigstens eine Eichmessung auszuführen.

II. Zur Analyse von Si, U, Zr, $SiO_2$, BeO vgl. auch Kapitel 3.3.2, S. 40.

III. *Störungen.* Neben 1 µg B sind maximal 10 µg Ta, 17 µg Hg und 20 µg Re zulässig; Hg wird beim Schmelzaufschluß verflüchtigt. In Anwesenheit großer Mengen starker Fluorokomplexbildner wie Si, Zr oder Ti soll unter Anwendung von 2 g NaF die Probemenge 0,15 g nicht übersteigen.

### 4.3.3.2 Arbeitsweise nach Pasztor, Bode und Fernando mit Methylenblau zur Bestimmung in Eisen und Stahl [17]

Methylenblau bildet mit Tetrafluoroboration ein in Wasser schwer lösliches Ionenassoziat, welches mit 1,2-Dichloräthan extrahierbar ist. Andere Chlorkohlenwasserstoffe sind weniger oder nicht geeignet [11, 18, 17]. Das Verteilungsgleichgewicht stellt sich sehr schnell ein; die Extraktion ist jedoch nicht quantitativ. Auch unter optimalen Bedingungen werden nur etwa 80 bis 85% Assoziat extrahiert [11], wobei ein mindestens vierfacher Überschuß an Methylenblau anzuwenden ist [17]. Die Arbeitsbedingungen müssen daher konstant gehalten werden; dies gilt besonders für das Verhältnis der Phasenvolumina [3]. Temperaturschwankungen von $(20 \pm 5)$ °C bei der Extraktion sind ohne Einfluß auf das Ergebnis [11]. Die Extraktion erfolgt aus schwach saurer Lösung. Die Extinktion des Extraktes ist bei pH $> 1$ vom pH-Wert unabhängig. Sie fällt für stärker saure Lösungen ab, wobei zugleich die Extinktion der Blindprobe stark ansteigt. Da in zu schwach saurer Lösung durch Fällung von Hydroxiden Bor verloren gehen kann, extrahiert man bei pH $= 1$ [17]. Das Verfahren weist sehr hohe Blindwerte auf, so daß der Extrakt vor der Messung auf das Fünffache verdünnt werden muß [17]. Zwar ist der Farbstoff selbst im Extraktionsmittel nur wenig löslich; jedoch wird mit steigender Acidität in zunehmendem Maße das Ionenassoziat Methylenblaufluorid extrahiert, welches ebenso wie das Fluoroborat ein Absorptionsmaximum bei $\lambda = 660$ nm aufweist. Hierdurch ist auch die zulässige $H_2F_2$-Konzentration begrenzt. Die Möglichkeit, die zur Bildung des $BF_4^-$-Anions erforderliche Zeit durch Erhöhung der $H_2F_2$-Konzentration wesentlich zu verkürzen [8, 15], kann also hier nicht genutzt werden. Durch Schütteln des Extraktes mit Wasser kann das Methylenblau entfernt und der Blindwert vermindert werden [3].

*Arbeitsbereich.* $2 \cdot 10^{-4}$ bis $2,5 \cdot 10^{-2}$% B bei 0,1 g Probe; 0,04 bis 5 µg B/25 ml Meßlösung.

*Geräte.* Spektralphotometer; Lösekolben und Rückflußkühler aus borfreiem Glas oder Kunststoff. Meßzylinder aus Polyäthylen.

*Reagentien.* a) *Methylenblau,* 0,001 molare Lösung in Wasser.

b) *1,2-Dichloräthan*; c) *5%ige $H_2F_2$-Lösung*; d) *2,5 n $H_2SO_4$*; e) *2,5 n $H_3PO_4$*; f) *$Na_2CO_3$*; g) *0,1 m $KMnO_4$*; h) *4%ige Lösung von Eisen(II)-Ammoniumsulfat.*

i) *$BF_4^-$-Standardlösung.* Durch Einwägen von $H_3BO_3$ und entsprechendes Verdünnen wird eine Borstandardlösung mit 10 µgB/ml hergestellt. Zu 50 ml dieser

Lösung gibt man 5 ml 5%ige Flußsäure und füllt nach 2 Std. mit Wasser zu 500 ml auf. Die Lösung enthält 1 µg B/ml als $BF_4^-$.

Alle Lösungen außer Dichloräthan sind in Polyäthylenflaschen aufzubewahren, die $H_2F_2$ enthaltenden bei 5 °C.

**Arbeitsvorschriften** (vgl. auch Kapitel 5.5.3, S. 169). A. *Lösliches Bor.* Genau 0,1 g Probe werden mit genau 5,0 ml 2,5 n $H_2SO_4$ und 5,0 ml 2,5 n $H_3PO_4$ bei 95 bis 98 °C unter Rückfluß gelöst. (Nach einer anderen Angabe ist die Arbeit unter Rückfluß entbehrlich [4]; vgl. auch Kapitel 2.2.2, S. 6.) Für rostfreien Stahl verwende man 10,0 ml 2,5 n $H_2SO_4$. Die Lösung verdünnt man in einem Meßzylinder aus Polyäthylen mit Wasser auf 20 ml, vermischt mit 5,0 ml 5%iger Flußsäure und läßt 2 Std. bei Zimmertemperatur stehen. Man versetzt tropfenweise mit 0,1 m $KMnO_4$-Lösung bis zur Rosafärbung und dann mit 2,0 ml 4%iger Eisen(II)-Ammoniumsulfatlösung, füllt mit Wasser zu 50 ml auf, gibt 10 ml Methylenblaulösung zu und schüttelt in einem Polyäthylengefäß 1 min mit genau 25,0 ml Dichloräthan. Nach der Phasentrennung pipettiert man 5,0 ml organische Phase ab und verdünnt im Meßkolben mit Dichloräthan auf 25 ml. Man photometriert bei $\lambda = 660$ nm gegen Dichloräthan. In gleicher Weise führt man zwei Reagentienblindproben aus und zieht das Mittel der Blindextinktionen vom Meßwert der Analysenprobe ab. Den Borgehalt entnimmt man einer *Eichkurve.*

B. *Unlösliches Bor und Gesamtbor.* Die wie unter A. gelöste Probe wird durch ein Blaubandfilter filtriert. Das Filter wird mit möglichst wenig (etwa 4 ml) Wasser gewaschen, im Platintiegel bei 250 °C und zuletzt bei 550 °C verascht. Der Rückstand wird mit genau 1,00 g $Na_2CO_3$ aufgeschlossen und die Schmelze in einem Gemisch aus genau 5,0 ml 2,5 n $H_2SO_4$ und 5,0 ml 2,5 n $H_3PO_4$ gelöst. Mit der Lösung verfährt man weiter wie unter A. Die Bestimmung ergibt das unlösliche Bor. — Vgl. auch Kapitel 5.5.3, S. 169.

Soll nur das *Gesamtbor* bestimmt werden, vereinigt man das zuerst erhaltene Filtrat mit der Lösung des Sodaaufschlusses und verfährt weiter wie unter A., wobei man die wäßrige Lösung vor der Extraktion auf 100 ml auffüllt, Extraktion und Verdünnung des Extrakts aber wie beschrieben vornimmt. Wegen der nicht quantitativen Extraktion des Assoziates ist jedoch eine *neue Eichkurve* für 100 ml wäßrige Phase erforderlich.

*Bemerkungen.* I. Bei *geringen Borgehalten* und insbesonders bei geringen Gehalten an unlöslichem Bor kann die Probemenge auf 0,2 bis 1 g gesteigert werden, wobei man die Mengen der anorganischen Reagentien entsprechend erhöht. Mehr als 2 g $Na_2CO_3$ sind jedoch keinesfalls nötig. Zur Analyse entnimmt man aliquote Teile der Lösung, entsprechend 0,1 g Probe. Zur Analyse von Si, U, Zr, $SiO_2$, BeO vgl. auch Kapitel 3.3.2, S. 40.

II. Zur Analyse von *Ferrobor* (15% B) schließt man dieses mit $K_2S_2O_7$ auf, fügt zur Lösung in Wasser 2 Tropfen $H_2O_2$ und zerkocht das überschüssige Oxydationsmittel [4]. Zur Bestimmung im *Stahl* vgl. ferner *Lüdemann* und Mitarbeiter [14].

III. Gemäß der *Arbeitsweise nach Bhargava und Hines* [3] löst man 0,1 g *Eisen* in 100-ml-Polyäthylenflaschen mit 1 ml 8 m Ammoniumhydrogenfluoridlösung, 1 ml Phosphorsäure ($H_3PO_4$ der Dichte 1,69 wird mit 2 Vol.-Teilen Wasser verdünnt), 0,5 ml konz. Flußsäure und 2,0 ml 100%igem $H_2O_2$. Die Probe löst sich in der Kälte innerhalb 5 bis 10 min. Bereits nach weiteren 15 min ist die $BF_4^-$-Bildung beendet. Man gibt dann 5 ml 40%ige Hexamethylentetraminlösung zu und verfährt weiter ähnlich der Arbeitsweise nach *Pasztor* und Mitarbeitern.

IV. *Störungen und weitere Anwendungen.* Das Verfahren wurde störungsfrei auf die Analyse *legierter Stähle* mit 18,5% Cr, 10% Ni sowie geringen Gehalten an Al, Co, Cu, Mo, Mn, Nb, P, Pb, Si, S, Sn, Ti, V, W, Zn und Zr angewandt. Verschiedene Anionen werden jedoch ebenfalls als Assoziate mit Methylenblau extrahiert. Es stören $ClO_4^-$, $SCN^-$, $CCl_3COO^-$ sowie größere Mengen $F^-$, $NO_3^-$, $MnO_4^-$ [11, 17],

$J^-$, $JO_4^-$, $[Fe(CN)_6]^{3/4-}$ und $MoO_4^{2-}$, ferner auch $Hg^{2+}$, $As^{3+}$ und $Sb^{3+}$ [20]. Nach einer ähnlichen Arbeitsweise [4] verursachen keine Störung bei der Analyse legierter Stähle: 20% Cr, 20% Ni, 3% Ti, 4% W, 3% V(V), 1% Cu und 3% Mo. Bereits 0,1% Nb stören und können mit $SO_2$ gefällt werden [4]. Bei der *Wasseranalyse* entfernen *Utsumi* und *Isozaki* [22] gelöste Alkylbenzolsulfonate sowie Perchlorat-ion *vor* der Zugabe von $H_2F_2$ durch Extraktion mit 3 ml $10^{-3}$ m Methylenblau und 10 ml Dichloräthan aus 0,23 n schwefelsaurer Lösung. Zur Beseitigung von Störungen durch $J^-$, $S_2O_3^{2-}$ und $S^{2-}$ schüttelt man 10 ml der organischen [Methylenblau] · $BF_4$-Lösung mit 5 ml wäßriger $Ag_2SO_4$-Lösung (1 mg $Ag^+$/5 ml); danach photometriert man wie üblich [22]. Bei der Bestimmung von $3 \cdot 10^{-4}$% B in 3 g *Eisen* entfernen *Fukushi* und *Kakita* [12] zunächst Fe durch dreimalige Extraktion mit Methylisobutylketon aus 6 n HCl.

Zur Extraktion des Ionenassoziates benutzte Schütteltrichter aus Polypropylen sollen bei Nichtgebrauch stets mit Wasser gefüllt aufbewahrt werden [3].

### *Literatur*


1. *Affsprung, H. E., Archer, V. S.*: Anal. Chem. **36**, 2512 (1964).
2. *Babko, A. K., Marčenko, P. V.*: Betriebslab. (russ.) **26**, 1202 (1960); durch Fr. **183**, 391 (1961).
3. *Bhargava, O. P., Hines, W. G.*: Talanta **17**, 61 (1970).
4. *Blazejak-Ditges, D.*: Fr. **247**, 20 (1969).
5. *Bljum, I. A., Dušina, T. K., Semenova, T. V.*: *Ščerba, I. J.*: Betriebslab. (russ.) **27**, 644 (1961).
6. *Busev, A. I., Jakovlev, P. J., Kozina, G. V.*: Ž. Anal. Chim. (russ.) **22**, 1227 (1968).
7. *Capelle, R.*: Chim. Anal. **45**, 303 (1963).
8. *Carlson, R. M., Paul, J. L.*: Anal. Chem. **40**, 1292 (1968).
9. *Coursier, J., Huré, J., Platzer, R.*: Anal. chim. Acta **13**, 379 (1955).
10. *Ducret, L., Seguin, P.*: Anal. chim. Acta **17**, 207 (1957).
11. *Ducret, L.*: Anal. chim. Acta **17**, 213 (1957).
12. *Fukushi, N., Kakita, Y.*: Japan Analyst **15**, 553 (1966); durch Chem. Abstr. **65**, 12839a.
13. *Gagliardi, E., Wolf, E.*: Mikrochim. A. **1968**, 140.
14. *Lüdemann, K. F., Zimmermann, R., Wemme, H.*: Neue Hütte **11**, 755 (1966).
15. *Maeck, W. J., Kussy, M. E., Ginther, B. E.*: *Wheeler, G. V., Rein, J. E.* Anal. Chem. **35**, 62 (1963).

15a. *Nishimura, M., Nakaya, S.*: Japan Analyst **18**, 148 (1969).

16. *Pasztor, L., Bode, J. D.*: Anal. Chem. **32**, 1530 (1960).
17. *Pasztor, L., Bode, J. D., Fernando, Q.*: Anal. Chem. **32**, 277 (1960).
18. *Pasztor, L., Bode, J. D.*: Anal. chim. Acta **24**, 467 (1961).
19. *Poluektov, N. S., Kononenko, L. I.*: *Lauer, R. S.* Ž. Anal. Chim. (russ.) **13**, 396 (1958).
20. *Skaar, O. B.*: Anal. chim. Acta **28**, 200 (1963).
21. *Skaar, O. B.*: Anal. chim. Acta **32**, 508 (1965).
22. *Utsumi, S., Isozaki, A.*: Nippon Kagaku Zasshi (J. Chem. Soc. Japan, Pure Chem. Sect.) **88**, 545 (1967); durch Chem. Abstr. **67**, 36292u.


## 4.3.4 Bestimmung mit sonstigen photometrischen Reagentien

### 4.3.4.1 Bestimmung in wäßriger Lösung mit Azomethin H

Borsäure bildet in wäßriger Lösung Chelate [2, 3, 27, 28] mit Azomethinen und Azoverbindungen des Typs:

8-(o-Hydroxyphenylazo)-1-naphthol

N-Salicylidenanthranilsäure

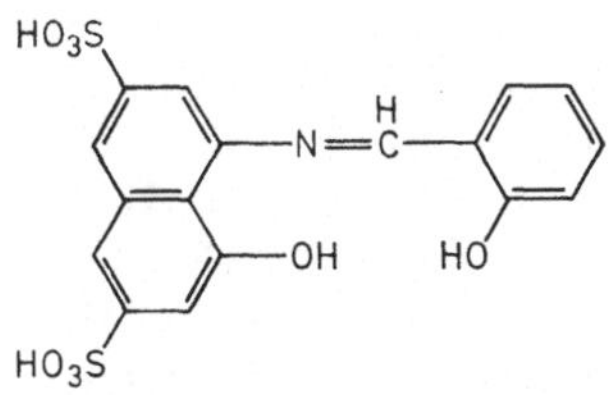

Azomethin H

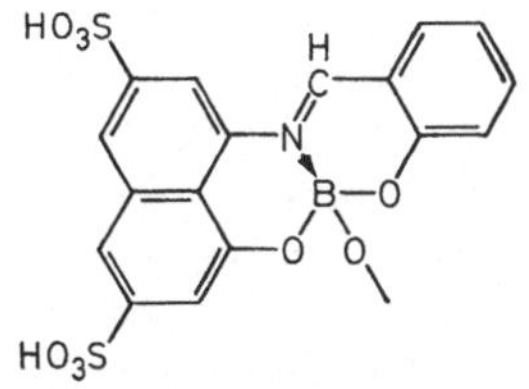

Azomethin-H-chelat

*Capelle* hat zahlreiche derartige Substanzen auf ihre Eignung zur photometrischen Borbestimmung geprüft [2]. Als am besten geeignet erwies sich Azomethin H, das Kondensationsprodukt aus H-Säure (8-Amino-1-naphthol-3,6-disulfonsäure) und Salicylaldehyd. Es erlaubt eine recht selektive Bestimmung von 20 bis 100 µg B in 100 ml wäßriger Lösung. Das gelbe Chelat bildet sich etwa im pH-Bereich 3,8 bis 7,8, optimal bei pH = 5,2. Die Spektren von Chelat und Reagens sind vom pH-Wert abhängig. Bei pH = 5 besitzt ersteres ein Maximum bei $\lambda$ = 415 nm, während die Absorption des Reagenses von 460 bis 400 nm nur langsam ansteigt. Die Extinktion des Chelates bei 415 nm ist im Bereich pH = 4,8 bis 5,6 praktisch konstant.

Die Extinktion einer borhaltigen Lösung steigt mit der Konzentration an Azomethin H, so daß diese möglichst hoch und vor allem streng konstant gehalten werden muß. Die Temperatur ist im Bereich (20 ± 5) °C ohne Einfluß.

Das Chelat bildet sich nur langsam. Nach *Capelle* [2, 3] ist die Extinktion erst nach etwa 8 Std. konstant; zur Bestimmung wird eine 18stündige Wartezeit empfohlen. *Šanina* und Mitarbeiter [24] sowie *Hofer* und Mitarbeiter [15a] fanden jedoch, daß sich die Färbung innerhalb 2 Std. entwickelt und danach 40 bis 50 min konstant bleibt.

*Darstellung von Azomethin H* [2]. 18 g H-Säure (8-Amino-1-naphthol-3,6-disulfonsäure), gelöst in 1 l Wasser, werden mit 20%iger Natronlauge gegen Kongorot neutralisiert. Man säuert tropfenweise mit HCl an und gibt noch 15 ml HCl im Überschuß zu. Der pH-Wert soll jetzt 1,5 bis 3,0 betragen. Unter Schütteln setzt man tropfenweise 20 g frisch destillierten Salicylaldehyd zu und schüttelt noch 1 Std. kräftig auf der Maschine. Man läßt den orangefarbenen Niederschlag des Azomethin H über Nacht absitzen und saugt ab. Man wäscht mehrfach mit Äthanol, dann mit Äther und trocknet bei 90 bis 105 °C. Die Substanz ist etwas hygroskopisch und muß gut verschlossen, am besten im Exsiccator, aufbewahrt werden. Azomethin H ist ein leichtes, hell orangefarbenes Pulver, das sich bei 300 °C zersetzt. Es ist löslich in Wasser, wenig löslich in Äthanol und unlöslich in Äther, Benzol, Chloroform, Aceton oder Tetrachlorkohlenstoff.

*Reagentien.* a) *Azomethin-H-Lösung.* Genau 3 g Azomethin H und 10 g Ascorbinsäure werden in 500 ml Wasser gelöst. Die Lösung ist in einer Polyäthylenflasche dunkel, möglichst im Kühlschrank, aufzubewahren. Sie ist nicht länger als 4 bis 5 Tage haltbar.

b) *Pufferlösung.* Man mischt 100 ml 50%ige Ammoniumacetatlösung und 16 ml Schwefelsäure (1:4) (etwa 19%ig). Der pH-Wert muß 5,2 ± 0,2 sein.

**Arbeitsvorschrift** [24]. Die alkalische, wäßrige Probelösung mit 30 bis 100 µg Bor gibt man in einen 100-ml-Meßkolben, setzt 1 Tropfen Phenolphthalein zu und neutralisiert vorsichtig mit verd. Schwefelsäure. Dann gibt man 10 ml Pufferlösung sowie genau 10 ml Azomethin-H-Lösung zu und füllt mit Wasser auf. Nach 2 Std. photometriert man bei 415 nm gegen eine Reagentienblindprobe.

*Bemerkungen.* I. Zur *Auswertung* führt man gleichzeitig zwei Eichproben mit bekannten Bormengen aus [24]. Nach *Capelle* kann man auch mittels einer *Eichkurve* auswerten [2].

II. *Störungen.* Keine Störung verursachen die in Organoborverbindungen nach ihrer KOH-Schmelze in einer Nickelbombe (vgl. Kapitel 2.4.3, S. 16) auftretenden Mengen an N, Na, K, Si, P, Cl, Fe, Ni, Ge, As, Br, Sn, Sb, Cs und Hg [24]. Keine Färbung mit Azomethin H ergeben Sb, As, Ba, Bi, Cd, Ca, Cs, Co, K, Li, Mg, Mn, Nd, Ni, Nb, Pb, Re, Se, Na, Sr, Ta, Te, Tl, Th, W, U, Zn, $NO_3^-$, $Cl^-$, $F^-$, $SO_3^{2-}$ und $C_2O_4^{2-}$. $Na^+$ und $K^+$ verlangsamen die Farbentwicklung. $Sn^{2+}$, Te und $Hg^{2+}$ ergeben einen weißen Niederschlag, Cu und Cr eine gelbbraune, $Fe^{2+}$, $Fe^{3+}$ und $NO_2^-$ eine dunkelbraune Färbung. Eine gleich starke Gelbfärbung wie 1 μg B ergeben (μg): Mo (625), Zr (25), Al (2,1), Be (0,5), Ti (11,1), V (IV), (V) (2,5), Cu (4,5), Cr (11,1) [2].

III. *Anwendungen.* Zur Analyse von *Organoborverbindungen* mit $B_{10}H_{10}$-Gruppen schließt man 3 bis 5 mg mit 0,5 bis 1,5 g KOH zunächst bei 400 bis 450 °C, dann bei 800 bis 850 °C in einer Nickelmikrobombe auf. Ein aliquoter Teil der in Wasser gelösten Schmelze wird zur Bestimmung vorgelegt [24]; vgl. Kapitel 2.4.3. Zur *Stahlanalyse* löst man die Probe in $H_2SO_4$, schließt gegebenenfalls den Rückstand mit Soda auf und gibt die schwefelsaure Probelösung durch einen stark sauren Kationenaustauscher (Dowex 50 X 4) (Vorschrift Kapitel 3.2.1.2, S. 33). Ein aliquoter Teil des neutralisierten und eingeengten Eluats wird zur Bestimmung vorgelegt [3].

IV. *Arbeitsweise nach Hofer.* In *Komplexdüngern* lassen sich nach *Hofer* und Mitarbeitern [15a] 0,03% Bor nach Extraktion störungsfrei bestimmen: In einer Plastikflasche schüttelt man 10,0 g Dünger 1 Std. mit genau 100 ml Wasser und filtriert. Ein aliquoter Teil des Filtrats mit 10—90 μg Bor wird mit Wasser auf 20 ml verdünnt und mit HCl auf pH 1 eingestellt. Dann schüttelt man im Plastik-Schütteltrichter zweimal jeweils 1 min mit je 20 ml einer 20%igen Lösung von 2-Äthyl-1,3-hexandiol in Methylisobutylketon (vgl. auch Kapitel 4.5.3, S. 131). Die vereinigten organischen Phasen schüttelt man 1 min mit 20 ml 0,5 n Natronlauge und bestimmt das Bor im alkalischen Extrakt mit Azomethin H.

### 4.3.4.2 Azoderivate der Chromotropsäure

bilden in konz. Schwefelsäure mit Borsäure Chelate, die sich zur photometrischen Bestimmung eignen.

*Chromotrop 2 B* bildet in konz. $H_2SO_4$ mit Bor ein blaues Chelat, das sich innerhalb 45 min bei Zimmertemperatur entwickelt und bei 620 nm photometriert wird. Das Beersche Gesetz ist erfüllt. Noch 0,07 μg B/ml sind erfaßbar. 1 μg B ist bestimmbar neben (μg): Ti (5), W (5), Mo (55), Ni (75), $Fe^{3+}$ (100) [5].

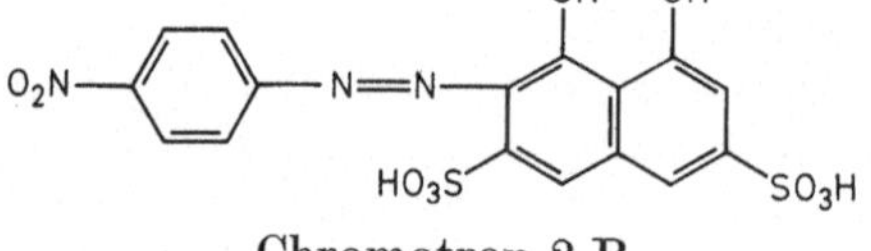

OH OH O2N N=N HO3S SO3H

Chromotrop 2 B

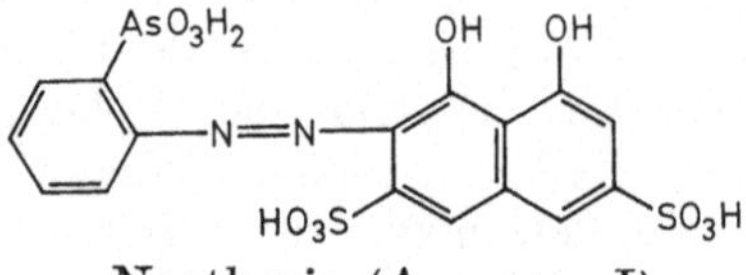

AsO3H2 OH OH N=N HO3S SO3H

Neothorin (Arsenazo I)

Das blaue Chelat mit *Arsenazo II* erlaubt die Bestimmung von 1 μg B in konz. $H_2SO_4$ neben (μg): Ti (75); Mo, W (100); Ni, $Fe^{3+}$ (125) [5]. Bei der Analyse von Legierungen wurden Cr und Ni durch Elektrolyse, Ti und Fe durch NaOH-Fällung abgetrennt [5].

*Neothorin* (= *Arsenazo I*) [2-(o-Arsenophenylazo)-1,8-dihydroxynaphthalin-3,6-disulfonat] reagiert mit Bor in konz. $H_2SO_4$ innerhalb 15 min bei 35 °C. Das Chelat besitzt einen Extinktionskoeffizienten von $\varepsilon = 6410$ bei $\lambda = 635$ nm und erlaubt die Bestimmung von 0 bis 10 μg B/10 ml. Das Beersche Gesetz ist erfüllt [9].

Das blaue Chelat mit *SPADNS* [2-(p-Sulfophenylazo)-1, 8-dihydroxynaphthalin-3, 6-disulfonat] bildet sich in einer Mischung aus konz. $H_2SO_4$, Eisessig und Acetanhydrid innerhalb 15 min und erlaubt die Bestimmung von 0 bis 30 µg B bei $\lambda = 590$ nm [26].

#### 4.3.4.3 Abkömmlinge des Flavons

ergeben mit Borverbindungen Komplexe, die verschiedentlich zur Bestimmung der Flavone benutzt wurden [20, 21, 25].

Eine photometrische Borbestimmung läßt sich mit *Morin* in wasserfreiem Aceton ausführen. Hierzu dampft man 0,5 bis 10 µg B in wäßriger Lösung mit Weinsäure und äthanolischer Morinlösung zur Trockne, nimmt mit abs. Aceton auf und photometriert bei 425 nm [18]. Liegt B bereits in wasserfreier, acetonischer Lösung vor, kann das Eindampfen unterbleiben. Die *Eichkurve* ist stark gekrümmt [16].

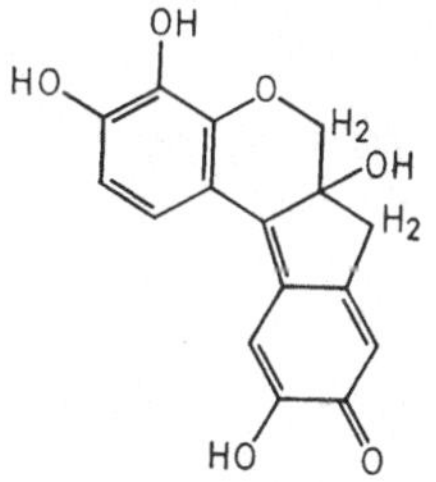

Hämatein

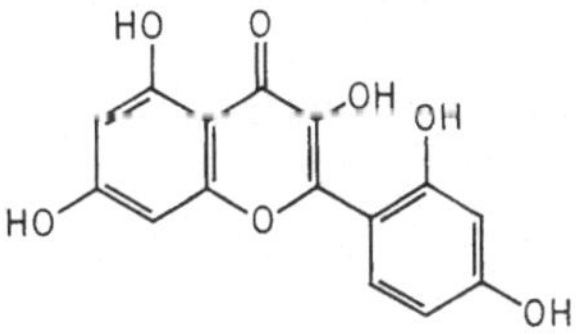

Morin

*Hämatein* bildet mit Bor ein Chelat, das ein breites Absorptionsmaximum im Bereich um 490 nm aufweist. Die Extinktionskoeffizienten betragen $\varepsilon = 25\,600$ bei 492 nm und 23 200 bei 505 nm. Die Spektren von Reagens und Chelat überlappen sich jedoch stark. Zur Bestimmung dampft man 0,065 bis 1,3 µg B in 0,25 ml wäßriger Probelösung mit Hämateinlösung zur Trockne, nimmt mit Aceton auf und mißt bei 505 nm [17].

#### 4.3.4.4 Polyphenole und Phenolcarbonsäuren

bilden mit Borsäure Chelate, welche eine photometrische Bestimmung in annähernd neutraler, wäßriger Lösung gestatten. Die Stabilität der Chelate von Borsäure mit Brenzkatechinderivaten steigt mit dem sauren Charakter des Liganden [16a]. Die Spektren von Reagens und Chelat weisen häufig mehrere isosbestische Punkte auf. Außer der Extinktionszunahme des Chelates mit steigender Borkonzentration kann in manchen Fällen auch die Extinktionsabnahme des Reagenses zur Borbestimmung benutzt werden. Die Reaktionen dieser Reagentienklasse mit Borsäure wurden besonders von *Hiiro* untersucht.

*Tiron* (Brenzkatechin-3, 5-disulfonat) bildet bei pH = 7,4 bis 7,5 mit Borsäure einen (1:1)-Komplex, der Absorptionsmaxima bei $\lambda = 252$ und 306 nm besitzt. Es sind 10 bis 80 µg B/25 ml bestimmbar [10].

Mit *Protocatechusäure* (3, 4-Dihydroxybenzoesäure) entsteht bei pH = 7,8 bis 8,1 ein (1:1)-Chelat mit einem Absorptionsmaximum bei $\lambda = 302$ nm. Das Beersche Gesetz ist im Bereich 0,4 bis 2 ppm B erfüllt [13].

Das Chelat mit *Alizarin S* erlaubt bei pH = 7,7 bis 8,2 und $\lambda_{max} = 426$ nm die Bestimmung von 0,6 bis 6 ppm B. Viele störende Metallionen, mit Ausnahme von $Fe^{3+}$ und $Al^{3+}$, können mit ÄDTA maskiert werden [12].

Mit *Stilbazo* [Stilben-4, 4′-bis(3, 4-dihydroxyphenylazo)-2, 2′-disulfonsäure] sind $<50$ µg B/25 ml bei pH = 8,9 bis 9,1 und $\lambda = 414$ nm bestimmbar [6].

*Brenzkatechinviolett* bildet mit Borsäure bei optimal pH = 8,3 bis 8,6 ein Chelat, welches ein Absorptionsmaximum bei $\lambda$ = 484 nm besitzt [8]. Die photometrische Bestimmung erfolgt zur Verminderung des pH-Einflusses jedoch besser bei $\lambda$ = 494 nm, dem isosbestischen Punkt des Reagenses. Das Beersche Gesetz ist im Bereich 0,2 bis 2 ppm B erfüllt. Zahlreiche Störionen, außer $Al^{3+}$, können mit ÄDTA maskiert werden. Die Reaktionstemperatur muß jedoch sorgfältig konstant gehalten werden, da die Extinktion mit steigender Temperatur stark abnimmt.

OH OH
HO O
C
$SO_3H$

Brenzkatechinviolett

**Bestimmung in wäßriger Lösung** *mit Brenzkatechinviolett nach Hiiro.*

*Reagentien* [8]. a) *Brenzkatechinviolettlösung.* $2 \cdot 10^{-3}$ molar (0,773 g/l) in Wasser; die Lösung ist länger als 1 Monat beständig.

b) *Puffer.* Man mischt 8 Teile 0,5 m $NH_4Cl$-Lösung mit 1 Teil 0,5 m $NH_3$-Lösung und stellt auf pH = 8,55 bis 8,60 ein.

c) *ÄDTA-Lösung.* $5 \cdot 10^{-2}$ molar in Wasser.

**Arbeitsvorschrift** [8]. In einen 25-ml-Meßkolben gibt man die annähernd neutrale, wäßrige Probelösung mit 5 bis 50 µg B, 5 ml Brenzkatechinviolettlösung, 0,5 ml ÄDTA-Lösung und 5 ml Puffer. Man füllt auf und mißt bei $d$ = 1 cm innerhalb 20 min bei $\lambda$ = 494 nm gegen eine Reagentienblindprobe.

*Bemerkungen.* I. *Temperatur* und Reagenskonzentration müssen sorgfältig konstant gehalten werden. Zweckmäßig führt man mit jeder Serie von Bestimmungen einige Eichmessungen aus.

II. *Störungen.* Keine Störung verursachen je 200 mg KF, NaCl, KJ, $Na_2SO_4$, $Na_2HPO_4 \cdot 12H_2O$, $NaHCO_3$, Kaliumnatriumtartrat und Natriumsilicat. Es stören bereits 40 mg $Na_2SO_3$ und $KNO_3$. Keine Störung in Gegenwart von ÄDTA verursachen je 500 mg $Mg^{2+}$, $Zn^{2+}$, $Cu^{2+}$, $Pb^{2+}$, $Mn^{2+}$, $Ni^{2+}$, $Co^{2+}$, $Cd^{2+}$. Stark stört $Al^{3+}$.

III. Die vom Reagensüberschuß herrührende *Blindextinktion* ist sehr hoch und beträgt für $d$ = 1 cm etwa $E$ = 3,8. Daher sind nur lichtstarke Spektralphotometer, z.B. Zeiss PMQ II verwendbar.

*Indirekte Bestimmungen* durch Abnahme der Extinktion wäßriger Lösungen von *Polyphenolen* bei Borsäurezusatz wurden beschrieben unter Verwendung von Brenzkatechinviolett [14], Carminsäure (pH = 6,9 bis 7,4) [15], Hämatoxylin [7], Stilbazo [11], Viktoriaviolett [23] und Phthaleinviolett [22].

*Extrahierbare Ionenassoziate* mit Farbstoffkationen bilden die Borchelate der Salicylsäure, Protocatechusäure, des Brenzkatechins und Pyrogallols [19]. Zur *Bestimmung mit Salicylsäure und Kristallviolett* gibt man zur Probelösung mit 0 bis 1 µg B (pH = 6) 2 ml gesätt. wäßrige Salicylsäurelösung, dampft ein und erhitzt 20 min am Wasserbad. Den Rückstand versetzt man mit 0,2 ml 0,2%iger wäßriger Kristallviolettlösung und 10 ml 0,01 m HCl, extrahiert mit 4 ml Benzol und mißt bei $\lambda$ = 585 nm [29].

### 4.3.4.5 Indirekte Bestimmung mit Fluorokomplexen

Fluorokomplexe mancher Metalle werden durch Borsäure unter Bildung von Tetrafluoroborat zerlegt. Das dabei freigesetzte Metallion kann zur indirekten Borbestimmung benutzt werden. Aus *Fluorotitanat* entsteht in Gegenwart von $H_2O_2$ nach Zusatz von $H_3BO_3$ gelbes Peroxotitanat, das photometriert wird [4]. Das aus *Fluoromolybdat* nach Zusatz von $H_3BO_3$ freiwerdende Mo läßt sich zu Molybdänblau reduzieren. Die Nachweisgrenze beträgt dabei 0,1 mg B/50 ml [1, 30]. Diese Verfahren haben den Nachteil, daß die Küvettenfenster allmählich verätzt werden.

## *Literatur*


1. *Campbell, R. H., Mellon, M. G.*: Anal. Chem. **32**, 50 (1960).
2. *Capelle, R.*: Anal. chim. Acta **24**, 555 (1961).
3. *Capelle, R.*: Anal. chim. Acta **25**, 59 (1961).
4. *Fukamauchi, H.*: Fr. **229**, 413 (1967).
5. *Golubcova, R. B.*: Ž. Anal. Chim. (russ.) **15**, 481 (1960).
6. *Hiiro, K.*: Japan Analyst **10**, 1281 (1961); durch Chem. Abstr. **59**, 4532c.
7. *Hiiro, K.*: Japan Analyst **10**, 1278 (1961); durch Chem. Abstr. **59**, 4532e.
8. *Hiiro, K.*: Bl. chem. Soc. Japan **34**, 1743 (1961).
9. *Hiiro, K.*: Japan Analyst **11**, 223 (1962); durch Chem. Abstr. **57**, 22d.
10. *Hiiro, K.*: Bl. chem. Soc. Japan **35**, 1097 (1962).
11. *Hiiro, K.*: J. Chem. Soc. Japan, Pure Chem. Sect. (Nippon Kagaku Zasshi) **83**, 143 (1962); durch Chem. Abstr. **57**, 2839a.
12. *Hiiro, K.*: J. Chem. Soc. Japan, Pure Chem. Sect. (Nippon Kagaku Zasshi) **83**, 711 (1962); durch Chem. Abstr. **59**, 9306a.
13. *Hiiro, K.*: J. Chem. Soc. Japan, Pure Chem. Sect. (Nippon Kagaku Zasshi) **83**, 715 (1962); durch Chem. Abstr. **59**, 9306a.
14. *Hiiro, K.*: Osaka Kogyo Gijutsu Shikensho Kiho **14**, 54 (1963); durch Chem. Abstr. **61**, 10023g.
15. *Hiiro, K.*: Japan Analyst **12**, 703 (1963); durch Chem. Abstr. **59**, 12159b.

15a. *Hofer, A., Brosche, E., Heidinger, R.*: Fr. **253**, 117 (1971).

16. *Jewsbury, A., Osborn, G. H.*: Anal. Chim. Acta **3**, 481 (1949).

16a. *Meilleur, R., Benoit, R. L.*: Canad. J. Chem. **47**, 2569 (1969).

17. *Monnier, D., Marcantonatos, M., Feraud, R., Haerdi, W.*: Helv. chim. Acta **46**, 1047 (1963).
18. *Murata, A., Yamauchi, F.*: J. Chem. Soc. Japan, Pure Chem. Sect. **79**, 1454 (1958); durch Chem. Abstr. **53**, 15860h.
19. *Nazarenko, V. A., Vinkoveckaja, S. J.*: Dopovidi Akad. Nauk Ukr. RSR **1960**, 196; durch Chem. Abstr. **54** 22141c.
20. *Neu, R.*: Fr. **142**, 335 (1954).
21. *Neu, R.*: Mikrochim. A. **1961**, 206.
22. *Petrovsky, V.*: Talanta **10**, 175 (1963).
23. *Reynolds, C. A.*: Anal. Chem. **31**, 1102 (1959).
24. *Šanina, T. M., Gel'man, N. E., Michailovskaja, V. S.*: Ž. Anal. Chim. (russ.) **22**, 782 (1967).
25. *Taubock, K.*: Naturwiss. **38**, 439 (1942).
26. *Truhaut, R., Bondene, C., Nguyen Phu-Lich*: Ann. Fals. Expert. Chim. **59**, 257 (1966); durch Chem. Abstr. **67**, 114653h.
27. *Umland, F., Poddar, B. K.*: Angew. Ch. **77**, 1012 (1965).
28. *Umland, F., Poddar, B. K., Stegemeyer, H.*: Fr. **216**, 125 (1966).
29. *Vasilevskaja, A. E., Lenskaja, L. K.*: Ž. Anal. Chim. (russ.) **20**, 747 (1965).
30. *Vera, M. A.*: Anales Fac. Quim. Farm., Univ. Chile **14**, 149 (1962); durch Chem. Abstr. **60**, 6202h.


## 4.4 Fluorimetrie

Zur fluorimetrischen Borbestimmung eignen sich vor allem aromatische Ketone und Chinone. Sie bilden in konz. schwefelsaurem Medium mit Borsäure fluoreszierende Chelate, die z.T. sehr empfindliche und vielfach recht spezifische Bestimmungen bei geringem Aufwand erlauben. Ähnliches gilt auch für die Bestimmung mit Thorin.

Den Vorteil, eine Bestimmung in wäßrig-äthanolischer Lösung statt in konz. $H_2SO_4$ zu ermöglichen, bietet das Benzoin. Das Reagens ist jedoch luftempfindlich; Spülung der Lösung mit $N_2$ ist zu empfehlen.

Eine andere Möglichkeit der fluorimetrischen Bestimmung stellt die Extraktion eines Tetrafluoroborates als Ionenassoziat mit fluoreszierenden, organischen Farbstoffen dar. Hierbei entsprechen die Arbeitsbedingungen weitgehend denjenigen ähnlicher, photometrischer Verfahren (vgl. Kapitel 4.3.3).

### 4.4.1 Bestimmung mit Dihydroxybenzophenon

2,4-Dihydroxybenzophenon (DHB) bildet in konz. oder nur mäßig verd. $H_2SO_4$ mit Borsäure einen fluoreszierenden Komplex im Verhältnis 1:1 [11]. Die Reaktionsgeschwindigkeit ist bei Raumtemperatur gering; bei 70 °C ist seine Bildung

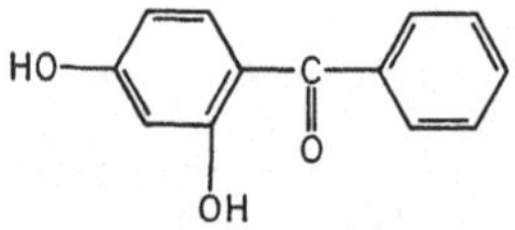

HO–C₆H₃(OH)–C(=O)–C₆H₅

2,4-Dihydroxybenzophenon

aber nach 40 min vollständig. Von besonderem Vorteil erscheint, daß das Reaktionsmedium bis zu 10 Vol.-% $H_2O$ enthalten darf, ohne daß eine Verfälschung der Ergebnisse auftritt. Auch bei 20% $H_2O$-Gehalt sind Fluoreszenzspektrum und Zusammensetzung des Komplexes noch unverändert; die Fluoreszenzintensität nimmt jedoch ab. Da das Reagens im Bereich der Anregungslinie bei etwa 370 nm starke Absorption zeigt, muß seine Konzentration möglichst gering bleiben. Verwendet man 0,5 ml 0,0064%ige DHB-Lösung in konz. $H_2SO_4$ bei einem Endvolumen von 3 ml, so sind 0,01 µg B mit einem *Fehler* von ±13%, 0,5 µg mit ±3% bestimmbar. Es sind Quarzgefäße und hochreine Reagentien erforderlich. Das DHB muß vorher zweimal aus 30%igem Hexan in Chloroform umkristallisiert werden.

Die Anregung erfolgt mit der Hg-Linie 365 nm, die Messung bei $\lambda = 503$ nm gegen eine Reagentienblindprobe. *Keine Störung* verursachen je etwa 1 mg $Rb^+$, $Be^{2+}$, $Mg^{2+}$, $Ca^{2+}$, $Sc^{3+}$, $Th^{4+}$, $Ti^{4+}$, $Zr^{4+}$, $Nb^{5+}$, $Ta^{5+}$, $Cr^{3+}$, $Mo^{6+}$, $W^{6+}$, $Mn^{2+}$, $Fe^{3+}$, $Co^{2+}$, $Ni^{2+}$, $Cu^{2+}$, $Ag^+$, $Zn^{2+}$, $Cd^{2+}$, $Hg^{2+}$, $Al^{3+}$, $Sn^{2+}$, $Pb^{2+}$, $As^{3+}$, $Sb^{3+}$, $Bi^{3+}$. Es stört $V^{5+}$ in 100fachem Überschuß gegenüber Bor; weitere Störungen können durch Stoffe auftreten, die in konz. $H_2SO_4$ Niederschläge bilden (vgl. hierzu die Arbeitsvorschrift zur Bestimmung mit HMCB, S. 124).

### 4.4.2 Bestimmung von Nanogramm-Mengen mit 2-Hydroxy-4-methoxy-4'-chlorbenzophenon (HMCB) nach Marcantonatos und Monnier

Ein systematischer Vergleich von 9 substituierten 2-Hydroxybenzophenonen erwies das 2-Hydroxy-4-methoxy-4'-chlorbenzophenon (HMCB) in konz. Schwefelsäure als extrem empfindliches fluorimetrisches Reagens auf Bor [8]. Es

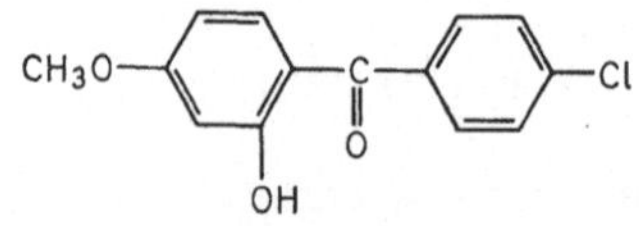

$CH_3O$–C₆H₃(OH)–C(=O)–C₆H₄–Cl

„HMCB“
2-Hydroxy-4-methoxy-4'-chlorbenzophenon

erlaubt die Bestimmung von 0,36 bis 36 ng B/ml bei 3 ml Gesamtvolumen mit einem *Fehler* von ±21 bis 1,5%. Bei geringerem Arbeitsaufwand steht es damit der photometrischen Curcuminmethode [15] (vgl. Kapitel 4.3.2.3, S. 107) an Empfindlichkeit nicht nach.

Der fluoreszierende Komplex bildet sich bei Zimmertemperatur nur langsam; bei 70 °C wird jedoch schon nach etwa 20 min der konstante Endwert der Fluoreszenz erreicht. Die Anregung erfolgt im Bereich der Quecksilberlinie $\lambda = 365$ nm, die Messung im Maximum des Fluoreszenzspektrums bei $\lambda = 490$ nm.

Die Intensität hängt etwas vom Reagensüberschuß ab. Sie ist maximal für ein Verhältnis HMCB:$H_3BO_3$ von etwa 35 bis 50 [8]. Wesentlich ist ferner, daß ein $H_2O$-Gehalt des Reaktionsmediums (konz. $H_2SO_4$) bis etwa 6% ohne Einfluß ist. Erst ab etwa 10% $H_2O$ nimmt die Intensität stärker ab [6].

*Störungen und Anwendungen.* Die Spezifität des HMCB ist sehr gut. Keine Störung bei Bestimmung von 22 ng B verursachen je 10 µg/ml:

$Li^+$, $Na^+$, $K^+$, $Rb^+$, $Cs^+$, $Be^{2+}$, $Mg^{2+}$, $Ca^{2+}$, $Sr^{2+}$, $Ba^{2+}$, $Sc^{3+}$, $Th^{4+}$, $Ce^{4+}$, $Pr^{3+}$, $Eu^{3+}$, $Ti^{4+}$, $Zr^{4+}$, $V^{5+}$, $Ta^{5+}$, $Nb^{5+}$, $Cr^{3+}$, $Mo^{6+}$, $W^{6+}$, $Mn^{2+}$, $Re^{7+}$, $Fe^{3+}$, $Co^{2+}$, $Ni^{2+}$, $Cu^{2+}$, $Ag^+$, $Zn^{2+}$, $Hg^{2+}$, $Cd^{2+}$, $Al^{3+}$, $In^{3+}$, $Tl^{3+}$, $Sn^{2+}$, $Pb^{2+}$, $As^{3+}$, $Sb^{3+}$ und $Bi^{3+}$ [8].

Ohne Vortrennung möglich ist die Borbestimmung in *NaOH p.a.* [6] und niedrig *legiertem Stahl* [10]. Die vielfach zu erwartenden, in konz. $H_2SO_4$ unlöslichen Sulfate werden gegebenenfalls zentrifugiert und unter Erhitzen auf 300 °C mit konz. $H_2SO_4$ gewaschen [10]. In *Pflanzenmaterial* kann die Bestimmung nach nasser Veraschung mit $H_2SO_4$ und $H_2O_2$ (vgl. Kapitel 2.3.1.2, S. 12) unmittelbar in der verbleibenden, schwefelsauren Lösung erfolgen [9].

*Arbeitsweise zur Bestimmung in NaOH p.a. [6].*

*Arbeitsbereich.* 2 bis 30 ng B/3 ml; $10^{-6}$% B bei 0,15 g NaOH Einwaage.

*Geräte.* Spektrofluorimeter „Zeiss ZFM 4 C" mit Hg-Lampe, Fluoreszenzstandard „Zeiss"; 250-ml-Kjedahlkolben und Reagensgläser aus Quarz.

*Reagentien.* a) *2-Hydroxy-4-methoxy-4'-chlorbenzophenon* 0,0105%ige Lösung in konz. $H_2SO_4$;

b) *$H_2SO_4$* p.a. „Merck" (die Verwendung von $H_2SO_4$ „suprapur Merck" ist nicht erforderlich) [8];

c) *Eichlösung* von $H_3BO_3$ in konz. $H_2SO_4$ mit 100 ng B/ml, vor Gebrauch durch Verdünnen einer konz. Vorratslösung herzustellen.

**Arbeitsvorschrift.** In einen 250-ml-Kjedahlkolben aus Quarz, der von außen mit Eis gekühlt ist, gibt man 45 ml konz. $H_2SO_4$ und 5 g des zu untersuchenden Natriumhydroxids, letzteres möglichst in Form von Plätzchen. Das Eintragen des NaOH hat in kleinen Anteilen und mit der gebotenen Vorsicht zu erfolgen, wobei man den Kolben kräftig schüttelt. Zur Beschleunigung und Vervollständigung der Auflösung erwärmt man allmählich auf 80 °C, kühlt dann ab und überführt in einen 100-ml-Meßkolben. Man spült mit konz. $H_2SO_4$ nach und füllt mit konz. $H_2SO_4$ zur Marke auf.

Die *Messung und Eichung* kann mit äußerem oder innerem Standard oder mit einer Mischung aus beiden erfolgen. Möglich ist aber auch die Erstellung einer Eichkurve.

In Quarzreagensgläsern setzt man nebeneinander 6 Proben nach folgendem Schema an:

| Nummer der Probe | 1 | 2 | 3 | 4 | 5 | 6 |
|---|---|---|---|---|---|---|
| ml konz. $H_2SO_4$ | 2,8 | 2,8 | 2,7 | 2,7 | 0,1 | 0 |
| $v$ ml Probelösung | 0 | 0 | 0 | 0 | 2,7 | 2,7 |
| ml HMCB-Lösung | 0,2 | 0,2 | 0,2 | 0,2 | 0,2 | 0,2 |
| ml Eichlösung | 0 | 0 | 0,1 | 0,1 | 0 | 0,1 |

Proben Nr. 1 und 2 sind Blindproben; Nr. 3 und 4 enthalten den äußeren Standard, Nr. 5 und 6 die Analysenprobe, und zwar Nr. 5 ohne und Nr. 6 mit innerem Standard.

Man mischt durch und erhitzt 35 (bis 45) min auf (70 ± 2) °C, verschließt dann die Reagensgläser mit Polyäthylenstopfen und kühlt sofort in kaltem Wasser. Zur Messung überführt man die Lösungen in 1-cm-Quarzküvetten. Man regt die Fluoreszenz mit der Hg-Linie 365 nm an und mißt die Durchlässigkeit bei $\lambda =$ 490 nm. Vor jeder Messung wird das Gerät mit dem Fluoreszenzstandard geeicht.

*Bemerkungen.* I. *Auswertung.* Es seien $D_1, D_2, \ldots, D_6$ die gemessenen Durchlässigkeiten der Proben 1, 2, ..., 6, $D_{\mathrm{B}}$ die mittlere Durchlässigkeit der Blindproben, $D_{\mathrm{E}}$ die mittlere Durchlässigkeit der Eichproben, $d_{\mathrm{E}}$ die Durchlässigkeit bei 10 ng Bor unter den Versuchsbedingungen, $d_5$ die Durchlässigkeit bei x ng Bor in den vorgelegten 2,7 ml Probelösung, $d_6$ die Durchlässigkeit bei (x + 10) ng Bor, $v$ das in jeder Probe vorgelegte Volumen der Probelösung (siehe oben) und $G$ das Gewicht an NaOH in Gramm, das sich in den vorgelegten $v$ ml der Probelösung befindet (es werden also jeweils etwa 0,13 bis 0,15 g NaOH je Probe vorgelegt).

Dann ist

$$D_{\mathrm{E}} = (D_3 + D_4)/2; \quad D_{\mathrm{B}} = (D_1 + D_2)/2;$$

$$d_{\mathrm{E}} = D_{\mathrm{E}} - D_{\mathrm{B}}; \; d_5 = D_5 - D_{\mathrm{B}} \; \text{ und } \; d_6 = D_6 - D_{\mathrm{B}}.$$

Der Borgehalt der Analysensubstanz errechnet sich danach wie folgt:

$$\%\mathrm{B} = \frac{\mathrm{d}_5}{\mathrm{d}_{\mathrm{E}}} \cdot \frac{10^{-4}}{vG} \text{ (mit äußerem Standard);}$$

$$\%\mathrm{B} = \frac{\mathrm{d}_5}{\mathrm{d}_6 - \mathrm{d}_5} \cdot \frac{10^{-4}}{vG} \text{ (mit innerem Standard);}$$

$$\%\mathrm{B} = \frac{\mathrm{d}_6 - \mathrm{d}_{\mathrm{E}}}{\mathrm{d}_{\mathrm{E}}} \cdot \frac{10^{-4}}{vG} \text{ (mit beiden Standards).}$$

II. *Reproduzierbarkeit. Marcantonatos, Monnier* und *Daniel* [6] bestimmen den Borgehalt von NaOH, indem sie je Probe etwa 0,1 bis 0,15 g NaOH vorlegen und das Meßergebnis jeder Probe nach den Verfahren mit äußerem Standard, mit beiden Standards und mittels einer Eichkurve auswerten. Die Resultate der drei Auswerteverfahren werden gemittelt. Mit $N = 10$ Bestimmungen ergab sich für das NaOH-Präparat 1 eine Standardabweichung $\mathrm{s} = 0{,}23 \cdot 10^{-6}\%$, $\mathrm{s_m} = \frac{\mathrm{s}}{\sqrt{\mathrm{N}}} = 0{,}072 \cdot 10^{-6}\%$, bei $\mathrm{P} = 95\%$ ein Vertrauensbereich: $\mathrm{t_{sm}} = \pm 0{,}16 \cdot 10^{-6}\%$ und als Borgehalt $\mathrm{B} = (0{,}9 \pm 0{,}2) \cdot 10^{-6}\%$. Für das NaOH-Präparat 2 ergab sich mit $\mathrm{N} = 10$: $\mathrm{s} = 0{,}416 \cdot 10^{-6}\%$, $\mathrm{s_m} = 0{,}131 \cdot 10^{-6}\%$, $\mathrm{t_{sm}} = \pm 0{,}296 \cdot 10^{-6}\%$ und $\mathrm{B} = (3{,}2 \pm 0{,}3) \cdot 10^{-6}\%$.

III. Müssen zur *Bestimmung in Wässern* mehr als 0,3 ml Probe eingesetzt werden, dampft man bis etwa 1 ml Probe unter Zusatz von 0,3 ml $Ca(OH)_2$-Lösung im Quarzreagensglas zur Trockne und löst den Rückstand in 3,7 ml konz. $H_2SO_4$. Sind organische Substanzen vorhanden, gibt man jetzt noch 0,1 ml 30%iges $H_2O_2$ zu, erhitzt innerhalb 30 min bis auf 190 °C und erhitzt weitere 50 min bei 190 °C. Diese Vorbehandlung verursacht im Bereich 1 bis 40 ng B keine Borverluste [5a].

### 4.4.3 Bestimmung mit Resacetophenon

Eine nur geringe Empfindlichkeit besitzt das Resacetophenon (2,4-Dihydroxyacetophenon), welches die Bestimmung von 1 bis 7 mg $H_3BO_3$/25 ml erlaubt. Als Reaktionsmedium ist außer konz. Schwefelsäure auch sirupöse Phosphorsäure brauchbar [4].

### 4.4.4 Bestimmung mit Benzoin

Mit Benzoin bildet Bor bereits in äthanolhaltiger, wäßrig-alkalischer Lösung ein fluoreszierendes (1:1)-Chelat [16]. Die Fluoreszenzintensität hängt von der Natur der Base ab: Sie ist in Dimethylformamid in Gegenwart aliphatischer Amine höher als in natronalkalischer Lösung (NaOH-Glykokoll-Puffer: pH = 12,5) [3].

Die Fluoreszenz erreicht nach etwa 5 min ein Maximum und bleibt dann etwa 10 min konstant. Auch bei Spülung der Lösungen mit $N_2$ nimmt sie danach infolge Oxydation des Reagenses durch Luftsauerstoff wieder ab. Die Anregung der Fluoreszenz erfolgt bei $\lambda = 310$ bis 400 nm, ihre Messung im Bereich $\lambda = 450$ bis 520 nm. Bestimmbar sind etwa 0,6 bis 5 ng B/ml. Die Abtrennung von Störionen kann mittels Kationenaustauscher oder durch Destillation des Bors als Trimethylester erfolgen. Benzoin wurde u.a. zur B-Bestimmung in Stahl, Magnesium, hochreinem Silicium und Seewasser benutzt [12].

### 4.4.5 Bestimmung mit Dibenzoylmethan

Nach *Marcantonatos* und Mitarbeitern [5b] bildet Dibenzoylmethan, $C_6H_5 \cdot CO \cdot CH_2 \cdot CO \cdot C_6H_5$, mit $H_3BO_3$ unter ähnlichen Bedingungen wie „HMCB" ein fluoreszierendes Chelat. Die Messung erfolgt bei $\lambda = 410$ nm unter Anregung bei $\lambda = 385$ nm in einem Gemisch aus Äther und 8% konz. $H_2SO_4$. Noch 0,5 ng B/ml sind bestimmbar.

Bei 77°K (flüss. $N_2$) erstarrt das Äther/$H_2SO_4$-Gemisch zu einem durchsichtigen Glas, in welchem das Chelat *phosphoresziert*. Das Phosphoreszenzmaximum liegt bei $\lambda = 509$ nm, die Anregung erfolgt bei $\lambda = 403$ nm. Noch 5 ng B/ml sind bestimmbar. Es ist dies eines der ganz wenigen Beispiele für die Ausnutzung einer Phosphoreszenzstrahlung in der anorganischen Analyse.

### 4.4.6 Bestimmung mit Thorin

Die Bestimmung mit Thorin [1-(o-Arsenophenylazo)-2-hydroxynaphthalin-3,6-disulfonsäure] erfolgt in konz. Schwefelsäure. Sie ist etwas weniger empfindlich als diejenige mit Benzoin, jedoch leichter zu handhaben. Die Fluoreszenz er-

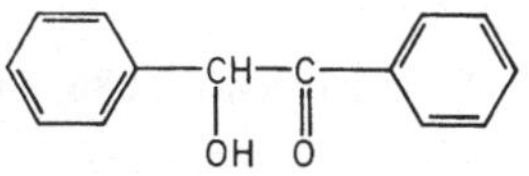

Benzoin

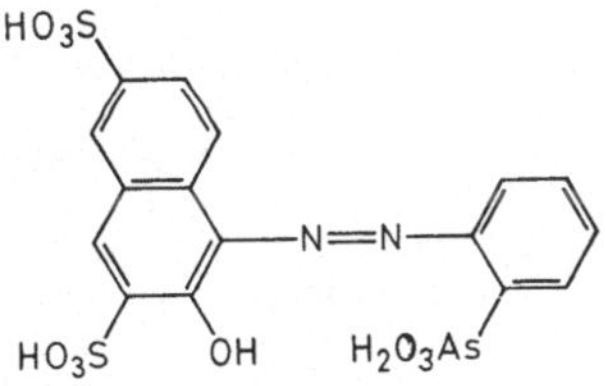

Thorin

reicht ihren Maximalwert nach 90 min bei 20 °C [7] oder 30 min bei 50 °C [13]. Die Anregung erfolgt bei $\lambda = 365$ nm, die Messung bei $\lambda = 587$ nm. Bestimmbar sind 0,01 bis 5 µg B [13] bzw. 0,03 bis 2,1 µg B/3 ml [7]. Die *Reproduzierbarkeit* beträgt $\pm 12\%$ bei 0,03 µg bzw. $\pm 1,2\%$ bei 2,1 µg [7]. Mit Thorin wurden $3 \cdot 10^{-8}\%$ Bor in $SiCl_4$ bestimmt [13].

### 4.4.7 Bestimmung mit Hydroxyanthrachinonen

Nach *Holme* [5] gibt von zahlreichen, geprüften Polyhydroxyanthrachinonen nur *Chinizarin* (1,4-Dihydroxyanthrachinon) mit Bor in konz. Schwefelsäure (optimal 91 bis 96% $H_2SO_4$) einen fluoreszierenden Komplex. Er erlaubt die Bestimmung im Konzentrationsbereich von $4 \cdot 10^{-6}$ bis $8 \cdot 10^{-5}$ m Bor; die *Nachweisgrenze* liegt bei 0,01 ppm Bor. Das Maximum des Fluoreszenzspektrums liegt bei 595 nm [5].

Nach *Ruggieri* [14] ist *Chrysazin* (1,8-Dihydroxyanthrachinon) außer zur photometrischen auch zur fluorimetrischen Borbestimmung brauchbar. Es sind $>0{,}5$ ppm Bor in konz. $H_2SO_4$ erfaßbar.

### 4.4.8 Bestimmung mit Rhodaminfarbstoffen

Nach *Babko* läßt sich Tetrafluoroborat u.a. mit fluoreszierenden Farbstoffen der Rhodamingruppe als Ionenassoziat in Benzol ausschütteln. *Butylrhodamin* erwies sich als am besten geeignet [1]. Man erzeugt $BF_4^-$ in 5 ml 0,1 n schwefelsaurer und 0,05 n $NH_4F$ enthaltender Lösung durch 1 bis 2 min langes Kochen. Nach Zusatz von 0,4 ml 0,1%iger wäßriger Lösung von Butylrhodamin extrahiert man bei pH = 5 bis 6 mit 5 ml Benzol [2]. Die Fluoreszenz wird durch Zusatz von 25% Aceton zum Extrakt erhöht [1]. Noch 0,01 µg B/10 ml Extrakt sind erfaßbar. Störende Kationen können aus alkalischer Lösung mit einem Kationenaustauscher abgetrennt werden [2].

Das Borchelat der Salicylsäure läßt sich als Ionenassoziat mit *Rhodamin 6 G* durch Benzol extrahieren und fluorimetrisch bestimmen [2a]; vgl. auch Kapitel 4.3.4.4, S. 121.

*Literatur*


1. *Babko, A. K., Čalaja, Z. I.*: Ukrain. chim. Ž. (russ.) **30**, 268 (1964); durch Chem. Abstr. **60**, 15109 g.
2. *Babko, A. K., Čalaja, Z. I., Voronova, E. D.*: Betriebslab. (russ.) **31**, 157 (1965); durch Chem. Abstr. **62**, 12430 b.

2a. *Babko, A. K., Vasilervkaja, A. E.*: Ukrain. chim. Ž. (russ.) **33**, 314 (1967); durch Chem. Abstr. **67**, 7680 p.

3. *Elliott, G., Radley, J. A.*: Analyst **86**, 62 (1961).
4. *Gopala Rao, G., Appalaraju, N.*: Fr. **167**, 325 (1959).
5. *Holme, A.*: Acta chem. Scand. **21**, 1679 (1967).

5a. *Liebich, B., Monnier, D., Marcantonatos, M.*: Anal. chim. Acta **52**, 305 (1970).

5b. *Marcantonatos, M., Gamba, G., Monnier, D.*: Helv. chim. Acta **52**, 538 (1969).

6. *Marcantonatos, M., Monnier, D., Daniel, J.*: Anal. chim. Acta **35**, 309 (1966).
7. *Marcantonatos, M., Monnier, D., Marcantonatos, A.*: Helv. chim. Acta **47**, 705 (1964).
8. *Marcantonatos, M., Marcantonatos, A., Monnier, D.*: Helv. chim. Acta **48**, 194 (1965).
9. *Monnier, D., Liebich, B., Marcantonatos, M.*: Fr. **247**, 188 (1969).
10. *Monnier, D., Marcantonatos, M.*: Anal. chim. Acta **36**, 360 (1966).
11. *Monnier, D., Marcantonatos, A., Marcantonatos, M.*: Helv. chim. Acta **47**, 1980 (1964).
12. *Parker, C. A., Barnes, W. J.*: Analyst **85**, 828 (1960).
13. *Rigin, V. I., Melničenko, N. N.*: Betriebslab. (russ.) **33**, 3 (1967); durch Fr. **235**, 448 (1968).
14. *Ruggieri, R.*: Anal. chim. Acta **25**, 145 (1961).
15. *Thierig, G. D., Umland, F.*: Fr. **211**, 161 (1965).
16. *White, C. E., Hoffmann, D. E.*: Anal. Chem. **29**, 1105 (1957).


## 4.5 Flammenphotometrie

Flammen werden durch Borverbindungen grün gefärbt, und zwar sowohl durch $H_3BO_3$ in wäßriger Lösnug als auch durch Borsäureester oder durch $BF_3$. Die Färbung ist bei Anwendung methanolhaltiger, wäßriger Lösungen besonders intensiv. Sie kann zur visuellen Bestimmung benutzt werden, wobei die Auswertung durch Vergleich mit Standardproben von bekanntem B-Gehalt erfolgt [11]. Bis herab zu 7 µg B sind visuell bestimmbar.

Das Emissionsspektrum borhaltiger Flammen wurde mehrfach untersucht [1, 5, 12]. Es hat sich gezeigt, daß ein Bandenspektrum des Boroxids ($B_xO_y$) vorliegt. Demgemäß ist der Charakter der Spektren weitgehend unabhängig von der

Zusammensetzung der Probe. Gleiche Spektren ergeben Lösungen von $H_3BO_3$ in Wasser, 50%igem Methanol oder Äthanol und in n HCl [9]. Die Banden sind unsymmetrisch und zeigen Maxima bei $\lambda$ = 469, 491, 517 bis 520 und 545 bis 548 nm (Abb. 35, 36). Dasjenige bei $\lambda$ = 517 nm besitzt die höchste Intensität, wird jedoch in kohlenstoffreichen Flammen von einer Kohlenstoffbande gestört, so daß die Messung bei $\lambda$ = 547 nm günstiger sein kann [1, 8]. Störungen durch die Eigenemission der Flamme sowie durch andere Ionen können bis zu einem gewissen Grade durch eine Untergrundkorrektur eliminiert werden [5, 7].

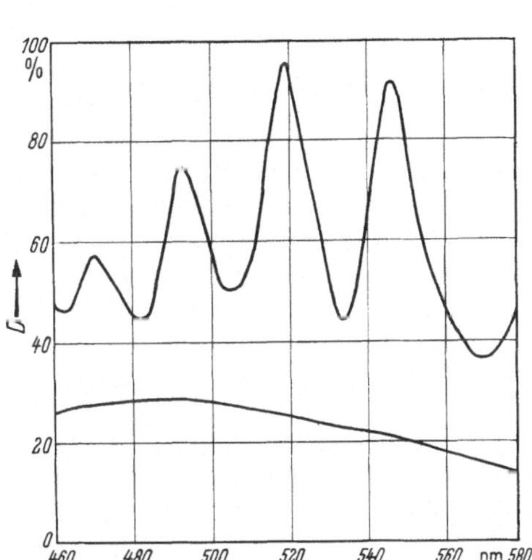


Abb. 35. Emissionsspektrum des Bors in Wasser-Methanol (1:1). Untere Kurve: Reines Lösungsmittel. (Nach *Dean* und *Thompson* [5])

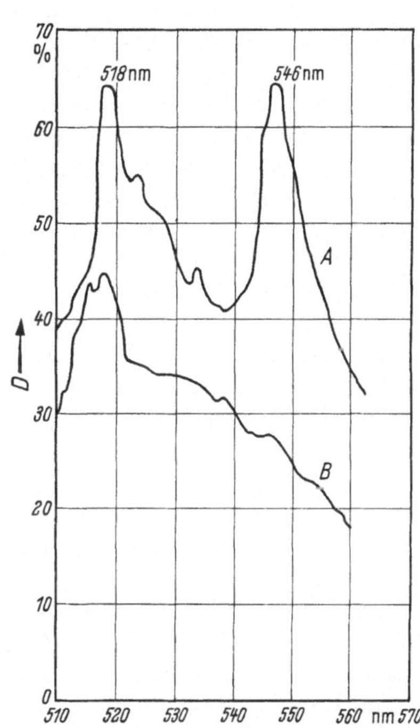


Abb. 36. *A* Emissionsspektrum des Bors in 2-Äthyl-1,3-hexandiol in Chloroform; *B* Reines Extraktionsmittel (Nach *Agazzi* [1])

Die Intensität der beobachteten Emission wird ferner durch Substanzen beeinflußt, welche Viskosität und Oberflächenspannung der Probelösung verändern. Dies gilt insbesonders für einen Alkoholgehalt wäßriger Lösungen sowie für einige Säuren [5, 9, 10]. Die Intensität der Emission steigt mit dem Alkoholgehalt der Probelösung [5], der Anstieg hängt jedoch nicht mit der Esterbildung zusammen [9, 10]. Während die Emission mit steigender Methanolkonzentration ständig zunimmt, hängt sie bei mittleren Äthanolkonzentrationen von der letzteren nur wenig ab. Äthanol ist daher günstiger als das überwiegend verwendete Methanol [9, 10]. Durch Alkoholzusatz wird die Viskosität der Probelösung vermindert, so daß je Zeiteinheit mehr Lösung in die Flamme gelangt. Die durch freie Salzsäure (1 bis 4 m) sowie verschiedene Anionen hervorgerufene Störung hat ihre Ursache in einer Änderung der Oberflächenspannung und damit des Zerstäubungsgrades der Lösung [9].

## 4.5.1 Probenvorbereitung und Isolierung des Bors

Die flammenphotometrische Bestimmung macht in günstigen Fällen eine vorherige Abtrennung des Bors überflüssig, insbesonders wenn man eine Untergrundkorrektur durchführt oder borfreie Vergleichsproben bzw. Standardproben mit bekanntem B-Gehalt zur Verfügung hat. So bestimmt *Fornwalt* [7] bei der Analyse von *Vernickelungsbädern* 100 bis 500 μg B/ml neben 1,6 mg Ni/ml in 50%igem Methanol. Dabei wird die bei $\lambda = 518$ nm gemessene Intensität der Emission der borhaltigen Probe um diejenige einer borfreien Ni-Lösung bei $\lambda = 518$ nm vermindert. Die *Eichkurve* ist linear. *Dean* und *Thompson* [5] messen zur Korrektur den Flammenuntergrund nahe der zur B-Bestimmung benutzten Wellenlänge. *Buell* [4] bestimmt bis hinab zu 0,1% B in *Schmierölen,* wobei das Öl zur Erzielung stets gleicher Viskosität der Lösung mit Propanol und borfreien Ölen verdünnt und dann direkt in die Flamme versprüht wird. Die Messung bei $\lambda = 519{,}5$ nm wird hierbei durch Na gestört. Man bestimmt daher auch den Na-Gehalt des Öles bei $\lambda = 600$ nm und zieht einen an Eichproben bekannter Zusammensetzung ermittelten Korrekturwert ab. Der *Fehler* der Bestimmung beträgt nur 1 bis 2%.

Nach *Yoshizaki* [13] müssen *bor-organische Verbindungen* (Borazine, $BCl_3$-Amin-Addukte, Phenylboronsäureanhydrid) zuvor in $H_3BO_3$ überführt werden, was durch Erhitzen mit $HNO_3$ im Einschlußrohr auf 80 °C erfolgt. Die Intensität hängt bei unmittelbarem Versprühen in die Flamme zu stark von Molekülstruktur und N-Gehalt dieser Verbindungen ab.

Obwohl auf solche Weise bei Serienbestimmungen ähnlicher Proben gute Resultate erzielbar sind, empfiehlt sich doch vielfach eine Abtrennung des Bors von den übrigen Bestandteilen. Zur Entfernung störender Kationen und Anionen werden häufig Ionenaustauscher benutzt (vgl. Kapitel 3.2.3.1, S. 35). Im Eluat kann Bor dann nach verschiedenen Verfahren erfaßt werden. Zur flammenphotometrischen Bestimmung in *Düngemitteln* geben *Bovay* und *Cossy* [2] die Probelösung zunächst durch einen stark sauren Kationenaustauscher (Amberlite IR 120) und anschließend durch einen mit Formiationen beladenen, stark basischen Anionenaustauscher (Amberlite IRA 400). In der wäßrig-ameisensauren Lösung werden dann 0 bis 25 μg B/ml bei $\lambda = 548$ nm bestimmt (Arbeitsvorschrift vgl. Kapitel 3.2.3, S. 36).

Besonders vorteilhaft ist eine Isolierung des Bors durch Extraktion, da hohe Selektivität und Anreicherung erzielt werden. Der Extrakt kann unmittelbar in die Flamme versprüht werden. Nach *Agazzi* [1] wird $H_3BO_3$ beim Schütteln mit einer 5%igen Lösung von 2-Äthyl-1,3-hexandiol in Chloroform zu $\geq 96\%$ extrahiert. Das Diol bildet mit $H_3BO_3$ ein Chelat. 0,1 μg B/ml sind bei $\lambda = 546$ nm mit einem *Fehler* von $\pm 3\%$ bestimmbar.

*Maeck* und Mitarbeiter [8] extrahieren quantitativ $BF_4^-$ mit Tetrabutylammoniumhydroxid in Methylisobutylketon (MIK), wobei sich das Ionenassoziat $(C_4H_{11})_4N \cdot BF_4$ bildet. Die organische Lösung wird direkt in eine $H_2/O_2$-Flamme gesprüht. Ein besonderer Brenner gewährleistet vollständige Verbrennung des Lösungsmittels und damit Unterdrückung von Kohlenstoffbanden im Spektrum. Die Messung erfolgt bei $\lambda = 548$ nm, wo der Flammenuntergrund am geringsten ist. 0,1 bis 1 mg B in etwa 10 ml Extrakt sind bestimmbar. Die Selektivität ist ähnlich dem Verfahren nach *Agazzi*; es stören jedoch $PO_4^{3-}$, $ClO_4^-$ und große Mengen $NO_3^-$, nicht dagegen $F^-$.

## 4.5.2 Arbeitsweise nach Dean und Thompson zur Bestimmung in wäßrig-methanolischer Lösung

Die Bestimmung ohne Isolierung des Bors in wäßriger bzw. wäßrig-methanolischer Lösung hat den Vorzug besonderer Einfachheit. Den auftretenden Störungen kann durch Eichung und Korrekturen besonders dann Rechnung getragen werden, wenn stets ähnliche Proben untersucht werden. Das Verfahren eignet sich also vorzugsweise zu Serienanalysen. Auch wenn zahlreiche Elemente in recht hohen Gehalten tolerierbar sind, ist doch zu berücksichtigen, daß durch große Salzmengen viele handelsübliche Brennertypen rasch verstopft werden. Eine dadurch nötig werdende Vortrennung kann nach allen Verfahren erfolgen, die schließlich zu einer wäßrigen Lösung von $H_3BO_3$ führen.

Die *Empfindlichkeit* kann durch Vergrößerung der Spaltbreite am Photometer erhöht werden; jedoch steigert jene auch die Störeinflüsse.

*Reagentien und Gerät.* a) *Eichlösung.* 100 µg B/ml; 10 mg B als $H_3BO_3$, gelöst in Wasser, werden mit genau 50 ml Methanol versetzt und im Meßkolben mit Wasser auf 100 ml aufgefüllt.

b) *Flammenphotometer. Dean* und *Thompson* benutzen das Gerät „Beckman DU" mit Flammenzusatz und Photovervielfacher; Spaltbreite: 0,030 mm.

c) *Gase.* Acetylen/Sauerstoff.

**Arbeitsvorschrift** [5]. Eine wäßrige Probelösung mit 5 bis 20 mg B wird mit genau 50 ml Methanol versetzt und im Meßkolben mit Wasser zu 100 ml aufgefüllt. (Wegen der beim Mischen von Methanol und Wasser eintretenden Volumenkontraktion muß nach Zugabe des Methanols im Meßkolben aufgefüllt werden.) Die Lösung wird in die Flamme versprüht. Man mißt die Emission der Borbande bei $\lambda = 518$ nm sowie diejenige des Flammenuntergrundes bei $\lambda = 505$ nm. Aus der Differenz ermittelt man an Hand einer *Eichkurve* die B-Konzentration.

*Bemerkungen.* I. In Anwesenheit bestimmter *Störionen* (siehe unten) kann vorteilhafter die B-Emission bei $\lambda = 540$ nm und der Flammenuntergrund bei $\lambda = 536$ nm gemessen werden.

II. Zur Aufstellung der *Eichkurve* verfährt man unter Benutzung der Eichlösung ebenso und trägt die Differenz der bei $\lambda = 518$ nm und 505 nm gemessenen Emissionen gegen die B-Konzentration auf. Die Eichkurve ist bis herauf zu mindestens 300 µg B/ml linear. Störungen durch andere Probenbestandteile (siehe unten) können vermindert werden, wenn die Eichkurve mit einer Lösung aufgestellt wird, welche die Störionen in etwa gleicher Konzentration wie die Analysenprobe enthält.

III. Die *Reproduzierbarkeit* beträgt von 50 bis 200 ppm B etwa ±2%. Bei der Analyse von Boratmineralien (Gerstley-Borat; Colemanit) wurden innerhalb 1% mit naßchemischen Verfahren übereinstimmende Ergebnisse erzielt. Die *Empfindlichkeit* beträgt etwa 1 bis 3 µg B/ml.

IV. *Störungen.* Die Intensität steigt mit der Methanolkonzentration, welche daher konstant zu halten ist. *Pungor* [10] empfiehlt stattdessen die Verwendung von

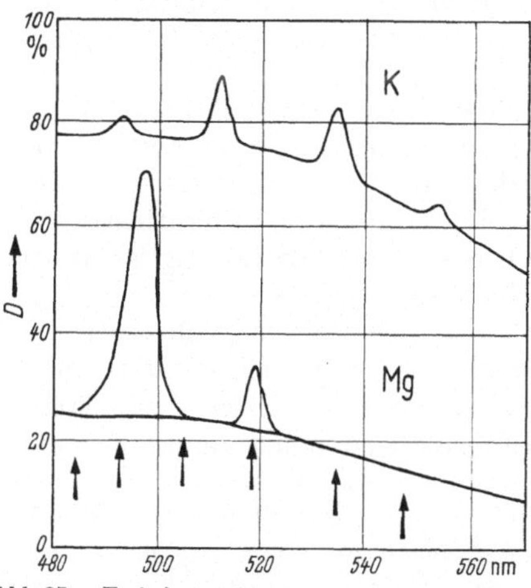


Abb. 37. Emissionsspektrum von *K* und *Mg* in Wasser-Methanol 1:1 (2000 ppm *K* bzw. 1000 ppm *Mg*). Die Pfeile markieren die Lage der drei zur Borbestimmung geeigneten Wellenlängenpaare

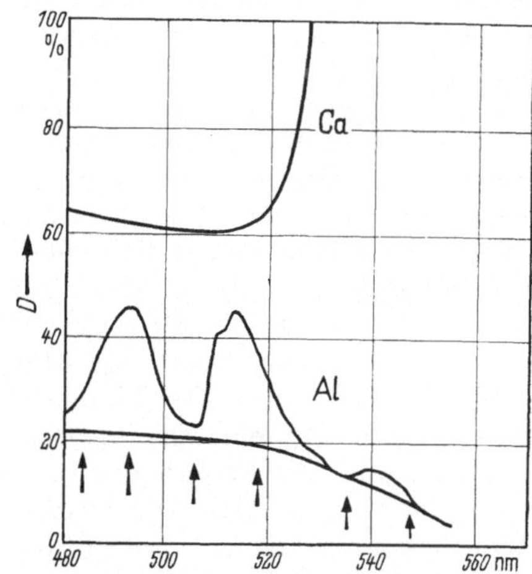


Abb. 38. Emissionsspektrum von *Ca* und *Al* in Wasser-Methanol 1:1 (je 2000 ppm *Ca* bzw. *Al*). Die Pfeile markieren die Lage der drei zur Borbestimmung geeigneten Wellenlängenpaare

Äthanol, da die Intensität bei mittleren Äthanolgehalten von der Äthanolkonzentration nur wenig abhängt. Nach *Dean* und *Thompson* [5] ist jedoch in äthanolischer Lösung die Empfindlichkeit um 25% geringer. HCl-Konzentrationen $>0{,}5$ m vermindern die Empfindlichkeit ebenfalls.

Die Messung kann außer bei dem Wellenlängenpaar $\lambda = 518$ und 505 nm auch bei 492 und 482 nm oder bei 546 und 536 nm durchgeführt werden. Die einzelnen Borbanden werden von den Emissionslinien der Störionen unterschiedlich stark überlagert. Durch Messung bei einem anderen Wellenlängenpaar kann daher in manchen Fällen der Störeinfluß eines bestimmten Elementes verringert werden.

Starke Störungen schon bei etwa gleicher Konzentration wie Bor verursachen Al, Cr, Mn, Fe, Co und Ni. Einen *Fehler* von $\leqq 5\%$ bei $\lambda = 518$ nm und Bestimmung von 100 ppm B verursachen je 3000 ppm $NH_4^+$, $Cd^{2+}$, $Na^+$, $Ag^+$, $Sr^{2+}$, $Zn^{2+}$, $NO_3^-$, $SO_4^{2-}$, $F^-$, $Cl^-$, $Br^-$, $J^-$; je 2000 ppm $Li^+$, $K^+$; je 1000 ppm $Cu^{2+}$, $Pb^{2+}$; je 500 ppm $Ca^{2+}$, Acetation; je 100 ppm $Cr^{3+}$, $Co^{2+}$, $Fe^{3+}$, $Mn^{2+}$, $Ni^{2+}$.

Einen *Fehler* von $\leqq 5\%$ bei $\lambda = 546$ nm verursachen jeweils (ppm): $Al^{3+}$ (3000), $NH_4^+$ (3000), $Cr^{3+}$ (3000), $Pb^{2+}$ (1000), $Li^+$ (2000), $Mg^{2+}$ (1000), $Ni^{2+}$ (100), $K^+$ (100), $Sr^{2+}$ (2000), $Cl^-$ ($<1000$), $NO_3^-$ (3000), $SO_4^{2-}$ (2000) und Acetation (1000). Besonders stark stört $Ca^{2+}$; auch $Fe^{3+}$, $K^+$, $Na^+$ stören schon in kleinen Mengen.

In Gegenwart von viel Alkalien, Erdalkalien, Co und Fe sind Messungen bei $\lambda = 492$ oder 518 nm günstig, in Anwesenheit von viel Cr, Mg, Al dagegen bei $\lambda = 546$ nm. Bei 492 nm sind noch 1000 ppm Ca tolerierbar; jedoch stören 500 ppm Cu schon stark. — Vgl. Abb. 37 und 38.

### 4.5.3 Arbeitsweise nach Agazzi zur Bestimmung nach Extraktion [1]

Borsäure bildet in saurer Lösung mit 2-Äthyl-1,3-hexandiol einen in Chloroform leicht löslichen, schwachen Diolkomplex. Sie wird bei einmaligem Schütteln zu mehr als 96% extrahiert. Der Extrakt kann unmittelbar in die Flamme gesprüht werden. Empfindlichkeit und Reproduzierbarkeit sind gegenüber der Bestimmung in wäßrig-alkoholischer Lösung nur wenig verändert. Die Extraktion mit dem Diol besitzt gute Selektivität für Bor und vermag auf einfache Weise gerade die wichtigsten Störionen abzutrennen (siehe unten). Die Anwendbarkeit der Methode wird damit bei nur geringfügig größerem Aufwand erheblich ausgeweitet.

*Extraktion.* Borsäure wird mit einer 5%igen Lösung des Diols in Chloroform extrahiert. Die Diolkonzentration ist im Bereich 2 bis 10% ohne Einfluß auf die Emission; bei über 10% wird diese vermindert, da die Viskosität der Lösung zunimmt. Weniger als 0,4 mg B werden quantitativ, 0,4 bis 1 mg B zu 96% extrahiert. Das Volumenverhältnis von organischer zu wäßriger Phase sollte 0,5 nicht unterschreiten und muß annähernd konstant gehalten werden. Eine Schüttelzeit von 5 min genügt; längeres Schütteln ist ohne Einfluß. Die Phasentrennung erfolgt schnell und sauber. Das Chelat wird auch aus 6 n $H_2SO_4$ noch fast quantitativ extrahiert, nicht jedoch aus alkalischem Medium. Die Acidität der Lösung ist daher nicht kritisch und kann mit $H_2SO_4$, HCl oder $HNO_3$ eingestellt werden.

*Anregung.* Die Boroxidbande im Bereich von $\lambda = 518$ nm wird von einer Lösungsmittelbande überlagert (vgl. Abb. 36, S. 128). Die Messung der Emission erfolgt daher bei $\lambda = 546$ nm. Der Flammenuntergrund ist auch bei dieser Wellenlänge noch erheblich. Zu seiner Kompensation versprüht man zunächst reines Extraktionsmittel und gleicht dabei den Ausschlag des Gerätes auf Null ab.

*Reagentien und Gerät.* a) *Eichlösung.* Zur Eichung dienen wäßrige $H_3BO_3$-Lösungen bekannter Konzentration, die wie in der Arbeitsvorschrift angegeben behandelt werden.

b) *Extraktionsgemisch.* 5%ige Lösung von 2-Äthyl-1,3-hexandiol in Chloroform.

c) *Flammenphotometer.* Gerät „Beckman DU" mit Flammenzusatz und Photovervielfacher. Spaltbreite 0,030 mm im Bereich 0,1 bis 1 mg B. Bei 0,1 mm Spaltbreite sind noch 0,1 ppm B nachweisbar.

d) *Gase.* Wasserstoff/Sauerstoff. Die optimalen Gasdrucke sollten für den benutzten Brenner empirisch bestimmt werden.

**Arbeitsvorschrift** [1]. Eine saure, wäßrige Probelösung mit weniger als 1 mg B wird mit Wasser auf 10 ml ergänzt und in einer 50-ml-Plastikflasche 5 min mit 5 ml Extraktionsgemisch geschüttelt. Die abgetrennte organische Phase wird in die Flamme versprüht. Man mißt die Emission der Flamme bei $\lambda = 546$ nm. Zur Kompensation der Eigenemission des Lösungsmittels versprüht man zunächst reines Extraktionsgemisch und stellt dabei den Ausschlag des Gerätes auf Null.

*Bemerkungen.* I. Die mit wäßriger $H_3BO_3$-Lösung aufzustellende *Eichkurve* ist linear und geht durch den Koordinatennullpunkt.

II. Die *Standardabweichung* beträgt 3% bei 0,1 mg B.

III. *Störungen.* Bei Bestimmung von 0,1 mg B verursachen eine Störung von $\leqq \pm 3\%$ je 100 mg $Sn^{4+}$, $Cr^{3+}$, $Mg^{2+}$, $Zn^{2+}$, $Co^{2+}$, $Al^{3+}$, $Bi^{3+}$, $Cu^{2+}$, $Ni^{2+}$, Pt, $K^+$, V, P, $Ca^{2+}$, $Ba^{2+}$, $Na^+$ sowie eine Säurekonzentration von 2 n HCl, 3 n $HNO_3$ und 5 n $H_2SO_4$. Je 100 mg $Pb^{2+}$ bzw. $Sr^{2+}$ verursachen einen *Fehler* von $-4\%$ bzw. $-5\%$, 100 mg $Fe^{3+}$ einen solchen von $+9\%$. Bis zu 10 mg Mn und 1 mg Ti sind tolerierbar. Je 1 mg Mo und W sowie größere Mengen Mn und Ti stören stark. Fluoridion stört; bis 30 mg $F^-$ werden unschädlich gemacht, indem die Probe in einer Plastikflasche mit 2 ml $H_2SO_4$ (1:1) (etwa 48%ig) und 12 ml Zirkoniumnitratlösung (5 mg Zr/ml) 10 min auf 100 °C erhitzt wird. Zur Extraktion muß dann 20 min geschüttelt werden.

### 4.5.4 Sonstige Verfahren

*Bovalini* und Mitarbeiter [3] fällen Boration als Bariumtartratoborat aus ammoniakalischer Lösung bei pH = 8,8 (vgl. Kapitel 4.1.2, S. 57). Im isolierten und wiederaufgelösten Niederschlag wird das Barium flammenphotometrisch bei $\lambda = 873$ nm bestimmt. Bei der Untersuchung von Uranylsalzen wurden 5 µg B neben 5 bis 10 mg Uran mit einem *Fehler* von $\pm 3\%$ bestimmt.

*Dutina* [6] ermittelt die Abnahme von $^{10}B$ in neutronenbestrahltem Material durch flammenphotometrische Bestimmung des nach $^{10}B(n, \alpha)\,^7Li$ entstandenen Lithiums.

*Literatur*


1. *Agazzi, E. J.*: Anal. Chem. **39**, 233 (1967).
2. *Bovay, E., Cossy, A.*: Mitt. Geb. Lebensmitteluntersuch. Hyg. **48**, 59 (1957); durch Fr. **162**, 160 (1958).
3. *Bovalini, E., Pucini, L., Lo Moro, A.*: Ann. Chimica **49**, 1046, 1051 (1959); durch Fr. **174**, 142, 233 (1960).
4. *Buell, B. E.*: Anal. Chem. **30**, 1514 (1958).
5. *Dean, J. A., Thompson, C.*: Anal. Chem. **27**, 42 (1955).
6. *Dutina, D.*: Anal. Chem. **30**, 2006 (1958).
7. *Fornwalt, D. E.*: Anal. chim. Acta **17**, 597 (1957).
8. *Maeck, W. J., Kussy, M. E., Ginther, B. E., Wheeler, G. V., Rein, J. E.*: Anal. Chem. **35**, 62 (1963).
9. *Pungor, E., Konkoly Thege, I.*: Acta Chim. Acad. Sci. Hung. **13**, 39 (1957); durch Fr. **163**, 377 (1958).
10. *Pungor, E., Konkoly Thege, I.*: Ann. Univ. Sci. Budapest., Sect. Chim. **2**, 485 (1960); durch Fr. **217**, 291 (1966).
11. *Stahl, W.*: Fr. **83**, 268, 340 (1931); **101**, 342, 348 (1935).
12. *Whishman, M., Eccleston, B. H.*: Anal. Chem. **27**, 1861 (1955).
13. *Yoshizaki, T.*: Anal. Chem. **35**, 2177 (1963).

## 4.6 Spektralanalyse

*Spektrale Eigenschaften.* Bor besitzt im ultravioletten Spektralgebiet mehrere Bogenlinien, die zu seiner spektralanalytischen Bestimmung geeignet sind. Am häufigsten werden die Linien 249,77 und 249,68 nm benutzt; jedoch wurden in jüngster Zeit besonders zur Stahlanalyse auch Linien im Vakuum-UV erprobt [17]. Tabelle 6 gibt eine Zusammenstellung der Spektrallinien des Bors und der wichtigsten Störlinien. Die relativen Intensitäten gelten dabei für die Stahlanalyse [17, 33]. Von besonderer praktischer Bedeutung ist die Störung der beiden wichtigsten Borlinien durch nahe benachbarte Eisenlinien sowie durch SiO-Banden. Sofern man nicht über Spektrographen hohen Auflösungsvermögens verfügt, muß man Maßnahmen zur Schwächung bzw. Unterdrückung dieser Störeinflüsse treffen (vgl. S. 135, 141).

Tabelle 6 [7, 17, 33]. *Spektrallinien des Bors und Störlinien (mit Bezug auf die Stahlanalyse)*

| Linie [nm] | | | relative Intensität nach [17] | | relative Intensität nach [7] |
|---|---|---|---|---|---|
| | | | im Bogen | im Funken | |
| Mo | | 249,758 | 30 | | |
| V | I | 249,766 | 4 | | |
| **B** | I | **249,770** | 500 | 400 | |
| Sn | | 249,772 | 8 | | |
| Fe | | 249,772 | 1 | 3 | |
| Mn | | 249,778 | | 3 | |
| Ni | II | 249,782 | | 5 | |
| Fe | II | 249,782 | 15 | 50 | |
| Mo | | 249,786 | 20 | 15 | |
| Fe | | 249,653 | 40 | 15 | |
| Sn | | 249,676 | 10 | | |
| **B** | I | **249,677** | 300 | 300 | |
| Fe | | 249,699 | 20 | 1 | |
| Zr | | 208,889 | 2 | | |
| **B** | I | **208,893** | 100 | 15 | |
| Ni | I | 208,898 | 30 | | |
| Ni | I | 208,907 | 15 | 15 | |
| Cr | | 208,916 | | 15 | |
| Fe | | etwa 208,892 | | | |
| Mo | | 208,952 | 3 | 18 | |
| Zr | | 208,956 | 4 | | |
| **B** | I | **208,959** | 150 | 20 | |
| As | I | 208,979 | 5 | 1 | |
| Cr | IV | 182,681 | | | 30 |
| Ag | III | 182,661 | | | 8 |
| **B** | I | **182,640** | | | 20 |
| S | I | 182,625 | | | 25 |
| Cr | IV | 182,616 | | | 30 |
| Co | III | 182,595 | | | 400 |
| **B** | I | **182,589** | | | 15 |

*Verdampfungsverhalten.* Bor zeigt je nach der Art der Matrix und seiner Bindungsform stark unterschiedliches Verdampfungsverhalten. Aus Stählen verdampft es wesentlich leichter als die meisten anderen Bestandteile, so daß seine Konzentration im Entladungsplasma rasch abnimmt. Man arbeitet daher oft ohne Vorfunkzeit und funkt mehrere Stellen der Probe an. Aus Graphit, in dem $B_4C$ vorliegt, verdampft Bor nur schwierig, so daß lange Belichtungszeiten nötig sind. Eine wesentlich beschleunigte und gleichmäßigere Verdampfung des Bors kann bei vielen Materialien erreicht werden, wenn der Probe eine Fluorverbindung beigemischt wird.

In der Hitze der elektrischen Entladung werden schwerflüchtige Borverbindungen aufgeschlossen und als Borfluorid verdampft. Nach *Waitlevertch* und Mitarbeitern [44] mischt man Feilspäne von Stahl, Mangan, Chrom oder Nickel mit der gleichen Menge CuOHF und regt im Gleichstrombogen mit 40 sec Belichtungszeit an. *Sambueva* und *Šipicyn* [32] vermischen Mineralproben mit $CF_2 = CF_2$ und verdampfen aus einer elektrisch beheizten Kammer in eine Bogenentladung. Dabei tritt Bor bereits bei 500 °C Kammertemperatur in den Bogen ein. *Otmachova* und Mitarbeiter [27] adsorbieren $BF_4^-$ an einem Anionenaustauscher in der Fluoridform und spektrographieren das Harz.

*Anwendungen.* Besondere Bedeutung besitzt die spektralanalytische Borbestimmung bei der Analyse von Eisenlegierungen, silicatischen Proben und Reinstgraphit. Sie besitzt den Vorzug geringsten Zeitbedarfs, besonders unter Verwendung automatischer, photoelektrischer Spektrometer. Andererseits jedoch müssen zur Analyse fester, unvorbereiteter Proben homogene Eichstandards zur Verfügung stehen. Wegen ihrer relativ guten Reproduzierbarkeit gerade bei kleinen Konzentrationen kommt die spektralanalytische Bestimmung außer für routinemäßige Schnellbestimmungen auch zur Spurenanalyse in Betracht.

Je nach der gestellten Aufgabe können sowohl unvorbereitete Metallstücke als auch feste Eindampfrückstände gelöster Proben oder verd. wäßrige Lösungen zur Analyse eingesetzt werden.

### 4.6.1 Bestimmung im Stahl

Die Arbeitsweisen zur spektralanalytischen Borbestimmung im Stahl sind geprägt von der Forderung der Hüttenindustrie nach höchstmöglicher Schnelligkeit. Demgemäß erfolgt in der Regel keine chemische Probenvorbereitung, sondern es wird die feste Metallprobe unmittelbar untersucht. Die Anregung erfolgt dabei mittels Hochfrequenzfunken. Die Registrierung der Spektrallinien erfolgt in zunehmendem Maß mit lichtelektrischen Spektrometern statt auf photographischem Wege. Der damit verbundenen Beschleunigung und Vereinfachung der Methode steht jedoch der Nachteil gegenüber, daß an Spektrometern die Störungen durch benachbarte Linien wegen des im Vergleich zur Auswertung photographischer Platten relativ geringen „Trennvermögens" größer als bei spektrographischer Arbeitsweise sind [17]. Angaben über spektrometrische Borbestimmungen im Stahl sind erst in jüngster Zeit in der Literatur erschienen [4, 7, 17]. Eine naßchemische Probenvorbereitung ist besonders erforderlich, wenn das Bor in bestimmten Gefügebestandteilen erfaßt werden soll. Die Bestimmung erfolgt dann zweckmäßig durch Lösungsspektralanalyse mit der Kohleradelektrode [7, 8].

Die Hauptschwierigkeit der Stahlanalyse ist, daß die beiden wichtigsten Borlinien durch eng benachbarte Eisenlinien gestört werden (vgl. Tabelle 6). Das Auflösungsvermögen der üblicherweise benutzten Geräte reicht zur vollständigen Trennung der Linien nicht aus. Zur Unterdrückung dieser Störungen kann man Borlinien im Vakuum-UV benutzen oder die Intensität der Eisenlinien zu vermindern suchen. Letzteres gelingt mit dem Alkalipufferverfahren nach *Corliss* und *Scribner* [5] wie auch dem CO-Verfahren nach *Koch* und *Sauer* [21]. Dabei zeigt das CO-Verfahren gegenüber dem Pufferverfahren eine höhere Nachweisempfindlichkeit und im gleichen Konzentrationsbereich eine bessere Reproduzierbarkeit — vgl. Kapitel 5.5.1, S. 169, Tabelle 13. — Es ist jedoch aufwendiger in der Handhabung, u.a. wegen der Vergiftungsgefahr. Auch durch Anregung in Argonatmosphäre statt in Luft wird die Intensität der Borlinien relativ zu den Fe-Linien sowie zum Untergrund verbessert [21].

Bor verdampft sehr viel schneller als die meisten anderen Bestandteile der Stahlprobe, so daß seine Konzentration im Entladungsplasma schnell abnimmt. Die

Form der Abfunkkurven hängt aber stark von der Art der Probe und den Arbeitsbedingungen ab. Mißt man im Interesse guter Reproduzierbarkeit im Abfunkgleichgewicht, muß man meistens eine verminderte Empfindlichkeit in Kauf nehmen. Andererseits läßt sich die Nachweisempfindlichkeit steigern, wenn man ohne Vorfunkzeit arbeitet, nur relativ kurz belichtet und nacheinander mehrere Stellen der Probe anfunkt, indem man stets auf die gleiche Stelle der Platte belichtet [7]. Auch ist Bewegung der Probe während der Aufnahme möglich [31].

*Spektrographische Standardproben* zur Borbestimmung im Stahl lassen sich nach *Shyne* und *Morgan* [39] durch Vakuumschmelze noch für Konzentrationen von 1 ppm B zuverlässig herstellen.

#### 4.6.1.1 Spektrographische Analyse fester Stahlproben

**Arbeitsweise nach Blum und Eder.**

Nach *Blum* und *Eder* [1] lassen sich auch mit einfacheren apparativen Hilfsmitteln befriedigende Borbestimmungen in festen Stahlproben durchführen. Die beschriebene Arbeitsweise gestattet, Gehalte von 1 bis $5 \cdot 10^{-3}$% B bei Mittelung über 10 bis 12 Einzelwerte mit einer Reproduzierbarkeit von $5 \cdot 10^{-4}$% B zu bestimmen. Sie ist auf niedrig- und mittellegierte Stähle, auch 18/8-Stähle, anwendbar.

*Spektrograph.* Fuess-Quarzspektrograph 110 c; Dispersion etwa 0,85 nm/mm bei 250,0 nm, gleich dem Zeiss Q 24; Spalt genau auf die Kollimatorlinse fokussiert. Spaltbreite 0,005 bis 0,007 mm.

*Anregung*: Wechselstrombogen nach *Pfeilsticker* des Anregungsgerätes zum Fuess'schen Stahlspektroskop; Dauer 3 sec bei 7,5 A. In Anbetracht der sehr schnellen Verdampfung des Bors wird nicht vorgefunkt und für jede Aufnahme eine neue Abfunkstelle benutzt.

*Elektroden*: Flache Stahlprobe; Gegenelektrode Cu-Stab mit 120°-Spitze; Abstand 2,8 mm. Besonders wegen der schnellen Verdampfung des Bors muß für stets gleichmäßigen Temperaturverlauf an der Abfunkstelle gesorgt werden. Benutzt man Analysenproben stark unterschiedlicher Dimensionen, sind durch Verwendung gut wärmeleitender Einspannbacken unerwünschte Überhitzungen der Abfunkstelle zu vermeiden.

*Photoplatte und Entwicklung.* Gevaert Scienta 35 D 65 $9 \times 18$ cm. Entwicklung nach der Pinselmethode von Hand im Metol-Hydrochinonentwickler DIN 4512 in 5 min bei 20 °C.

*Photometer.* Zeiss-Schnellphotometer; Spaltbreite gleichbleibend 0,20 mm, wenngleich damit die übliche 2/3-Deckung der Linien überschritten wird.

*Auswertung*: Dreilinienverfahren. Ausgemessen werden die Linien Fe I 249,703 ($Fe_n$), B I 249,678 (B) und Fe I 249,654 nm ($Fe_h$). Abstand der Fe-Linien auf der Platte 0,056 mm. Man bildet die Schwärzungsdifferenzen $Fe = Fe_h - Fe_n$ und $B' = Fe_h - B$ und berechnet daraus das Schwärzungsverhältnis $SV = \frac{B'}{Fe}$. Zur Aufstellung der *Eichkurve* trägt man die mit Borstandardstählen erhaltenen SV-Werte linear als Abszisse und die zugehörigen B%-Gehalte logarithmisch als Ordinate auf.

**Arbeitsweise nach Corliss und Scribner.**

Das Alkalipufferverfahren nach *Corliss* und *Scribner* [5] stellt eine besonders einfache Möglichkeit zur Unterdrückung von Funkenlinien, speziell der Störlinie Fe II 249,782 nm dar. In der Reproduzierbarkeit und Empfindlichkeit ist es dem CO-Verfahren nach *Koch* und *Sauer* (vgl. S. 137) jedoch unterlegen. Bestimmbar sind Gehalte von $>0,001$% B. Zum Vergleich der Standardabweichung mit anderen Verfahren siehe Kapitel 5.5.1, S. 169, Tab. 13.

Das Anregungspotential der Bogenlinie B 249,773 nm beträgt als Energie etwa 5 eV. Die Störlinie Fe II 249,782 nm gehört dem einfach ionisierten Zustand an bei einem über dreimal so hohen Anregungspotential (16 eV). Die Anwesenheit eines Elementes mit niedrigem Ionisierungspotential (Na) setzt die Anregungsenergie der Elektronen des Lichtbogens herab; dadurch wird die Eisenfunkenlinie praktisch unterdrückt. Es ergibt sich eine Verbesserung der Nachweisgrenze um das Zehnfache. Das Verfahren ist nur unter Verwendung eines Gleichstrombogens gut wirksam.

**Arbeitsvorschrift** [33]. Die Anregung erfolgt mit einem Gleichstrombogen 220 V; 10 A. Die Stahlprobe (38×38×13 mm) ist als Anode geschaltet und als obere Elektrode eingespannt. Sie muß stets gleiche Dimensionen haben. Als Kathode dient ein Graphitstab (3,2×15 mm) mit einer zentralen Bohrung von 2 mm ∅ und 2 mm Tiefe. In diese wird trockenes, gepulvertes Natriumsulfit eingefüllt und leicht angedrückt. Diese Elektrode wird in die Bohrung einer größeren Kohleelektrode eingeführt, die als Halterung mit geringer Wärmeableitung dient. Der Elektrodenabstand beträgt 6 mm. Ein Bogenabschnitt von 4 mm Länge vor der Stahlprobe wird auf den Kollimator des Spektrographen abgebildet.

*Bemerkungen.* I. Zur Auswertung dienen die Linien B 249,773 nm und Fe 249,699 nm.

II. *Eichkurve* vgl. Abb. 39. Mit einem großen Littrowspektrographen (20 μm Eintrittspalt) [5] und einem Einprismen-Quarzspektrographen (Normalspektrographen) [33] wurden praktisch die *gleichen Ergebnisse* erzielt.

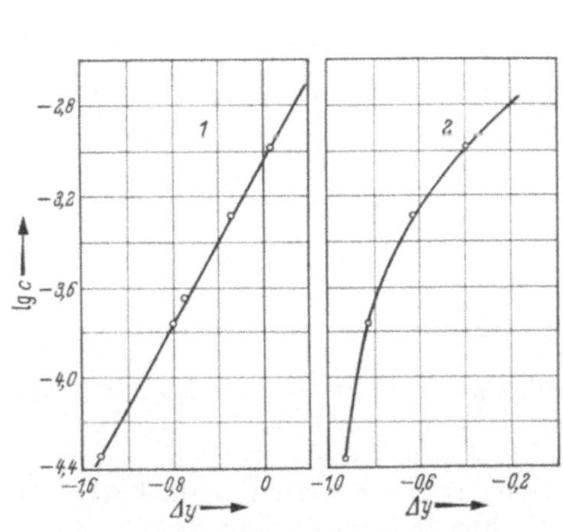


Abb. 39. Eichkurven zur Borbestimmung in unlegiertem Stahl [33]. *1* CO-Verfahren; *2* Alkalipufferverfahren

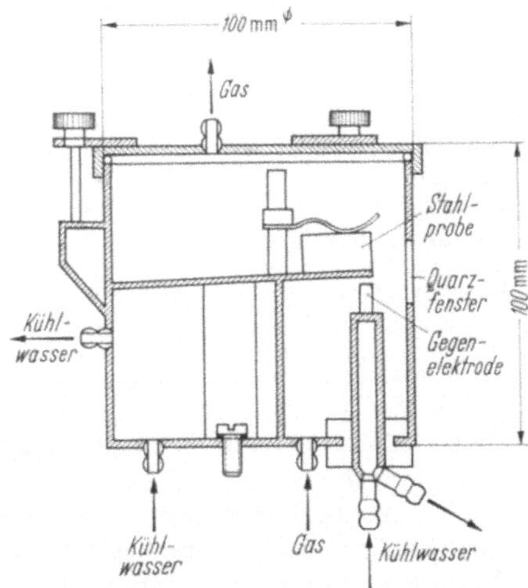


Abb. 40. Funkenkammer für CO-Atmosphäre nach *Koch* und *Sauer*

**Arbeitsweise nach Koch und Sauer** [21].

Das Intensitätsverhältnis der Borlinie 249,68 nm zum Untergrund sowie zu den benachbarten Eisenlinien wird verbessert, wenn man die Anregung in Kohlenmonoxidatmosphäre ausführt [21]. Außer den Eisenlinien werden auch die Linien von Al, Cr, Sn, Ni, Co und Mo geschwächt. Keine merklichen Änderungen treten bei Si- und W-Linien auf. Eine Intensitätssteigerung tritt bei den Pb-, Zr- und besonders den Borlinien auf. Gegenüber der Anregung in Luft hat diese Arbeitsweise weiterhin den Vorteil, daß längere Belichtungszeiten möglich sind, so daß sich insgesamt eine Steigerung der Nachweisempfindlichkeit um eine Zehnerpotenz ergibt. Wie Tabelle 7 zeigt, wird auch die Reproduzierbarkeit verbessert.

**Arbeitsvorschrift.** Die Aufnahme der Spektren erfolgt mit einem 1,5 m-Gitterspektrographen in der 2. Ordnung. Zur Anregung dient ein Gleichstromabreißbogen mit 220 V, 8 A, Brenndauer 1,28 sec, Brennpause 2,56 sec. Das Spektrum wird photographisch registriert.

Die an einer Seite glatt geschliffene Probe wird anodisch geschaltet. Als Gegenelektrode dient für Gußeisen und unlegierten Stahl eine Graphitelektrode mit Mittelstift, für hochlegierten Edelstahl ein Silberstab. Die Elektrodenhalter sind mit Wasser gekühlt, der obere gabelförmig ausgebildet.

Die gasdichte Funkenkammer (Abb. 40) wird vor der Anregung mit etwa 15 l CO luftfrei gespült. Während des Abfunkens beträgt die Strömungsgeschwindigkeit etwa 1 l/min. Das ausströmende CO wird in einem Bunsenbrenner verbrannt.

Man belichtet dreimal 2 min. Nach jeweils 2 min wird die Kathode gewechselt und eine andere Stelle der Probe abgefunkt.

*Bemerkungen.* I. *Ausgewertet* werden die Borlinie 249,68 nm und als Bezugslinie bei Gußeisen und unlegiertem Stahl Fe 249,59 nm, bei hochlegiertem Stahl die Silberlinie 247,38 nm.

II. *Eichkurve* vgl. Abb. 39.

III. In *unlegierten* Proben sind $1 \cdot 10^{-3}$ bis $4 \cdot 10^{-5}$% B bestimmbar. (Bei Anregung in Luft sind nur 2 min Belichtungszeit möglich. Es sind dann $1 \cdot 10^{-2}$ bis $1 \cdot 10^{-3}$% B bestimmbar.)

Tabelle 7. *Vergleich der Reproduzierbarkeiten der spektrographischen Bestimmung nach Koch und Sauer und der photometrischen Bestimmung mit Dianthrimid* [21]

| Probe | Borgehalt % | Anregung in | Varianz in % aus je 10 Bestimmungen spektrographisch | photometrisch |
|---|---|---|---|---|
| Reinsteisen | $4 \cdot 10^{-5}$ | CO | ±10 | ±20 |
| Gußeisen | $5 \cdot 10^{-4}$ | CO | ± 9 | ±12 |
| Britischer Standardstahl | $1 \cdot 10^{-3}$ | CO | ± 6 | ± 5 |
| Stahl 10 CrNiTi 18 9 | $4{,}1 \cdot 10^{-3}$ | CO | ±19 | ± 5 |
| Stahl 5 CrNiMo 18 12 | $5 \cdot 10^{-5}$ | CO | ±21 | ±22 |
| Britischer Standardstahl | $7{,}9 \cdot 10^{-3}$ | Luft | ±11 | ± 3 |
| Britischer Standardstahl | $1 \cdot 10^{-3}$ | Luft | ±17 | ± 5 |

Das Verfahren nach *Koch* und *Sauer* ist der photometrischen Bestimmung an Schnelligkeit überlegen. Bei Borgehalten unter $10^{-3}$% weist es außerdem eine bessere Reproduzierbarkeit auf. Vgl. auch Kapitel 5.5.1, S. 169, Tabelle 13.

Die Borlinie 249,77 nm besitzt eine noch höhere Nachweisempfindlichkeit als die Linie B 249,68 nm; jedoch wird die eng benachbarte Eisenstörlinie Fe 249,78 nm auch durch Anregung in CO nicht weitgehend genug unterdrückt [33].

### 4.6.1.2 Spektrometrische Analyse fester Stahlproben

Zur Borbestimmung mit den beiden im Bereich um 250,0 nm liegenden Spektrallinien reicht das Auflösungsvermögen mancher industriell benutzter Spektrometer nicht aus [7]. Andererseits sind diese Geräte zur Arbeit im Vakuum-Ultraviolett eingerichtet. Daher wurden auch kurzwelligere Borlinien auf ihre Eignung zur spektrometrischen Bestimmung geprüft, um mit ihrer Hilfe Störungen durch andere Legierungsbestandteile zu vermindern [7, 17].

**Arbeitsvorschrift** nach *Bruch* [4]. Zur Analyse mittellegierter Stähle mit $5 \cdot 10^{-4}$ bis $1 \cdot 10^{-2}$% B benutzt *Bruch* [4] ein 1,5-m-Gittergerät (Quantovac 17500 der Fa. ARL). Man verwendet die Borlinie 249,67 nm in der 2. Spektrenordnung bei einer

Lineardispersion von 0,235 nm/mm. Die Anregung erfolgt mit einer überdämpften Entladung bei C = 40 μF, R = 5,7 Ω (gemessen), L = 380 μH (gemessene Gesamtinduktion). Als innerer Standard wird an Stelle einer Eisenlinie das Licht nullter Ordnung gewählt und über konstante Ladung etwa 20 sec integriert.

*Bemerkungen.* I. Die *Verdampfung* des Bors aus der vom Funken getroffenen Stelle ist außerordentlich stark, so daß schon 10 sec nach Funkbeginn die Konzentration des Bors im Funkenplasma stark gesunken ist. Erst nach 50 sec ist bei den benutzten Anregungsparametern ein Abfunkgleichgewicht eingetreten. Zu diesem Zeitpunkt ist die Konzentration des Bors in der Funkenstrecke jedoch schon derart gering, daß bei dem gleichzeitig relativ hohen Untergrund die Bestimmungsgrenze nicht mehr ausreicht, die niedrigen Gehalte noch zu erfassen. Arbeitet man ohne oder mit nur 5 sec Vorfunkzeit, ist die Reproduzierbarkeit nicht ausreichend.

II. Mit 10 sec Vorfunkzeit und 20 sec Integrationszeit beträgt die *Varianz* ±20% bei $5 \cdot 10^{-4}$% Bor bzw. ±1,5 bis 6% bei $2 \cdot 10^{-3}$ bis $6 \cdot 10^{-3}$% Bor.

III. Für verschiedene mittellegierte Stahlqualitäten sind jeweils eigene *Eichkurven* erforderlich. Anwendung dieser Arbeitsweise auf hochlegierte Stähle läßt lediglich Störungen bei höheren Wolfram- und Titangehalten erwarten.

**Arbeitsvorschrift** nach *Eckhard* [7]. Man benutzt ein Vakuumspektrometer mit Prismenmonochromator. Die Dispersion im Analysenbereich 182,5 nm beträgt etwa 0,175 nm. In diesem Bereich liegen zwei Borlinien (vgl. Tabelle 6.), von denen die empfindlichere bei 182,640 nm benutzt wird.

Tabelle 8. gibt die *Bedingungen* zur spektrometrischen Borbestimmung nach *Eckhard.*

Tabelle 8

| | |
|---|---|
| Kapazität | 0,020 mF |
| Selbstinduktion | 0,060 mH |
| Dämpfung | 3 Ω |
| Ladespannung | 600 V |
| Gegenelektrode | Wolfram, 5 mm ∅ |
| Elektrodenabstand | 5 mm |
| Spülgas | Ar mit 5% $H_2$ |
| Analysenlinien | B 182,640 nm |
| | Fe 187,746 nm |
| Vorfunkzeit | 10 sec |
| Integrationszeit | 21 sec |

*Bemerkungen.* I. Funkt man *ohne Vorfunkzeit* je 3 Flecken je 7 sec an, erhält man eine bedeutend steilere *Eichkurve* ($I_B/I_{Fe}$ gegen % B) als für nur einen Flecken mit 21 sec Integrationszeit. Mit 10 sec Vorfunken und 21 sec Integrationszeit verläuft die Eichkurve noch flacher.

Dies erklärt sich daraus, daß (in Übereinstimmung mit *Bruch* [4]) nach 10 sec Vorfunkzeit noch kein Abfunkgleichgewicht erreicht ist. Das gilt in besonderem Maße für höhere Borgehalte, so daß bei über 0,01% B auch die Streuung der Meßwerte merklich ansteigt. Für Gehalte unter $5 \cdot 10^{-3}$% B bringt die Benutzung mehrerer Abfunkflecke Vorteile.

II. Für höhere und stark wechselnde *Schwefelgehalte* sowie für hohe *Kobaltgehalte* muß eine Korrektur angebracht werden. Tabelle 6 zeigt die entsprechenden Störlinien.

**Arbeitsvorschrift** nach *Höller* und *Slickers* [17]. *Höller* und *Slickers* haben die Eignung von fünf Bornachweislinien zur spektrometrischen Stahlanalyse geprüft.

*Experimentelle Bedingungen.* Benutzt werden die Geräte Quantometer 7200 S und Quantovac 17500 (Fa. ARL) mit Funkenerzeuger „multi source" ARL. Beide zeigen 1,5 m Brennweite; die reziproke Dispersion beträgt 0,7 nm/mm beim

Quantometer bzw. 0,46 nm/mm beim Quantovac. Sekundärspalte und Meßkanäle für die verschiedenen Borlinien werden wie folgt installiert: *B 249,68 nm* am Quantometer in 2. Ordnung mit 75 μm Spaltweite und Filter zur Unterdrückung der 1. Ordnung. *B 208,96 nm* am Quantovac in 2. Ordnung mit 75 μm Spaltweite und Prisma zur Abtrennung der 1. Ordnung, besonders von Fe 417,88 nm. *B 182,59 nm* am Quantovac in 1. Ordnung mit 37,5 μm Spaltweite. *B 208,89 nm* und *B 182,64 nm* wurden mit den beiden vorgenannten Meßkanälen durch Verschiebung des Spektrums mit dem Primärspalt erfaßt. *Weitere Daten* vgl. Tabelle 9.

Bei allen Messungen zur Aufstellung von *Eichkurven* wurde die Integration nur im stationären Abfunkzustand durchgeführt. Mit Abfunkkurven wurden die hierfür erforderlichen Vorfunkzeiten ermittelt. Untersucht wurden Stahlproben des BAS und der HOAG.

Tabelle 9. *Arbeitsbedingungen und Ergebnisse nach Höller und Slickers* [17]

| Geräte | Quantometer PCQ | Quantovac 1700 | Quantovac 17500 |
|---|---|---|---|
| Borlinie; Ordnung | 249,677 nm × 2; | 208,959 nm × 2; | 182,589 nm × 1; |
| Spalt; Vorzerlegung | 75 μ; Filter | 75 μ; Prisma | 37,5 μ |
| Entladungsparameter | 50 μF; 50 Ohm; 360 μH; 800 V | 25 μF; 5 Ohm; 360 μH; 800 V | 25 μF; 10 Ohm; 360 μH; 800 V |
| Atmosphäre | Luft | Argon | Argon |
| Vorfunkzeit sec | 10 | 70 | 70 |
| Integrationszeit sec | 15 | 20 | 20 |
| Bezugslinie nm | Fe 271,4 | Fe 271,4 | Fe 271,4 |
| Bemerkung | starke Eisenstörung | Molybdänkorrektur | Kupferkorrektur |
| Boräquivalent zum spektralen Untergrund [ppm B] | 80 | 25 | 30 |
| Streuung des Untergrundes s [ppm B] | 1,2 | 1 | 0,5 |
| Streuung um die Ausgleichskurve s [ppm B] | | 2,5 } BAS<br>3,0 } HOAG | 2,0 } BAS<br>1,5 } HOAG |
| Wiederholbarkeit der Einzelwerte $s_{rel.}$ [%] | 14 | 2,5 | 3 |
| Theoretische Nachweisgrenze [ppm B] | 5 | 4 | 2 |

*Ergebnisse. Linien B 182,59 und B 208,96 nm.* Gut geeignet sind die molybdängestörte Linie B 208,96 und die kupfergestörte Linie B 182,59 nm. Sie geben gleiche Eichfunktionen mit hinreichend kleinen Streumaßen und Nachweisgrenzen. B 182,59 kann an jedem größeren Vakuumspektrometer installiert werden. Die Anregungsbedingungen sind derart, daß sie, abgesehen von der verlängerten Vorfunkzeit, auch zur Analyse der übrigen Stahlbegleiter geeignet sind. Die Untersuchung der Linienintensitäten ergab, daß bei Benutzung von B 182,59 die folgenden Elemente und Gehalte Störungen ergeben, die < 1 ppm B entsprechen: 1% Ni, Mn, Mo, Si, Cr oder V; 0,1% Ti, S oder Zr; 0,5% Co. Obwohl die tabellierte, starke Kupferlinie 182,535 nm einen Abstand zu B 182,59 von etwa 100 μm aufweist, tritt eine geringe Kupferstörung auf, die korrigiert werden muß. 0,2% Cu entsprechen 2,5 ppm B. Bei B 208,96 nm wurden mit überkritisch gedämpften Mittelspannungsfunken in Argon ähnliche Einfunkeffekte wie bei Schwefel im Stahl beobachtet. Der Einfunkeffekt hängt auch vom Mo-Gehalt ab: Der stationäre Abfunkzustand wird für molybdänlegierte Proben schon nach wenigen sec, für molybdänfreie Proben dagegen erst nach 70 sec erreicht. Die Störung durch Mo 208,95 nm ist durch eine Korrektur zu berücksichtigen.

*Linie B 249,68 nm.* Zur spektrometrischen Borbestimmung ist die Linie B 249,68 nm wenig geeignet. Der stationäre Abfunkzustand wird verhältnismäßig schnell, nach 10 bis 15 sec, erreicht. Die Eisenlinien sind sehr stark bzw. breit; die durch sie verursachten Störungen lassen sich nur teilweise ausschalten. Die Reproduzierbarkeit ist unzureichend. Die Anregung kann wegen des starken Anstiegs des Untergrundes bzw. der Eisenstörungen nicht in Argon erfolgen.

*Linien B 208,89 und B 182,64 nm.* Bei Anregung in Argon wurde eine in den Tafelwerken nicht enthaltene Fe-Linie mit der abgeschätzten Wellenlänge 208,82 nm festgestellt. Ihre Intensität entspricht derjenigen der Borlinie 208,89 nm bei einem Gehalt von 70 ppm B. Die Linie B 182,64 nm wird stark durch die Schwefellinie S 182,625 nm gestört. Bei Anregung mit überkritisch gedämpften Mittelspannungsfunken in Argon entsprechen 0,1% Schwefel 10 ppm Bor. Beide Borlinien sind daher ungeeignet.

#### 4.6.1.3 Analyse von Lösungen nach Eckhard [7, 8]

Funkt man feste Stahlproben an, wird der Gesamtborgehalt bestimmt [7]. Soll zwischen „löslichem" und „unlöslichem" Bor unterschieden werden, sind chemische Probenvorbereitungen erforderlich (vgl. Kapitel 5.5, S. 168). Nach Säurelösung der Probe wird das säureunlösliche Bor im Rückstand, das säurelösliche aus der Differenz zum Gesamtborgehalt bestimmt. Der Löserückstand wird einem Schmelzaufschluß unterworfen, die Schmelze in wenig Wasser gelöst und die Lösung spektrographisch oder spektrometrisch analysiert. Von den verschiedenen Verfahren der Lösungsspektralanalyse ist nach *Eckhard* und *Marotz* [8] die Kohleradelektrodentechnik für das vorliegende Problem am geeignetsten. Zu den Analysen wurden ein Standard-Quarzspektrograph (Fuess 110 c) und ein Ebert-Gitterspektrograph (Jarrel-Ash 3,4 m) benutzt. Die Nachweisgrenze liegt für ersteren bei 10 µg B/ml, für letzteren unter 1 µg B/ml. Dementsprechend sind in den isolierten Gefügebestandteilen bei 2 mg Einwaage 0,5 bzw. 0,05% B nachweisbar.

*Probenvorbereitung* [8]. 2 mg Substanz (isolierte Gefügebestandteile aus Stählen) werden in einem 3 ml Platintiegel mit der 10fachen Menge $Na_2CO_3$ aufgeschlossen. Einwaagen von weniger als 0,5 mg werden unter dem Mikroskop in einer Sodaperle am elektrisch beheizten Pt-Draht aufgeschlossen [46]. Dabei wird die Probe auf einer gewogenen Pt-Folie eingewogen; auf einer zweiten Folie wird die zehnfache Sodamenge bereitgehalten.

Die Schmelze wird in 1 ml einer citronensauren (10%) Kobaltchloridlösung (10 mg Co/ml) gelöst. Die Verwendung der Radelektrode erfordert mindestens 0,5 ml Lösung. Bei sehr kleinen Einwaagen kann man stattdessen die Stabelektrodentechnik nach *Scheibe* und *Rivas* [34] verwenden. In diesem Fall wird zweimal getränkt und jeweils 60 sec vorgefunkt und 90 sec belichtet.

*Aufnahmedaten* [8] (Tabelle 10).

Die relative *Standardabweichung* beim Ebert-Spektrographen im Bereich 10 bis 50 µg B/ml beträgt bei Auswertung der Linien B 249,77 und Co 250,4 nm $\pm$ 10 bis 14%, bei B 249,77 und Co 250,7 nm etwa $\pm$7%. Bei Übergang zu spektrometrischer Arbeitsweise sind $\pm$3% zu erwarten [8].

*Weitere Arbeitsweisen.* Durch Lösungsspektralanalyse mit einem Plasmabrenner und Zerstäuber bestimmen *Gotô* und *Atsuya* [14] Bor im Stahl nach Entfernung des Eisens durch Extraktion mit MIK. *Paterson* und *Grimes* [28] lösen die Stahlprobe in $HNO_3$, verglühen zum Oxid und spektrographieren unter Zusatz von $CuF_2$. Damit bestimmbar sind $1 \cdot 10^{-3}$ bis $2 \cdot 10^{-2}$% B.

### 4.6.2 Bestimmung in siliciumhaltigem Material

Außer bei der Analyse natürlicher Mineralien tritt das Problem der Borbestimmung neben viel Silicat vor allem bei der Untersuchung von Halbleitersilicium und

Tabelle 10

| | Einprismen-quarzspektrograph | 3,4 m-Ebert-Gitter-spektrograph |
|---|---|---|
| *Anregung* | *Feußner*-Funken | Fremdgezündete Niederspannungsanregung |
| Kapazität | 2800 pF | 0,2 mF |
| Selbstinduktion | 0,8 mH | 0,5 mH |
| Widerstand | — | 2 Ω |
| Ladespannung | 12000 $V_{eff}$ | 300 V |
| Polarität der Radelektrode | — | negativ |
| *Elektroden* | | |
| Rad 15 mm ∅ | RW III | RW III |
| Umdrehungszahl | 4/min | 7/min*** |
| Gegenelektrode 6 mm ∅; 120°-Spitze | RW IV | RW IV |
| Abstand | 3 mm | 3 mm |
| *Aufnahme* | | |
| Spaltbreite | 0,03 mm | 0,04 mm |
| Kollimator | 20 | — |
| Spektrenordnung | — | 2. |
| Dispersion | 0,7 nm/mm | 0,25 nm/mm |
| *Nachweislinien* | | |
| Bor | 249,678 nm | 249,678 nm<br>249,773 nm* |
| Kobalt | 254,425 nm | 250,452 nm**<br>250,768 nm |
| *Zeiten* | | |
| Vorfunk | 20 sec | 15 sec |
| Belichtung | 50 sec | 40 sec |

* Die empfindlichere der beiden Linien.
** Mit dieser Vergleichslinie wesentlich geringere Streuung.
*** 4 bis 8 min unkritisch; Unterschied nur gerätebedingt.

den Vorprodukten seiner Fabrikation ($SiCl_4$) auf. Die Proben liegen in der Regel als Pulver vor und werden aus Graphitbecherelektroden der üblichen Form in anodischer Schaltung verdampft.

Eine Schwierigkeit der Silicatanalyse bei Anregung in Luft ist das Auftreten von SiO-Banden im Spektralbereich 230,0 bis 350,0 nm; außerdem treten CN-Banden auf. Diese Banden können durch Anregung in einer Schutzgasatmosphäre unterdrückt werden. Geeignet sind $N_2$, $N_2$ mit 5% $H_2$ oder Argon, das die besten Ergebnisse liefert [6, 20, 29, 36, 40, 41].

Die Intensität der Borlinien bei Anregung im Schutzgas ist jedoch bedeutend geringer als in Luft. Auch bei sechsfacher Belichtungszeit wird in Ar nicht die gleiche Intensität wie in Luft erreicht [42]. Ein Zusatz von MgO als spektrographischer Puffer bei Anregung in $N_2$ vermindert ebenfalls die Intensität der SiO-Banden [36]. Zwar werden die SiO-Banden schon von einem Quarz-Spektrographen mittlerer Dispersion aufgelöst; jedoch fällt die Borlinie B 249,773 nm mit der SiO-Linie 249,773 nm zusammen. Auch in diesem Falle ist jedoch eine Auswertung unter Einbeziehung der Linien SiO 249,756 nm und C 247,857 nm möglich [42]. Zur Anregung dient ein Gleichstrombogen.

Die *Auswertung* erfolgt mit der Borlinie B 249,77 und als innerem Standard Sn 249,572 [36], C I 247,857 [42], Sb I 248,17 [20], Si I 245,214 [41], Si 256,367 [40] In 256,02 nm [25].

**Arbeitsweise nach Vecsernyes** [41].

Das Verfahren erlaubt die Bestimmung von Bor und weiteren 17 Elementen in hochreinem Silicium. Alle Elemente werden mit der gleichen Arbeitstechnik in einer einzigen Aufnahme erfaßt. Bezüglich der Konzentrationsbereiche und Linienpaare dieser Elemente vgl. die Originalarbeit.

Bestimmbar sind $5 \cdot 10^{-7}$ bis $2 \cdot 10^{-4}$% Bor in 10 mg Probe. Die Anregung erfolgt in Argon; *Vecsernyes* hat hierfür eine Schutzgaskammer beschrieben (Abbildung vgl. Originalarbeit) [41]. Die Siliciumprobe wird im Achatmörser feinst gepulvert und homogenisiert, wofür etwa 1 Std. erforderlich ist. 10 mg Probe werden in eine hinterdrehte Becherelektrode (Typ RW 0, Ringsdorf) eingefüllt. Als Gegenelektrode dient ein Graphitstab mit Mittelstift. Nach Einsetzen der Elektroden in die Schutzgaskammer wird diese 5 min mit Argon (1,3 l/min) gespült; danach wird die Gasgeschwindigkeit auf 100 ml/min vermindert.

*Technische Daten.* a) *Mittlerer Quarzspektrograph* (Typ ISP 22) mit Zwischenabbildung und Zeißschem 3-Stufenfilter. Spaltbreite 0,01 mm.

b) *Elektrodenabstand.* 5 mm. Mit den Zwischendiaphragmen wird nur der mittlere 2 mm lange Bogen abgebildet.

c) *Anregung.* Wechselstromabreißbogen nach *Pfeilsticker*, 220 V, 8,5 bis 9 A.

d) *Belichtung.* 240 sec; Verhältnis Brennen: Kühlung 2:2 sec.

e) *Spektralplatte.* Agfa blau rapid.

f) *Entwicklung.* Methol-Hydrochinon-Pottasche: 4 min bei 18 °C.

g) *Auswertung.* Borlinie B 249,773 (100% Transparenz des Stufenfilters), Vergleichslinie Si 245,214 nm (10% Transparenz).

*Eichung.* Zur Herstellung von Eichproben werden reinstes Silicium und elementares Bor im Achatmörser feinst gepulvert und gemischt.

**Arbeitsweise nach Kawasaki und Higo zur Analyse von Siliciumhalogeniden** [20]

Das Verfahren wurde zur Analyse von $SiCl_4$ und $HSiCl_3$ nach Anreicherung des Bors mit Triphenylchlormethan (TPCM) und Hydrolyse des Rückstandes benutzt [20] (vgl. auch Kapitel 5.4.4, S. 168). Bestimmbar sind 0,03 μg B in 500 g Probe. Wichtig für hohe Empfindlichkeit ist die Matrix. Die Nachweisgrenze beträgt 0,25 μg B in reinem Graphit, 0,03 μg in Graphit plus $Sb_2O_3$ (1 + 1) und 0,01 μg in reinem $Sb_2O_3$. In $Sb_2O_3$ ist jedoch die Reproduzierbarkeit schlecht.

a) *Probenvorbereitung.* In einem 500-ml-Quarzbecherglas mischt man bis zu 500 g Probe mit 100 mg Triphenylchlormethan und läßt 30 min in der Kälte stehen. Das überschüssige $SiCl_4$ wird danach im Ölbad bei 90 bis 100 °C abgedampft. Zum Rückstand gibt man 5 ml 0,1 n Natronlauge und spült die Gefäßwände mit wenig Wasser. Man filtriert durch ein kleines Filter ohne Verwendung eines Trichters in ein Quarzgefäß und wäscht mit wenig Wasser nach. — Alle oben beschriebenen Arbeiten müssen im Handschuhkasten unter $N_2$-Spülung durchgeführt werden. — Zum Filtrat gibt man 100 mg eines (1:1)-Gemisches aus Graphit und $Sb_2O_3$ und dampft zur Trockne ein. Den Rückstand überführt man in eine Graphitbecherelektrode und spektrographiert unter Argon in einer gasdichten Funkenkammer mit 5 l Ar/min.

b) *Technische Daten.* α) *Quarzspektrograph.* Fuess Typ 110-H, Spektralbereich 230,0 bis 285,0 nm; reziproke lineare Dispersion 0,23 nm/mm bei 250,0 nm; Zwischenabbildung; 6-Stufenfilter; Spaltbreite 0,030 mm.

β) *Elektroden.* Hinterdrehter Becher (8 mm tief, 1 mm Wandstärke); Gegenelektrode mit 90°-Spitze; Elektrodenabstand 3 mm.

γ) *Anregung.* Gleichstrombogen 17 A.

δ) *Belichtung.* 60 sec; keine Vorfunkzeit.

ε) *Auswertung.* Borlinie B 249,77 nm und Vergleichslinie Sb 248,17 nm. Nach Anbringung einer Untergrundkorrektur wird das relative Intensitätsverhältnis B:Sb auf log-Papier gegen μg Bor aufgetragen.

c) Die *Eichkurve* ist im Bereich 0,03 bis 2,5 μg B linear.

Zur *Eichung* gibt man in einen 1000-ml-Meßkolben aus Quarz aus einer graduierten 1-ml-Spritze 0,65 ml Borbromid zu reinstem $SiCl_4$, wobei die Injektionsnadel in das $SiCl_4$ eintauchen soll und füllt mit $SiCl_4$ zur Marke auf. 1 g Lösung enthält 50 µg Bor; sie wird mit $SiCl_4$ weiter bis auf 0,05 µg B/g verdünnt. Hiervon benutzt man entsprechende Anteile zur Aufstellung einer Eichkurve gemäß der oben beschriebenen Probenvorbereitung.

*Weitere Anwendungen. Švangiradze* und *Mozgovaja* [40] bestimmen noch $2 \cdot 10^{-4}$% B im *Silicium* unter Anregung in $N_2$ und Auswertung der Linien B 249,773 und Si 256,367 nm. Nach *Sewell* [36] setzt man bei der Analyse von *Eruptivgesteinen* der Probe die gleiche Gewichtsmenge MgO zu, welches 0,1% $SnO_2$ enthält. Die Anregung erfolgt in einer anodisch geschalteten Graphitbecherelektrode unter $N_2$. 1,5 ppm B im Vulkangestein bzw. 5 ppm B im Basalt sind bestimmbar. Ausgewertet werden die Linien B 249,773 und Sn 249,572 nm.

In $SiCl_4$, $HSiCl_3$, $GeCl_4$ wird Bor spektrographisch nach Probenvorbehandlung mit Triphenylchlormethan oder Methylcyanid bestimmt [29, 42, 43]. Zur Bestimmung von $10^{-3}$ bis 1 ppm B im *Silicium* führen *Morrison* und *Rupp* [25] eine naßchemische Anreicherung durch (vgl. auch Kapitel 5.4.2) und spektrographieren das erhaltene, silicatische Material mit einem Gleichstrombogen (21,5 A, 20 sec) unter Argon. Die Auswertung erfolgt mittels eines rotierenden log-Stufensektors, der Linien B 249,77 und In 256,02 nm [15, 24]. $SiO_2$ löst man nach *Semov* [35] in 45%iger Flußsäure, gibt 30%iges $H_2O_2$ zu und engt unter Zusatz von $CuCl_2$ und Mannit stark ein. Den Rückstand bringt man auf Kohlestäbe auf und spektrographiert mittels Wechselstrombogen. Noch $2 \cdot 10^{-6}$% B sind erfaßbar.

### 4.6.3 Bestimmung im Graphit

Das im Reaktorgraphit enthaltene Bor liegt als $B_4C$ vor, welches sehr schwer verdampfbar ist [2, 10]. Eichmischungen aus $B_4C$ und reinstem Graphit zeigen das gleiche Verdampfungsverhalten bezüglich Bor wie borhaltiger Graphit [19]. Will man Graphitpulver unmittelbar spektrographieren, sind zur Erzielung guter Empfindlichkeiten Belichtungszeiten bis zu 10 min erforderlich [19]. Bei Anregung in $N_2$ ist eine Nachweisempfindlichkeit von $5 \cdot 10^{-5}$% B (≙ 0,5 ppm) mit einem relativen *Fehler* von 20 bis 30% erzielbar [19]. Bei konventioneller Arbeitsweise ist dagegen höchstens noch 1 ppm B erfaßbar [18]. Nach *Feldman* und *Ellenburg* [10] sind 0,5 bis 4 ppm B in 10 mg Graphit mit einem *Fehler* von $\pm 1{,}8$% bestimmbar. Man verwendet Becherelektroden aus Graphit, regt mit Gleichstrombogen in $Ar/O_2$-Atmosphäre an, belichtet ohne Vorfunkzeit 90 sec und wertet die Linien B 249,7 sowie Ir 254,3 nm aus. Höhere Nachweisempfindlichkeiten lassen sich nur durch Techniken erreichen, mit denen größere Probemengen verarbeitet werden können. Möglich ist eine teilweise Veraschung der Graphitprobe und Analyse des an Bor angereicherten Rückstandes. Es wurden damit Nachweisgrenzen von 0,1 ppm B [38], 0,02 ppm B (≙ $2 \cdot 10^{-6}$%) [12] bzw. $10^{-6}$ bis $10^{-7}$% B [13] erreicht. Weitere Arbeiten über die Bestimmung im Graphit vgl. [11, 15].

#### Arbeitsweise nach Brandenstein, Janda und Schroll [2]

Die Autoren haben die Verflüchtigung des Bors aus Graphit untersucht. Sie fanden, daß bei Zusatz von $AlF_3$ plus NaF (1 + 1) das Borcarbid zu leicht flüchtigem Borfluorid aufgeschlossen und als solches innerhalb 60 sec vollständig verdampft wird. Unter gleichzeitiger Anwendung der Doppelbogenmethode nach *Shaw* und Mitarbeitern [37] sind 0,01 bis 1 ppm B mit einem *Fehler* von $\pm 5$% bestimmbar. Die Nachweisgrenze liegt bei 3 ppb ($3 \cdot 10^{-7}$%) B und kann durch teilweises Veraschen des Graphits auf $10^{-8}$% B gesenkt werden.

*Probenvorbereitung.* Graphitprobe, $AlF_3$ und NaF werden im Verhältnis 2:1:1 gemischt und mit 1% As in Form von $H_3AsO_3$ als Bezugselement versetzt.

**Arbeitsvorschrift.** Die Mischung wird in den Probetiegel eingerüttelt, in der Tiegelachse mit einem Abzugskanal (2 mm ⌀) versehen und 1 Std. bei 120 °C getrocknet. — Als Elektroden dienen Mikrographittiegel zur Doppelbogenmethode (Qualität RW0; Ringsdorff, Bonn). Für das Zünden des Bogens ist es zweckmäßig, den Tiegelboden abzuflachen und die untere Gegenelektrode des Doppelbogens sowie die Kappe des Mikrotiegels mit einer Aufschlämmung von $Na_2CO_3$ oder $Li_2CO_3$ zu versehen.

*Bemerkungen.* I. *Technische Daten.* a) *Quarzspektrograph* (Zeiss Q 24) mit Dreistufenfilter (4, 20, 100%); Zwischenabbildung auf 240,0 nm; Zwischenblende 5, Einblenden der Bogenmitte; Spalt 10 µm.

b) *Elektroden.* Mikrotiegel nach *Shaw* und Mitarbeitern (siehe oben); Gegenelektroden, plangeschliffen; Elektrodenabstand oben 5 mm, unten 3 mm.

c) *Anregung.* Gleichstromdauerbogen 120 V, Zündstrom 15 A, Bogenstrom 12 A; kathodische Schaltung.

d) *Photographie.* Belichtungszeit 100 sec; Perutz-Platte 450 „Spektralblau"; Schaukelentwicklung mit Methol-Hydrochinon.

e) *Auswertung.* Photometrie mit Untergrundkorrektur beider Analysenlinien B 249,77 und As 234,98 nm; Rechenbrett. Eichkurve vgl. Originalarbeit.

II. *Eichung.* Graphitpulver RW0 wird mit $B_4C$ in den Konzentrationen 10 bis 0,001 ppm B vermischt; Zusatz von 1% As, bezogen auf die Analysenmischung.

### 4.6.4 Bestimmung in verschiedenen Materialien

I. In *Wässern* läßt sich Bor lösungsspektralanalytisch nach der Kohleradtechnik bestimmen. Die Anregung erfolgt mit einem Hochspannungsfunken. In Seewasser bestimmen *Reynolds* und *Wilson* [30] 0,75 bis 8 ppm B mit einer Reproduzierbarkeit von ±3% für eine Doppelbestimmung. Zur Auswertung dienen B 249,77 und als Bezug das nicht aufgelöste Be-Triplett Be 249,4 nm. Nach Anreicherung durch Einengen bestimmen *Kopp* und *Kroner* [22] 0,1 bis 20 ppm B mit einem direkt anzeigenden 3,4-m-Spektrographen und dem Untergrund als innerem Standard. Die Wiederfindungsrate beträgt im Mittel etwa 90%.

Die Analyse saurer, wäßriger Lösungen, auch in Anwesenheit von Mannit, mit der porösen Becherelektrode beschreibt *Feldman* [9].

II. Die Bestimmung im *Magnesit* beschreiben *Dohr* und *Pertl* [6] sowie *Brandenstein* und *Schroll* [3]. Die Aufnahme erfolgt mit 1,5-m-Spektrograph (Spalt 20 µm), Gleichstromdauerbogen (12 A) und 15 sec Belichtung in Kohlebecherelektroden unter $N_2$-Schutzgas [6]. Eine andere Arbeitsweise verwendet einen Quarzspektrographen Q 24 (Spalt 20 µm), Dreistufenfilter und Niederspannungsfunken nach *Pfeilsticker* (180 V; 10000 µF; 0,32 sec Funken, 0,08 sec Pause) [6]. Noch wenige ppm B sind erfaßbar.

III. Zur Bestimmung im *Uran* und *Plutonium* trennen *Wenzel* und *Pietri* [45] die Metalle mittels Kationenaustauschers ab. Im eingedampften Eluat wird Bor mit Gleichstrombogen in $In_2O_3$-Matrix mit Zn als innerem Standard spektrographiert. Mit ±9% *Fehler* sind 0,1 bis 30 ppm in 0,1 bis 2 g U bzw. 3 bis 30 ppm in 0,1 bis 0,4 g Pu bestimmbar. Ohne Anreicherung sind nach *Nakajima* und Mitarbeitern [26] 0,02 ppm B mit ±11% *Fehler* im Uran bestimmbar. Als Träger dienen 2% NaF oder 4% $In_2O_3$, als innerer Standard $SnO_2$.

IV. *Germanium* löst man nach *Malkova* und Mitarbeitern [23] unter Mannitzusatz in HCl + $HNO_3$, verdampft $GeCl_4$ und spektrographiert den Rückstand unter

NaCl-Zusatz im Gleichstrombogen (12 A). Es sind $4 \cdot 10^{-8}\%$ B in 10 mg Ge mit $\pm 20\%$ *Fehler* bestimmbar. Die Eichung erfolgt mit borfreiem Ge unter Borax-zusatz.

V. In *Nickellegierungen* bestimmen *Hoare* und *Mostyn* [16] 0,2 bis 10 ppm B unter Verwendung eines Hochfrequenz-Plasmabrenners als Anregungsquelle, eines 3-m-Hilger-Spektrographen und mit 400 sec Belichtungszeit.

## *Literatur*


1. *Blum, H., Eder, A.*: Radex Rundschau **1954**, 123.
2. *Brandenstein, M., Janda, I., Schroll, E.*: Mikrochim. A. **1960**, 935.
3. *Brandenstein, M., Schroll, E.*: Radex Rundschau **1960**, 62.
4. *Bruch, J.*: Fr. **215**, 332 (1966).
5. *Corliss, C. H.. Scribner, B F.*: J. Res. Nat. Bureau of Standards **36**, 351 (1948); durch Fr. **138**, 47 (1953).
6. *Dohr, H., Pertl, A.*: Radex Rundschau **1966**, 363.
7. *Eckhard, S.*: Fr. **225**, 174 (1967).
8. *Eckhard, S., Marotz, R.*: Fr. **225**, 186 (1967).
9. *Feldman, C.*: Anal. Chem. **33**, 1916 (1961).
10. *Feldman, C., Ellenburg, J. Y.*: Anal. Chem. **27**, 1714 (1955).
11. *Gianni, F., Potenza, F.*: Anal. chim. Acta **25**, 90 (1961).
12. *Golling, E.*: Nucleonics **1**, 21 (1958).
13. *Gorbunova, L. B., Konkova, E. S., Kuteinikov, A. F.*: Betriebslab. (russ.) **30**, 1348 (1964); durch Chem. Abstr. **62**, 3391a.
14. *Gotô, H., Atsuya, I.*: Fr. **240**, 102 (1968).
15. *Hines, C. R., Hurwitz, J. K.*: Appl. Spectr. **21**, 277 (1967).
16. *Hoare, H. C., Mostyn, R. A.*: Anal. Chem. **39**, 1153 (1967).
17. *Höller, P., Slickers, K.*: Arch. Eisenhüttenw. **39**, 129 (1968).
18. *Janda, I., Schroll, E.*: Mineral. Petrog. Mitt. **7**, 118 (1959); durch *Brandenstein, Janda* u. *Schroll* [2].
19. *Karpel, N. G.*: Betriebslab. (russ.) **30**, 1078 (1964).
20. *Kawasaki, K., Higo, M.*: Anal. chim. Acta **33**, 497 (1965).
21. *Koch, W., Sauer, K. N.*: Arch. Eisenhüttenw. **35**, 983 (1964).
22. *Kopp, J. F., Kroner, R. C.*: Appl. Spectr. **19**, 155 (1965).
23. *Malkova, O. P., Tumanova, A. N., Rudnevskii, N. K.*: Ž. Anal. Chim. (russ.) **20**, 130 (1965).
24. *Matsumoto, A., Shiokawa, J., Tamura, H., Ishino, T.*: Kogyo Kagaku Zasshi (J. Chem. Soc. Japan, Ind. Chem. Sect.) **70**, 1647 (1967); durch Chem. Abstr. **68**, 111045s.
25. *Morrison, G. H., Rupp, R. L.*: Anal. Chem. **29**, 892 (1957).
26. *Nakajima, T., Takahashi, M., Uruno, Y.*: Japan Analyst **10**, 763 (1961); durch Chem. Abstr. **59**, 4536h.
27. *Otmachova, Z. I., Čaščina, O. V. Kataev, G. A.*: Izv. Sibirsk Otd. Akad. Nauk SSSR, Ser. Chim. Nauk **1967**, 84.
28. *Paterson, J. E., Grimes, W. F.*: Anal. Chem. **30**, 1900 (1958).
29. *Pčelinceva, A. F., Rakov, N. A., Sljusareva, L. P.*: Betriebslab. (russ.) **28**, 677 (1962); durch Fr. **194**, 390 (1963).
30. *Reynolds, R. C., Wilson, J.*: Anal. Chem. **33**, 247 (1961).
31. *Runge, E. F., Bryan, F. R.*: Appl. Spectr. **15**, 13 (1961).
32. *Sambueva, A. S., Šipicyn, S. A.*: Betriebslab. (russ.) **31**, 1087 (1965); durch Chem. Abstr. **64**, 1332b.
33. *Sauer, K. H., Eckhard, S.*: Fr. **221**, 274 (1966).
34. *Scheibe, G., Rivas, A.*: Angew. Ch. **49**, 443 (1936).
35. *Semov, M. P.*: Metody Anal. Chim., Reaktivov Prep. (Moskau) **12**, 52 (1966); durch Chem. Abstr. **67**, 29003x.
36. *Sewell, J. R.*: Appl. Spectr. **17**, 166 (1963).
37. *Shaw, D. M., Joensuu, O. J., Ahrens, L. H.*: Spectrochim. Acta **4**, 233 (1950).
38. *Shugar, D.*: Bull. Centre Phys. Nucl. Univ. Libre Bruxelles **34**, (1952); durch *Brandenstein, Janda* u. *Schroll* [2].
39. *Shyne, J. C., Morgan, E. R.*: Anal. Chem. **27**, 1542 (1955).
40. *Švangiradze, R. R., Mozgovaja, T. A.*: Ž. Anal. Chim. (russ.) **12**, 708 (1957).
41. *Vecsernyes, L.*: Fr. **182**, 429 (1961).
42. *Vecsernyes, L., Hangos, I.*: Fr. **208**, 407 (1965).
43. *Veleker, T. J., Mehalchick, E. J.*: Anal. Chem. **33**, 767 (1961).

44. *Waitlevertch, M. E., Guardipee, K. W., Paterson, J. E., Wolfe, A. L.*: Develop. Appl. Spectr. **4**, 527 (1964).
45. *Wenzel, A. W., Pietri, C. E.*: Anal. Chem. **36**, 2083 (1964).
46. *Wever, F., Koch, W., Eckhard, S.*: Forschungsber. Wirtsch. Verkehrsministeriums Nordrhein-Westfalen Nr. 244, Köln-Opladen 1956.

## 4.7 Radiochemische Methoden

Bor kann auf verschiedene Weise mit radiochemischen Methoden bestimmt werden. Es sind Borbestimmungen mittels Neutronenabsorption und Neutronen- oder Protonen- bzw. Deuteronenaktivierung beschrieben worden. Sie haben den Vorzug, eine Kerneigenschaft zur Analyse zu nutzen; die Natur der Borverbindung ist daher belanglos. Demgemäß ist auch meistens keine besondere Probenvorbereitung erforderlich. Metallscheiben, gepulverte Metalle und Mineralien, Lösungen oder Gase können unmittelbar untersucht werden. Die Analysendauer liegt in der Größenordnung: 10 min und wird wesentlich von der verlangten *Genauigkeit* und damit der Zählzeit bestimmt. Das *Absorptionsverfahren* zeigt den Vorzug sehr geringen, apparativen Aufwandes. Es ist für Konzentrationen von etwa $>0{,}1\%$ $B_2O_3$ anwendbar. Der relative *Fehler* steigt mit dem B-Gehalt; die Genauigkeit liegt bei etwa $\pm 3\%$ bis $\pm 10\%$; in günstigen Fällen sind $+0{,}5\%$ erreichbar [4, 7, 22].

Bei Kombination der Neutronenabsorption mit der Auswertung an Hand einer aktivierten Hilfsprobe sind aber noch $10^{-3}\%$ B im Stahl bestimmbar, was jedoch beträchtlich gesteigerten Aufwand erfordert [5, 10, 11].

Sehr viel empfindlicher bei nur wenig verringerter Genauigkeit sind die *Aktivierungsverfahren*. So bestimmen z.B. *Garbrah* und *Whitley* [13] durch Neutronenaktivierung etwa 1 bis $4 \cdot 10^{-3}\%$ B im Stahl mit einem Fehler von $\pm 5$ bis $10\%$. Die Aktivierungsanalyse erfordert jedoch wirksamere Strahlungsquellen, meistens Reaktoren bzw. Cyklotrone. Die Neutronenabsorption kommt besonders für schnelle Reihenuntersuchungen im mittleren und höheren Konzentrationsbereich, die Aktivierung dagegen für aufwendige Spurenanalysen in Betracht.

Die Verteilung des Bors innerhalb einer Probe kann durch *Autoradiographie* erfaßt werden. Hierüber berichten *Huges* und *Rogers* sowie *Cless-Bernert* [15, 5].

### 4.7.1 Neutronenabsorption

Bor besitzt einen sehr viel höheren Einfangquerschnitt für thermische Neutronen als die meisten Elemente, neben denen es üblicherweise vorliegt. Störungen der Absorptionsmessung durch Begleitelemente und wechselnde Probenzusammensetzungen sind daher gering. Durch Verwendung von Standardproben lassen sie sich weiter vermindern. Zu beachten ist vor allem der Wasserstoff-, d.h. meistens der $H_2O$-Gehalt der Probe, da H Neutronen stark streut und deshalb zu hohe B-Gehalte vortäuscht.

Tabelle 11. *Einfang- und Streuquerschnitt der Atomkerne der wichtigsten gesteinsbildenden Elemente* [4]

| Element | H | **B** | C | N | O | Na | Mg | Al | Si | S | K | Ca | Fe |
|---|---|---|---|---|---|---|---|---|---|---|---|---|---|
| Einfangquerschnitt [barn] | 0,329 | **752** | 0,0042 | 1,78 | 0,0002 | 0,5 | 0,059 | 0,215 | 0,13 | 0.49 | 0,97 | 0,43 | 2,43 |
| Streuquerschnitt [barn] | (Gas) 38 | **4** | 4,8 | 10 | 4,2 | 4,0 | 3,6 | 1,4 | 1,7 | 1,1 | 15 | 9 | 11 |

Auch N besitzt einen recht hohen Streuquerschnitt, der die erreichbare *Genauigkeit* der Untersuchung stickstoffhaltiger bor-organischer Verbindungen auf 5 bis 8% begrenzt [21].

Der Absorptionsmessung liegt die Kernreaktion $^{10}B(n, \alpha)^{7}Li$ zugrunde. Der Einfangquerschnitt für thermische Neutronen von $2{,}20 \cdot 10^5$ cm · sec$^{-1}$ beträgt für das Isotop $^{10}B$ 4017 barn, für $^{11}B$ aber nur 0,005 und für die natürliche Isotopenmischung 755 b [12]. Die Messung ist daher sehr empfindlich gegen Schwankungen des natürlichen Isotopenverhältnisses. Eine Verschiebung der $^{10}B$-Häufigkeit um 1% verursacht einen *Fehler* der absorptiometrischen B-Bestimmung um 5%. Dies erfordert Standardproben gleicher Isotopenzusammensetzung, d.h. gleicher Herkunft der Probe. Es ermöglicht ferner eine einfache Bestimmung des Isotopenverhältnisses $^{10}B/^{11}B$ mit einem relativen Fehler von $\pm 0{,}1\%$ [2, 14].

*Meßverfahren.* Die Absorptionsmessung kann nach zwei Methoden erfolgen, nämlich mit schwachen Neutronenquellen und unmittelbarer Messung des Neutronenflusses hinter der Probe oder in der thermischen Säule eines Reaktors und Aktivierung einer hinter der Probe befindlichen Au-Folie, deren Aktivität gemessen wird. Das erstere Verfahren bietet den Vorzug besondererer technischer Einfachheit und ist zu Feldmessungen geeignet [27]; seine Empfindlichkeit ist jedoch gering. Die Anwendung eines Reaktors und Aktivierung einer Hilfssubstanz erlaubt dagegen noch $10^{-3}$% B im Stahl zu bestimmen.

Als Neutronengenerator werden Ra/Be- oder Po/Be-Quellen mit Wasser oder Paraffin als Moderator benutzt. Die Reproduzierbarkeit der Messung verbessert sich dabei mit steigender Intensität der Quelle [7]. Verwendet werden u.a. Ra/Be mit 10 mC [7], Po/Be mit 90 mC [21] und Po/Be mit 2 bis 4 C [4]. Die Messung des nicht absorbierten Neutronenstrahles erfolgt meistens durch mit $BF_3$ gefüllte Zählrohre [7, 26, 27] oder Scintillationsdetektoren [4, 14, 19, 21]. Auch die Verwendung einer Ionisationskammer wurde beschrieben [6]. Die erforderlichen Zählzeiten liegen bei etwa 10 min.

### 4.7.1.1 Arbeitsvorschrift nach Christianov und Panov zur Bestimmung in Mineralien [4]

Als *Neutronengenerator* wird eine Po/Be-Quelle mit einer Intensität von 2 bis 4 C benutzt. Als Moderator dient Graphit, als Abschirmung Wasser. Die gepulverte Probe befindet sich in einem Kupferbehälter von 50 cm³ Inhalt. Zur Messung wird ein

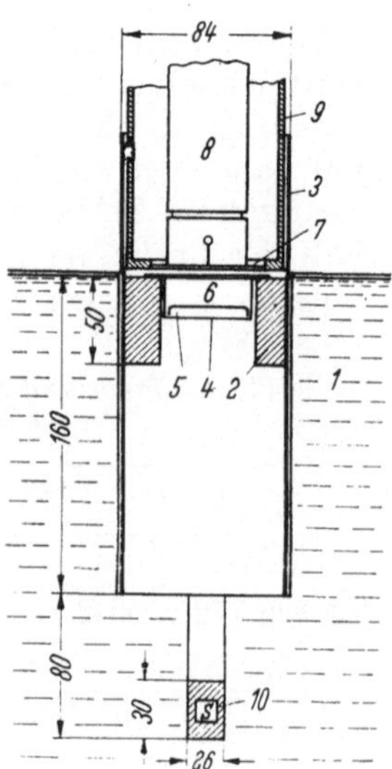


Abb. 41. Meßanordnung nach *Christianov* und *Panov*. *1* Wasser (57 l); *2* Paraffinring; *3* Schutzrohr; *4* Behälter; *5* Behälter mit dichtem Deckel; *6* Probe; *7* Scintillator; *8* SEV; *9* Schutzrohr; *10* Neutronenquelle S in Paraffinkapsel

Scintillationsdetektor mit Photovervielfacher benutzt. *Christianov* und *Panov* verwenden als Scintillator ZnS unter Zusatz amorphen Bors im Verhältnis ZnS : B = 3,5. Abb. 41 zeigt die Meßanordnung. Die Zählrate der Anordnung beträgt für borfreie Vergleichsproben 2000 Imp./min bei 2 C Intensität.

*Bemerkungen.* I. Die *Meßzeit* bei der Analyse beträgt 10 min.

Die *Nullrate* der Meßanordnung wird mit borfreien Vergleichsproben, die *Eichkurve* mit Standardproben bekannten Borgehalts bestimmt.

II. Für einen gegebenen Querschnitt des Probenbehälters und eine konstante Probemenge von 50 g hängt die Steilheit der Eichkurve in der in Abb. 42 gezeigten Weise vom $B_2O_3$-Gehalt der Probe ab.

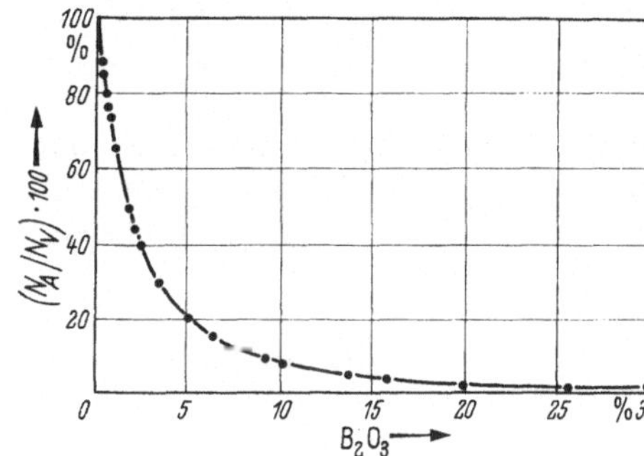


Abb. 42. Eichkurve zur Borbestimmung. Dargestellt ist der Zusammenhang zwischen dem Borgehalt einer 50-g-Probe und dem Verhältnis der Zählraten für thermische Neutronen, $N_A$ der Analysenprobe, $N_V$ der Vergleichsprobe

III. Mit einer 50-g-Probe sind maximal etwa 3% $B_2O_3$, mit einer 25-g-Probe etwa 6% $B_2O_3$ noch mit guter *Genauigkeit* bestimmbar. Für noch kleinere Probemengen ist es schwierig, die relative Schichtdicke der Probe genügend gut konstant zu halten. Zur Bestimmung von $B_2O_3$-Gehalten bis *etwa 30%* werden daher am besten Anteile der Probe mit borfreiem Material auf 25 bis 50 g verdünnt. Die Bestimmungsgrenze beträgt etwa 0,2% $B_2O_3$, der relative *Fehler* $\pm 3\%$.

IV. Das Verfahren wurde zur Analyse von *Magnetit-Ludwigit*, *Serpentin* und *Dolomit* benutzt. Als Vergleichsprobe diente $SiO_2$.

V. Wegen des hohen Streuquerschnitts des *Wasserstoffs* für Neutronen muß der Feuchtigkeitsgehalt der Probe konstant und möglichst gleich demjenigen der Eichprobe gehalten werden. Steigender H-Gehalt täuscht steigenden B-Gehalt vor. Der *Fehler* wird mit zunehmendem, absolutem H-Gehalt relativ kleiner.

VI. Zur Absorptionsmessung an festen, *silicatischen* Proben verwendet *Lachaud* [19] eine Ra/Be-Quelle von 20 mC, Paraffin als Moderator sowie $B_4C$ und Blei als Abschirmung. Vor dem Scintillationsdetektor befindet sich ein verschiebbarer Probenhalter, dessen Vertiefungen die gepulverte Probe aufnehmen. Der wirksame Querschnitt der Meßanordnung beträgt 15 $cm^2$. Zu grobe Körnigkeit kann bei inhomogenen Proben das Ergebnis verfälschen. Bei einer Probemenge von 1 g genügt im Bereich um 6,7% $B_2O_3$ eine Körnung von etwa 0,08 mm; nur für sehr geringe B-Gehalte ist größere Feinkörnigkeit erforderlich.

### 4.7.1.2 Sonstige Anwendungen

Zur Analyse von *Lösungen* verwenden *DeFord* und *Braman* eine konzentrisch aufgebaute Meßanordnung, welche die Bestimmungsgenauigkeit von $\pm 0,5\%$ ermöglicht [7]. Eine Anordnung zur Analyse von Lösungen in $2\pi$-Geometrie beschreibt auch *Lachaud* [19].

Auch zur Untersuchung von *Gasen* wurde die Neutronenabsorption erfolgreich benutzt. So bestimmen *Čudars* und Mitarbeiter [6] $BCl_3$ in Mischung mit $H_2$, Luft, $C_2H_5Cl$ oder $SiCl_4$ unter Verwendung einer Po/Be-Quelle und einer Ionisierungskammer. Der relative *Fehler* beträgt $\pm 5\%$ im Bereich 0,5 bis 50% $BCl_3$ und $\pm 20\%$ im Bereich 50 bis 75%. Die kontinuierliche Bestimmung des Bors in der technischen Fabrikationskontrolle perborathaltiger *Waschmittel* kann nach *Ljunggren* und *Christell* durch Neutronenabsorption oder -aktivierung erfolgen [20]. Die relative *Standardabweichung* des Absorptionsverfahrens beträgt $\pm$ 6,7% bei einem Perboratgehalt von 6%.

#### 4.7.1.3 Arbeitsvorschrift nach Frevert, Cless-Bernert und Donhoffer [11]

Durch eine aufwendigere Arbeitsweise läßt sich die sonst geringe Empfindlichkeit der Absorptionsmessung wesentlich steigern, so daß noch $10^{-3}\%$ B im Stahl erfaßbar sind [5, 10, 11]. Hierzu bestrahlt man die Probe in der thermischen Säule eines Reaktors, bringt hinter der Probe ein Goldblech an und mißt nach der Bestrahlung dessen Aktivität.

*Bemerkungen.* I. Je höher der Borgehalt, desto geringer die erzeugte *Aktivität.*

II. Der Einfallswinkel der Neutronen wird durch eine Cd-Abschirmung begrenzt, so daß der Borgehalt einer Probe aus zwei Aktivitätsmeßwerten für Probe und Leerwert an Hand einer halbempirischen Formel oder einer *Eichkurve* ermittelt werden kann.

III. Der Einfluß anderer Legierungselemente kann ebenfalls mit Hilfe der bekannten Wirkungsquerschnitte *rechnerisch* berücksichtigt werden (vgl. hierzu die Originalarbeiten).

IV. Der Einfluß der Streuung der *thermischen Neutronen* auf die gemessene Flußdepression ist derart groß, daß alle Legierungsbestandteile, nicht nur die Metalle, berücksichtigt werden müssen. Ferner bewirkt eine stark ungleichmäßige Borverteilung in der Probe je nach der Einfallsrichtung der Neutronen eine andere Flußdepression [10]. Durch zwei Messungen, bei denen die Probe um 180° gedreht wird, kann daher eine grobe Aussage über die Homogenität der Borverteilung getroffen werden, was in diesem Empfindlichkeitsbereich weder chemisch noch autoradiographisch möglich ist.

### 4.7.2 Aktivierungsverfahren

#### 4.7.2.1 Aktivierung mit Neutronen

*Prinzip.* Bei der Neutronenaktivierung benutzt man die Reaktion $^{10}B(n, \alpha)^{7}Li$ und mißt mit einer Scintillationsanordnung die prompte $\gamma$-Strahlung von 478 keV [13, 16] oder auch die $\alpha$- und $^{7}Li$-Teilchen [3].

**Arbeitsvorschriften.** A. Durch *Messung der* $\alpha$*-Strahlung bzw. des* $^{7}Li$ haben *Cassatt, Estey* und *Slott* [3] ein sehr einfaches Verfahren zur *Untersuchung wäßriger Lösungen* mit etwa 1 bis 10 mg B/l ausgearbeitet.

Die Probelösung wird mit einem flüssigen Scintillator vermischt und aus einer 1 C-Pu/Be-Quelle mit Paraffinmantel bestrahlt. Zur Messung werden ein Photovervielfacher und ein Vielkanal-Impulshöhenanalysator benutzt. Das Impulshöhenspektrum zeigt einen Borgipfel bei etwa 2,3 MeV über einem starken Untergrund, der durch gestreute Protonen verursacht ist. Dieser begrenzt die Empfindlichkeit der Methode. Die Apparatur ist als *Feldgerät* geeignet.

Zur *Stahlanalyse* bestrahlt *Cless-Bernert* [5] die Probe in der thermischen Säule eines Reaktors mit einem Fluß von $10^8$ Neutronen/cm$^2$ und mißt mit einem Proportionalzählrohr die prompte $\alpha$-Strahlung. Es wird ein doppelt ausgeführtes Zählrohr verwendet, dessen zweite Kammer eine Leerprobe oder einen Vergleichsstandard enthält. Bei Meßzeiten von einigen Minuten sind noch 10 ppm B mit einer

Reproduzierbarkeit von ±1% bestimmbar. Wegen der gleichzeitigen Messung einer Leerprobe ist das Verfahren von der übrigen Zusammensetzung des Stahls unabhängig.

B. *Messung der γ-Strahlung.* Eine schwache Neutronenquelle (Po/Be von 500 mC) verwenden auch *Ljunggren* und *Christell* [20]. Bei Messung der γ-Strahlung mit einem NaJ(Tl)-Detektor lassen sich 12% Perborat in *Waschmitteln* mit einem relativen *Fehler* von ±16% bestimmen. Das Verfahren wird zur kontinuierlichen technischen *Fabrikationskontrolle* empfohlen. *Kusaka* und Mitarbeiter [18] bestimmen mittels einer Am/Be-Quelle von 300 mC 1 bis 10% $B_2O_3$ im *Glas* mit einem *Fehler* von ±2 bis 4%.

Eine Steigerung der *Empfindlichkeit* und Verringerung von Störungen lassen sich bei *Bestrahlung im Reaktor* erzielen [13, 16, 20, 23]. Thermische Neutronen erzeugen nach $^{10}B(n, \alpha)^{7}Li$ angeregte $^{7}Li$-Kerne, welche mit einer Halbwertszeit von $5 \cdot 10^{-14}$ sec eine γ-Strahlung von 447 keV aussenden. Der hohe Einfangquerschnitt des $^{10}B$ für thermische Neutronen von 4000 barn führt zu einer Schwächung des Neutronenflusses in der Probe. Dies hat einen nichtlinearen, asymptotischen Zusammenhang zwischen B-Menge und γ-Emission zur Folge. Für hohe B-Konzentrationen kann dieser durch einen inneren Standard (z. B. Sm) berücksichtigt werden. Zugleich wird dadurch der Einfluß von Schwankungen des Neutronenflusses im Reaktor eliminiert [16]. Für genügend geringe B-Gehalte bzw. kleine Proben mit weniger als 5 mg B/cm² ist der Zusammenhang zwischen Zählrate und B-Menge jedoch linear [13]. *Garbrah* und *Whitley* [13] verwenden einen Fluß von $8 \cdot 10^5$ Neutronen/(cm² · sec) aus einem Reaktor. Durch einen zusätzlich zur Pb-Abschirmung angebrachten Mantel aus $H_3BO_3$ und Wachs läßt sich das Untergrundspektrum des Reaktors weitgehend unterdrücken. Zur Messung werden ein NaJ(Tl)-Kristall und ein Vielkanalanalysator benutzt.

Zur *Stahlanalyse* werden Scheiben von 2 cm Durchmesser und 6 mm Dicke mit einem Gewicht von etwa 14 g benutzt. Die Meßzeit beträgt zweimal 1024 sec. Zur Berücksichtigung der Absorption der γ-Strahlen in der Probe wird ein Korrekturfaktor benutzt. 0,001 bis 0,004% B sind mit einem *Fehler* von 5 bis 10% bestimmbar.

### 4.7.2.2 Aktivierung mit geladenen Teilchen

Diese Arbeitsweise wurde in neuerer Zeit besonders durch *Rommel* [24, 25] sowie *Engelmann* [8, 9] ausführlich untersucht.

Die Aktivierung mit α-Teilchen oder $^{3}He$ führt zu vielen Störreaktionen, so daß sie praktisch nicht in Betracht kommt [8]. Gut geeignet sind dagegen Protonen und Deuteronen, welche die Reaktionen $^{11}B(p, n)^{11}C$ sowie $^{10}B(d, n)^{11}C$ und $^{11}B(d, 2n)^{11}C$ auslösen. Das entstehende $^{11}C$ ist ein reiner Positronenstrahler mit: $E_{\beta^+} = 968$ keV. Die Halbwertszeit von 20,5 min gestattet seine radiochemische Abtrennung aus dem aktivierten Analysenmaterial. Diese ist ein Vorteil gegenüber der Neutronenaktivierung, bei der eine solche Möglichkeit nicht gegeben ist, da $^{7}Li$ stabil ist und das nach $^{11}B(n, \gamma)^{12}B$ entstehende $^{12}B$ eine Halbwertszeit von 18 Millisekunden bei einem Wirkungsquerschnitt der Reaktion von $<50$ mb besitzt. Die Bestrahlung erfolgt mit einem Cyclotron; benutzt wurden Geräte mit einer Maximalenergie von 6,75 MeV für Protonen und 13,5 MeV [25] bzw. 30 MeV [9] für Deuteronen. Die Isolierung des $^{11}C$ erfolgt durch Oxydation zu $^{11}CO_2$ und dessen Absorption an Natronasbest [9] oder Äthanolamin in Methylglykol [25]. Zur Messung dient eine Scintillationsanordnung. Nach *Rommel* bestrahlt man 20 min mit einem Ionenstrom von etwa 1 μA und mißt nach einer Abklingzeit von $2T_{1/2}$, d. h. etwa 20 min.

Die Nachweisempfindlichkeit wird wesentlich bestimmt durch die zulässige Erhitzung der Probe im Brennfleck des Ionenstrahls. Bei der Analyse von *Silicium* und *Germanium* durch Protonenaktivierung beträgt sie $1{,}2 \cdot 10^{-7}$ Gew.-% B für $E_P = 6{,}35$ MeV und $7{,}4 \cdot 10^{-7}$% für $E_P = 4{,}0$ MeV [25]. Nach *Engelmann* lassen sich mit einem Deuteronenstrom von 10 µA bei $E_D = 30$ MeV noch 2 ng B erfassen [9].

Zu beachten ist vor allem eine mit der Ionenenergie ansteigende Störung durch Stickstoff auf Grund der Reaktionen $^{14}N(p, \alpha)^{11}C$ und: $^{14}N(d, \alpha\, n)^{11}C$. Sie läßt sich durch Wahl einer geeigneten Ionenenergie unterdrücken [9, 24, 25]. Bei $E_P \leqq 4$ MeV bzw. $E_D \leqq 6{,}5$ MeV tritt auch bei 500fachem N-Überschuß keine Störung mehr auf. Für einen N-Gehalt von $\leqq 50$% des B-Gehaltes ist sie noch für $E_P = 6{,}35$ MeV bzw. $E_D = 12{,}8$ MeV vernachlässigbar.

Schwache Protonen haben zwar nur geringe Eindringtiefen (etwa 0,2 mm), ergeben aber dennoch gute Bestimmungsempfindlichkeiten. Bei 10 min Bestrahlung mit 10 µA beträgt die Bestimmungsgrenze (definiert für eine abs. Aktivität von 1 000 Zerf./min) $10^{-2}$ ppm B bei $E_P = 6$ MeV, $10^{-3}$ ppm B bei 20 MeV [9]. Nach *Kuin* [17] sind B und N in SiC nebeneinander bestimmbar, und zwar B allein mit $E_P = 5$ MeV und die Summe (B + N) mit $E_P = 14$ MeV.

### *Literatur*


1. *Bojin, S.*: Rev. Chim. (Bukarest) **12**, 35 (1961); durch Fr. **184**, 374 (1962).
2. *Braman, R. S.*: Talanta **10**, 991 (1963).
3. *Cassatt, W. A., Estey, H. P., Slott, R.*: Anal. chim. Acta **37**, 545 (1967).
4. *Christianov, K. K., Panov, G. I.*: Ž. Anal. Chim. (russ.) **12**, 362 (1957).
5. *Cless-Bernert, T.*: Radex-Rundschau **1966**, 349.
6. *Čudars, J., Taure, I., Mednis, I., Véveris, O.*: Latvijas PSR Zinatnu Akad. Vestis **1960**, 57; durch Chem. Abstr. **54**, 24133g (1960).
7. *DeFord, D. D., Braman, R. S.*; Anal. Chem. **30**, 1765 (1958).
8. *Engelmann, C.*: Bull. Soc. chim. France **1967**, 2316.
9. *Engelmann, C.*: Int. J. Appl. Radiat. **18**, 569 (1967); durch Fr. **244**, 337 (1969).
10. *Frevert, E.*: Österr. Akad. Wiss., Math.-Naturw. Kl., Sitzungsber. Abt. II, **175** (14) 65 (1966).
11. *Frevert, E., Cless-Bernert, T., Donhoffer, D.*: Fr. **218**, 17 (1966).
12. *Friedlander, G., Kennedy, J. W.*: Lehrbuch der Kern- und Radiochemie; München 1962.
13. *Garbrah, B. W., Whitley, J. E.*: Anal. Chem. **39**, 345 (1967).
14. *Hamlen, R. P., Koski, W. S.*: Anal. Chem. **28**, 1631 (1956).
15. *Huges, J. D. H., Rogers, G. T.*: J. Inst. Metals **95**, 299 (1967).
16. *Isenhour, T. L., Morrison, G. H.*: Anal. Chem. **38**, 167 (1966).
17. *Kuin, P. N.*: Communauté Eur. Energ. At. (EURATOM) **1968**, EUR-3896, 31; durch Chem. Abstr. **69**, 102829u.
18. *Kusaka, Y., Tsuji, H., Egawa, M.*: J. Chem. Soc. Japan, Pure Chem. Sect. **88**, 1006 (1967); durch Chem. Abstr. **68**, 15599e.
19. *Lachaud, R.*: Silicates Ind. **30**, 37 (1965).
20. *Ljunggren, K., Christell, R.*: Atompraxis **10**, 259 (1964); durch Fr. **213**, 453 (1965).
21. *Malyševa, N. G., Starčyk, L. P., Pauškin, J. M.*: Ž. Anal. Chim. (russ.) **18**, 1367 (1963).
22. *Martelly, J., Sue, P.*: Bull. Soc. chim. France **1946**, 103.
23. *Naumova, I. I.,*: Betriebslab. (russ.) **31**, 1205 (1965); durch Fr. **230**, 380 (1967).
24. *Rommel, H.*: Kernenergie **5**, 859 (1962); durch Fr. **202**, 281 (1964).
25. *Rommel, H.*: Anal. chim. Acta **34**, 427 (1966).
26. *Russow, R.*: Chem. Tech. **17**, 563 (1965).
27. *Russow, R.*: DDR-Patent 40733 (1965).


## 4.8 Polarimetrie

Borsäure bildet mit einigen optisch aktiven Polyhydroxyverbindungen Diolkomplexe, die eine höhere spezifische Drehung aufweisen als die freien Liganden. Die polarimetrische Messung der *Tartratoborsäure* wurde schon frühzeitig zur Borbestimmung benutzt [6, 7] und in jüngster Zeit vervollkommnet [4, 5]. In neueren Arbeiten wurde auch die Eignung der *Mannitoborsäure* nachgewiesen [1, 4].

Die Polarimetrie ermöglicht auf recht einfache Weise eine Borbestimmung im Konzentrationsbereich von etwa 50 $\mu$g bis 1 mg B/ml mit einem relativen *Fehler* von etwa $\pm 2\%$ und einer Empfindlichkeit von 0,1 mg B/0,01°. Weinsäure gestattet bei etwa halb so großer Empfindlichkeit eine schnellere Bestimmung als Mannit, verlangt für gute Reproduzierbarkeit aber die sehr genaue Einhaltung des optimalen pH-Wertes [4]. Mit Weinsäure arbeitet man in schwach saurem Medium bei pH = 3,7 bis 4 [5] bzw. pH = 4,10 bis 4,15 [4]; die Messung kann sofort ausgeführt werden. Die Bestimmung mit Mannit erfolgt in alkalischem Medium. Zur Erreichung maximaler Empfindlichkeit ist eine dreistündige Wartezeit erforderlich [3]; bei sofortiger Messung verringert sich die Empfindlichkeit auf ein Sechstel [1].

*Störungen.* Bei Einhaltung optimaler Arbeitsbedingungen sind die störenden Einflüsse von Fremdsubstanzen auf beide Verfahren recht ähnlich. Besonders stark stören Wolframat- und Molybdationen, die gleichfalls Diolkomplexe ergeben und in ähnlicher Weise wie Boration polarimetrisch bestimmt werden können [2, 5]. Salze wie $CH_3COONa$, NaCl, $Na_2SO_4$, $NaNO_3$, $Na_2HPO_4$ in Konzentrationen bis etwa 1 m stören bei Einhaltung des optimalen pH-Wertes nicht oder nur wenig [1, 3, 4]. Das Mannitverfahren wird durch Silicat-, nicht aber durch Fluoridionen gestört; bei Anwendung von Weinsäure liegen die Verhältnisse umgekehrt. Durch starke Eigenfärbung oder Ausbildung von Niederschlägen stören V, Cr, Zn, Al, Ca. Die Störung durch Al wird auf Zusatz von ÄDTE verringert [4]; möglicherweise trifft dies auch auf andere Kationen zu. Die polarimetrische Bestimmung mit Weinsäure kann im Anschluß an die Abtrennung des Bors als Trimethylester vorgenommen werden [5, 7], wobei das Methanol zweckmäßig durch Erwärmen entfernt wird [5]. Eine Verflüchtigung von Tartratoborsäure ist dabei nicht zu befürchten. Besondere Maßnahmen zur Verseifung des Trimethylesters sind nicht erforderlich; $H_3BO_3$ und $(CH_3O)_3B$ reagieren mit Weinsäure in gleicher Weise [5].

*Verfahren* nach *DeFord, Blonder* und *Braman* [1]. Die spezifische Drehung des Mannits beträgt −0,5°, diejenige der Mannitoborsäure (bezogen auf Mannit) +22°. Die Reagenskonzentration ist daher nicht kritisch. Abweichungen um ±1 Einheit vom pH-Wert des gepufferten Reagenses sind ohne Einfluß auf das Ergebnis, desgleichen Temperaturänderungen im Bereich 25 bis 40 °C. Die Drehung wird einige Minuten nach dem Mischen der Lösungen konstant, nimmt bei längerem Stehen der Proben aber allmählich weiter zu. Die *Eichkurve* ist bis zu einem Verhältnis Mannit : Bor = 2 : 1 (genauer 2,4 : 1 [3]) annähernd linear, verläuft aber nicht durch den Nullpunkt. Die Empfindlichkeit, d.h. die Steilheit der Eichkurve, beträgt +0,0047° je mg $B_2O_3$, die Reproduzierbarkeit ±2 mg. Das Verfahren kommt besonders zur Bestimmung größerer Bormengen in Gegenwart von Fluoridionen in Betracht.

*Reagenslösung.* Wäßrige Lösung, 10%ig an Mannit, 1,6 m an $NH_3$ und 2 m an $NH_4Cl$.

**Arbeitsvorschrift.** In einem 50-ml-Meßkolben gibt man zur wäßrigen Probelösung von $H_3BO_3$ oder Boraten 25 ml Reagenslösung und füllt mit Wasser auf. Man mißt die Drehung mit Na-Licht bei l = 2 dm Schichtlänge.

Die *Eichkurve* wird mit $H_3BO_3$-Lösungen bekannten Gehaltes aufgestellt.

## *Literatur*

1. *DeFord, D. D., Blonder, A. S., Braman, R. S.*: Anal. Chem. **33**, 471 (1961).
2. *Jacobsohn, K., Azevedo, M. D.*: Fr. **202**, 417 (1964).
3. *Kodama, K., Shijo, H.*: Japan Analyst **9**, 685 (1960); durch Fr. **182**, 213 (1961).
4. *Kodama, K., Shijo, H.*: Anal. Chem. **34**, 106 (1962).
5. *Musil, A., Faber, H.*: Fr. **202**, 412 (1964).
6. *Rosenheim, A., Leyser, F.*: Z. anorg. Ch. **119**, 1 (1921).
7. *Winther-Blyth, A.*: Pr. **1899**; durch *Rosenheim* u. *Leyser* [6].

## 4.9 Polarographie

Borsäure oder Borate sind polarographisch nur schwierig erfaßbar. *Kemula* und *Witwicky* [3] beobachten eine kinetische Reduktionswelle bei $E_{1/2} = -1{,}9$ V innerhalb einer 0,01 m $H_3BO_3$-Lösung in $10^{-4}$ m $(CH_3)_4NJ$-Lösung. Innerhalb einer $1 \cdot 10^{-3}$ m $H_3BO_3$ in $3 \cdot 10^{-4}$ m $(CH_3)_4NJ$ treten eine kinetische und eine diffusionskontrollierte Welle auf. Die Stufenhöhen betragen jeweils nur einige Prozente des nach der Ilkovič-Gleichung zu erwartenden Wertes [3]. Nach *Kuta* ist die in 0,1 n $(CH_3)_4NJ$ bei $E_{1/2} = -1{,}95$ V auftretende, kinetische Stufe der Reduktion von $H^+$-Ionen zuzuschreiben. Zusatz von Glycerin oder Sorbit, welche mit $H_3BO_3$ Komplexe bilden, steigert die Stufenhöhe; $E_{1/2}$ verschiebt sich zu positiveren Werten [4].

Ausführlicher untersucht wurde das polarographische Verhalten des Systems $H_3BO_3$-Fructose [2]. Die polarographische Welle der Fructose wird durch Zusatz von $H_3BO_3$ oder Borat erniedrigt. Nach *Swann* und Mitarbeitern [7] wird aus dem Gleichgewicht zwischen polarographisch aktiver Ketoform und inaktiver Enolform der Fructose die Enolform durch Bildung eines 1:1-Komplexes entfernt. Die Erniedrigung der Ketosewelle ist der Borkonzentration proportional. Nach *Swann* und Mitarbeitern [7] läßt sich Borsäure amperometrisch mit Fructose titrieren. Als Indicator dient eine Hg-Tropfelektrode mit $-2{,}05$ V Polarisationsspannung. Nach *Boyd* [1] bildet 1,4-Benzochinon mit $H_3BO_3$ einen Komplex, der bei pH $= 5{,}5$ polarographisch bestimmbar ist. 0,33 bis 4 mMol $H_3BO_3$/l sind mit einer relativen Standardabweichung von $\pm 1{,}7\%$ erfaßbar. Das Verfahren wurde zur Analyse von Glas und Colemanit benutzt. Es soll keine Vortrennungen erfordern, wird aber von zahlreichen Ionen gestört [1].

Nach *Pecsok* ergibt $NaBH_4$ bei pH $> 9$ eine anodische Stufe. Ihr Halbstufenpotential ist vom pH-Wert abhängig und beträgt $+0{,}105$ bis $-0{,}013$ V [5, 6].

### *Literatur*

1. *Boyd, C. C.*: Anal. Chem. **37**, 1587 (1965).
2. *Ishibashi, M., Fujinaga, T., Nagai, K.*: Bl. Inst. Chem. Res. Kyoto Univ. **36**, 134 (1958); durch Chem. Abstr. **53**, 9860a.
3. *Kemula, W., Witwicky, J.*: Roczniki Chem. **28**, 305 (1954); durch Chem. Abstr. **48**, 11217i.
4. *Kuta, J.*: Coll. Czechoslov. Chem. Commun. **10**, 1068 (1955).
5. *Pecsok, R. L.*: Am. Soc. **75**, 2862 (1953).
6. *Proszt, J., Cieleszky, V., Györbiro, K.*: Polarographie; Akadémia Kiadó, Budapest 1967.
7. *Swann, W. B., McNabb, W. M., Hazel, J. F.*: Anal. chim. Acta **22**, 76 (1960).

## 4.10 Potentiometrie

*Prinzip.* In einigen Fällen kann die Konzentration einer Borverbindung mit geeigneten Elektroden unter Vermeidung einer Titration unmittelbar potentiometrisch gemessen werden. Gemäß der Nernstschen Gleichung ist dabei das Potential der Elektrode proportional dem Logarithmus der Borkonzentration.

*Csapó* und Mitarbeiter [2] messen die Konzentration der bei der Bildung von Borsäurediolkomplexen (z. B. Mannitoborsäure) freiwerdenden $H^+$-Ionen mit einer Glaselektrode. Die in neuerer Zeit entwickelten, ionenspezifischen Membranelektroden (Orion) lassen sich nach *Carlson* und *Paul* [1] für Tetrafluoroborationen empfindlich machen und erlauben eine potentiometrische Messung der $BF_4^-$-Konzentration. Das Verfahren wird durch Isolierung des Bors mit dem borspezifischen Ionenaustauscher Amberlite XE-243 sehr selektiv (vgl. auch Kapitel 3.2.4, S. 37).

### 4.10.1 Bestimmung aus pH-Änderungen

Nach *Csapó* und Mitarbeitern [2] lassen sich noch Bormengen unter 0,1 μg/ml (vgl. Bemerkung) potentiometrisch durch Messung der pH-Änderung der Lösung nach Mannitzusatz erfassen. Für schwache Säuren gilt allgemein die Beziehung

$$\mathrm{pH} = \frac{1}{2}\,\mathrm{pK} - \frac{1}{2}\log \mathrm{C}.$$

Danach ergibt sich eine pH-Änderung um 0,5 Einheiten, wenn sich die Säurekonzentration um eine Zehnerpotenz ändert. Die Autoren fanden diese Beziehung auch für die Mannitoborsäure erfüllt. Die günstigsten Resultate wurden nach Vorneutralisation auf pH = 6 erhalten.

**Arbeitsvorschrift** zur Durchführung der Messung. Durch 50 ml Probelösung leitet man zur Entfernung von $CO_2$ etwa 15 min einen $N_2$-Strom, bis der pH-Wert konstant geworden ist. Wenn nötig, wird auf pH = 6 vorneutralisiert. Dann löst man 3 g säurefreien Mannit und mißt erneut den pH-Wert. Zur Messung dient eine kombinierte Glaselektrode.

*Bemerkung.* Zwischen pK-Wert der Mannitoborsäure und berechneten pH-Werten bzw. Borsäurekonzentration besteht in der Originalarbeit eine *Unstimmigkeit.* Die Autoren benutzen zur Berechnung der pH-Werte eine scheinbare Dissoziationskonstante der Mannitoborsäure von $K = 7 \cdot 10^{-6}$ (pK = 5,16). Diese beträgt nach neueren Messungen aber $K_0 = 7 \cdot 10^{-5}$ ($pK_0 = 4{,}16$) (vgl. S. 63). Außerdem ist nach Gl. (8) (S. 63) die Mannitkonzentration [D] bei der Berechnung des pH-Wertes zu berücksichtigen. Aus Gl. (8) folgt dann, wenn $-\log\,[BD_2^-] = \mathrm{pH}$ gesetzt wird:

$$\mathrm{pH} = \frac{1}{2}\,\mathrm{pK}_0 - \log\,[\mathrm{D}] - \frac{1}{2}\log\,[\mathrm{HB}].$$

Da die Autoren 3 g Mannit/50 ml einsetzen ([D] = 0,3 m; −log [D] = 0,5), wird der *Fehler* des von ihnen benutzten pK-Wertes gerade kompensiert, so daß die richtigen pH-Werte erhalten werden müßten. Die berechneten (gemessenen) pH-Werte sind aber jeweils 0,5 pH-Einheiten niedriger, als der angegebenen Borsäurekonzentration entspricht. Unter der Annahme, daß die Angabe der Borsäurekonzentration falsch ist, ergibt sich die untere Bestimmungsgrenze nach dieser Methode zu 0,1 μg B/ml anstatt 0,01 μg B/ml ($10^{-6}$ m), wie von den Autoren angeführt.

### 4.10.2 Bestimmung als Tetrafluoroborat nach Carlson und Paul [1]

*Elektrode.* Eine geeignet vorbereitete ionenspezifische Membranelektrode erlaubt eine Messung der Tetrafluoroboratkonzentration etwa im Bereich $10^{-5}$ bis $5 \cdot 10^{-2}$ m $BF_4^-$. Wie Abb. 43 zeigt, folgt die Anzeige jedoch nur über einen Teil des Bereiches der Nernstschen Gleichung und wird durch die $H_2F_2$-Konzentration in der Lösung beeinflußt.

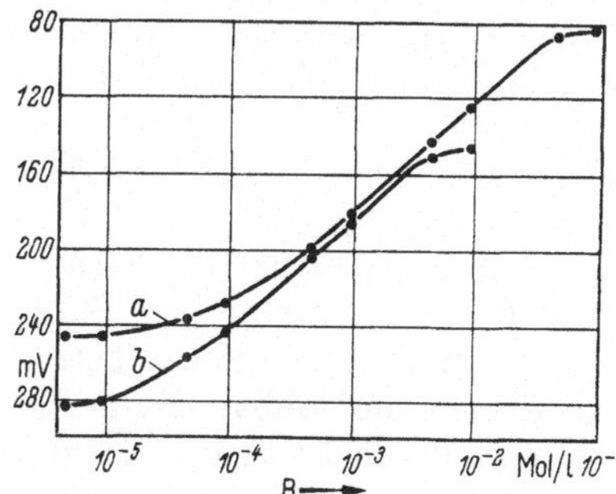


Abb. 43. Ansprechempfindlichkeit der Elektrode auf $BF_4^-$. Anfangskonzentration an HF: *a* 0,28 m; *b* 0,028 m

Der pH-Wert der Lösung ist im Bereich 3 bis 11 ohne Einfluß auf die Anzeige. Einen kleinen Minusfehler bei der Messung von $4{,}46 \cdot 10^{-4}$ m B in 0,082 n $H_2F_2$ verursacht die Anwesenheit von 0,02 m $KH_2PO_4$ oder KCl bzw. 0,01 m $K_2SO_4$. Er dürfte auf der Verminderung der Aktivität des $BF_4^-$ infolge Erhöhung der Ionenstärke beruhen. Nitrat- und Jodidionen stören dagegen erheblich. Anwendung von Ionenaustauschern zur Vortrennung vermeidet diese Störungen (siehe unten).

*Bildung des Tetrafluoroborations.* Mit der ionenspezifischen Elektrode konnten die optimalen Bildungsbedingungen für Tetrafluoroborationen ermittelt werden [1]. Ihre Bildungsgeschwindigkeit steigt mit der Temperatur und der $H_2F_2$-Konzentration. Letztere darf jedoch nicht zu hoch gewählt werden, da sonst die Messung kleiner $BF_4^-$-Konzentrationen gestört wird (vgl. Abb. 43). In 0,28 n $H_2F_2$ sind zur quantitativen Umwandlung einer $10^{-2}$ m $H_3BO_3$-Lösung 5 min bei 60 °C und über 3 Std. bei 24 °C erforderlich. Geringe $H_3BO_3$-Konzentrationen erfordern in der für eine störungsfreie Messung nötigen 0,028 n $H_2F_2$-Lösung auch bei 60 °C eine Reaktionszeit von über 6 Std. Sehr viel günstiger werden die Bedingungen, wenn die Borsäure mit Amberlite XE-243 isoliert und unmittelbar auf dem Harz in $BF_4^-$ umgewandelt wird. Man kann dann höhere $H_2F_2$-Konzentrationen anwenden, da sich der größte Teil des $H_2F_2$-Überschusses mit Wasser selektiv eluieren läßt. $HBF_4$ wird von den Aminogruppen des Harzes adsorbiert (vgl. Kapitel 3.2.4, S. 37) und anschließend mit verd. NaOH eluiert. Mit 10%iger $H_2F_2$ werden am Harz sowohl 0,1 als auch 0,0025 Millimol B bei Zimmertemperatur innerhalb 5 min quantitativ in $BF_4^-$ umgewandelt. Mit 5%iger $H_2F_2$ sind 20 bis 30 min erforderlich. Gibt man das Eluat noch durch einen Kationenaustauscher in der H-Form, so erhält man eine Lösung von $HBF_4$ in verd. Flußsäure, die zur potentiometrischen Bestimmung am besten geeignet ist.

*Geräte* [1]. Gegen *$BF_4^-$ empfindliche Elektrode*: Die Orion Research, Cambridge (USA) liefert eine gegen $BF_4^-$ empfindliche Membranelektrode. Gegebenenfalls läßt sich auch die nitratempfindliche Elektrode der Orion Research für $BF_4$-Bestimmungen umrüsten [1].

Als *Bezugselektrode* muß eine Kalomelelektrode mit Plastikgehäuse (Orion) benutzt werden. Statt ihrer handelsüblichen, nitrathaltigen Elektrolytlösung verwendet man eine mit $Ag^+$-Ionen ges. KCl-Lösung.

Als *Meßgerät* ist ein sehr empfindliches pH- oder mV-Meter erforderlich (vgl. Abb. 44). Die Orion Research bietet Spezialmeßgeräte für ihre Elektroden an.

*Ionenaustauscher* (vgl. Kapitel 3.2.4). In einen Polyäthylenschlauch mit etwa 4,5 bis 5 mm Durchmesser gibt man etwa 1 ml borspezifischen Ionenaustauscher Amberlite XE-243 (Rohm und Haas) von 40 bis 80 mesh Körnung und bedeckt die etwa 5 cm hohe Harzsäule mit einem Baumwollpfropf. Ein Vorratsgefäß am oberen Säulenende kann aus einer 50-ml-Polyäthylenflasche mit abgeschnittenem Boden hergestellt werden. Die Säule besitzt eine Durchflußgeschwindigkeit von etwa 1 ml/min. Nach Gebrauch wird das Chelatharz mit verd. NaOH und danach mit Wasser gewaschen. — Eine Kationenaustauschersäule wird aus einem Polyäthylenschlauch (6 bis 6,5 mm ⌀) hergestellt und etwa 10 cm hoch mit Dowex 50 W—X 8 gefüllt. Der Kationenaustauscher wird vor jedem Gebrauch mit 10 ml 3 m HCl regeneriert und mit 20 ml Wasser gewaschen.

*Sonstige Laborgeräte* müssen wegen der flußsauren Lösungen aus Plastik bestehen.

**Arbeitsvorschrift** zur Bestimmung in Wässern [1]. Durch die Säule von Amberlite XE-243 gibt man die Probelösung mit 2 bis 500 µg B, dann 1 ml 10%ige Flußsäure und nach 10 min 2 ml Wasser. Anschließend eluiert man das gebildete Tetrafluoroboration mit 10 ml 0,3 m NaOH und läßt das Eluat unmittelbar durch die Säule mit Kationenaustauscher fließen. Die aus dieser Säule ausfließende Lösung verdünnt man auf 25 ml. Die potentiometrische Messung erfolgt mit der ionenspezifischen Membran- und der Kalomelelektrode. Besonders bei kleinen Borkonzentrationen muß dabei genügend gerührt werden.

*Bemerkungen.* I. Die Auswertung erfolgt mit einer an bekannten Bormengen aufgestellten *Eichkurve.* Abb. 44 zeigt die von *Carlson* und *Paul* erhaltene Eichkurve.

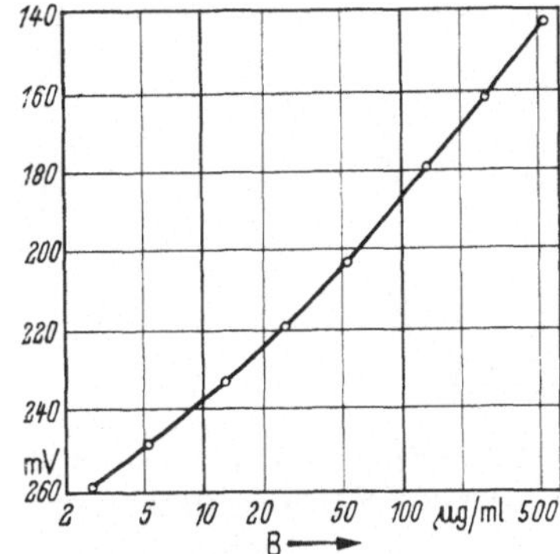


Abb. 44. Eichkurve zur potentiometrischen Borbestimmung nach *Carlson* und *Paul*

II. Der potentiometrisch ermittelte Borgehalt stimmt mit dem *photometrisch* (Curcumin) bestimmten sehr gut überein.

*Literatur*

1. *Carlson, R. M., Paul, J. L.*: Anal. Chem. **40**, 1292 (1968).
2. *Csapó, F., Bihari, M., Gilde, M., Szankó, E.*: Fr. **151**, 273 (1956).

## 4.11 Thermometrie

Die thermometrische Bestimmung von Milligramm-Mengen Borsäure ist mit guter *Genauigkeit* möglich, wurde bisher aber kaum praktisch benutzt. Die Titration von $H_3BO_3$ mit NaOH kann thermometrisch indiziert werden [1, 2, 3]. Das Verfahren ermöglicht trotz der sehr geringen Dissoziationskonstante der Borsäure ($K_D = 7{,}3 \cdot 10^{-10}$) eine scharfe Endpunktsanzeige [1]. Nach *Sajó* und *Sipos* [4] kann man auch $H_3BO_3$ mit einer gemessenen Menge überschüssiger Flußsäure umsetzen und den Temperaturanstieg messen; eine Titration wird dabei vermieden. Die thermometrische Indizierung ist insbesonders auch in nichtwäßrigen und elektrisch nicht leitenden Medien möglich [2].

**Arbeitsvorschriften.** A. Die Meßanordnung zur thermometrischen *Titration von $H_3BO_3$ mit NaOH* besteht aus Thermistor, Temperaturmeßgerät (mit Brückenschaltung), Schreiber, Motorbürette und Rührwerk. Als Meßzelle dient ein Becherglas in einem Dewargefäß [3]. Man erhält einen Kurvenzug aus drei schwach gekrümmten Teilstücken (Vorperiode, Titrationsperiode, Nachperiode), dessen zwei Knickpunkte Beginn und Äquivalenzpunkt der Titration markieren. Borsäure ist auch in Gegenwart von HCl oder $H_2SO_4$ titrierbar, wobei die starke Säure zuerst neutralisiert wird und einen weiteren Knick des Kurvenzuges hervorruft. Mengen von etwa 3 Milliäquivalenten $H_3BO_3$ in 5 ml wäßriger Lösung sind durch 1 n NaOH mit einer Standardabweichung von $\pm 1{,}2\%$ titrierbar. Die Knickpunkte der Titrationskurve werden schärfer in Gegenwart von 0,1 g Mannit [3].

B. Die *Umsetzung von $H_3BO_3$ mit $H_2F_2$* nach *Sajó* und *Sipos* [4] erfolgt in einem Dewargefäß. Der Temperaturanstieg nach Reagenszusatz wird mit einem Thermistor und einer Brückenschaltung gemessen. Er ist der $H_3BO_3$-Konzentration direkt proportional. Die *Eichkurve* ist im Konzentrationsbereich 5 bis 25 mg $H_3BO_3$/100 ml linear. Der *Fehler* beträgt etwa $\pm 2\%$.

Verwendet man als Reagens nicht reine wäßrige Flußsäure, sondern eine Lösung, deren *Mischungswärme* mit der Probelösung Null ist, verläuft die Eichkurve durch den Nullpunkt, und die Auswertung wird besonders einfach. Das *Meßgerät* kann dann direkt in Konzentrationseinheiten geeicht werden.

Die Methode wurde auf *Nickelplattierungsbäder* angewandt. Eine Bestimmung dauert etwa 5 min.

*Literatur*


1. *Jordan, J., Dumbaugh, W. H.*: Anal. Chem. **31**, 210 (1959).
2. *Linde, H. W., Rogers, L. B., Hume, D. N.*: Anal. Chem. **25**, 404 (1953).
3. *Miller, F. J., Thomason, P. F.*: Talanta **2**, 109 (1959).
4. *Sajó, I., Sipos, B.*: Talanta **14**, 203 (1967).


## 4.12 Atomabsorptionsphotometrie

Zur Borbestimmung mittels Atomabsorptionsphotometrie (AAS) dient die Resonanzlinie $\lambda = 249{,}7$ nm. Man verwendet eine $N_2O$-Acetylenflamme, in welcher Bor nicht nennenswert ionisiert wird [5]. Die erzielbare Empfindlichkeit beim Versprühen wäßriger Lösung steigt mit dem Acetylendruck [3]. Mit einer sehr acetylenreichen Flamme ist nach *Harris* [4] 1% Absorption mit 10 µg B/ml erreichbar (Tabelle 12); die Flammenbedingungen und die Brennerjustierung sind dann jedoch kritisch.

Für eine organische Lösung ist nach *Melton* und Mitarbeitern [6] dagegen ein hoher $N_2O$-Strom günstig.

Die relative *Standardabweichung* für wäßrige Borsäurelösungen mit 50 bis 250 ppm B beträgt $\pm 2{,}7\%$ [3].

### 4.12.1 Bestimmung in wäßriger Lösung

**Arbeitsvorschrift.** *Vorbereitung biologischer Proben* [3]. Nach *Bader* und *Brandenberger* [3] können Serum oder Urin unmittelbar in die Flamme versprüht werden. — Zur nassen Veraschung von biologischem Material werden 10 g Blut mit 5 ml rauchender $HNO_3$ (D = 1,52) 6 Std. unter Rückfluß erhitzt, die Lösung mit konz. $NH_3$ bis zur schwach sauren Reaktion abgestumpft und mit Wasser auf 50 ml aufgefüllt. Zu beachten ist, daß diese salzreichen Lösungen leicht zur Verstopfung des Brenners führen.

*Technische Daten.* Unter Verwendung des AAS-Gerätes Mod. 303 von Perkin-Elmer wurden die in Tabelle 12 angegebenen Einstellungen benutzt:

Tabelle 12. *Einstellungen am AAS-Gerät*

| | *Harris* [4] | *Manning* [5] | *Bader* [3] |
|---|---|---|---|
| Strom/Lampe | 16 mA (Westinghouse) | 16 mA | 30 mA (ASL) |
| Spalt | 4 | 4 | 4 (Bandbreite: 0,65 nm) |
| Acetylendruck | 10 psi (außerhalb der Skala des Durchflußmessers) | 8 psi | 15 Skt. (roter Flammenkegel 4 cm hoch) |
| $N_2O$-Druck | 30 psi (9 Skt.) | 30 psi | 30 psi |
| Skalendehnung | 10 | 10 | 10 |
| Rauschunterdrückung | 2 | 3 | 3 |
| Ansauggeschwindigkeit der Lösung | 4 ml/min | | |
| erzielbare Empfindlichkeit (ppm) | 10 | 35 | 50 |

### 4.12.2 Bestimmung in organischer Lösung

*Prinzip.* Zur flammenphotometrischen Bestimmung hat *Agazzi* [1] Borat als Diolkomplex mit 2-Äthyl-1,3-hexandiol in Chloroform extrahiert und die organische Lösung in die Flamme versprüht (vgl. Kapitel 4.5.3, S. 131). Diese Arbeitsweise gewährleistet vor allem gesteigerte Selektivität sowie ggf. auch höhere Empfindlichkeit durch Anreicherung. Zur AAS-Bestimmung geeigneter als Chloroform ist Methylisobutylketon (MIK) als Lösungsmittel. Nach *Melton* und Mitarbeitern [6] benutzt man eine 20%ige Lösung von 2-Äthyl-1,3-hexandiol in MIK als Extraktionsmittel.

Eine ähnliche Arbeitsweise beschreiben *Weger* und Mitarbeiter [7].

**Arbeitsvorschrift.** *Vorbereitung von Düngerproben* [6]. In ein 50-ml-Zentrifugenglas wägt man bis zu 10 g Probe mit 0,2 bis 5 mg B-Gehalt ein und gibt etwa 12 ml kochendes Wasser zu. Man erhitzt unter häufigem Rühren 15 min im siedenden Wasserbad, spült den Rührstab mit höchstens 5 ml Wasser ab und läßt 15 min erkalten. Dann gibt man genau 10 ml 20 vol.-%ige Lösung von 2-Äthyl-1,3-hexandiol in MIK zu und schüttelt kräftig 1 min auf der Maschine. Man zentrifugiert und versprüht die organische Phase in die Flamme.

*Bemerkungen.* I. Nach je zwei Analysenproben soll ein *Eichwert* bestimmt werden.

II. *Technische Daten.* Die $N_2O$- und Acetylenströme werden gemäß den Sicherheitsbestimmungen des benutzten Gerätes eingestellt. Ein starker $N_2O$-Strom ergibt hohe Empfindlichkeit. Die Gasmischung ist derart zu wählen, daß der rote, innere Flammenkegel etwa 2 mm hoch ist.

III. *Eichkurve.* Man stellt eine wäßrige Stammlösung von $H_3BO_3$ mit 1 mg B/ml (5,719 g $H_3BO_3$/l) her. Hiervon füllt man je 0, 2, 5, 10, 30 und 50 ml unter Zusatz von 1 ml HCl mit Wasser zu 100 ml auf. Je 10 ml Lösung extrahiert man in Zentrifugengläsern mit 10 ml Extraktionsmittel. Diese Lösungen sind täglich frisch herzustellen.

IV. Bor wird vollständig extrahiert, wenn das Volumenverhältnis von wäßriger zu organischer Phase 1:1 bis 1:2 beträgt. Der pH-Wert ist im Bereich 1 bis 10 ohne Einfluß auf die *Vollständigkeit der Extraktion.*

V. *Störungen.* Die Analyse von 12 Düngern mit 0,002 bis 0,4% B ergab mit 95%iger Sicherheit keine Unterschiede zur Bestimmung nach dem AOAC-Verfahren [2]. Auch starke Verschiebungen des Isotopenverhältnisses $^{10}B:^{11}B$ sind ohne Einfluß auf das Ergebnis [4].

Bei Bestimmung von 0,02% B in 10 g Dünger ergeben die folgenden Ionen mit 95%iger Sicherheit keine Störung, wenn sie in den bei Düngern üblichen Konzentrationen (etwa 1 bis 25%) vorliegen: Mg, Na, Zn, Cu, $Mn^{2+}$, Co, $Fe^{2+}$, $SiO_3^{2-}$, Ca, K, Al, $NH_4^+$, $PO_4^{3-}$, $Cl^-$, $SO_4^{2-}$, $NO_3^-$.

*Literatur*

1. *Agazzi, E. J.*: Anal. Chem. **39**, 233 (1967).
2. Official Methods of Analysis, 10. Aufl.; durch Assoc. off. agric. Chem., Washington 1965.
3. *Bader, H., Brandenberger, H.*: At. Absorption Newsletter **7**, 1 (1968).
4. *Harris, R.*: At. Absorption Newsletter **8**, 42 (1969).
5. *Manning, D. C.*: At. Absorption Newsletter **6**, 35 (1967).
6. *Melton, J. R., Hoover, W. L., Howard, P. A.*: J. Assoc. offic. agric. Chem. **52**, 950 (1969).
7. *Weger, S. J., Hossner, L. R., Ferrara, L. W.*: At. Absorption Newsletter **9**, 58 (1970).

## 4.13 Massenspektrometrie

**Arbeitsvorschriften.** A. *Bestimmung in Lösungen.* In der massenspektrometrischen Analyse natriumborathaltiger Lösungen werden die Ionen $Na_2^{10}BO_2^+$ und $Na_2^{11}BO_2^+$ mit den m/e-Verhältnissen von 88 bzw. 89 beobachtet. Ein kleiner Alkaliüberschuß der Lösung vermindert stark die Ionenemission. Durch Zusatz von Glycerin-NaOH (1:1) oder Mannit-Methanol (1:3) erhält man jedoch einen intensiven, stabilen Strahl [6].

Die massenspektrometrische Borbestimmung in Lösung erfolgt vorwiegend in Kombination mit der *Isotopenverdünnungsanalyse*. Man setzt der Analysenlösung eine gemessene Menge $^{10}B$ als Borat zu, bringt 1 Tropfen der Lösung auf den Heizdraht der Ionenquelle und bestimmt massenspektrometrisch die relative Häufigkeit der Massen 88 und 89. Aus ihrer Veränderung gegenüber dem Verhältnis der natürlichen Isotopenmischung $^{11}B:^{10}B = 4{,}10$ ergibt sich der B-Gehalt der Probe.

*Bemerkungen.* I. *Perie* und *Chemla* [5] bestimmen Bor im *Stahl* nach seiner Isolierung als Methylester mit einem *Fehler* von 10 bis 20%.

II. Nach *Chenouard* und *Nief* [1] sind noch 0,2 µg B im *Uran* bestimmbar.

III. *Newton, Sanders* und *Tyrrell* [4] bestimmen 1 ng B in 1 g *Silicium* mit einem *Fehler* von $\pm 30\%$. Zur Vortrennung diente das Elektrolyseverfahren nach *Morrison* und *Rupp* (vgl. Kapitel 3.6.2, S. 51).

B. *Bestimmung in Festkörpern. Koch* und *Sauer* [3] untersuchten die Möglichkeiten zur Analyse des Eisens mit einem Festkörper-Massenspektrographen. Bei einer Exposition von $3 \cdot 10^{-9}$ Coulomb bestimmen sie $^{11}B^+$ im Konzentrationsbereich $10^{-4}$ bis $10^{-2}\%$ mit einem relativen *Fehler* von $\pm 34\%$. — Vgl. auch Tabelle 13, S. 169.

*Keene* [2] bestimmt $5 \cdot 10^{-3}\%$ Bor im Eisen mit einem *Fehler* von $\pm 35\%$.

### *Literatur*

1. *Chenouard, J., Nief, G.*: Comm. Energie At. (France), Rapp. **1967**, CEA-R 2319; durch Chem. Abstr. **69**, 8078b.
2. *Keene, B. J.*: Talanta **13**, 1443 (1966).
3. *Koch, W., Sauer, H.*: Arch. Eisenhüttenw. **35**, 861 (1964).
4. *Newton, D. C., Sanders, J., Tyrrell, A. C.*: Analyst **85**, 870 (1960); durch Fr. **184**, 301 (1961).
5. *Perie, M., Chemla, M.*: C. r. **254**, 1429 (1962); durch Fr. **195**, 290 (1963).
6. *Perie, M., Chemla, M.*: Advan. Mass Spectrometry **3**, 585 (1966); durch Chem. Abstr. **69**, 113208s.

## 4.14 Sonstige Verfahren

### 4.14.1 Röntgenfluorescenz und Elektronenstrahlmikrosonde

Die Anwendung dieser Methoden zur Borbestimmung ist möglich. Praktische Erfahrungen liegen bisher aber kaum vor. Die auszuwertende $K_\alpha$-Linie des Bors ist mit $\lambda = 6{,}77$ nm sehr langwellig. Die hierdurch verursachten, besonderen, instrumentellen Probleme erörtern *Baird* und *Henke* [1, 2], *Rouberol* und Mitarbeiter [5], *Kimoto* und *Hert* [3], *Weinryb* und *Hourlier* [6, 7].

*Luke* [4] bestimmt 0 bis 40 µg B indirekt nach Fällung von Bariumtartratoborat (vgl. Kapitel 4.1.2, S. 57) durch röntgenfluorimetrische Bestimmung des Bariums.

### *Literatur*

1. *Baird, A. K., Henke, B. L.*: Anal. Chem. **37**, 727 (1965).
2. *Henke, B. L.*: Advan. X-Ray Anal. **7**, 460 (1964).
3. *Kimoto, S., Hert, W.*: Mikrochim. A., Suppl. I, **1966**, 108.
4. *Luke, C. L.*: Anal. chim. Acta **45**, 377 (1969).
5. *Rouberol, J. M., Tong, M., Conty, C.*: Méthodes Phys. Anal. **1966**, 334.
6. *Weinryb, E.*: Mikrochim. A., Suppl. II, **1967**, 173.
7. *Weinryb, E., Hourlier, F.*: Chim. Anal. **48**, 219 (1966).

### 4.14.2 Hall-Effekt

Durch Hall-Effektmessungen bei 75 °K bestimmen *Berthel* und Mitarbeiter 1,6 bis 185 ppb Bor im Halbleitersilicium. Der relative *Fehler* liegt bei ±10 bis 20%. Der Vergleich mit photometrisch bestimmten Werten liefert keinen Hinweis auf das Vorliegen systematischer Fehler.

*Literatur*

*Berthel, K. H., Döge, H. G., Ehrlich, G., Köthe, A., Schmidt, A.*: Mikrochim. A. **1963**, 702.

# 5 Borbestimmung in speziellen Materialien

## 5.1 Flußsäure und Fluoride

Neben Flußsäure und Fluoriden liegt Bor als Tetrafluoroboration vor oder es wird in dieses umgewandelt. Dadurch werden viele Trenn- und Bestimmungsverfahren stark gestört.

Die Isolierung des $BF_4^-$-Anions von überschüssigem Fluoridion gelingt durch seine Extraktion als Ionenassoziat mit organischen Kationen. Entsprechende Arbeitsvorschriften siehe Kapitel 3.3, S. 39f.; Kapitel 4.5, S. 129.

Die im Kapitel 4.3.3, S. 112, beschriebenen Methoden zur photometrischen Bestimmung von $BF_4^-$-Ionenassoziaten erfordern die Einhaltung bestimmter Fluoridkonzentrationen. Sie sind deshalb zur Analyse von Fluoriden nicht ohne weiteres anwendbar. Auch die spektrographische Bestimmung des Bors in Gegenwart von Fluoriden ist möglich. Wegen der hohen Flüchtigkeit von $BF_3$ sind jedoch kürzere Vorfunk- und Belichtungszeiten nötig (vgl. auch Kapitel 4.6, S. 134).

Versetzt man die Probelösung mit einem großen Überschuß an Aluminiumsalz, so wird nicht nur alles Fluoridion als $AlF_6^{3-}$ gebunden, sondern auch nach

$$3\,BF_4^- + 2\,Al^{3+} + 9\,OH^- = 3\,H_3BO_3 + 2\,AlF_6^{3-}$$

die Borsäure in Freiheit gesetzt. Aus einem solchen Gemisch kann Bor durch Destillation als Borsäuremethylester (vgl. Kapitel 3.1.5, S. 29), durch Extraktion von $H_3BO_3$ mit Äther (Arbeitsvorschrift Kapitel 3.3.4.2, S. 43) oder durch Ionenaustausch (Arbeitsvorschrift Kapitel 3.2.3.2, S. 36) abgetrennt werden.

BF-substituierte Organoborverbindungen (Borazane, Borazene) zersetzt man nach *Fedotova* und *Voronkov* [2] in absolutem Methanol mit $CaCl_2$ und isoliert das Bor als Methylester.

Tetrafluoroboration läßt sich nach *Lukašova* und Mitarbeitern [4] auch mit $MgSO_4$ zerlegen; die freigesetzte Borsäure wird titriert.

Tetrafluoroboration wird von stark basischen Anionenaustauschern (Dowex 1-X 10; AV 17) aus Flußsäure adsorbiert und durch Salzsäure wieder ausgewaschen [1, 5]. Jene können zur Isolierung von $BF_4^-$ aus Flußsäure bzw. zur Befreiung der Flußsäure von Borspuren ausgenutzt werden [5].

Zur Bestimmung von $BF_3$ vgl. Kapitel 6.3, S. 175.

**Arbeitsvorschrift** *zur Bestimmung in Flußsäure* nach *Gallus-Olender* [3].

In Gegenwart von *Mannit* wird beim Eindampfen flußsaurer Lösungen kein Bor verflüchtigt; vgl. Kapitel 2.2.6, S. 9.

Zu 10 bis 100 ml Flußsäure mit 0,03 bis 0,2 $\mu$g B gibt man 0,5 ml 5%ige wäßrige Mannitlösung und dampft bei $<80\,°C$ ein, bis alles $H_2F_2$ entfernt ist. Den Rückstand behandelt man mit 1 ml 5%iger NaOH, dampft ein und erhitzt zur Zerstörung des Mannits. Danach nimmt man mit HCl auf. In dieser Lösung bestimmt *Gallus-Olender* das Bor photometrisch als Rubrocurcumin (Kapitel 4.3.2.1, S. 106).

*Literatur*

1. *Faris, J. P.*: Anal. Chem. **32**, 520 (1960).
2. *Fedotova, L. A., Voronkov, M. G.*: Ž. Anal. Chim. (russ.) **22**, 1431 (1967).
3. *Gallus-Olender, J.*: Chem. Anal. (Warsaw) **10**, 1039 (1965); durch Chem. Abstr. **64**, 14945f.
4. *Lukašova, E. N., Baram, N. M., Kuznecova, V. G.*: Betriebslab. (russ.) **24**, 1067 (1958); durch Fr. **168**, 463 (1959).
5. *Semov, M.*: Ž. Anal. Chim. (russ.) **23**, 245 (1968).


## 5.2 Germanium und Germaniumverbindungen

Zur Borbestimmung in Germanium, $GeCl_4$, $GeO_2$ wird zunächst die Hauptmenge des Germaniums abgetrennt. Dies kann durch Verflüchtigung von $GeCl_4$ [3, 5] oder durch Fällung eines Germanates mit Methanol [2] geschehen. Aus $GeCl_4$ läßt sich das Bor mit HCl ausschütteln und im Extrakt bestimmen [4]. Die Verflüchtigung von $BCl_3$ kann mit Triphenylmethylchlorid, diejenige von $H_3BO_3$ mit Mannit verhindert werden.

**Arbeitsvorschrift** nach *Malkova* und Mitarbeitern [3]. In eine Quarzschale gibt man 4 mg Mannit und 3 ml einer frischen Mischung (Mischungsverhältnis 1:6) aus zweimal destillierter Salpetersäure (D = 1,4) und spektralreiner Salzsäure (D = 1,19). Man gibt 10 mg Germanium hinzu, welches zwischen Polyäthylenfolien im Achatmörser fein pulverisiert wurde, bedeckt die Schale mit einer Teflonscheibe und löst unter Erwärmen auf 55 bis 65 °C.

Danach setzt man 1 ml Salzsäure und 15 mg spektralreines Graphitpulver zu. Man verdampft $GeCl_4$ bei einer Temperatur von höchstens 73 °C und danach auch die Säure. Im Rückstand bestimmen *Malkova* und Mitarbeiter das Bor spektrographisch.

Die *Empfindlichkeit* des Verfahrens beträgt $4 \cdot 10^{-8}$ g B/10 mg Ge, der *Fehler* ±20%.

**Arbeitsvorschrift** nach *Šafran* und *Kuraeva* [4]. 55 ml (100 g) $GeCl_4$ mit $10^{-7}$ bis $10^{-8}$% B schüttelt man mit 40 ml 20 bis 28%iger Salzsäure. Man trennt das $GeCl_4$ ab und wäscht die HCl-Phase zur Entfernung von restlichem $GeCl_4$ zweimal durch Schütteln mit je 10 ml Tetrachlorkohlenstoff. Dann gibt man 5 ml Wasser und 0,25 ml 1%ige Mannitlösung zu, dampft zur Trockene, nimmt mit 3 ml Wasser auf und dampft erneut zur Trockene. Im Rückstand bestimmen *Šafran* und Mitarbeiter das Bor photometrisch mit Resorcin.

Die Arbeitsweise ist nach entsprechender *Probenvorbereitung* auch auf Ge, $GeO_2$ und andere Ge-Verbindungen anwendbar.

*Sonstige Arbeitsweisen.* Nach *Vecsernyes* und *Hangos* [5] gibt man $GeCl_4$ in zwei 10-ml-Anteilen zu 100 mg Triphenylmethylchloridpulver. Nach 30 min dampft man bei <80 °C ein, homogenisiert den Rückstand und bestimmt das Bor spektrographisch. Erfaßbar sind $10^{-5}$ bis $10^{-9}$ g B/g $GeCl_4$. — Vgl. die Arbeitsvorschrift nach *Kawasaki* und Mitarbeitern, Kapitel 4.6.2, S. 142.

Nach *Luke* [2] müssen große Mengen Germanat vor der Abtrennung des Bors als Methylester zunächst entfernt werden. Dies gelingt durch Fällung mit viel Methanol aus alkalischer Lösung, wobei sich das Germanat gut filtrierbar abscheidet. Im Gegensatz zur entsprechenden Fällung von Silicaten (vgl. S. 166), reißt Germanat kein Borat mit, so daß einmalige Fällung genügt.

Die Trennung von Germanat- und Borationen durch Anionenaustauschchromatographie beschreiben *Dranickaja* und Mitarbeiter [1]; vgl. Kapitel 3.2.2, S. 34.


*Literatur*

1. *Dranickaja, R. M., Cybulkova, L. P., Gavrilčenko, A. I.*: Ž. Anal. Chim. (russ.) **22**, 448 (1968).
2. *Luke, C. L.*: Anal. Chem. **27**, 1150 (1955).

3. *Malkova, O. P., Tumanova, A. N., Rudnevskii, N. K.*: Ž. Anal. Chim. (russ.) **20**, 130 (1965).
4. *Šafran, I. G., Kuraeva, A. V.*: Tr. Vses. Nauchn.-Issled. Inst. Chim. Reaktivov Osobo Čist. Chim. Veščestv. **28**, 96 (1966); durch Chem. Abstr. **67**, 60601q.
5. *Vecsernyes, L., Hangos, I.*: Fr. **208**, 407 (1965).

## 5.3 Glas

Zur Borbestimmung in Gläsern durch Neutronenaktivierung siehe Kapitel 4.7.1, S. 150.

Zur Borsäurebestimmung in Gläsern (und ähnlichen Silicaten) werden diese meistens mit Alkalicarbonat im Platintiegel aufgeschlossen. Für schwer aufschließbares Material vgl. das Verfahren von *Stefl*, Kapitel 3.1.5, S. 29. Zum Aufschluß durch Pyrohydrolyse siehe Kapitel 3.5, S. 47.

Die Bestimmung erfolgt entsprechend den relativ hohen Borgehalten der Gläser meistens durch Titration (Kapitel 4.2.3, S. 81), manchmal auch photometrisch (Kapitel 3.1.3, S. 25). Besonders zu berücksichtigen ist die störende Wirkung der Kieselsäure, welche gelartig ausfallen und Bor einschließen kann. Eine Titration ist bei geeigneter Arbeitsweise neben bis zu 50 mg Kieselsäure möglich [7]; Arbeitsvorschrift siehe Kapitel 4.2.3.2.3, S. 86. Größere Silicatmengen müssen abgetrennt werden.

*Probenvorbereitung durch Destillation.* Borsäure kann neben größeren Mengen Kieselsäure als Methylester abdestilliert werden. Ältere Arbeitsweisen erfordern die genaue Einhaltung bestimmter Bedingungen (Menge von Wasser, Methanol und $H_2SO_4$), um Okklusion der Borsäure durch Kieselsäure zu verhindern [8]. Neuere Verfahren zur Destillation im Methanoldampfstrom, gegebenenfalls in einer Kreislaufapparatur, bieten dagegen keine besonderen Schwierigkeiten mehr. Arbeitsvorschrift nach *Ehrlich* und *Keil* [4] vgl. Kapitel 3.1.3, S. 25.

*Probenvorbereitung durch Extraktion.* Nach entsprechender Probenvorbereitung kann $H_3BO_3$ durch Extraktion mit Äther auch von großen Mengen Silicat getrennt werden. Arbeitsvorschrift siehe Kapitel 3.3.4, S. 41.

*Probenvorbereitung durch Fällung.* Kieselsäure sowie gegebenenfalls störende Kationen können mit $CaCO_3$ oder $Ba(OH)_2$ gefällt werden. Die entstehenden Niederschläge adsorbieren jedoch Boration und müssen mehrfach umgefällt werden. Selbst dann können noch merkliche Minderbefunde an Bor auftreten [1]. Eine Übersicht über ältere Fällungsverfahren vgl. [6].

Ohne Borsäureverluste kann die Kieselsäure nach *Schäfer* und *Sieverts* [7] durch Zusatz von $NH_4Cl$ abgeschieden werden. Umfällung des Niederschlages ist nicht erforderlich. Störende Kationen werden anschließend z. B. als Oxinate abgeschieden; Arbeitsvorschrift siehe Kapitel 3.7.2, S. 53.

Besonders vorteilhaft ist nach *Doering* [3] die Anwendung eines $CdO/Na_2CO_3$-Gemisches als Aufschlußmittel für Borosilicatgläser. Dabei werden bereits während des Schmelzaufschlusses die Kieselsäure in ein schwer lösliches Natrium-Cadmium-metasilicat und $B_2O_3$ in leicht lösliches Natriummetaborat überführt:

$$Na_2O \cdot SiO_2 \cdot B_2O_3\ \text{(Borosilicatglas)} + Na_2CO_3 + CdO \rightarrow Na_2O \cdot SiO_2 \cdot CdO + 2\,NaBO_2 + CO_2 .$$

Störende Kationen werden anschließend durch Ionenaustausch entfernt.

Die Arbeitsweisen nach *Doering* und nach *Schäfer* liefern übereinstimmende Ergebnisse [3].

### 5.3.1 Arbeitsvorschrift nach Schäfer und Sieverts [7]

*Aufschluß.* 0,3 bis 0,5 g fein gepulverte und getrocknete Probe werden mit 2,5 g $K_2CO_3$ (wasserfrei) vermengt. In Gegenwart von Blei gibt man noch 200 mg

$KNO_3$ zu. Im bedeckten Platintiegel erhitzt man die Mischung 10 min über der vollen Flamme eines Teclubrenners und läßt dann erkalten. Man gibt 2 bis 3 ml Wasser zu, erwärmt auf dem Wasserbad und überführt die Flüssigkeit und den losgelösten Schmelzkuchen in ein kleines Becherglas. Der Tiegel wird mit wenig Wasser nachgespült, so daß das Flüssigkeitsvolumen insgesamt nicht mehr als 10 ml beträgt. Dann erwärmt man, bis die Schmelze vollkommen zersetzt ist.

*Fällung der Kieselsäure.* Die erkaltete, alkalische Lösung, deren Volumen 10 bis 15 ml nicht überschreiten soll, wird mit 3 g $NH_4Cl$ verrührt (Glasstab). Dabei fällt die Kieselsäure als Gel aus. Nach 5 min neutralisiert man mit 6 n Salzsäure und säuert mit weiteren 10 Tropfen an. Dann wird die Probe aufgekocht und 10 min auf ein siedendes Wasserbad gestellt. Das Gel wird an der Saugpumpe abfiltriert und mit heißer 0,01 n HCl gewaschen.

Zur Filtration verwendet man zweckmäßig eine Porzellannutsche, in die man zwei angefeuchtete Filter (Schleicher & Schüll Nr. 595) einlegt. Das erste Filter soll etwas kleiner, das zweite etwas größer sein als die Siebplatte der Nutsche. Man erhält dann sofort ein klares Filtrat. Durch Auswaschen der Kieselgelschicht entstehende Risse werden mit Hilfe eines Präparateglases mit flachem Boden wieder zugestrichen.

*Bemerkungen.* I. Enthält die Probe *keine störenden Metalle* (vgl. Kapitel 4.2.3.2, S. 83), wird das Filtrat neutralisiert und die Borsäure nach der im Kapitel 4.2.3.2.2, S. 84, gegebenen Arbeitsvorschrift titriert.

II. *Fällung anderer störender Bestandteile* (vgl. hierzu auch Kapitel 3.7, S. 51). Enthält das saure Filtrat der Kieselsäurefällung als störendes Kation nur Blei, so wird dieses durch Zugabe von $Na_2SO_4$ als $PbSO_4$ gefällt und abfiltriert.

Eisen und Aluminium stören die Titration und können als Oxinate nach der im Kapitel 3.7.2, S. 53, gegebenen Arbeitsvorschrift entfernt werden. Dabei wird auch Blei abgetrennt.

### 5.3.2 Arbeitsweise nach Doering [3]

*Reagentien.* a) *$CdO$-$Na_2CO_3$-Gemisch* im Gewichtsverhältnis 1:2.

b) *Stark saures Kationenaustauschharz*, z. B. Wofatit KPS, in der $H^+$-Form.

c) *$H_2SO_4$* (1:1) (etwa 48%ig).

d) *0,2 n NaOH-Maßlösung*, carbonatfrei, gegen $H_3BO_3$ p. a. eingestellt.

e) *Mannitlösung*, kalt gesättigt.

*Apparatur.* a) pH-Meter und *kombinierte* Glaselektrode.

b) Als Titriergefäß dient ein 400-ml-Becherglas (hohe Form) mit *aufgesetztem Gummistopfen.* Dieser besitzt zwei Bohrungen zur Aufnahme der Elektrode sowie eines Kapillarglasrohres. Letzteres ist am Auslaufhahn einer 10-ml-Bürette mittels eines Gummischlauches befestigt und dient zum Zuführen der Maßlösung. Das Kapillarglasrohr soll in die Analysenlösung eintauchen.

c) *Magnetrührwerk.*

**Arbeitsvorschrift.** Für Borosilicatgläser mit $B_2O_3$-Gehalten von 2 bis 20% verwende man Einwaagen zwischen 0,4 und 0,1 g. Die im Achatmörser fein pulverisierte und bei 110 °C getrocknete Glasprobe wird mit der sechsfachen Gewichtsmenge $CdO$-$Na_2CO_3$-Gemisches in einer 50-ml-Platinschale innig vermischt. Die Mischung wird in der Schalenmitte derart eingeebnet, daß sie eine kreisrunde Fläche von etwa 2 $cm^2$ (1,6 cm ∅) bedeckt. Der Aufschluß erfolgt über der vollen Flamme eines Bunsenbrenners innerhalb 3 bis 4 min. Zu der abgekühlten Halbschmelze fügt man 20 ml Wasser und erwärmt auf dem Wasserbad. Der Schmelzkuchen wird mit einem Glasstampfer zerstoßen und unter mehrfachem Umrühren ausgelaugt. Hat sich der Niederschlag abgesetzt, wird dekantierend filtriert (Filterpapier „hart“). Man schlämmt ihn noch etwa 3- bis 4mal mit je 20 ml heißem Wasser auf, filtriert dekantierend, bringt ihn auf das Filter und wäscht zweimal mit je 20 ml Wasser gut aus. Das Volumen des Filtrates soll nicht größer als 150 ml sein. Zum Vertreiben des gelösten $CO_2$ säuert man mit $H_2SO_4$ (1:1) (etwa 48%ig) bis zum Farbumschlag von Methylorange an und kocht kurz auf. Die erkaltete Lösung wird mit 10 ml Austauscherharz versetzt und 10 min gerührt. Man filtriert dekantierend (Filterpapier „weich“) in das Titriergefäß und wäscht das Harz zweimal mit Wasser unter Aufwirbeln der Harzteilchen aus, bis das Gesamtvolumen des Filtrats 200 ml beträgt. Nach Einsetzen der Elektrode stellt man die Lösung mit 0,2 n NaOH genau auf pH = 7,0 ein. Nun gibt man 50 ml Mannitlösung (pH = 7) hinzu und titriert mit 0,2 n NaOH auf pH = 7,0.

*Bemerkungen.* I. Aus den bei dieser Titration verbrauchten Millilitern Maßlösung errechnet sich der $B_2O_3$-Gehalt der Glasprobe nach:

$$\%B_2O_3 = \frac{\text{ml 0,2 n NaOH} \cdot \text{Faktor der NaOH} \cdot 6{,}962 \cdot 100}{\text{mg Einwaage Glas}}.$$

II. Eine Steigerung der *Aufschlußtemperatur* über 800 °C begünstigt ebenso unerwünschte $Na_2SiO_3$-Bildung wie die Anwendung einer größeren Menge an Aufschlußmittel bzw. die Erhöhung des $Na_2CO_3$-Anteiles im CdO-$Na_2CO_3$-Gemisch über das Verhältnis 1:2 hinaus.

III. Bei Modellanalysen mit etwa 14% $B_2O_3$ (Zugabe von $H_3BO_3$-Lösung zur wäßrigen Aufschlämmung des Aufschlusses von $SiO_2$ oder borfreiem Glas) fand *Doering* einen absoluten, systematischen *Fehler* von −0,1% $B_2O_3$.

IV. Für $B_2O_3$-Gehalte im Bereich 1,5 bis 25% beträgt die *Standardabweichung* des Verfahrens (je 12 Messungen an 4 Proben) 0,063 bis 0,096%. Für eine statistische Sicherheit von P = 95% beträgt danach der Streubereich des Einzelwertes $\Delta x$ = 0,14 bis 0,21% $B_2O_3$ und die maximal zulässige absolute Differenz zweier Werte einer Doppelbestimmung $x_D$ = 0,2 bis 0,3% $B_2O_3$ (vgl. hierzu [2]).

V. Der *Zeitaufwand* für eine Doppelbestimmung beträgt 2 Std.

VI. Nach *Moriya* [5] sowie *Vinkoveckaja* [9] kann man zum Aufschluß statt CdO auch *ZnO* verwenden.

### *Literatur*


1. *Dimbleby, V.*: J. Soc. Glass Technol. **14**, 51, 62 (1930).
2. *Doerfel, K.*: Beurteilung von Analysenverfahren und -ergebnissen; Berlin-Heidelberg-New York 1965; Fr. **185**, 1 (1962).
3. *Doering, K.*: Silikattechn. **18**, 112 (1967).
4. *Ehrlich, P., Keil, T.*: Fr. **165**, 188 (1959).
5. *Moriya, Y.*: Japan Analyst **8**, 667 (1959); durch Fr. **176**, 65 (1960).
6. *Schäfer, H., Sieverts, A.*: Fr. **121**, 161 (1941).
7. *Schäfer, H., Sieverts, A.*: Fr. **121**, 170 (1941).
8. *Schulek, E., Vastagh, G.*: Fr. **87**, 165 (1932).
9. *Vinkoveckaja, S. J.*: Biul. Nauchn.-Techn. Inform., Gos. Geol. Kom. SSSR, Otd. Nauchn.-Techn. Inform. Vses. Nauchn.-Issled. Eksperim. Inst. Mineral'n. Syr'ja **1964**, 92; durch Chem. Abstr. **64**, 18389.


## 5.4 Silicium und Siliciumhalogenide

Die Borbestimmung in hochreinem Silicium und den Vorprodukten seiner Herstellung hat im Zusammenhang mit der Halbleitertechnik in neuerer Zeit große Bedeutung erlangt.

Die direkte Untersuchung von festem Si ist spektrographisch (siehe Kapitel 4.6.2, S. 140) oder durch Hall-Effektmessungen (Kapitel 4.14, S. 160) möglich.

### 5.4.1 Isolierung des Bors aus hochreinem Silicium nach Pohl, Kokes und Bonsels [11]

Die meisten Verfahren zur Analyse des Siliciums erfordern zunächst eine Zerkleinerung der Probe, wodurch sehr leicht Borspuren eingeschleppt werden können. Die Arbeitsweise nach *Pohl* und Mitarbeitern [11] ermöglicht dagegen, auch größere Mengen grobstückiges, z.B. monokristallines Halbleitersilicium in Brom zu lösen. Nach partieller Hydrolyse der Lösung läßt sich die Hauptmenge des Siliciums durch Destillation als $SiBr_4$ vom Bor abtrennen. Die weitere Isolierung des Borats erfolgt durch Perforation nach *Pohl* (Arbeitsvorschrift Kapitel 3.3.4, S. 41). — Das Verfahren wurde auch durch *Berthel* und Mitarbeiter [1] benutzt, wobei sich die obigen Angaben von *Pohl* bestätigten.

**Arbeitsvorschrift.** In einer Quarzapparatur erhitzt man 1 bis 20 g Silicium mit Bromdampf auf 750 °C, wobei sich $SiBr_4$ und $BBr_3$ bilden. Die vollständige Bromierung dauert etwa 1 bis 2 Std. und erfordert etwa die theoretische Menge Brom. Auch bei sorgfältigem Ausschluß von Feuchtigkeit bleiben letzte Wasserspuren in der Apparatur zurück, so daß stets ein kleiner Teil des $BBr_3$ hydrolysiert. Die Trennung der Bromide ist daher fehleranfällig. Da $BBr_3$ leichter hydrolysiert als $SiBr_4$, gelingt es, durch Zugabe wasserhaltigen Tetrachlorkohlenstoffs alles $BBr_3$ und nur wenig $SiBr_4$ zu hydrolysieren. Danach kann das übrige $SiBr_4$ abdestilliert werden. Der Rückstand wird dann vollständig hydrolysiert und die Borsäure von der Kieselsäure durch Perforation getrennt. Die Borbestimmung erfolgt photometrisch mit Curcumin.

*Bemerkungen.* I. Das Verfahren erlaubt, $10^{-6}$ bis $10^{-7}$% Bor mit *Fehlern* von $\pm 20$ bis 50% und Konzentrationen über $10^{-6}$% B mit $\pm 10$ bis 20% Fehler zu bestimmen. Schwierig ist die Herstellung von Eichproben, die u.a. durch langdauerndes Vermahlen von Silicium mit amorphem Bor erhältlich sind.

II. Die von *Pohl* und Mitarbeitern gegebene Arbeitsvorschrift enthält zahlreiche *genau* einzuhaltende Einzelheiten. Insbesondere ist die Hydrolyse sehr kritisch. Zur genauen Beschreibung des Verfahrens vgl. die Originalarbeit [11].

### 5.4.2 Sonstige Arbeitsweisen zur Bestimmung im Silicium

Löst man borhaltiges Silicium oder $SiO_2$ in Flußsäure, läßt sich das entstehende Tetrafluoroboration als Ionenassoziat mit dem Tetraphenylarsoniumkation selektiv extrahieren. Die Borbestimmung erfolgt photometrisch. Entsprechende Arbeitsvorschriften sind im Kapitel 3.3 angegeben [2, 3].

Löst man Silicium in Natronlauge und dampft zur Trockene, so hält das Silicat beim Auslaugen mit Wasser einen Teil des Borats fest. Entfernt man jedoch aus der Lösung zunächst das $Na^+$ durch Elektrodialyse, so läßt sich aus dem Eindampfrückstand das Boration vollständig herauslösen, wobei nur wenig Silication mitgelöst wird. Die Borbestimmung kann spektrographisch oder nach der Isotopenverdünnungsmethode massenspektroskopisch erfolgen. Noch 1 ppb Bor in Si ist erfaßbar [7, 8, 9].

Aus einer Lösung von Silicium in Natronlauge läßt sich das Bor nicht ohne weiteres als Methylester abdestillieren, da die durch Säurezusatz ausfallende Kieselsäure Bor festhält. Nach *Luke* [6] ist es jedoch möglich, aus alkalischer Lösung das Silicat mit viel Methanol in gut filtrierbarer Form auszufällen. Der zunächst entstehende Niederschlag hält noch etwa 15% des anwesenden Bors fest, so daß die Fällung wiederholt werden muß. Die von der Hauptmenge des Silicats befreite Lösung kann dann einer Esterdestillation unterworfen werden (vgl. Kapitel 3.1). Die Borbestimmung im Destillat erfolgt photometrisch. Etwa 0,1 bis 1 ppm B bei einer Einwaage von 0,1 g Si sind erfaßbar. Diese Arbeitsweise wurde auch zur Analyse von $Si_2Cl_6$ nach dessen Hydrolyse mit Natronlauge benutzt [12].

### 5.4.3 Arbeitsweise zur photometrischen Bestimmung in $SiCl_4$

Beim Schütteln von borhaltigem $SiCl_4$ mit konz. Schwefelsäure wird nach *Haas*, *Pellin* und *Everingham* [4] das Bor extrahiert. Verwendet man als Extraktionsmittel eine Lösung aus Chinalizarin in konz. $H_2SO_4$, entwickelt sich im Extrakt nach Wasserzusatz die Färbung des Chinalizarin-Borchelates. Diese kann photometrisch bestimmt werden (vgl. auch Kapitel 4.3.1.2.4, S. 99). Das Verfahren erlaubt die Bestimmung von Borkonzentrationen im ppb-Bereich.

*Reagentien.* a) *Chinalizarin.* 10 mg, gelöst in 2000 ml konz. $H_2SO_4$ (D = 1,84). Die Lösung ist nur 3 Tage haltbar und vor Feuchtigkeit und Licht zu schützen.

b) *Borstandard.* Wäßrige Lösung von $H_3BO_3$ mit 10 $\mu$g B/ml.

*Geräte.* a) *Schütteltrichter* (nach *Squibb*) mit Teflonküken und kurzem Auslaufrohr. b) Alle benutzten Glasgeräte mit Ausnahme der Küvetten müssen sofort nach Gebrauch 5 bis 10 min mit 5%iger Natronlauge behandelt werden, um die Bildung von Kieselsäuregel zu verhindern. Vor Gebrauch müssen alle Glasgeräte im Trokkenschrank getrocknet sein, da $SiCl_4$ schon mit Spuren von Feuchtigkeit hydrolysiert.

**Arbeitsvorschrift.** In einen trockenen 60-ml-Schütteltrichter gibt man mit einem 25-ml-Meßzylinder 20 ml Chinalizarinreagens. (Der Meßzylinder soll unmittelbar vor Gebrauch mit Reagenslösung ausgespült werden.) Dazu gibt man mit einem trockenen 25-ml-Meßzylinder 20 ml $SiCl_4$-Probe in den Schütteltrichter und schüttelt 3 min nicht zu heftig. Danach läßt man 15 min ruhig stehen, damit sich möglicherweise gebildetes Kieselsäuregel absetzen kann.

Man läßt die Chinalizarin-$H_2SO_4$-Phase in ein kleines trockenes Glasgefäß ab, verschließt dieses sofort mit einem Teflonstopfen und läßt 1 Std. stehen. Bei der Trennung darf kein $SiCl_4$ mitgerissen werden; daher soll etwas Chinalizarinlösung im Schütteltrichter zurückbleiben. Finden sich nach 15 min Kieselsäuregel und Gasblasen in der Lösung suspendiert, kann man diese durch kräftiges Schütteln und erneutes einstündiges Stehenlassen beseitigen.

In ein kleines trockenes Glasgefäß gibt man 1,0 ml Wasser. Dann pipettiert man dazu 10 ml des Chinalizarinextraktes, wobei darauf zu achten ist, daß weder Kieselsäuregel noch Gasblasen in die Pipette gelangen. Wegen der hohen Viskosität soll man die Pipette äußerlich abwischen und 30 sec auslaufen lassen. Das Gefäß wird sofort mit einem Teflonstopfen verschlossen und der Inhalt gut durchgemischt. Dann stellt man es 1 Std. in ein Wasserbad von Zimmertemperatur.

Zur photometrischen Messung überführt man die Lösung mit einer Tropfpipette in eine 1-cm-Küvette, wobei kein Kieselsäuregel mitgerissen werden darf.

*Bemerkungen.* I. Man führt gleichzeitig zwei *Reagentienblindproben* (ohne $SiCl_4$) aus und mißt die Extinktionen von Analysen- und Blindproben bei $\lambda = 620$ nm gegen Wasser als Vergleich.

II. *Eichkurve.* 200 ml Siliciumtetrachlorid werden mit 200 ml konz. $H_2SO_4$ 3 min geschüttelt und dadurch vom Bor befreit. Von diesem gereinigten $SiCl_4$ extrahiert man jeweils 20 ml mit Chinalizarinreagens, wie in der Arbeitsvorschrift angegeben. Den Extrakt gibt man zu 1 ml wäßriger Lösung, welche 1 bis 10 $\mu$g B als $H_3BO_3$ enthält und arbeitet weiter wie in der Arbeitsvorschrift angegeben. Da die Bestimmung mit Chinalizarin das Beersche Gesetz nicht streng befolgt, müssen wenigstens vier Eichpunkte je zweimal bestimmt werden.

III. *Störungen.* Ge stört; jedoch ergibt erst die 200fache Menge Ge die gleiche Extinktion wie eine bestimmte Menge B.

IV. Der Wassergehalt der $H_2SO_4$ sowie die *Temperatur* sind konstant zu halten.

### 5.4.4 Sonstige Arbeitsweisen zur Bestimmung in Halogeniden

In Halogeniden wie $SiCl_4$, $SiHCl_3$, $GeCl_4$ liegt Bor als $BCl_3$ vor. Dieses bildet mit Triphenylmethylchlorid eine schwerflüchtige Verbindung, so daß beim Eindampfen das Bor vollständig zurückgehalten wird. Im Rückstand kann das Bor spektrographisch bestimmt werden. Es sind etwa $10^{-5}$ bis $10^{-4}$ g B/g $SiCl_4$ erfaßbar. Eine Arbeitsvorschrift und weitere Hinweise sind im Kapitel 4.6.2, S. 142, gegeben [5, 10, 13].

Eine Anreicherung aus $SiCl_4$ kann auch durch partielle Hydrolyse mit wäßriger Methylcyanidlösung erfolgen. Der Eindampfrückstand aus Silicat und Borat kann spektrographiert werden und erlaubt die Bestimmung von 0,8 bis 50 ppb B [14].

Nach *Schneer* und Mitarbeitern [12] hydrolysiert man $Si_2Cl_6$ mit Natronlauge, fällt die Hauptmenge des Silicates nach *Luke* [6] mit Methanol (vgl. auch S. 166) und isoliert aus der Lösung das Bor als Methylester. Die Bestimmung im Destillat erfolgt photometrisch. Erfaßbar sind 1 μg B/ml $Si_2Cl_6$ (entsprechend 0,7 ppm) mit einem *Fehler* von $\pm 10\%$.

*Literatur*


1. *Berthel, K. H., Döge, H. G., Ehrlich, G., Kothe, A., Schmidt, A.*: Mikrochim. A. **1963**, 702.
2. *Coursier, J., Huré, J., Platzer, R.*: Anal. chim. Acta **13**, 379 (1955).
3. *Ducret, L., Seguin, P.*: Anal. chim. Acta **17**, 207 (1957).
4. *Haas, C. S., Pellin, R. A., Everingham, M. R.*: Anal. Chem. **36**, 245 (1964).
5. *Kawasaki, K., Higo, M.*: Anal. chim. Acta **33**, 497 (1965).
6. *Luke, C. L.*: Anal. Chem. **27**, 1150 (1955).
7. *Matsumoto, A., Shiokawa, J., Tamura, H., Ishino, T.*: Kogyo Kagaku Zasshi (J. Chem. Soc. Japan, Ind. Chem. Sect.) **70**, 1647 (1967); durch Chem. Abstr. **68**, 111045s.
8. *Morrison, G. H., Rupp, R. L.*: Anal. Chem. **29**, 892 (1957).
9. *Newton, D. C., Sanders, J., Tyrrell, A. C.*: Analyst **85**, 870 (1960).
10. *Pčelinceva, A. F., Rakov, N. A., Sljusareva, L. P.*: Betriebslab. (russ.) **28**, 677 (1962); Fr. **194**, 390 (1963).
11. *Pohl, F. A., Kokes, K., Bonsels, W.*: Fr. **174**, 6 (1960).
12. *Schneer, A., Halmos, T., Szekely, T.*: Fr. **182**, 178 (1961).
13. *Vecsernyes, L., Hangos, I.*: Fr. **208**, 407 (1965).
14. *Veleker, T. J., Mehalchick, E. J.*: Anal. Chem. **33**, 767 (1961).


## 5.5 Stahl und seine Gefügebestandteile

Durch Zulegieren von Bor werden Festigkeit, Härte und Zeitstandfestigkeit von Stählen erhöht. Dies beruht auf der Anreicherung des Bors an Gitterfehlstellen, besonders an den Korngrenzen; bezüglich Einzelheiten vgl. die Untersuchungen von *Bungart* und *Lennartz* [1]. Die Löslichkeitsgrenze des Bors liegt bis 6 ppm B (normale Härtetemperatur) [7]; ein nach Homogenisieren gelöster Anteil scheidet sich beim Glühen wieder aus. Im Eisen-Kohlenstoff-Bor-Diagramm bilden sich $Fe_2B$ und FeB [7]. In den sich aus legierten Stählen ausscheidenden Gefügebestandteilen wurden zwei verschiedene Metallboride, $Me_2B$ und $Me_3B$, nachgewiesen. Als Metallatome treten dabei Nb, Mo, Cr, Fe und Ni auf [1].

### 5.5.1 Gesamtbor

Die Bestimmung des Gesamtborgehaltes von Stählen bietet keine besonderen Schwierigkeiten. Den geringen Gehalten entsprechend erfolgt sie meistens spektralanalytisch oder photometrisch. Spektralanalytische Bestimmungen an festen Proben werden durch den Probenzustand wie auch die Bindungsform des Bors nur wenig beeinflußt und erfassen den Gesamtborgehalt [2, 4]. Vor der photometrischen Bestimmung wird die Probe zunächst in Säure gelöst, wobei vielfach ein borhaltiger, unlöslicher Rückstand verbleibt. Dieser kann nach Aufschluß mit $Na_2CO_3$ getrennt analysiert oder zur Bestimmung des Gesamtborgehaltes mit dem säurelöslichen Anteil vereinigt werden.

*Sauer* und *Eckhard* [8] haben verschiedene Verfahren zur Bestimmung von Borspuren in Eisenwerkstoffen miteinander verglichen. Die Leistungsfähigkeit der Verfahren zur Untersuchung unlegierter Stähle zeigt Tabelle 13.

Tabelle 13. *Relative Standardabweichungen von Borbestimmungsverfahren*

| Gehalte % B im Stahl | Relative Standardabweichung % | | | |
|---|---|---|---|---|
| | spektralanalytisch | | massen-spektrometrisch | photometrisch mit Dianthrimid |
| | CO-Verfahren | Alkalipuffer | | |
| $1 \cdot 10^{-3}$ | 6 | 10 | 30 | 5 |
| $1{,}7 \cdot 10^{-4}$ | 9 | 30 | 30 | 15 |
| $4 \cdot 10^{-5}$ | 10 | 70 | 30 | 20 |

## 5.5.2 Borgehalt von Gefügebestandteilen

Die Isolierung einzelner Gefügebestandteile erfolgt vorteilhaft durch elektrolytische Auflösung der Probe, wobei auf einwandfrei gleichmäßigen Abtrag des Materials zu achten ist. Bewährt hat sich ein Elektrolyt aus 10 Teilen konz. Salzsäure und 90 Teilen 96%igem Äthanol. Die Stromdichte beträgt 5 bis 10 mA/cm² [1, 6]. Dieses Verfahren ist auch für chromhaltige Stähle brauchbar, während bei Verwendung eines Natriumcitratelektrolyten [5] in einigen Fällen Lochfraß beobachtet wurde, welcher zu gefälschten Stoffbilanzen führen kann [3]. Zur Borbestimmung werden die Isolate mit $Na_2CO_3$ aufgeschlossen und spektralanalytisch oder photometrisch untersucht.

## 5.5.3 Säurelösliches und säureunlösliches Bor

Bei naßchemischen Bestimmungen wird vielfach unterschieden zwischen „säurelöslichem" und „säureunlöslichem" Bor, je nachdem, ob sich das Bor nach Säurebehandlung der Probe in der Lösung oder im Rückstand befindet. Arbeitsvorschriften siehe S. 33, 116.

Nach *Lüdemann* und *Zimmermann* [7] ist jedoch das dem Stahl die besonderen Gebrauchseigenschaften verleihende lösliche Bor mit dem „säurelöslichen Bor" der Analyse wahrscheinlich nicht gleichzusetzen. Das analytisch zu erfassende „säureunlösliche Bor" wird, entsprechend seiner feineren oder gröberen Ausscheidung, von Säuren mehr oder minder angegriffen.

*Eckhard* und *Marotz* [3] haben die Stoffbilanz elektrolytisch isolierter Gefügebestandteile verglichen mit derjenigen, die sich beim Lösen des Stahles in warmer konz. Salzsäure und Oxydation mit konz. $HNO_3$ ergibt. Dabei zeigte sich, daß der überwiegende Teil des in den Stählen enthaltenen Gesamtbors in den elektrolytisch isolierten Gefügeausscheidungen vorliegt. Lösen der Probe in Säure ergibt dagegen ein ganz anderes Bild: Säurelösliche und säureunlösliche Boranteile liegen fast in der gleichen Größenordnung. *Eine durch Lösen in Säure durchgeführte Unterscheidung besitzt daher kein metallurgisches Aussagevermögen.*

### Literatur

1. *Bungart, K., Lennartz, G.*: Arch. Eisenhüttenw. **34**, 531 (1963).
2. *Eckhard, S.*: Fr. **225**, 174 (1967).
3. *Eckhard, S., Marotz, R.*: Fr. **225**, 186 (1967).
4. *Höller, P., Slickers, K.*: Arch. Eisenhüttenw. **39**, 129 (1968).
5. *Klinger, P., Koch, W.*: Arch. Eisenhüttenw. **11**, 569 (1937/1938).
6. *Lennartz, G., Wetzlar, K. E.*: DEW-Techn. Ber. **3**, 127 (1963); durch *Eckhard* u. *Marotz* [3].
7. *Lüdemann, K. F., Zimmermann, R.*: Neue Hütte **8**, 21 (1963).
8. *Sauer, K. H., Eckhard, S.*: Fr. **221**, 274 (1966).

## 5.6 Titan

Photometrische Borbestimmungen werden häufig durch Titan gestört. Zur Bestimmung größerer Borgehalte im Ti-Metall mit Chinalizarin genügt es jedoch, die Störung durch eine entsprechende Korrektur zu berücksichtigen. — Arbeitsvorschrift Kapitel 4.3.1.2.4, S. 99.

Nach *Golubcova* [2] ist es möglich, Titan mit NaOH zu fällen, ohne daß Bor mitgerissen wird. Im eingesetzten Filtrat wird Bor photometrisch mit Carminsäure bestimmt.

Die Isolierung des Bors durch die üblichen Trennverfahren wird durch die leichte Hydrolysierbarkeit des Titans beeinträchtigt. Als Methylester ist Bor erst nach dreimaliger Destillation quantitativ abgetrennt. — Arbeitsvorschrift Kapitel 3.1.5, S. 29.

Zur quantitativen Adsorption des $Ti^{4+}$-Ions an Kationenaustauschern (Kapitel 3.2.1, S. 31) ist eine sorgfältige Probenvorbehandlung zur Vermeidung von Hydrolyse sowie eine geringe Durchflußgeschwindigkeit erforderlich [4]. Möglich ist auch die Adsorption des Peroxotitanylkations an Kationenaustauschern [1].

Bei der titrimetrischen Borsäurebestimmung nach der Mannitmethode können nicht zu große Titanmengen (z. B. im Titanborid) mit Tiron komplexiert werden. Arbeitsvorschrift Kapitel 4.2.4, S. 87. — Nach *Negina* und Mitarbeitern [3] sind auch Citronensäure und $H_2O_2$ als Maskierungsmittel brauchbar. Für ein (Ti:B)-Verhältnis von 3 beträgt der Bestimmungsfehler etwa 3% und steigt für Ti:B $>$ 3 stark an.

### Literatur

1. *Calkins, R. C., Stenger, V. A.*: Anal. Chem. **28**, 399 (1956).
2. *Golubcova, R. B.*: Ž. Anal. Chim. (russ.) **15**, 481 (1960).
3. *Negina, V. R., Kozyreva, E. A., Balakšina, A. V., Čikiševa, L. S.*: Betriebslab. (russ.) **34**, 278 (1968); durch Chem. Abstr. **69**, 64316q.
4. *Newstead, E. G., Gulbierz, J. E.*: Anal. Chem. **29**, 1673 (1957).

# 6 Bestimmung spezieller Borverbindungen

*Vorbemerkungen.* Zur Borbestimmung werden die verschiedenartigsten Proben meistens so vorbereitet, daß das Bor als $H_3BO_3$ oder als lösliches Borat- bzw. Tetraboration vorliegt. Aus diesen Verbindungen wird es dann z.B. in die Mannitoborsäure, das Bor-Curcuminchelat oder das Methylenblau-$BF_4$-Ionenassoziat übergeführt und in dieser Form bestimmt. Derartige Verfahren sind im Kapitel 4 beschrieben.

Außerdem wurden auch einige Verfahren entwickelt, welche die Bestimmung spezieller Borverbindungen direkt erlauben. Bei letzteren handelt es sich vornehmlich um Organoborverbindungen, besonders um phenylsubstituierte Borsäuren. Ferner gibt es Methoden, welche sich spezielle Eigenschaften der Borane zunutze machen.

Boration wird vielfach in das Tetrafluoroboration übergeführt und als solches bestimmt. Verfahren, welche speziell zur Bestimmung des Tetrafluoroborations entwickelt wurden, finden sich an anderen Stellen des Buches. Sie sind in diesem Kapitel nicht behandelt.

## 6.1 Bestimmung von Phenylborsäuren

### 6.1.1 Bestimmung mit Silbersalzen

Unter den Organoborverbindungen besitzt das Tetraphenylboratanion $(C_6H_5)_4B^-$ bei weitem die größte analytische Bedeutung. Es bildet schwer lösliche Niederschläge mit zahlreichen anorganischen und organischen Kationen, besonders mit Kalium und den schweren Alkalien, zu deren Bestimmung es dient. Im Zusammenhang mit dem Bestreben, die gebräuchliche Wägung dieser Salze zu vermeiden, wurden verschiedene Methoden zur Bestimmung des Tetraphenylborations entwickelt. Im Gegensatz zu den wichtigsten anderen, in Wasser schwer löslichen Tetraphenylboraten ist das Ag-Salz auch in Wasser-Aceton-Mischungen schwer löslich. Insbesondere wurden durch *Rüdorff* und Mitarbeiter daher Verfahren entwickelt, Tetraphenylborate in Aceton zu lösen und das Anion nach dem Verdünnen mit Wasser argentometrisch zu bestimmen. Man kann dabei in essigsaurem Medium mit 0,05 n $AgNO_3$-Lösung gegen Eosin als Adsorptionsindikator titrieren. Der Endpunkt wird besser erkennbar, wenn eine kleine, bekannte Menge KBr zugesetzt wird [19]. Spätere Arbeiten haben gezeigt, daß auch eine potentiometrische Indizierung mittels Ag-Elektrode möglich ist [3, 9, 16]. Die Acetonkonzentration soll dabei 35 bis 50% betragen, der pH-Wert 5 bis 6 [3, 16]. Das $Ag^+$ kann auch coulometrisch erzeugt werden [16]. Weniger kritisch als die direkte, argentometrische Titration ist die Fällung des Tetraphenylborations mit eingestellter $Ag^+$-Salzlösung und Rücktitration des Überschusses $Ag^+$ nach *Volhard* [20, 21]. In dieser Form wird das Verfahren besonders auf die indirekte Schnellbestimmung des Kaliums angewandt [21].

### 6.1.2 Bestimmung mit Quecksilbersalzen

*Prinzip.* Allgemeiner anwendbar zur Bestimmung der Phenylborverbindungen ist ihre Zersetzung mit Hg(II)-Salzen. Dabei wird die B—C-Bindung gespalten und eine Hg—C-Bindung geknüpft. Mit $Hg(NO_3)_2$ entstehen je nach den Reaktionsbedingungen Phenylquecksilberverbindungen sowie niedere Phenylborsäuren oder Borsäure [10, 11]:

$$2\,[B(C_6H_5)_4]^- + 3\,Hg^{2+} + 4\,H_2O \rightarrow 3\,(C_6H_5)_2Hg + 2\,C_6H_5B(OH)_2 + 4\,H^+;$$

$$(C_6H_5)_3B + Hg^{2+} + 2\,H_2O \rightarrow (C_6H_5)_2Hg + C_6H_5B(OH)_2 + 2\,H^+;$$

$$2\,(C_6H_5)_2BOH + Hg^{2+} + 2\,H_2O \rightarrow (C_6H_5)_2Hg + 2\,C_6H_5B(OH)_2 + 2\,H^+;$$

$$C_6H_5B(OH)_2 + Hg^{2+} + H_2O \rightarrow (C_6H_5)Hg^+ + H_3BO_3 + H^+.$$

Außerdem erfolgt die Reaktion:

$$(C_6H_5)_2Hg + Hg^{2+} \rightarrow 2\,C_6H_5Hg^+.$$

Es wurden verschiedene, titrimetrische Verfahren entwickelt, so die direkte Titration mit Hg(II)-Salz unter potentiometrischer oder polarometrischer Anzeige [10, 11] oder die Rücktitration eines gemessenen Hg(II)-Überschusses mit Thioglykolsäure gegen Thiofluorescein [26]. Nach *Flaschka* setzt man Tetraphenylborationen in wäßrig-acetonischer Lösung mit Quecksilberkomplexonat um und titriert die freigesetzte ÄDTE mit $Zn^{2+}$ gegen PAN [6].

#### 6.1.2.1 Arbeitsweise nach A. Heyrovsky zur mercurimetrischen Bestimmung von Phenylborverbindungen [10]

Die Phenylborverbindungen werden am besten in natriumacetathaltiger oder neutraler Lösung titriert; in saurer Lösung erscheinen die Titrationskurven z. T. deformiert.

Phenylborsäure ergibt eine einstufige, potentiometrische Titrationskurve, entsprechend der alleinigen Bildung von Phenylquecksilbersalz. Enthält die zu bestimmende Borverbindung dagegen 2 bis 4 Phenylgruppen, beobachtet man zwei Stufen. Zunächst entstehen unter Verbrauch einer entsprechenden Anzahl von Hg-Äquivalenten Phenylborsäure und Diphenylquecksilber. Im weiteren Verlauf der Titration setzen sich beide gleichzeitig mit $Hg^{2+}$ zu Phenylquecksilbersalz und $H_3BO_3$ um, so daß nur eine weitere Stufe der Titrationskurve beobachtet wird.

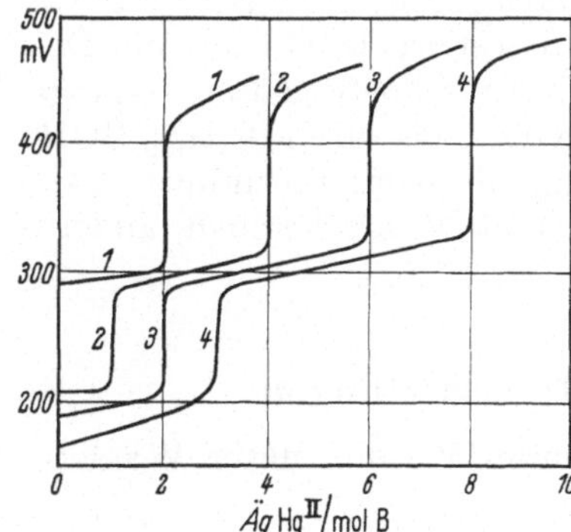


Abb. 45. Potentiometrische Titrationen von Phenylborsäure *1*, Diphenylborsäure *2*, Triphenylbor *3* und Tetraphenylbornatrium *4* mit 0,1 n $Hg(NO_3)_2$-Lösung. Die Lösungen enthielten 0,05 Millimole der Borverbindung in 100 ml 0,1 n Natriumacetatlösung

*Reagentien.* a) *0,1 n $Hg(NO_3)_2$-Lösung,* hergestellt durch Lösen von Hg im Überschuß an konz. $HNO_3$, Verkochen der Stickoxide und Auffüllen mit Wasser im Meßkolben. b) *Natriumacetat.*

*Geräte.* a) Indikatorelektrode, elektrolytisch mit Hg überzogene Pt-Spirale. Die Elektrode ist von Zeit zu Zeit zu reinigen und frisch mit Hg zu überziehen. b) Bezugselektrode: ges. Kalomelelektrode.

**Arbeitsvorschrift.** Tetraphenylborate sowie Phenylborsäure werden in Wasser, Triphenylbor sowie Diphenylborsäure in Methanol gelöst. Die zu titrierende Lösung soll etwa 0,05 Millimol Borverbindung in 50 bis 100 ml 0,1 n wäßriger Natriumacetatlösung enthalten.

Zur Bestimmung von Triphenylbor bzw. Diphenylborsäure pipettiert man ihre methanolische Lösung in die Acetatlösung ein. Der Methanolgehalt soll dann etwa 1 bis 2%, die Konzentration der Borverbindung $10^{-4}$ m sein. Die zunächst entstehende Emulsion löst sich im Laufe der Titration auf. Die Titration des Triphenylbors ist unter $N_2$ als Schutzgas auszuführen.

Man titriert unter magnetischem Rühren mit 0,1 n $Hg(NO_3)_2$-Lösung [oder auch 0,1 n $Hg(ClO_4)_2$-Lösung] und verfolgt den Potentialverlauf an einem pH-Meter. Die bis zu den auftretenden Potentialsprüngen verbrauchten Äquivalente $Hg^{2+}$ sind für die verschiedenen Phenylborverbindungen aus der Abb. 45 ersichtlich.

*Störungen.* Die Titration wird durch größere Mengen Aceton gestört; acetonische Lösungen schwerlöslicher Tetraphenylborate können nicht titriert werden. Werden Tetraphenylborate jedoch durch ein Papierfilter abfitriert, so kann das Filter mit dem ausgewaschenen Niederschlag direkt in Natriumacetatlösung eingeworfen und unter intensivem Rühren titriert werden. Ferner stören Chloridionen sowie andere Anionen, die schwerlösliche Phenylquecksilbersalze bilden ($Br^-$, $J^-$, $SCN^-$) [11].

### 6.1.3 Chelate der Phenylborsäuren mit Curcumin und Diphenylcarbazon

Durch *Umland* und Mitarbeiter wurden Chelate von Phenylborsäuren mit Curcumin [25] und Diphenylcarbazon [24] untersucht. Sie können im Rahmen dieses anorganisch orientierten Handbuches nur gestreift werden. *Curcumin* bildet in Benzol, Dioxan oder Äthanol/Eisessig mit Phenylborsäure und Diphenylborsäure Chelate im Verhältnis 1:1. Sie sind sehr intensiv gefärbt. Die Extinktionskoeffizienten in Benzol betragen $\varepsilon = 5{,}6 \cdot 10^4$ bei $\lambda = 500$ nm für das Chelat der Diphenylborsäure und $\varepsilon = 7{,}05 \cdot 10^4$ bei $\lambda = 520$ nm für Phenylborsäure. Wegen der relativ hohen Dissoziationskonstanten der Chelate $K_D = 7 \cdot 10^{-5}$ mit Diphenylborsäure bzw. $K_D = 1 \cdot 10^{-4}$ mit Phenylborsäure in Dioxan sind diese Chelate zur photometrischen Bestimmung der Phenylborverbindungen wenig geeignet [25].

*Diphenylcarbazon* bildet in benzolischem Medium farbige Chelate mit Diphenylborsäure, Dibutylborsäure, Phenylborsäure und Borsäureestern. Das Chelat mit Diphenylborsäure besitzt bei $\lambda_{max} = 590$ nm einen Extinktionskoeffizienten von $\varepsilon = 4 \cdot 10^4$ und erlaubt die photometrische Bestimmung von 1 bis 40 µg $(C_6H_5)_2BOH$ in 10 ml Lösung. Ein Zusatz von Phenol beschleunigt die Komplexbildung [24]. Auf die gleiche Weise können Dibutylborsäure — und wahrscheinlich andere Diorganoborsäuren — bestimmt werden [7].

## 6.2 Bestimmung von Borwasserstoffverbindungen

Boranate werden in neutralem oder schwach saurem Medium unter Wasserstoffabscheidung zersetzt:

$$BH_4^- + 2H_2O \rightarrow BO_2^- + 4H_2.$$

Die Reaktion kann zu ihrer gasvolumetrischen Bestimmung benutzt werden [4].

Schneller und weniger aufwendig als die gasometrischen Verfahren ist die titrimetrische Bestimmung der Boranate unter Ausnutzung ihrer stark reduzierenden

Eigenschaften. Die Schwierigkeit hierbei ist die große Zersetzlichkeit des $BH_4^-$ unter $H_2$-Abscheidung. Wie Untersuchungen von *Harzdorf* [8] gezeigt haben, wird diese störende Nebenreaktion erst in stark alkalischer Lösung (pH = etwa 13) hinreichend unterdrückt. Selbst dann können bei potentiometrischer Messung noch katalysierte Nebenreaktionen an der Pt-Elektrode auftreten [8]. Eine vergleichende Untersuchung jodometrischer Arbeitsweisen [12, 14] sowie der direkten Titration mit Hypochloritition bei pH = 10 haben gezeigt, daß aus diesem Grunde stets Minderbefunde auftreten. In allen Fällen wurde Gasentwicklung beobachtet [8]. Die *Fehler* werden vermieden, wenn man nach *Harzdorf* Boranat in stark alkalischer Lösung mit überschüssigem Hypochlorit oxidiert und den Überschuß des Oxydationsmittels jodometrisch bestimmt [8].

### 6.2.1 Arbeitsweise nach Harzdorf zur oxidimetrischen Bestimmung von Boranat [8]

*Reagentien.* a) *Schwefelsäure*, etwa 20%ig; b) *Natronlauge*, etwa 0,1 n; c) *KJ*, p.a.; d) *$Na_2S_2O_3$-Lösung*, 0,1 n; e) *NaOCl-Lösung*, etwa 0,2 n. Zur *Herstellung der Hypochloritlösung* verwendet man handelsübliche Bleichlauge, deren ungefährer Gehalt durch jodometrische Titration festgestellt werden soll. Eine entsprechende Menge davon füllt man mit 0,1 n Natronlauge zu einer etwa 0,2 n Lösung auf und läßt sie wenigstens 24 Std. stehen. Dann erfolgt die Titerstellung. Zu diesem Zweck pipettiert man 10 ml in einen Erlenmeyerkolben mit Schliffstopfen, verdünnt zu 100 bis 150 ml, gibt etwa 1 g festes KJ zu und säuert mit 7 ml 20%iger Schwefelsäure an. Den verschlossenen Kolben läßt man 3 bis 5 min im Dunkeln stehen. Danach kann das ausgeschiedene Jod mit Thiosulfatlösung titriert werden.

Im Dunkeln aufbewahrt, sind die Hypochloritlösungen beim gegebenen pH-Wert ausreichend beständig. Anfangs beträgt der Abfall des Titers in 10 Tagen maximal 1%. Ältere Lösungen verändern sich wesentlich langsamer. Die in Bleichlauge vorhandenen, geringen Mengen Chlorit- und Chlorationen stören nicht. Bezüglich des Boranats sind beide inaktiv. In die jodometrische Titerstellung und Rücktitration geht unter den beschriebenen Bedingungen lediglich das Chlorit — ohne Einfluß auf die Boranatwerte — mit ein.

**Arbeitsvorschrift.** Die Boranatlösung soll etwa 0,2 n sein. Eine entsprechende Einwaage spült man mit 0,1 n Natronlauge in einen Meßkolben und füllt mit der gleichen Lauge auf (0,473 g $NaBH_4 \triangleq$ 0,1 Val). 10 ml Probelösung werden langsam unter Schwenken in 20 ml Hypochloritlösung gegeben, die in einem Erlenmeyerkolben (Schliffstopfen) vorgelegt sind. Den Kolben läßt man verschlossen etwa 10 min möglichst lichtgeschützt stehen. Danach verdünnt man auf 100 bis 150 ml, gibt etwa 1 g festes KJ zu und säuert mit 7 ml Schwefelsäure an. Nach einigen Minuten Stehens im Dunkeln kann mit Thiosulfatlösung titriert werden.

*Bemerkungen.* I. *Frisch* angesetzte Boranatlösungen sind bald zu analysieren, da sie langsam Zersetzung erleiden. Unter den gegebenen Bedingungen liegt der Abfall des Boranatgehaltes jedoch bei maximal 1% in 24 Std.

II. Die relative *Standardabweichung* der Methode beträgt 0,2%.

### 6.2.2 Sonstige Verfahren

*Argentometrie.* Nach *Brown* und *Boyd* läßt sich Boranation argentometrisch auf Grund der Reaktion:

$$BH_4^- + 8\,Ag^+ + 8\,OH^- \rightarrow 8\,Ag + H_2BO_3^- + 5\,H_2O$$

bestimmen. Das aus abgemessener, überschüssiger Maßlösung ausgeschiedene Metall wird abfiltriert und der nicht verbrauchte Anteil eines $Ag^+$-Überschusses nach *Volhard* zurücktitriert [2].

*Jodometrie.* Zur Bestimmung von Boranen sind jodometrische Arbeitsweisen geeignet. Nach *Fauth* und *McNerney* oxidiert man 30 bis 40 mg $B_{10}H_{14}$ in Eisessig mit überschüssigem $KJO_3$, gibt dann KJ zu und titriert das ausgeschiedene $J_2$ mit Thiosulfatlösung:

$$3B_{10}H_{14} + 22JO_3^- + 24H_2O \rightarrow 30H_3BO_3 + 22J^-.$$

Die Wiederfindungsrate beträgt im Mittel 98,05% [5].

Von *Braman* und Mitarbeitern wurde ein kontinuierlich arbeitendes *Gerät* zur Bestimmung der sehr giftigen Borane in Luft angegeben [1]. Die Borane werden von einem $HCO_3^-$/KJ-Elektrolyten absorbiert und mit coulometrisch erzeugtem Jod titriert. Bei einer Strömungsgeschwindigkeit von etwa 1 l Luft/min sind noch weniger als 0,2 ppm Diboran und Dekaboran bestimmbar.

*IR-Photometrie. Nadeau* und *Oaks* haben gezeigt, daß $B_2H_6$, $BHCl_2$ und $BCl_3$ durch infrarot-photometrische Messung bei 3 verschiedenen Wellenlängen nebeneinander bestimmbar sind [15].

## 6.3 Bestimmung sonstiger Borverbindungen

*Bortrifluorid* ist auf Grund der Reaktion

$$2BF_3 + 3Ca^{2+} + 4H_2O = 3CaF_2 + 6H^+ + 2HBO_2$$

maßanalytisch bestimmbar [17, 23]. Die Bestimmung ist auch neben $H_3PO_4$ möglich [18].

Die gaschromatographische Analyse von *Bortrialkylen* unter Einbeziehung massenspektrometrischer Messungen wurde von *Schomburg*, *Köster* und *Henneberg* ausführlich untersucht [22].

Zur Analyse *bor-organischer Verbindungen* durch Neutronenabsorption nach *Malyševa* und Mitarbeitern [13] siehe Kapitel 4.7.1, S. 147.

### *Literatur*

1. *Braman, R. S., DeFord, D. D., Johnston, T. N., Kuhns, L. J.*: Anal. Chem. **32**, 1258 (1960).
2. *Brown, H. C., Boyd, A. C.*: Anal. Chem. **27**, 156 (1955).
3. *Crane, F. E.*: Anal. chim. Acta **16**, 370 (1957).
4. *Davis, W. D., Mason, L. S., Stegman, G.*: Am. Soc. **71**, 2775 (1949).
5. *Fauth, M. I., McNerney, C. F.*: Anal. Chem. **32**, 91 (1960).
6. *Flaschka, H., Sadek, F.*: Chemist-Analyst **47**, 30 (1958); durch Fr. **167**, 283 (1959).
7. *Friese, B., Umland, F.*: unveröffentlicht.
8. *Harzdorf, C.*: Fr. **210**, 12 (1965).
9. *Heyrovsky, A.*: Coll. Czechoslov. Chem. Commun. **24**, 170 (1959).
10. *Heyrovsky, A.*: Fr. **173**, 301 (1960).
11. *Heyrovsky, A.*: Coll. Czechoslov. Chem. Commun. **26**, 1305 (1961).
12. *Lyttle, D. A., Jensen, E. H., Stuck, W. A.*: Anal. Chem. **24**, 1843 (1952).
13. *Malyševa, N. G., Starčik, L. P., Panidi, I. S., Pauškin, J. M.*: Ž. Anal. Chim. (russ.) **18**, 1367 (1963).
14. *Mathews, M. B.*: J. biol. Chem. **176**, 229 (1948).
15. *Nadeau, H. G., Oaks, D. M.*: Anal. Chem. **32**, 1480 (1960).
16. *Patriarche, G. J., Lingane, J. J.*: Anal. Chem. **39**, 168 (1967).
17. *Pawlenko, S.*: Z. anorg. Ch. **300**, 152 (1959); **302**, 324 (1959).
18. *Pawlenko, S.*: Fr. **189**, 265 (1962).
19. *Rüdorff, W., Zannier, H.*: Fr. **137**, 1 (1952).
20. *Rüdorff, W., Zannier, H.*: Fr. **140**, 1 (1953).
21. *Rüdorff, W., Zannier, H.*: Angew. Ch. **66**, 638 (1954).

22. *Schomburg, G., Köster, R., Henneberg, D.*: Fr. **170**, 285 (1959).
23. *Swinehart, C. F., Bumblis, A. R., Flisik, H. F.*: Anal. Chem. **19**, 28 (1947).
24. *Thierig, D., Umland, F.*: Fr. **215**, 24 (1966).
25. *Umland, F., Pottkamp, F.*: Fr. **241**, 223 (1968).
26. *Wroński, M.*: Chem. Anal. (Warsaw) **8**, 299 (1963); durch Fr. **204**, 435 (1964).

# Verzeichnis der Zeitschriften und ihrer Abkürzungen

| Abkürzung | Zeitschrift |
|---|---|
| *A.* | LIEBIGS Annalen der Chemie; bis 172 (1874): Annalen der Chemie und Pharmacie. |
| *Acc. Sci. med. Ferrara* | Accademia delle scienze mediche di Ferrara. |
| *A. Ch.* | Annales de Chimie; vor 1914: Annales de Chimie et de Physique. |
| *Acta chem. Scand.* | Acta chemica Scandinavica (Copenhagen). |
| *Acta Chim. Acad. Sci. Hung.* | Acta Chimica Academiae Scientiarum Hungaricae. |
| *Acta med. Scand.* | Acta Medica Scandinavica. |
| *Advan. Mass Spectrometrie* | Advances in Mass Spectrometry. |
| *Advan. X-Ray Anal.* | Advances in X-Ray Analysis (New York). |
| *Agricultura* | Agricultura. |
| *Agrochimija* | Agrochimija (Moskau). |
| *Am. Chem. J. (Am. Ch.)* | American Chemical Journal; seit 1917 vereinigt mit Am. Soc. |
| *Am. Fertilizer* | The American Fertilizer. |
| *Am. J. Physiol.* | American Journal of Physiology. |
| *Am. J. Sci.* | American Journal of Science. |
| *Am. Soc.* | Journal of the American Chemical Society. |
| *Am. Soc. Test. Mater. (Am. Soc. Testing Materials)* | American Society of Testing Materials. |
| *Anal. Abstr.* | Analytical Abstracts. |
| *Anal. Chem.* | Analytical Chemistry, früher Ind. Eng. Chem., Anal. Edit. |
| *Anal. chim. Acta* | Analytica chimica acta. |
| *Analyst* | The Analyst. |
| *An. Argentina* | Anales de la asociación química Argentina. |
| *An. Españ.* | Anales de la sociedad española de física y química; seit 1941: Anales de fisica y quimica (Madrid). |
| *An. Farm. Bioquim.* | Anales de farmacia y bioquimica (Buenos Aires). |
| *Angew. Ch.* | Angewandte Chemie, vor 1932: Zeitschrift für angewandte Chemie. |
| *Ann. Acad. Sci. Fenn.* | Annales academiae scientiarum fennicae. |
| *Ann. agronom.* | Annales agronomiques. |
| *Ann. Chim. anal.* | Annales de Chimie analytique et de Chimie appliquée. |
| *Ann. Chim. appl(ic).* | Annali di chimica applicata. |
| *Ann. Chim. et Phys.* | Annales de Chimie et de Physique. |
| *Ann. Chim. Roma (Rome)* | Annali di Chimica Applicata. |
| *Ann. Falsific.* | Annales des Falsifications et des Fraudes. |
| *Ann. Office nat. Combustibles liquides* | Annales de l'Office National des Combustibles Liquides. |
| *Ann. Phys.* | Annalen der Physik (GRÜNEISEN und PLANCK). |
| *Ann. Sci. agronom. Franç.* | Annales de la Science agronomique française et étrangère; nach 1930: Annales agronomiques. |
| *Ann. Soc. Sci. Bruxelles* | Annales de la société scientifique de Bruxelles, Série A: Sciences mathématiques: Série B: Sciences physiques et naturelles. |
| *Anz. Akad. Wiss. Wien, math.-naturwiss. Kl.* | Anzeiger der Akademie der Wissenschaften in Wien, Mathematische-Naturwissenschaftliche Klasse. |
| *Anz. Krakau. Akad.* | Anzeiger der Akademie der Wissenschaften, Krakau. |
| *Apoth.-Z.* | Apotheker-Zeitung. |

| Abkürzung | Zeitschrift |
|---|---|
| *Appl. Spectr.* | Applied Spectroscopy. |
| *Ar.* | Archiv der Pharmazie. |
| *Arch. Eisenhüttenw.* | Archiv für das Eisenhüttenwesen. |
| *Arch. exp. Pathol.* | Archiv für experimentelle Pathologie und Pharmakologie. (NAUNYN-SCHMIEDEBERG). |
| *Arch. Math. Naturvidensk. (Arch. F. Mathem. og Naturvid.)* | Archiv for Mathematik og Naturvidenskab. |
| *Arch. Néerland. Physiol.* | Archives Néerlandaises de Physiologie de l'Homme et des Animaux. |
| *Arch. Phys. biol.* | Archives de Physique biologique et de Chimie-Physique des Corps organisés. |
| *Arch. Physiol.* | Archiv für die gesamte Physiologie des Menschen und der Tiere (PFLÜGER). |
| *Arch. Sci. biol.* | Archivio di scienze biologiche (Italy). |
| *Arch. Sci. phys. nat. Genève.* | Archives des Sciences physiques et naturelles, Genève. |
| *Arkiv Kemi* | Arkiv för Kemi (Stockholm). |
| *Atompraxis* | Atompraxis (Karlsruhe). |
| *At. Absorption Newsletter* | Atomic Absorption Newsletter (Perkin-Elmer Corp.) Norwalk, Conn. |
| *Atti Accad. Lincei* | Atti della Reale Accademia nazionale dei Lincei. |
| *Atti Accad. Sci. Torino* | Atti della Reale Accademia delle Science di Torino. |
| *Atti Congr. naz. Chim. pura applic.* | Atti del congresso nazionale di chimica pura ed applicata. |
| *Atti X Congr. int. Chim., Roma (Atti Congr. int. Chim. Roma)* | Atti del X Congresso Internazionale di Chimica (Roma). |
| *Austr. J. exp. Biol. med.* | |
| *Austr. J. exp. Biol. med. Sci.* | Australian Journal of Experimental Biology and Medical Science. |
| *B.* | Berichte der Deutschen Chemischen Gesellschaft. |
| *Ber. dtsch. keram. Ges.* | Berichte der Deutschen Keramischen Gesellschaft. |
| *Ber. dtsch. pharm. Ges.* | Berichte der Deutschen Pharmazeutischen Gesellschaft. |
| *Berg- u. Hüttenmänn. Z. (Glückauf)* | Berg- und Hüttenmännische Zeitschrift. |
| *Ber. oberhess. Ges. Naturk.* | Bericht der oberhessischen Gesellschaft für Natur- und Heilkunde. |
| *Ber. Wien. Akad.* | Sitzungsberichte der Akademie der Wissenschaften, Wien. |
| *Betriebslab. (russ.)* | Betriebslaboratorium; russ.: Zavodskaja Laboratorija. |
| *Biochem. J.* | Biochemical Journal. |
| *Biol. Bl.* | Biological Bulletin of the Marine Biological Laboratory; seit 1930: Biological Bulletin. |
| *Bio. Z.* | Biochemische Zeitschrift. |
| *Bl. Acad. Roum.* | Bulletin de la section scientifique de l'Académie Roumaine. |
| *Bl. Acad. Russie* | Bulletin de l'Academie des Sciences de Russie; seit 1925: Bl. Acad. URSS. |
| *Bl. Acad. Sci. Pétersb.* | Bulletin de l'Académie impériale des Sciences, Pétersbourg; seit 1917: Bl. Acad. Russie. |
| *Bl. Acad. URSS.* | Bulletin de l'Académie des Sciences de l'U[nion des] R[épubliques] S[oviétiques] S[ocialistes]. |
| *Bl. Acad. URSS., Ser. chim.* | Bulletin de l'Académie des Sciences de l'U[nion des] R[épubliques] S[oviétiques] S[ocialistes]. Sér. chimique. |
| *Bl. agric. chem. Soc. Japan* | Bulletin of the Agricultural Chemical Society of Japan. |
| *Bl. Am. phys. Soc.* | Bulletin of the American Physical Society. |
| *Bl. Assoc. techn. Fonderie (Bull. [Ass.] techn. Fonderie)* | Bulletin de l'Association Technique de Fonderie. |
| *Bl. Biol. pharm.* | Bulletin des Biologistes pharmaciens. |
| *Bl. Bur. Mines Washington* | Bulletin, Bureau of Mines, Washington. |
| *Bl. Chim. pura apl. Bukarest (B. Chim. pura aplicata Bukarest)* | Buletinul de Chimie Pura si Aplicata (al Societatii Romane de Chimie) Bukarest. |

| Abkürzung | Zeitschrift |
|---|---|
| *Bl. Geol. Soc. Am.* | Bulletin of the Geological Society of America. |
| *Bl. Inst. physic. chem. Res. (Abstr.) Tôkyô* | Bulletin of the Institute of Physical and Chemical Research, Abstracts, Tôkyô. |
| *Bl. Sci. pharmacol.* | Bulletin des Sciences pharmacologiques. |
| *Bl. Soc. chim. Belg.* | Bulletin de la Société chimique de Belgique. |
| *Bl. Soc. Chim. biol.* | Bulletin de la Société de Chimie biologique. |
| *Bl. Soc. chim. Paris* | Vgl. Bull. Soc. chim. France |
| *Bl. Soc. Min.* | Bulletin de la Société française de Minéralogie. |
| *Bl. Soc. Mulhouse* | Bulletin de la Société industrielle de Mulhouse. |
| *Bl. Soc. Pharm. Bordeaux* | Bulletin des Travaux de la Société de Pharmacie de Bordeaux. |
| *Bl. Soc. România* | Buletinul societatii de chimi din România. |
| *Bodenkunde Pflanzenernähr.* | Bodenkunde und Pflanzenernährung: 1. Folge (Band 1 bis 45) heißt: Zeitschrift für Pflanzenernährung, Düngung und Bodenkunde. |
| *Boll. chim. farm.* | Bolletino chimico-farmaceutico. |
| *Branntwein-Ind. (russ.)* | Branntwein-Industrie (russisch). |
| *Brennstoffchem.* | Brennstoffchemie. |
| *Brit. chem. Abstr.* | British Chemical Abstracts. |
| *Bull. chem. Soc. Japan* | Bulletin of the Chemical Society of Japan. |
| *Bull. Soc. chim. France* | Bulletin de la Société chimique de France; vor 1907: Bulletin de la Société chimique de Paris. |
| *Bur. Stand. J. Res.* | Bureau of Standards Journal of Research. |
| *C.* | Chemisches Zentralblatt. |
| *Canad. Chem. Metallurgy (Can. Chem. Met.)* | Canadian Chemistry and Metallurgy; ab Bd. **22** (1938): Canadian Chemistry and Process Industries. |
| *Canad. J. Chem.* | Canadian Journal of Chemistry. |
| *Canadian J. Res.* | Canadian Journal of Research. |
| *Časopis českoslov. Lékárn.* | Časopis československého, Lékárnietva. |
| *Cereal Chem.* | Cereal Chemistry. |
| *Chem. Abstr.* | Chemical Abstracts. |
| *Chem. Anal. (Warszawa)* | Chemia Analityczna (Warszawa). |
| *Chem. Age* | Chemical Age. |
| *Chem. Apparatur* | Chemische Apparatur. |
| *Chem. eng. min. Rev.* | Chemical Engineering and Mining Review. |
| *Chem. Ind.* | Chemistry and Industry. |
| *Chemisat. soc. Agric. (Chemisat. socialist. Agr.) (russ.)* | Chemisation of Socialistic Agriculture (russisch). |
| *Chemist-Analyst* | The Chemist-Analyst. |
| *Chem. J. Ser. A* | Chemisches Journal Serie A. Journal für allgemeine Chemie; russ.: Chimičeski Žurnal Ser. A, Žurnal obščei Chimii. |
| *Chem. J. Ser. B* | Chemisches Journal Serie B, Journal für angewandte Chemie; russ.: Chimičeski Žurnal Ser. B, Žurnal prikladnoi Chimii. |
| *Chem. Listy* | Chemické Listy pro vědu a prumysl. |
| *Chem. Metallurg. Eng. (Chem. Met. Engin.)* | Chemical and Metallurgical Engineering. |
| *Chem. N.* | Chemical News. |
| *Chem. Obzor* | Chemický Obzor. |
| *Chem. Reviews* | Chemical Reviews. |
| *Chem. social. Agric.* | Chemisation of socialistic Agriculture; russ.: Chimizacia socialističeskogo Semledelija. |
| *Chem. Tech.* | Chemische Technik. |
| *Chem. Trade J. chem. Engr. (Chem. Trade J.)* | Chemical Trade Journal and Chemical Engineer. |
| *Chem. Weekbl.* | Chemisch Weekblad. |
| *Chem. Techn.* | Chemische Technik |
| *Ch. Fabr.* | Die chemische Fabrik. |
| *Chim. Anal.* | Chimie Analitique. |
| *Chim. e Ind. (Milano)* | Chimica e Industria (Milano). |
| *Chim. Ind.* | Chimie & Industrie. |
| *Chim. Ind. 17. Congr. Paris* | Chimie & Industrie, 17. Congrès, Paris. |

| Abkürzung | Zeitschrift |
|---|---|
| *Ch. Ind.* | Die chemische Industrie. |
| *Ch. Z.* | Chemiker-Zeitung. |
| *Ch. Z. Chem. techn. Übersicht* | Chemiker-Zeitung, Chemisch-technische Übersicht. |
| *Ch. Z. Repert.* | Chemiker-Zeitung, Repertorium. |
| *Coll. Czechoslov. Chem. Comm(un).* | Collection of Czechoslovak Chemical Communications. |
| *Coll. Trav. chim. Tchécols.* | Collection des Travaux chimiques de Tchécoslovaqui. |
| *C. r.* | Comptes rendus de l'Académie des Sciences, (Paris). |
| *C. r. Acad. URSS.* | Comptes rendus (Doklady de l'académie des sciences de l'U[nion des] R[épubliques] S[oviétiques] S[ocialistes]). |
| *C. r. Carlsberg* | Comptes rendus des Travaux du Laboratoire de Carlsberg. |
| *C. r. Soc. Biol.* | Comptes rendus de la Société de Biologie. |
| *Current Sci.* | Current Science. |
| *Dansk Tidsskr. Farm.* | Dansk Tidsskrift for Farmaci. |
| *Develop. Appl. Spectr.* | Developments in Applied spectroscopy. |
| *DEW-Techn. Ber.* | Deutsche Edelstahlwerke. Technische Berichte (Krefeld). |
| *Dingl. J.* | Dinglers Polytechnisches Journal. |
| *Doklady Akad. Nauk SSSR.* | Doklady Akademii nauk SSSR. |
| *Dtsch. Apoth.-Z.* | Deutsche Apotheker-Zeitung. |
| *Dtsch. med. Wschr.* | Deutsche medizinische Wochenschrift. |
| *Dtsch. tierärztl. Wschr.* | Deutsche tierärztliche Wochenschrift. |
| *Eng. Min. Journ.* | Engineering and Mining Journal. |
| *E. P.* | Englisches Patent. |
| *Erzmetall* | Zeitschrift für Erzbergbau und Metallhüttenwesen; neue Folge von „Metall und Erz". |
| *Fenno Chem.* | Fenno-Chemica. |
| *Finska Kemistsamfundets Medd.* | Finska Kemistsamfundets Meddelanden; fortgesetzt unter der Bezeichnung: Fenno-Chemica. |
| *Fortschr. chem. Forsch.* | Fortschritte der chemischen Forschung. |
| *Fortschr. Chem. Physik physik. Chem.* | Fortschritte der Chemie, Physik und physikalischen Chemie. |
| *Fr.* | Zeitschrift fur analytische Chemie (Fresenius). |
| *G.* | Gazzetta chimica italiana. |
| *Gas- und Wasserfach* | Das Gas- und Wasserfach; vor 1922: Journal für Gasbeleuchtung sowie für Wasserversorgung. |
| *Gen. electr. Rev. (General Electric Rev.)* | General Electric Review. |
| *Gigiena i Sanit.* | Gigiena i Sanitariya. |
| *Giorn. Biol. appl. Ind. chim. aliment. (G. Biol. appl. Ind. chim.)* | Giornale di Biologia Applicata alla Industria Chimica ed Alimentare; ab Bd. **5** (1935): Giornale di Biologia Industriale Agraria ed Alimentare. |
| *Giorn. Chim. ind. ed applic. (Giorn. Chim. ind. appl.)* | Giornale di Chimica Industriale ed Applicata. |
| *Glastechn. Ber.* | Glastechnische Berichte. |
| *Glückauf* | Glückauf, berg- und hüttenmännische Zeitschrift. |
| *H.* | Zeitschrift für physiologische Chemie (Hoppe-Seyler). |
| *Helv. chim. Acta* | Helvetica chimica acta. |
| *Ind. Chemist (chem. Manufacturer) (Ind. Chemist a. Chemical Manufacturer)* | Industrial Chemist and Chemical Manufacturer. |
| *Ind. chimica* | L'Industria chimica, mineraria e metallurgica. |
| *Ind. eng. Chem.* | Industrial and Engineering Chemistry. |
| *Ind. eng. Chem. Anal. Edit.* | Industrial and Engineering Chemistry, Analytical Edition. |
| *Ing. Chimiste (Bruxelles)* | Ingénieur Chimiste (Bruxelles) |
| *Internat. Sugar. J* | International Sugar Journal. |
| *Int. J. Appl. Radiat.* | International journal of applied radiation and isotopes. |
| *Isvest. (Izv.) Akad. Nauk SSSR, Sér. Fiz.* | Isvestija Akademii nauk SSSR, Seriya fizičeskaja. |
| *J. agric. Res.* | Journal of agricultural engineering research. |
| *J. agric. Sci.* | Journal of Agricultural Science. |
| *J. Am. ceram. Soc.* | Journal of the American Ceramic Society. |
| *J. Am. Leather Chem.* | Journal of the American Leather Chemists' Association. |

| Abkürzung | Zeitschrift |
|---|---|
| *J. Am. med. Assoc.* | Journal of the American Medical Association. |
| *J. Am. pharm. Assoc.* | Journal of the American Pharmaceutical Association. |
| *J. Am. Soc. Agron.* | Journal of the American Society of Agronomy. |
| *J. Am. Water Works Assoc.* | Journal of the American Water Works Association. |
| *J. anal. appl. Chem.* | Journal of Analytical and Applied Chemistry. |
| *Jap.(an) Analyst* | Japan Analyst; jap.: Bunseki Kagaku. |
| *J. Assoc. offic. agric. Chem.* | Journal of the Association of Official Agricultural Chemists. |
| *J. Biochem.* | Journal of Biochemistry (Japan). |
| *J. biol. Chem.* | Journal of Biological Chemistry. |
| *Jb. Radioakt.* | Jahrbuch der Radioaktivität und Elektronik. |
| *J. chem. Educat.* | Journal of Chemical Education. |
| *J. chem. Ind.* | Journal der chemischen Industrie; russ.: Žurnal Chimičeskoj Promyšlennosti. |
| *J. chem. Physics (J. chem. Phys.)* | Journal of Chemical Physics. |
| *J. chem. Soc.* | Journal of the Chemical Society of London. |
| *J. chem. Soc. Japan, Ind. chem. Sect.* | Journal of the chemical Society of Japan; Industrial chemistry section (Kogyo Kagaku Zasshi). |
| *J. chem. Soc. Japan, Pure chem. Sect.* | Journal of the Chemical Society of Japan; Pure chemistry section (Nippon Kagaku Zasshi). |
| *J. Chim. appl. (J. chem. applic.) (russ.)* | Journal de Chimie Appliquée (russisch). |
| *J. Chim. phys.* | Journal de Chimie physique: seit 1931: ... et Revue générale des Colloides. |
| *J. chos. med. Assoc.* | Journal of the Chosen Medical Association (Japan). |
| *Jernkont. Ann.* | Jernkontorets Annaler. |
| *J. Electroanal. Chem.* | Journal of Electroanalytical Chemistry. |
| *J. Gen. Chem. (USSR)* | Journal of general chemistry (USSR). |
| *J. ind. eng. Chem.* | Journal of Industrial and Engineering Chemistry; seit 1923: Ind. eng. Chem. |
| *J. Indian chem. Soc.* | Journal of the Indian Chemical Society. |
| *J. Indian Inst. Sci.* | Journal of the Indian Institute of Sciences. |
| *J. Inst. Brew.* | Journal of the Institute of Brewing. |
| *J. Inst. Metals* | Institute of Metals; Journal. |
| *J. Inst. Petrol. Tech.* | Journal of the Institution of Petroleum Technologists. |
| *J. Iron Steel Inst.* | Journal of the Iron and Steel Institute. |
| *J. Labor clin. Med.* | Journal of Laboratory and Clinical Medicine. |
| *J. Landwirtsch.* | Journal für Landwirtschaft. |
| *J. of Hyg. (Brit.)* | Journal of Hygiene (britisch). |
| *J. opt. Soc. Am.* | Journal of the Optical Society of America. |
| *J. Pharm. Belg.* | Journal de Pharmacie de Belgique. |
| *J. Pharm. Chim.* | Journal de Pharmacie et de Chimie. |
| *J. pharm. Soc. Japan* | Journal of the Pharmaceutical Society of Japan. |
| *J. physic. Chem.* | Journal of Physical Chemistry. |
| *J. Physiol.* | Journal of Physiology. |
| *J. pr.* | Journal für praktische Chemie. |
| *J. Pr. Austr. chem. Inst.* | Journal and Proceedings of the Australian Chemical Institute. |
| *J. Res. Nat. Bureau of Standards* | Journal of Research of the National Bureau of Standards, früher: Bur. Stand. J. Res. |
| *J. Russ. Met. Soc.* | Journal of the Russian metallurgical society. |
| *J. S. African chem. Inst.* | Journal of the South African Chemical Institute. |
| *J. Sci. Soil Manure* | Journal of the Science of Soil and Manure (Japan). |
| *J. Soc. chem. Ind.* | Journal of the Society of Chemical Industry (Chemistry and Industry). |
| *J. Soc. chem. Ind. Japan (Suppl.)* | Journal of the Society of Chemical Industry, Japan. Supplement. |
| *J. Soc. Dyers Colourists* | Journal of the Society of Dyers and Colourists. |
| *J. Soc. Glass Technol.* | Society of Glass Technology. Journal. (Sheffield). |
| *J. Washington Acad. Sci.* | Journal of the Washington Academy of Sciences. |
| *J. Zucker-Ind.* | Journal der Zuckerindustrie; russ.: Žurnal Sacharnoj Promyšlennosti. |
| *Keem. Teated* | Keemia Teated (Tartu). |

| Abkürzung | Zeitschrift |
|---|---|
| *Kem. Maanedsbl. nord. Handelsbl. kem. Ind.* | Kemisk Maanedsblad og Nordisk Handelsblad for Kemisk Industri. |
| *Kernenergie* | Kernenergie (Berlin). |
| *Klin. Wschr.* | Klinische Wochenschrift. |
| *Koks u. Chem. (russ.)* | Koks und Chemie (russisch). |
| *Kolloidchem. Beih.* | Kolloidchemische Beihefte. |
| *Kolloid-Z.* | Kolloid-Zeitschrift. |
| *Lab.-Prax.* | Laboratoriumspraxis. |
| *Landwirtsch. Forsch.* | Landwirtschaftliche Forschung. |
| *Lantbruks-Akad. Handl. Tidskr.* | Kugl. Lantbruks-Akademiens Handlingar och Tidskrift. |
| *Lantbruks-Högskol. Ann.* | Lantbruks-Högskolans Annaler. |
| *L. V. St.* | Landwirtschaftliche Versuchsstationen. |
| *M.* | Monatshefte für Chemie. |
| *Magyar Chem. Folyóirat* | Magyar Chemiai Folyóirat (Ungarische chemische Zeitschrift). |
| *Malayan agric. J.* | Malayan Agricultural Journal. |
| *Medd. Centralanst. Försöksväs. jordbruks., landwirtsch.-chem. Abt.* | Meddelande från Centralanstalten för Försöksväsendet på Jordbruksområdet, landbrukskemi. |
| *Medd. Nobelinst.* | Meddelanden från K. Vetenskapsakademiens Nobelinstitut. |
| *Med. Doswiadczalna i Spoleczna* | Medycyna Doswiadczalna i Spoleczna. |
| *Mem. Sci. Kyoto Univ.* | Memoirs of the College of Science, Kyoto Imperial University. |
| *Metal Ind. (London)* | Metal Industry (London). |
| *Metalloberfläche* | Metalloberfläche. |
| *Metallurgia ital. (Metallurg. Ital.)* | Metallurgia Italiana. |
| *Metallwirtschaft (Metallwirtsch., Metallwiss., Metalltechn.)* | Metallwirtschaft. Metallwissenschaft, Metalltechnik. |
| *Met. Erz* | Metall und Erz. |
| *Méthodes Phys. Anal.* | Méthodes physiques d'analyse (Paris). |
| *Microchem. J.* | Microchemical Journal (New York). |
| *Mikrochemie (Mikrochem.)* | Mikrochemie, vereinigt mit Mikrochimica acta. |
| *Mikrochim. A.* | Mikrochimica acta. |
| *Milchw. Forsch.* | Milchwirtschaftliche Forschungen. |
| *Mitt. berg- u. hüttenmänn. Abt. kgl. ung. Palatin-Joseph-Universität Sopron* | Mitteilungen der berg- und hüttenmännischen Abteilung der königlich ungarischen Palatin-Joseph-Universität, Sopron. |
| *Mitt. Forsch.-Anst. G. H. Hütte (Gutehoffnungshütte-Konzerns)* | Mitteilungen aus den Forschungsanstalten des Gutehoffnungshütte-Konzerns. |
| *Mitt. Geb. Lebensmitteluntersuch. Hyg.* | Mitteilungen aus dem Gebiete der Lebensmitteluntersuchung und Hygiene. |
| *Mitt. Kali-Forsch.-Anst.* | Mitteilungen der Kali-Forschungsanstalt. |
| *Mitt. K. W. I. Eisenforschg. (Düsseldorf)* | Mitteilungen aus dem Kaiser-Wilhelm-Institut für Eisenforschung zu Düsseldorf. |
| *Nachr. Götting. Ges.* | Nachrichten der Kgl. Gesellschaft der Wissenschaften, Göttingen; seit 1923 fällt „Kgl." fort. |
| *Nature* | Nature (London). |
| *Naturwiss.* | Naturwissenschaften. |
| *Natuurwetensch. Tijdschr.* | Natuurwetenschappelijk Tijdschrift. |
| *Nederl. Tijdschr. Geneesk.* | Nederlandsch Tijdschrift voor Geneeskunde. |
| *Neue Hütte* | Neue Hütte (Stahlberatungsstelle Freiberg). |
| *Neues Jahrb. Mineral. Geol.* | Neues Jahrbuch für Mineralogie, Geologie und Paläontologie. |
| *New Zealand J. Sci. Tech.* | New Zealand Journal of Science and Technology. |
| *Nippon Kagaku Zasshi* | Journal of Chemical Society of Japan, Pure chemistry section. |
| *Norsk Geol. Tidsskr.* | Norks geologisk tidsskrift. |
| *Nuclear Sci. Abstracts* | Nuclear science Abstracts. |
| *Öst. Ch. Z.* | Österreichische Chemiker-Zeitung. |
| *Onderstepoort J. Vet. Sci.* | Onderstepoort Journal of Veterinary Science and Animal Industry. |
| *P. C. H.* | Pharmazeutische Zentralhalle. |

| Abkürzung | Zeitschrift |
|---|---|
| *Ph. Ch.* | Zeitschrift für physikalische Chemie. |
| *Pharm. Weekl.* | Pharmaceutisch Weekblad. |
| *Pharm. Z.* | Pharmazeutische Zeitung. |
| *Phil. Mag.* | Philosophical Magazine and Journal of Science. |
| *Phil. Trans.* | Philosophical Transactions of the Royal Society of London. |
| *Phys. Rev.* | Physical Review. |
| *Phys. Z.* | Physikalische Zeitschrift. |
| *Plant Physiol.* | Plant Physiology. |
| *Pogg. Ann.* | Annalen der Physik und Chemie, herausgegeben von POGGENDORFF (1824—1877); dann Wied. Ann. (1877—1899); seit 1900: Ann. Phys. |
| *Pr. Am. Acad.* | Proceedings of the American Academy of Arts and Sciences, Boston. |
| *Pr. Am. Soc. Test. Mater (Pr. Am. Soc. for testing Materials)* | Proceedings of the American Society for Testing Materials. |
| *Pr. (chem. Soc.)* | Proceedings of the Chemical Society (London). |
| *Pr. Indian Acad. Sci.* | Proceedings of the Indian Academy of Sciences. |
| *Pr. internat. Soc. Soil Sci.* | Proceedings of the International Society of Soil Science. |
| *Pr. Leningrad Dept. Inst. Fert.* | Proceedings of the Leningrad Departmental Institute of Fertilizers. |
| *Pr(oc). Am. Soc. Test. Mater.* | Proceedings of the American Society for Testing Materials. |
| *Pr. Roy. Soc. Edinburgh* | Proceedings of the Royal Society of Edinburgh. |
| *Pr. Roy. Soc. London Ser. A.* | Proceedings of the Royal Society (London). Serie A: Mathematical and Physical Sciences. |
| *Pr. Roy. Soc. New South Wales* | Proceedings of the Royal Society of New South Wales. |
| *Pr. Soc. Cambridge* | Proceedings of the Cambridge Philosophical Society. |
| *Problems Nutrit.* | Problems of Nutrition; russ.: Voprosy Pitanija. |
| *Pr. Oklahoma Acad. Sci.* | Proceedings of the Oklahoma Academy of Science. |
| *Pr. Soc. exp. Biol. Med.* | Proceedings of the Society for Experimental Biology and Medicine. |
| *Pr. Utah Acad. Sci.* | Proceedings of the Utah Academy of Sciences. |
| *Przemysl Chem.* | Przemysl Chemiczny. |
| *Publ. Health Rep.* | Public Health Reports. |
| *R.* | Recueil des Travaux chimiques des Pays-Bas. |
| *Radex Rundschau* | Radex Rundschau (Radenthein/Kärnten). |
| *Radium* | Le Radium, seit 1920: Journal de Physique et Le Radium. |
| *Rep. Central Inst. Metals* | Reports of the central Institute for Metals (Leningrad). |
| *Rep. Connecticut agric. Exp. Stat.* | Report of the Connecticut Agricultural Experiment Station. |
| *Répert. Chim. appl.* | Répertoire de Chimie pure et appliquée (von 1864 ab: Bulletin de la Société chimique de France). |
| *Rep. Invest. (Rep. Investig.)* | United States Department Interior, Bureau of Mines, Report of Investigation. |
| *Rev. brasil. chim. (Revista brasileira de chimica)* | Revista Brasileira de Chimica (São Paulo). |
| *Rev. Centro Estud. Farm. Bioquim.* | Revista del centro estudiantes de farmacia y bioquimica. |
| *Rev. Chim. (Bukarest)* | Revista de Chimie (Bukarest). |
| *Rev. Mét.* | Revue de Métallurgie. |
| *Rev. univ. des Min.* | Revue universelle des Mines. |
| *Roczniki Chem.* | Roczniki Chemji. |
| *Roy. Inst. Chem., Lectures, Monographs, Rep.* | Royal Institute of Chemistry. Lectures, Monographs and Reports. |
| *Schweiz. Apoth. Z.* | Schweizerische Apotheker-Zeitung. |
| *Schweiz. med. Wschr.* | Schweizerische-medizinische Wochenschrift. |
| *Schw. J.* | SCHWEIGGERS Journal für Chemie und Physik (Nürnberg, Berlin 1811—1833, 68 Bde.). |
| *Sci. and Cult.* | Science and Culture. |
| *Science* | Science (New York). |

| Abkürzung | Zeitschrift |
|---|---|
| *Sci. Pap. Inst. Tôkyô* | Scientific Papers of the Institute of Physical and Chemical Research Tôkyô. |
| *Sci. quart. nat. Univ. Peking* | Science Quarterly of the National University of Peking. |
| *Sci. Rep. Res. Inst. Tôhoku Univ.* | Science Reports of the research institutes Tôhoku university. |
| *Sci. Rep. Tôhoku (Imp. Univ.)* | Science Reports of the Tôhoku Imperial University. |
| *Silicates Ind.* | Silicates industriels. |
| *Skand. Arch. Physiol.* | Skandinavisches Archiv für Physiologie. |
| *Soc.* | Journal of the Chemical Society of London. |
| *Soc. chem. Ind. Victoria (Proc.)* | Society of Chemical Industry of Viktoria, Proceedings. |
| *Soil Sci.* | Soil Science. |
| *Spectrochim. Acta* | Spectrochimica Acta. |
| *Sprechsaal* | Sprechsaal für Keramik-Glas-Email. |
| *Stahl Eisen* | Stahl und Eisen. |
| *Svensk. Tekn. Tidskr.* | Svensk Teknisk Tidskrift. |
| *Sv. V. A. H. (Sv. VAH, Sv. Vet. Akad. Handl.)* | Svenska Vetenskaps-Akademiens-Handlingar. |
| *Talanta* | Talanta (London). |
| *Techn. Mitt. Krupp* | Technische Mitteilungen KRUPP. |
| *Tôhoku J. exp. Med.* | Tôhoku Journal of Experimental Medicine. |
| *Tr. Gruzinsk. Politechn. Inst.* | Trudy Gruzinskij politechničeskij institut (Tiflis). |
| *Trans. Am. electrochem. Soc.* | Transactions of the American Electrochemical Society. |
| *Trans. Am. Inst. min. metallurg. Eng. (Trans. Am. Inst. Min. Eng.)* | Transactions of the American Institute of Mining and Metallurgical Engineers. |
| *Trans. Butlerov Inst. chem. Technol. Kazan* | Transactions of the BUTLEROV Institute; (seit 1935: KIROV Institute) for Chemical Technology of Kazan. |
| *Trans. ceram. Soc. England* | Transactions of the Ceramic Society, England; ab Bd. 38 (1939): Transactions of the British Ceramic Society. |
| *Trans. Dublin SSoc.* | Scientific Transactions of the Royal Dublin Society. |
| *Trans. Faraday Soc.* | Transactions of the FARADAY Society. |
| *Trans. Roy. Soc. Edinburgh* | Transactions of the Royal Society of Edinburgh. |
| *Trans. sci. Inst. Fert.* | Transactions of the Scientific Institute of Fertilizers and Insectofungicides (USSR). |
| *Trans. Sci. Soc. China* | Transactions of the Science Society of China. |
| *Trav. Inst. Etat Radium (russ.)* | Travaux de l'Institut d'Etat de Radium (russisch). |
| *Trav. Lab. biogeochim. Acad. Sci. URSS* | Travaux du laboratoire biogéochimique de l'académie des sciences de l'U[nion des] R[épubliques] S[oviétiques] S[ocialistes]. |
| *Učen. Zapiski Kazan. Gosud. Univ.* | Učenie Zapiski Kazanskogo Gosudarstvennogo Universiteta (USSR). |
| *Ukrain. chim. Ž. (russs.)* | Ukrainskij chimičeskij Žurnal. |
| *Union pharm.* | Union pharmaceutique. |
| *Union S. Africa Dept. Agric.* | Union of South Africa. Department of Agriculture. |
| *Univ. Illinois Bl.* | University of Illinois, Bulletin. |
| *Univ. Toronto Studies, Geol. Ser.* | University of Toronto Studies, Geological series. |
| *U. S. Dep. Commerce Bur. Mines Bl. (U. S. Bur. Min. B.)* | U. S. Department of Commerce, Bureau of Mines, Bulletin. |
| *U. S. Dep. Interior Bur. (U. S. Mines Bull.)* | United States Department of the Interior, Bureau of Mines, Bulletin. |
| *U. S. Dept. Agric. Bl.* | United States Department of Agriculture, Bulletins. |
| *U. S. Geol. Surv. Bl.* | United States Geological Survey, Bulletin. |
| *Verh. phys. Ges.* | Verhandlungen der Deutschen physikalischen Gesellschaft. |
| *Vorratspflege u. Lebensmittelforsch.* | Vorratspflege und Lebensmittelforschung. |
| *Washington Acad. Science* | Journal of the Washington Academy of Sciences. |

| Abkürzung | Zeitschrift |
|---|---|
| *Wschr. Brauerei* | Wochenschrift für Brauerei. |
| *Wied. Ann.* | Annalen der Physik und Chemie, herausgegeben von WIEDEMANN; s. Pogg. Ann. |
| *Wien. klin. Wschr.* | Wiener klinische Wochenschrift. |
| *Wien. med. Wschr.* | Wiener medizinische Wochenschrift. |
| *Wiss. Nachr. Zucker-Ind.* | Wissenschaftliche Nachrichten der Zuckerindustrie (ukrain). |
| *Wiss. Veröffentl. Siemens-Konzern* | Wissenschaftliche Veröffentlichungen aus dem SIEMENS-Konzern (seit 1935: aus den SIEMENS-Werken). |
| *Ž. Anal. Chim. (russ.)* | Žurnal analitičeskoi Chimii (russisch). |
| *Z. anorg. Ch.* | Zeitschrift für anorganische und allgemeine Chemie. |
| *Zbl. Min. Geol. Paläont. Abt. A* | Zentralblatt für Mineralogie, Geologie und Paläontologie, Abt. A: Mineralogie und Petrographie. |
| *Z. Chem. Ind. Kolloide* | Zeitschrift für Chemie und Industrie der Kolloide; seit 1913: Kolloid-Zeitschrift. |
| *Z. Deutsch. Öl- u. Fettind.* | Zeitschrift für Deutsche Öl- und Fettindustrie. |
| *Z. El. Ch.* | Zeitschrift für Elektrochemie. |
| *Zentr. wiss. Forsch.-Inst. Leder-Ind.* | Zentrales wisenschaftliches Forschungsinstitut für die Lederindustrie; russ.: Centralny naučno-issledovatelski Institut koževennoi Promyšlennosti, Sbornik Rabot. |
| *Z. ges. Brauw.* | Zeitschrift für das gesamte Brauwesen. |
| *Z. ges. Kältetechnik (-Industrie)* | Zeitschrift für die gesamte Kältetechnik (-Industrie). |
| *Z. Hygiene* | Zeitschrift für Hygiene und Infektionskrankheiten. |
| *Z. klin. Med.* | Zeitschrift für klinische Medizin. |
| *Z. Krist.* | Zeitschrift für Kristallographie und Mineralogie. |
| *Z. landw. Vers.-Wes. Österr.* | Zeitschrift für das landwirtschaftliche Versuchswesen in Deutsch-Österreich; 1925—1933 genannt: Fortschritte der Landwirtschaft. |
| *Z. Lebensm.* | Zeitschrift für Untersuchung der Lebensmittel; bis 1925: Zeitschrift für Untersuchung der Nahrungs- und Genußmittel sowie der Gebrauchsgegenstände. |
| *Z. Metallkunde* | Zeitschrift für Metallkunde. |
| *Z. Naturforschg.* | Zeitschrift für Naturforschung. |
| *Ž. Neorgan. Chim.* | Žurnal Neorganičeskoj Chimii (Russian Journal of inorganic Chemistry). |
| *Z. Oberschl. Berg- u. Hüttenmänn. Verb.* | Zeitschrift des Oberschlesischen Berg- und Hüttenmännischen Verbandes. |
| *Z. öffentl. Ch.* | Zeitschrift für öffentliche Chemie. |
| *Z. Pflanzenernähr. Düng. Bodenkunde* | Vgl. Bodenkunde Pflanzenernähr. |
| *Z. Phys.* | Zeitschrift für Physik. |
| *Z. pr. Geol.* | Zeitschrift für praktische Geologie. |
| *Zpráry česk. keram. společnosti* | Zprávy československé keramické společnosti. |
| *Z. techn. Phys. (russ.)* | Zeitschrift für technische Physik (russ.). |
| *Z. VDI (Z. Ver. dtsch. Ing.)* | Zeitschrift des Vereins Deutscher Ingenieure. |

## Abkürzungen oft benutzter Sammelwerke

| Abkürzung | Sammelwerk |
|---|---|
| *Analyse der Metalle I* | Analyse der Metalle, Bd. I, Schiedsverfahren, 3. Aufl. 1966; |
| *Analyse der Metalle II* | Analyse der Metalle, Bd. II, Betriebsanalysen, 2. Aufl. 1961. Springer-Verlag: Berlin-Heidelberg-New York. |
| *Berl-Lunge* | BERL-LUNGE: Chemisch-technische Untersuchungsmethoden,. 8. Aufl. Springer-Verlag: Berlin 1931—1934. Bis zur 7. Aufl. „LUNGE-BERL" genannt. |
| *GM.* | GMELINS Handbuch der anorganischen Chemie, Verlag Chemie, Berlin-Weinheim/Bergstr. |
| *Handbuch Eisenhüttenlab.* | Handbuch für das Eisenhüttenlaboratorium, Bd. 1 (1960) und 2 (1966). Verlag Stahl-Eisen, Düsseldorf. |
| *Handbuch Pflanzenanal.* | Handbuch der Pflanzenanalyse (KLEIN). |
| *Lunge-Berl* | Vgl. BERL-LUNGE. |

721/11/71